Magnetisches Sonnensystem

Ulrich von Kusserow · Eckart Marsch

Magnetisches Sonnensystem

Solare Eruptionen, Sonnenwinde und Weltraumwetter

Springer

Ulrich von Kusserow
Bremen, Deutschland

Eckart Marsch
Institut für Experimentelle und Angewandte
Physik, Christian-Albrechts-Universität zu Kiel,
Kiel, Deutschland

ISBN 978-3-662-65400-2   ISBN 978-3-662-65401-9   (eBook)
https://doi.org/10.1007/978-3-662-65401-9

Die Deutsche Nationalbibliothek verzeichnet diese Publikation in der Deutschen Nationalbibliografie; detaillierte bibliografische Daten sind im Internet über http://dnb.d-nb.de abrufbar.

Planung/Lektorat: Margit Maly, Christian Gass, Caroline Strunz, Gabriele Ruckelshausen
Springer ist ein Imprint der eingetragenen Gesellschaft Springer-Verlag GmbH, DE und ist ein Teil von Springer Nature.
Die Anschrift der Gesellschaft ist: Heidelberger Platz 3, 14197 Berlin, Germany

Ulrich von Kusserow widmet dieses Buch seiner Ehefrau Angelika, seinen Kindern Mara und Jonas sowie den Enkelkindern Malia, Olivia und Milo.

Eckart Marsch widmet dieses Buch seinen Kindern Caroline, Kristofer und Konstantin sowie seinen Enkelkindern Justus und Merle.

Geleitwort

Die Sonne ist der Stern, der unser Leben bestimmt und über den wir meinen, ihn von allen Sternen im Universum am besten zu kennen. Wir nehmen seine Strahlung als Wärme war, kennen Sonnenflecken auf seiner Oberfläche, und mitunter, wenn der Mond die sichtbare Sonnenscheibe komplett bedeckt, sehen wir für kurze Zeit seine lichtschwache äußere Atmosphäre, die Korona der Sonne. Als prominenter Augenzeuge einer Sonnenfinsternis schrieb Adalbert Stifter: „Es gibt Dinge, die man fünfzig Jahre weiß, und im einundfünfzigsten erstaunt man über die Schwere und Furchtbarkeit ihres Inhaltes. So ist es mir mit der totalen Sonnenfinsternis ergangen, welche wir in Wien am 8. Juli 1842 in den frühesten Morgenstunden bei dem günstigsten Himmel erlebten." Sowohl Sonnenfinsternisse als auch Sonnenflecken sind uns Menschen seit Anbeginn des Lebens bekannt. Mit der gezielten Beobachtung der Flecken zu Beginn des 16. Jahrhunderts und wenig später auch ihrer systematischen Erfassung wurden Zusammenhänge mit kurzzeitigen Schwankungen des Erdmagnetfelds festgestellt, die häufig mit dem Auftreten von Polarlichtern verbunden waren. Dies führte zu ersten Vermutungen über mögliche Zusammenhänge zwischen Vorgängen auf der Sonne und der Erde.

Alexander von Humboldt berichtete 1808 über ein von ihm beobachtetes „magnetisches Ungewitter" in den *Annalen der Physik*. Das extremste derzeit bekannte „magnetische Ungewitter" stammt aus dem Jahr 1859. Richard C. Carrington beobachtete damals wenige Minuten lang intensive Lichtblitze in einer großen Sonnenfleckengruppe mit einem neu entwickelten Teleskop. Etwa 17 h später trat das stärkste bisher in der Geschichte wissenschaftlicher Aufzeichnungen registrierte magnetische Ungewitter auf, heute als erdmagnetischer Sturm bezeichnet. Polarlichter waren damals sogar in südlichen Ländern wie Kuba und Panama sichtbar. Unter dem Motto „Eine Schwalbe macht noch keinen Sommer" formulierte Carrington die möglichen Zusammenhänge zwischen Sonne und Erde damals mit entsprechender Behutsamkeit. Dieses sogenannte Carrington-Ereignis wird heute als Extremereignis herangezogen, um zu untersuchen, wie verletzlich unsere moderne technologische Welt gegenüber solaren Einflüssen und den Auswirkungen des Weltraumwetters ist.

Die als solar-terrestrische Beziehungen eingestuften Phänomene wurden durch das schnell wachsende Verständnis in der Physik, vom Elektromagnetismus und der Ausbreitung elektrischer Wellen, über die Atom-, Quanten- und Plasmaphysik oder experimentellen Anwendungen in der Spektroskopie, Ende des 18. und Anfang des 19. Jahrhunderts bereits zunehmend konkreter beschrieben. So schlugen George Francis Fitzgerald 1892 und Oliver Lodge 1900 vor, dass Sonnenflecken Ausgangsgebiete von elektrisch leitender Materie sein könnten, die die Anziehungskraft der Sonne überwinden, in wenigen Tagen die Erde erreichen und dann erdmagnetische Stürme und Polarlichter auslösen. Lange blieben die physikalischen Zusammenhänge weiterhin unklar, sodass der von Carrington beobachtete Lichtblitz als Hinweis dafür betrachtet wurde, dass diese solaren Flares die Ursache erdmagnetischer Stürme sind. Mit Beginn des Weltraumzeitalters und der Erforschung des erdnahen und interplanetaren Raums mit Satelliten und Raumsonden erfolgte dann mit dem Start von Sputnik 1 im Jahr 1957 ein gewaltiger wissenschaftlicher Sprung.

So konnten die Eigenschaften des magnetisierten Plasmas in der Erdmagnetosphäre und des Sonnenwinds erstmals direkt mit Satelliten gemessen werden. Mit den Mondlandungen der Apollo-Missionen konnten, da der Mond keine Atmosphäre besitzt, Sonnenwindteilchen, die mit speziellen Folien auf dem Mond aufgefangen wurden, auf die Erde gebracht und hier gründlich wissenschaftlich untersucht werden. Die beiden Raumsonden Helios 1 und 2, die in den Jahren 1974 und 1976 gestartet wurden, erforschten den interplanetaren Raum von der Erde bis zur Umlaufbahn des Merkurs und gelten heute noch als eines der Pionierprojekte der Weltraumforschung. 1974 machte das Röntgenteleskop auf der Raumstation Skylab erstmals Aufnahmen der Sonnenkorona in diesem hochenergetischen Spektralbereich, der von der Erdatmosphäre abgeschirmt wird. Überraschenderweise stellte man anhand der Aufnahmen der Korona im Röntgenlicht fest, dass die solaren Quellen der im Rhythmus der Sonnenrotation wiederkehrenden erdmagnetischen Stürme, die von Julius Bartels als M-Regionen bezeichnet wurden, aus magnetisch ruhigen

Gebieten der Korona, den koronalen Löchern, entspringen. Mit Spezialteleskopen, den Koronografen, an Bord des Satelliten OSO-7 und auf Skylab wurden Anfang der 1970er-Jahre gewaltige Ausbrüche in der Sonnenkorona entdeckt: die koronalen Masseauswürfe („coronal mass ejections", CMEs). Messungen der Sonde Helios 1 zusammen mit zeitgleichen Aufnahmen des Koronografen an Bord des Satelliten P78-1 ergaben einen direkten Zusammenhang mit den von Helios 1 im interplanetaren Raum beobachteten transienten Böen und interplanetaren Stoßwellen im Sonnenwind. Mit stark vom normalen Sonnenwind abweichenden Plasma- und Magnetfeldeigenschaften bewegten sie sich mit Geschwindigkeiten von bis zu 2000 km/s durch das Sonnensystem.

Weitere Analysen von Satellitendaten zeigten, dass CMEs die stärksten Stürme in der Heliosphäre und auf der Erde auslösen können, ohne dass dabei vorher unbedingt ein Flare-Ereignis in der Sonnenatmosphäre beobachtet worden sein müsste. Während der Zeit der Helios-Mission befanden sich die beiden Voyager-Sonden 1 und 2 auf ihrem Weg durch das Sonnensystem. Ihr Start war nicht zufällig von der NASA für das Jahr 1977 gewählt worden: Die zu dieser Zeit bestehende Planetenkonstellation tritt nur alle 175 Jahre auf, so dass die Reise der Sonden an den Planeten Mars, Jupiter, Saturn, Neptun, Uranus und „Pluto" vorbeiführen konnte. Bei diesen Vorbeiflügen gewannen sie genügend Schwung, um das Sonnensystem und die Heliosphäre zu verlassen. Erstmals im Jahr 2012 konnten mit Voyager 1 Messungen im interstellaren Raum durchgeführt und dabei gewonnene Daten zur Erde gesandt werden. Auch heute empfangen wir Informationen von dieser einzigartigen Sonde aus einem Abstand von 176 Astronomischen Einheiten von der Sonne nach einer Laufzeit von nahezu einem Tag.

Nachdem Voyager 2 1989 gerade den Neptun passiert hatte, wurden erstmals der Sonnenwind, solare energiereiche Teilchen und die kosmische Strahlung mit der NASA/ESA-Ulysses-Mission außerhalb der Ekliptik und über den Sonnenpolen vermessen. Nach dem vollendeten dritten Flug dieser Raumsonde über den Sonnennordpol im Jahr 2009 reichte die Stromversorgung nicht mehr aus, um weitere Messungen durchzuführen. Die Mission hat insgesamt fast zwei komplette Sonnenzyklen überdauert und sehr wertvolle direkte Aufschlüsse über den Zustand und das Magnetfeld des Sonnenwinds über den Polen der Sonne und ihre Umpolungen geliefert. Mit der japanischen Mission Yohkoh 1990 gelang mit internationaler Beteiligung ein weiterer großer Durchbruch in der Erforschung der Sonnenkorona im Röntgenbereich. Und im Jahr 1995 folgte der Start des einzigartigen Sonnenobservatoriums SOHO (Solar and Heliospheric

Observatory), welches noch heute nach über 20 Jahren wichtige Daten von der Sonne und ihrer Korona liefert.

Seit dem Start 2006 der STEREO-Satelliten A und B sowie des Solar Dynamics Observatory (SDO) im Jahr 2008 konnte die Sonne aus mehreren Blickwinkeln gleichzeitig und auch in hoher zeitlicher und räumlicher Auflösung beobachtet werden. Zusammen mit weiteren wissenschaftlichen Satellitenmissionen, z. B. der ESA-Cluster-Mission, dem NASA-Satelliten ACE (Advanced Composition Explorer), Wind oder dem Deep Space Climate Observatory (DSCOVR), deren Entwicklungszeiten meist mehr als zehn Jahre betrugen, lassen sich die im Sonne-Erde-System, im äußeren Erdmagnetfeld und nahe dem Erdorbit ablaufenden dynamischen Plasmaprozesse optisch durch Fernbeobachtung oder mithilfe von In-situ-Messungen vor Ort analysieren. Mit den Kameras der STEREO-Mission konnte die 3-D-Struktur von CMEs in Form eingelagerter großräumiger magnetischer Flussröhren entschlüsselt werden. Erstmals gelang die Beobachtung der Entstehung von CMEs auf der Sonne selbst, und ihre Ausbreitung über den gesamten Bereich des interplanetaren Raums bis hin zur Erde konnte direkt verfolgt werden. Die Ergebnisse einer Vielzahl von Weltraumforschungsmissionen haben im Laufe der letzten Jahrzehnte zu einem neuen und tieferen Verständnis der Einflüsse unserer Sonne auf den Weltraum und die Erde geführt.

Es zeigt sich, dass die Plasmaphysik und das Wissen um den Ursprung und die Variabilität des solaren Magnetfelds sowie anderer Magnetfelder im Sonnensystem von essenzieller Bedeutung auch für das Verständnis vorher nicht oder nur unzureichend verstandener physikalischer Prozesse sind. Das goldene Zeitalter der Erforschung der Sonne und der Heliosphäre weit außerhalb unserer Erde hat zu wesentlichen neuen Erkenntnissen über die Vielfalt der Phänomene und physikalischen Prozesse in unserem Sonnensystem geführt. Diese bilden die Grundlage für die weitere Erforschung der magnetisch aktiven Sonne, des Weltraumwetters und dessen große Bedeutung insbesondere auch in Hinblick auf dessen mögliche Auswirkungen auf unsere modernen technischen Infrastrukturen.

Doch auch heute noch treiben uns grundlegende Fragen an, z. B. nach dem Ursprung des elfjährigen Sonnenfleckenzyklus, den Ursprüngen des Sonnen- und Erdmagnetfelds und deren Umpolungen, der Heizung der Sonnenkorona sowie des Ursprungs und der Beschleunigung des Sonnenwinds. Zur Klärung all dieser Fragen werden die im August 2018 bzw. Februar 2020 gestarteten Parker-Solar-Probe- und Solar-Orbiter-Missionen der NASA und ESA, die in den letzten Jahren bzw. aktuell bereits faszinierende Beobachtungs- und Messergebnisse geliefert haben, in Zukunft entscheidend beitragen können. Zukünftige Missionen wie die NASA-Mission PUNCH (Polarimeter to Unify the Corona and Heliosphere), die noch unerforschte Regionen zwischen der Sonnenkorona und der Erde erforschen wird, und die ESA-Mission Vigil, die die aktive Sonne überwachen und die Menschheit vor den Folgen heftiger Ausbrüche schützen soll, sowie eine Nachfolgemission für SOHO befinden sich momentan in der Entwicklung oder Planung. Die Sonne bleibt also im Blickfeld aktueller Forschung, gerade auch im Hinblick auf die geplanten zukünftigen Explorationen von Mond und Mars. Dabei gewonnene Erkenntnisse spielen natürlich auch für zukünftige satellitengebundene technologische Entwicklungen, für die Klimaforschung oder den Katastrophenschutz eine wichtige Rolle.

Mit großer Begeisterung habe ich selbst an der Entwicklung und Forschung vieler der genannten Missionen direkt teilhaben dürfen. Dabei hat immer auch das Miterlebendürfen großer aktueller Ereignisse, wie der Mondlandung oder Überquerung der Sonnenpole mit der Ulysses-Sonde, zusammen mit motivierender Fachliteratur eine große Rolle gespielt. In diesem Sinne ist das vorliegende Buch *Magnetisches Sonnensystem – Solare Eruptionen, Sonnenwinde und Weltraumwetter* eine faszinierende Einführung in die physikalischen Grundlagen der Plasmaphysik im Sonnensystem und der Heliosphäre. Es vermittelt in verständlicher Weise physikalische und historische Hintergründe und gibt Einblicke in neueste Forschungsergebnisse aktueller Missionen. Zusammen mit einer Vielzahl von Referenzen zu weiterführender Literatur, spektakulären Bildmaterialien und neuesten Forschungsvideos stellt es eine einzigartige Fundgrube für alle wissbegierigen Menschen dar. Ich bin sicher, dass dieses Buch so manchem Leser neue spannende Einblicke in die Physik der aktiven Sonne und des magnetischen Sonnensystems geben wird.

Göttingen   Volker Bothmer
im Frühjahr 2022

Danksagung

Mit den vielen bunten und informativen Abbildungen in unserem Buch haben wir versucht, auch komplexere wissenschaftliche Zusammenhänge anschaulich zu erläutern. Ganz herzlichen Dank deshalb an die Wissenschaftler der ESA, NASA, der Universitäten und anderer wissenschaftlicher Organisationen sowie auch an einige Amateurastronomen, die uns alle freundlicherweise die Rechte für die Wiederverwendung ihrer Abbildungen gegeben haben. Besonders möchten wir uns bei Miloslav Druckmüller von der Technischen Universität in Brünn (Tschechien) und seinen Mitarbeitern bedanken, die uns die so faszinierenden Aufnahmen von Sonnenfinsternissen, Kometen und einem Polarlicht zur Verfügung stellten und Videosequenzen solarer Aktivitäten, die mit den Kameras des Solar Dynamics Observatory der NASA aufgenommen wurden, so eindrucksvoll mithilfe ihres Bildbearbeitungsprogramms aufbereitet haben.

Carolus J. Schrijver und George L. Siscoe sind die Herausgeber einer Serie wissenschaftlicher Textbücher, die im Rahmen des „Living With a Star"-Programms der NASA im letzten Jahrzehnt veröffentlicht wurden und in denen die vielfältigen, häufig magnetisch dominierten Prozesse in der Heliosphäre unseres Sonnensystems, aber auch in den Astrosphären anderer Sterne vorgestellt werden. Diese Bücher haben uns wertvolle Anregungen für die Gestaltung unseres Buchs gegeben. Gleiches gilt auch für die interessanten Veröffentlichungen von Gregory H. Howes von der University of Iowa, der die große Bedeutung vor allem kleinskaliger kinetischer Prozesse in der Weltraumplasmaphysik sehr verständlich erklärt.

Ganz herzlichen Dank an Nour E. Raouafi, dem Projektwissenschaftler der Mission Parker Solar Probe (PSP), sowie Angelos Vourlidas, dem

Projektwissenschaftler des bildgebenden WISPR der PSP-Raumsonde und Leiter der Solarabteilung am Applied Physics Laboratory der Johns Hopkins University in Laurel (Maryland, USA), die uns vor Ort bzw. per E-Mail über den neuesten Erkenntnisstand dieser Raumsondenmission informiert und uns aktuelle Daten zugesandt haben. In der Reihe „Space Physics and Aeronomy" haben beide übrigens gerade ein interessantes Buch mit dem Titel *Solar Physics and Solar Wind* veröffentlicht.

Auch Sami K. Solanki, der Direktor der Abteilung „Sonne und Heliosphäre" am Max-Planck-Institut für Sonnensystemforschung (MPS) in Göttingen, hat sich freundlicherweise Zeit genommen, uns über Aktuelles aus der Sonnenforschung, speziell auch die Solar-Orbiter-Mission betreffend, zu informieren. Ein besonderer Dank geht an Ulrich Christensen, dem vor Kurzem emeritierten Direktor und Leiter der Abteilung für Planetenwissenschaften am MPS, der Kap. 8 unseres Buchs über planetare Magnetosphären und Polarlichter gründlich studiert, korrigiert und Ergänzungen darin angeregt hat. Eckart Marsch bedankt sich bei Prof. Robert Wimmer-Schweingruber, der ihm als Ruheständler einen Arbeitsplatz in seiner Abteilung „Extraterrestrische Physik" am Institut für Experimentelle und Angewandte Physik (IEAP) der Christian-Albrechts-Universität zu Kiel zur Verfügung gestellt hat.

Zusammen mit Ioannis A. Daglis hat Volker Bothmer, der Leiter des CGAUSS/WISPR-Projekts, der deutschen Beteiligung an der NASA Parker Solar Probe, an der Universität in Göttingen ist, gerade 2022 eine Neuauflage seines Buchs mit dem Titel *Space Weather – Physics and Effects* veröffentlicht. Wir sind sehr froh und dankbar, dass dieser sehr engagierte deutsche Fachmann für das Weltraumwetter sofort bereit war, das Vorwort für unser Buch zu schreiben.

Mehr als drei Jahre lang hat Margit Maly vom Springer Verlag in Heidelberg die Entwicklung dieses Buchprojekts mit großer Geduld und entsprechendem Engagement betreut. Herzlichen Dank dafür. Nach ihrem Abschied vom Springer Verlag im Frühjahr 2022 übernahmen Caroline Strunz vorübergehend und danach Christian Gass die verantwortliche Betreuung der endgültigen Gestaltung dieses Buchs. Auch ihnen, aber vor allem Stefanie Adam, die nach Stella Schmoll im Wesentlichen für alle technischen Aspekte der Buchgestaltung verantwortlich war und dabei immer wieder geduldig Zeit für uns hatte, sind wir sehr dankbar. Danke auch an Ramon Khanna vom Springer Verlag, der uns bei der nicht immer einfachen Einholung der Bildrechte unterstützt hat.

Ulrich von Kusserow möchte sich schließlich besonders herzlich bei seiner Ehefrau Angelika dafür bedanken, dass sie den häufigen Stress bei der Fertigstellung dieses Buchs über mehrere Jahre hinweg so relativ geduldig ertragen hat.

Mai 2022   Ulrich von Kusserow
                                                                Eckart Marsch

Persönliches von Ulrich von Kusserow zur Entwicklungsgeschichte dieses Buches

Noch heute erinnere ich mich sehr genau an zwei Themenbereiche, die mich als 13-jähriger Schüler besonders interessierten. Zum einen wollte ich unbedingt erfahren, warum sich das Erdmagnetfeld in der Vergangenheit so oft vollständig umgepolt hat und welche Auswirkungen das auf unser Leben gehabt haben könnte. Offensichtlich war ich damals schon besonders beeindruckt von der erstmals 1963 veröffentlichten wissenschaftlichen Erklärung für die sich nacheinander mit unterschiedlichen magnetischen Polaritäten ausbreitenden Meeresbodenschichten am Mittelatlantischen Rücken. Zum anderen war ich damals extrem unzufrieden damit, dass meine Mathematik- und Physiklehrer häufig vieles so kompliziert und für uns Schüler recht unverständlich erklärten. Ich wollte es als Lehrer später auf jeden Fall besser machen. Schon damals gab ich Schülern aus der Nachbarschaft gerne Nachhilfeunterricht in Mathematik, später auch in Physik. Ich wählte den Unterricht im mathematisch-naturwissenschaftlichen Zweig eines Lüneburger Gymnasiums und hatte zum Glück auch Erfolgsergebnisse mit guten Noten in Mathematik. Kurz vor dem Abitur waren meine Leistungen in Physik allerdings höchstens ausreichend. Der Physiklehrer erklärte den Elektromagnetismus, zumindest aus meiner Sicht, so schlecht, dass ich damals offensichtlich nicht einmal motiviert war, die mich doch so faszinierenden Umpolungen des Erdmagnetfelds mithilfe dieser Theorie erklären zu wollen. Ich entschied mich anfangs für ein Lehrerstudium der Mathematik und sogar auch der Physik, aber schon nach wenigen Wochen des Studiums plötzlich lieber doch für ein Diplomstudium der Mathematik oder sogar Physik!

Einen ersten indirekten Kontakt mit Hannes Alfvén (1908–1995), einem der wichtigen Protagonisten dieses Buchs, bekam ich Ende der 1960er-Jahre während des Studiums in Clausthal-Zellerfeld. Im Verlauf eines gemeinsamen Urlaubs in Schweden hatte mir ein befreundeter junger Wissenschaftler vom Max-Planck-Institut für Aeronomie in Katlenburg-Lindau den Besuch des Königlichen Instituts für Technologie in Stockholm ermöglicht, wo der berühmte Mitbegründer der Magnetohydrodynamik und Plasmaphysik viele Jahre als Professor gewirkt hatte. Ich durfte die dort liegen gebliebenen Kopien einer Vielzahl seiner Artikel über die große Bedeutung kosmischer Magnetfelder, unter anderem auch über die Entstehung des Sonnensystems, studieren und eine größere Anzahl davon sogar mit nach Hause nehmen. Die so große Bedeutung dieses Wissenschaftlers, der im Jahr darauf, 1970, den Physik-Nobelpreis erhielt, war mir damals allerdings noch nicht wirklich bewusst gewesen.

Natürlich war ich nach dem Vordiplom 1971 überglücklich, als mir Willi Deinzer, ein mich sehr beeindruckender, „richtig bärtiger" Professor der Astronomie in der Universitätssternwarte in Göttingen anbot, eine wissenschaftliche Arbeit über die Hintergründe der mich so faszinierenden Umpolung des Erdmagnetfelds zu schreiben. Zusammen mit Michael Stix, dem Autor des in Fachkreisen sehr anerkannten, mehr als 15 Jahre später erschienenen Buchs mit dem Titel *The Sun – An Introduction,* unterstützte er mich sehr engagiert bei meiner Diplomarbeit über „Stationäre sphärische α-ω-Dynamos und das Erdmagnetfeld". Zur Erarbeitung der Grundlagen der Dynamotheorie las ich damals mit großem Interesse Arbeiten von Hannes Alfvén zur Magnetohydrodynamik, von Eugene N. Parker (1927–2022) vor allem über dessen frühes Dynamomodell mit der bedeutsamen Einführung des magnetischen α-Induktionseffekts zur Regenerierung kosmischer Magnetfelder. Für meine Diplomarbeit waren insbesondere auch die unter dem Titel „The Turbulent Dynamo" von Paul H. Roberts und Michael Stix veröffentlichten Übersetzungen berühmter Arbeiten zur kosmischen Elektrodynamik von großer Bedeutung, die in den 1960er-Jahren von Fritz Krause, Karl-Heinz Rädler (1935–2020) und Max Steenbeck in der ehemaligen DDR verfasst worden waren. Besonders motivierten mich damals die didaktisch sehr gut aufbereiteten und sehr verständlichen Einführungsvorlesungen zur Astronomie von Willi Deinzer und die sehr spannenden und anschaulich bebilderten Vorlesungen von Rudolf Kippenhahn (1926–2020) zu den Themen „Plasmaphysik" und „Sternentwicklung".

Nach dem Physikdiplom und einer kurzen Anstellung an der Universitätssternwarte entschied ich mich dann doch für den Beruf eines

Gymnasiallehrers in den Fächern Mathematik und Physik. Als Querein-
steiger ohne amtliche pädagogische Ausbildung arbeitete ich zunächst als
Lehrer am Neuen Göttinger Gymnasium und studierte nebenbei Pädagogik,
bevor ich die Lehrerausbildung in einem Studienseminar begann. In dieser
schweren Zeit lernte ich sehr viel Grundsätzliches über die große Bedeutung
der gründlichen didaktischen Aufbereitung eines jeden Lerninhalts sowie
über die geeigneten Formen der methodischen Realisierung erfolgreicher
Unterrichtseinheiten, beispielsweise, wie wichtig es ist, die komplexe
Struktur des Unterrichtsgegenstands vorweg eingehend zu analysieren,
die Auswahl der Themen adressatengerecht bezogen auf den Lernenden
zu wählen, die Behandlung der Themen jeweils motivierend einzuleiten
und die wesentlichen Lerninhalte exemplarisch unter Ausrichtung auf die
mögliche Zukunftsbedeutung zu behandeln. Auch die Berücksichtigung
historischer Hintergründe einer jeweils angestrebten Erkenntnisgewinnung
kann dabei eine wichtige Rolle spielen. Die konkrete Umsetzung eines
Unterrichtskonzepts in einer Unterrichtssituation erfordert darüber hinaus
natürlich auch gründliche methodische Überlegungen. Geeignet eingesetzte
Medien, faszinierende Abbildungen, erklärende Grafiken und Videosequenzen können entscheidend dazu beitragen, selbst kompliziertere Sachverhalte zu veranschaulichen und dadurch relativ einfach zu erklären.

Nachdem mein Interesse an der Astronomie ein Jahrzehnt lang als
begeisterter Lehrer leider stark in den Hintergrund getreten war, weckte
das populärwissenschaftliche Buch meines verehrten Professors Rudolf
Kippenhahn mit dem Titel *Der Stern von dem wir leben – Den Geheimnissen
der Sonne auf der Spur* erneut mein großes Interesse an der Plasma- und
Sonnenphysik sowie an allen möglichen anderen Prozessen in kosmischen
Magnetfeldern. Angeregt durch die frühen Arbeiten von Eugen Parker zur
magnetischen Rekonnexion hatte ich in diesem Zusammenhang häufigere
Kontakte vor allem auch mit Karl Schindler von der Ruhr-Universität
Bochum, Eric Priest von der St. Andrews University in Schottland sowie
Gunnar Hornig, heute an der University of Dundee, ebenfalls in Schottland. Auf MHD-Tagungen und Institutsbesuchen entstanden unter
anderem „dynamogenerierte" Freundschaften mit Karl-Heinz Rädler vom
Astrophysikalischen Institut in Potsdam, Dieter Schmitt vom Max-Planck-
Institut in Katlenburg-Lindau, später dann auch am Max-Planck-Institut
für Sonnensystemforschung in Göttingen, sowie Frank Stefanie vom Helmholtz-Zentrum Dresden-Rossendorf. Aktuell engagiert sich Frank Stefani
schwerpunktmäßig insbesondere mit der Fertigstellung des Großforschun
gsexperiments DRESDYN (DREsden Sodium facility for DYNamo and
thermohydraulic studies), in dessen Rahmen vor allem auch die Entstehung

des Erdmagnetfelds in naher Zukunft erforscht werden soll. Auf dem 2011 von Axel Brandenburg vom Institute for Theoretical Physics in Stockholm organisierten Workshop „Rädler Fest: Alpha Effect and Beyond" zum 75. Geburtstag von Karl-Heinz Rädler hielt ich einen Vortrag mit dem Titel „K.-H. Rädler for Popular Sciences". Dort genoss ich die Vorträge und Diskussionen insbesondere auch von und mit Eugene Parker sowie ein sehr persönliches Gespräch mit ihm. Leider ist Eugene Parker kurz vor der Fertigstellung dieses Buchs am 15. März 2022 verstorben. Der ihm 2020 verliehene Crafoord Prize for Astronomy hätte ihm aufgrund der Corona-Maßnahmen erst zwei Jahre später in Lund (Schweden) persönlich übergeben werden sollen.

Als langjähriger Vorsitzender der Olbers-Gesellschaft e. V. Bremen habe ich früher mehrfach im Jahr besonders gerne vor allem auch Wissenschaftler zu Themen eingeladen, bei denen kosmische Magnetfelder eine wichtige Rolle spielen. Ich habe astrophysikalische Arbeitsgruppen zum Thema „Sonne" bzw. „Sternentstehung", amateurastronomische und wissenschaftliche Tagungen geleitet und mitorganisiert, bei denen meist auch die Sonne im Mittelpunkt stand. Viele Jahre lang habe ich für Studenten der Bremer Universität den Praktikumsversuch zur „Beobachtung der magnetischen Sonne" durchgeführt. Ich habe viele Institute und Sonnenobservatorien besucht, Vorträge gehalten und Artikel über diverse magnetische Prozesse im Kosmos verfasst, dabei speziell auch über den Einfluss der Sonne auf das Weltraumwetter und das Erdklima geschrieben. Auf Anregung von Karl-Heinz Rädler arbeitete ich drei Jahre am Institut für Didaktik der Physik in Potsdam an einer letztlich unvollendet gebliebenen Dissertation, in deren Rahmen ich an zwei Gymnasien in der Umgebung von Berlin Unterrichtseinheiten zum Thema „Lernen über kosmische Magnetfelder" auch zur Freude der Schüler erprobt habe. Die dafür erstellten Materialien und didaktischen Erkenntnisse aus diesen Unterrichtsversuchen konnte ich schließlich in einem Buch mit dem Titel *Magnetischer Kosmos – To B or not to B* verwenden, in dem die so weitreichende Bedeutung der magnetischen Flussdichte B aufgezeigt wird.

Nach seinem Vortragsbesuch bei der Bremer Olbers-Gesellschaft schenkte mir der Heliophysiker Rainer Schwenn zwei wissenschaftliche Fachbücher zum Thema „Physics of the Inner Heliosphere", die er 1990 bzw. 1991 zusammen mit seinem Kollegen Eckart Marsch herausgegeben hatte. In diesen für mich damals besonders anspruchsvoll erscheinenden Büchern ging es zum einen um großskalige heliosphärische Phänomene, zum anderen um die dafür relevante Physik der Teilchen und Wellen sowie um die besondere Bedeutung turbulenter Prozesse. Etwa 20 Jahre danach traf ich Eckart Marsch das erste Mal persönlich im Max-Planck-Institut für Aeronomie zu einem vorbereitenden Gespräch für seinen geplanten Vortrag bei der Olbers-Gesellschaft zum Thema „Sonnenwind und Weltraumwetter". Fasziniert lauschte ich damals seinen Ausführungen über die große Vielfalt der sehr komplexen Wechselwirkungsprozesse, die für die Aufheizung der Sonnenkorona und die Beschleunigung des von ihr ausströmenden Sonnenwinds entscheidend verantwortlich sind. Im März 2013 erklärte er den beeindruckten Besuchern seines Vortrags in Bremen, welche optischen Beobachtungen der Sonne vom Weltraum und welche In-situ-Messungen von Raumsonden aus für die Gewinnung gesicherter Erkenntnisse über die Vorgänge in der Heliosphäre sorgen können und wie die Aktivität der magnetischen Sonne, die solaren Eruptionen und der sehr dünne Sonnenwind das Weltraumwetter insbesondere auch in der Erdumgebung bestimmen.

Vor seiner Emeritierung im Jahr 2012 hatte Eckart Marsch als leitender Wissenschaftler seines Instituts unter anderem die Entwicklung der Sonnensonde Solar Orbiter mit einem Proposal an die ESA angeregt und in den entscheidenden Anfangsphasen dieser Mission die Aktivitäten der Community geleitet und koordiniert. Aus gutem Grund wurde er natürlich auch zum Start dieser ESA-Mission im Februar 2020 nach Cape Canaveral eingeladen. Aufgrund seiner vielfältigen Verdienste um ein tieferes Verständnis heliosphärischer Prozesse wurde ihm bei der Jahrestagung der European Geosciences Union (EGU) 2018 die Hannes-Alfvén-Medaille verliehen. Bei dieser Veranstaltung hielt er einen Vortrag mit dem Titel „Solar Wind and Kinetic Heliophysics", in dem er, im Gegensatz zur üblichen großskaligen Betrachtung heliosphärischer magnetischer Fluide im Rahmen der Magnetohydrodynamik, vor allem die entscheidende Bedeutung kleinskaliger kinetischer Prozesse für ein tiefes Verständnis der im weitgehend kollisionsfreien Plasma des Sonnenwinds ablaufenden Prozesse herausstellte. Wie froh war ich, dass ich 2015 zusammen mit Eckart einen internationalen Workshop zum Thema „Solar System Plasma Turbulence, Intermittency and Multifractals (STORM 2015)" in Rumänien besuchen durfte, auf der Fachwissenschaftler die neuesten Erkenntnisse über die Vielfalt kinetischer Prozesse im Detail diskutierten.

Seit etwa zehn Jahren sind Eckart und ich miteinander enger befreundet, besuchen uns regelmäßig wechselseitig und diskutieren engagiert die unterschiedlichsten, nicht nur physikalischen Themen. Schwerpunktmäßig geht es dabei natürlich auch immer wieder über viel Spannendes und Aktuelles, die Vorgänge auf der Sonne und ihrer Heliosphäre betreffend.

Mit seinen tiefgehenden Fachkenntnissen hat mich Eckart dabei auch sehr bei der Gestaltung meines 2018 erschienenen Buchs zum Thema „Chaos, Turbulenzen und kosmische Selbstorganisationsprozesse" unterstützt. Ich fand es danach eigentlich sehr schade, dass Eckart persönlich noch kein verständliches, auch für engagierte Laien und junge Studenten anschaulich gestaltetes Buch geschrieben hatte, in dem seine von vielen Kollegen sehr anerkannten tiefen wissenschaftlichen Erkenntnisse über die Heizung und Beschleunigung des magnetischen Sonnenwinds einmal zusammenfassend vorgestellt werden. Deshalb schlug ich ihm 2018 vor, doch gemeinsam ein Buch zum Thema „Magnetisches Sonnensystem – Solare Eruptionen, Sonnenwinde und Weltraumwetter" zu schreiben. Ich war sehr froh, dass Eckart recht schnell zustimmte.

In endlosen Sitzungen, in langen Telefongesprächen, in umfangreichen Zoom-Sitzungen und durch das Hin- und Herschicken von Text- und Abbildungsvorschlägen zwischen Kiel und Bremen ist es uns Anfang 2022 endlich gelungen, einen gemeinsamen Entwurf zusammenzustellen, der uns beiden, im Zusammenspiel von wissenschaftlicher Erkenntnis und didaktischer Aufbereitung, heute gefällt. Unser Ziel war es, die uns persönlich so faszinierenden Phänomene und physikalischen Prozesse in der magnetisch aktiven Sonne, in ihrer Atmosphäre, in dem abströmenden Sonnenwind sowie in den Magnetosphären und Ionosphären der Planeten und kleinerer Himmelsobjekte unseres Sonnensystems einem größeren Personenkreis ausführlicher vorzustellen und möglichst anschaulich, aber auch wissenschaftliche korrekt zu erklären. Von der großen Bedeutung des Weltraumwetters für unsere technisch sich so rasant entwickelnde Gesellschaft haben in diesem Zusammenhang wahrscheinlich nicht nur die von der Astronomie Begeisterten, Studenten und Wissenschaftler gehört. Wir waren uns recht sicher, dass wir viele andere Menschen relativ einfach motivieren könnten, sich etwas tiefer mit der Erklärung der physikalischen Prozesse auseinanderzusetzen, die für die Entstehung der so spektakulären Sonneneruptionen, Kometenschweife und Polarlichter entscheidend verantwortlich sind. Insbesondere im Zusammenhang mit den Entstehungs- und Entwicklungsprozessen solarer und planetarer Magnetfelder sowie mit den kleinskaligen Heizungs- und Beschleunigungsprozessen in der Korona und dem sehr dünnen Sonnenwind haben wir uns häufiger die Frage gestellt, ob unsere Zielsetzungen nicht zu anspruchsvoll seien und ob wir nicht lieber auf allzu tiefe physikalische Erklärungen verzichten sollten.

Wir haben uns aber doch immer wieder dafür entschieden, die uns aus wissenschaftlicher Sicht sehr wichtig erscheinenden, manchmal auch recht komplizierten Sachverhalte möglichst ohne größeren Einsatz mathematischer Herleitungen und Formeln, aber didaktisch aufbereitet, in diesem Buch dennoch einigermaßen verständlich zu erklären. Unterstützt durch die Verwendung einer Vielzahl farbiger Abbildungen, erklärender Grafiken und mithilfe des von Raumsonden gewonnenen Datenmaterials wollten wir dem Leser einen großen Überblick und tiefen Einblick über und in die Vielzahl interessanter Phänomene und Prozesse in der Heliosphäre unseres Sonnensystems geben, bei denen elektromagnetische Prozesse in elektrisch leitfähigen Plasmen und metallischen Fluiden nahezu überall eine dominierende Rolle spielen. Häufig angehängt an die Erklärungstexte unter den Abbildungen, sollen die als ShortURLs bezeichneten Links in der Form „sn.pub/…" dem interessierten Leser einen direkten Zugang zu interessanten Videofilmen und ergänzendem Datenmaterial im Internet ermöglichen. Bewegte Bilder, Realfilmsequenzen, Animationen sowie einfache anschauliche Erklärungen erleichtern sicherlich tiefere Einblicke in die spannenden Prozesse in der Heliosphäre unseres Sonnensystems. Auf der Internetseite sn.pub/hebmF6 können interessierte Leser ergänzendes Datenmaterial zu diesem Buch finden. Wer sich für die in den vergangenen Jahren als zunehmend bedeutsamer erkannte Rolle magnetischer Prozesse auch im Zusammenhang mit der Entstehung des Sonnensystems interessiert, findet hier auch ein dieses Buch ergänzendes ein Kapitel.

Juni 2022   Ulrich von Kusserow

Prolog

„Weltraumwetter ist der Begriff, mit dem Wissenschaftler die sich ständig ändernden Bedingungen im Weltraum beschreiben. Explosionen auf der Sonne erzeugen Strahlungsstürme, schwankende Magnetfelder und Schwärme von energetischen Partikeln. Diese Phänomene wandern mit dem Sonnenwind durch das Sonnensystem nach außen. Bei ihrer Ankunft auf der Erde interagieren sie auf komplexe Weise mit dem Erdmagnetfeld und erzeugen die Strahlungsgürtel der Erde und die Aurora. Einige Weltraumwetterstürme können Satelliten beschädigen, Stromnetze ausschalten und die Kommunikationssysteme von Mobiltelefonen stören." (Roberta Johnson, Windows to the Universe)

Unglaublich fasziniert und gebannt verfolgten mehr als 500 Mio. Menschen vor mehr als 50 Jahren die erste Mondlandung der NASA-Apollo-Mission in einer ausgedehnten Liveübertragung am Fernsehbildschirm. Am 21. Juli 1969 um 02:56:20 Uhr koordinierter UTC-Weltzeit betrat der amerikanische Astronaut Neil Armstrong als erster Mensch die Mondoberfläche und sprach die so berühmt gewordenen Worte: „Das ist ein kleiner Schritt für einen Menschen, aber ein großer Sprung für die Menschheit!" Was wollte er mit diesem kurzen, möglicherweise gar nicht von ihm allein ersonnenen Satz wohl ausdrücken?

Sicherlich war es nicht seine persönliche Freude darüber, dass die Amerikaner in Zeiten des Kalten Kriegs in diesem Moment den Wettlauf zum Mond gegenüber den Russen gewonnen hatten. Vielmehr sollte sein Ausspruch wohl eher würdigen, dass es trotz gewaltiger technischer Schwierigkeiten und unter großer Lebensgefahr für die Astronauten der

Apollo-11-Mission einem Menschen erstmals gelungen war, einen Himmelskörper entfernt von der Erde zu betreten. Vielleicht wollte Armstrong damit auch ausdrücken, dass dieser kleine Schritt bereits ein entscheidender Schritt im Zusammenhang mit der Realisierung des Projekts einer zukünftigen Besiedlung des Weltalls gewesen sein könnte. „Der Mars und Terraforming dieses Planeten sind das Ziel" war auch die Idee des deutsch-amerikanischen Raumfahrtingenieurs Jesco von Puttkamer (1933–2012), der seit 1963 im Team von Wernher von Braun (1912–1977) am Apollo-Programm arbeitete und seit 1974 eine Arbeitsgruppe zur strategischen Planung der permanenten Erschließung des Alls leitete. „Wir entwickeln ja die Raumfahrt und ihre Technik, um der Erde zu helfen […] das machen wir deswegen, um dann, wenn wir der Erde zu viel werden und die Erde schützen müssen, hinaus können in die Freiheit und wachsen können […]" war ja noch vor einem Jahrzehnt seine Aussage.

Nach Apollo 11 gab es im Rahmen der Apollo Missionen noch insgesamt fünf weitere Mondlandungen, bei denen sich jeweils zwei Astronauten maximal bis zu etwas mehr als drei Tagen auf unserem Erdtrabanten aufhielten. Sie erprobten unter nicht einfachen Umständen die möglichen Lebensbedingungen auf dem Mond und führten geologische Untersuchungen durch. Sie stellten zu Vermessungszwecken Reflektoren auf und sammelten mithilfe des Solar-Wind-Composition-Experiments der Universität Bern wissenschaftliche Daten über den direkt auf die Oberfläche des Monds einströmenden Sonnenwind. Ursprünglich waren nach Apollo 17 noch drei weitere Apollo-Missionen zum Mond geplant. Die noch vorhandenen Apollo-Raumschiffe und Saturnraketen wurden jedoch lieber für das nachfolgende Skylab-Projekt verwendet. Jeweils drei Astronauten führten 1973/1974 auf der ersten und bisher einzigen rein US-amerikanischen Weltraumstation bei insgesamt drei Missionen Experimente im Rahmen der Werkstoffforschung und Biomedizin durch. Sie beobachteten die Erde im Infrarotbereich, vermaßen mit Radargeräten geologische Prozesse und studierten mit Sonnenteleskopen erstmals ungestört von der Erdatmosphäre das Verhalten der Chromosphäre und heißen Korona unseres Heimatsterns, der Sonne.

Vielleicht haben Sie sich auch schon gefragt, warum seit mehr als 50 Jahren kein Astronaut mehr den Mond betreten hat, warum unser Erdtrabant gerade jetzt wieder in den Fokus einiger Raumfahrtnationen und privater Raumfahrtagenturen gerückt ist und warum im nächsten Jahrzehnt ein „Massenansturm auf den Mond" zu erwarten ist. Sicherlich war damals das Öffentlichkeitsinteresse nach mehreren Apollo-Missionen ohne wirklich spektakuläre weitere Ereignisse etwas erlahmt. Trotzdem weiterzumachen, dafür war das Apollo-Programm, das zeitweise von 400 000 Menschen und 20 000 Privatfirmen realisiert worden war, mit Kosten von, aus heutiger Sicht, vermutlich mehr als 150 Mrd. US-$ viel zu teuer. Außerdem wussten die NASA-Mitarbeiter sehr wohl, und nicht erst nach der Explosion eines Tanks mit Flüssigsauerstoff im Servicemodul des Apollo-13-Raumschiffs und der aufsehenerregenden Rettungsaktion der Astronauten, wie lebensgefährlich jede dieser Missionen für die Raumschiffbesatzung werden könnte. Noch waren die Technik, Elektronik und Computerisierung nicht genügend ausgereift, hatten die Raumfahrtfachleute auch keine ausreichenden Erfahrungen, um größere Risiken vermeiden zu können. Offensichtlich haben sich die Bedingungen für bemannte Flüge zum Mond und bald sogar zum Mars nach 50 Jahren erfolgreicher moderner Weltraumforschung wesentlich verbessert.

Sehr wahrscheinlich gab es aber einen weiteren, triftigen Grund, warum die NASA das Apollo-Programm damals vorzeitig gestoppt haben könnte. Zwischen den beiden Mondmissionen Apollo 16 im April 1972 (Abb. P.1a) und Apollo 17 (Abb. P.1c) im Dezember 1972 hatte am 7. August 1972 eine gewaltige Sonneneruption stattgefunden, deren Entwicklung mit einem hochauflösenden Sonnenteleskop vom Big Bear Solar Observatory (BBSO) im amerikanischen Bundesstaat Kalifornien gefilmt werden konnte (Abb. P.1b). Bei einem nach seinem Aussehen als Seepferdchen bezeichneten blitzartig aufleuchtenden Flare wurden in einer Region mit dunklen Flecken auf der Sonne über viele Minuten hinweg große Mengen an gespeicherter magnetischer Energie freigesetzt. In der Folge wurden harte elektromagnetische Strahlung im UV-, Röntgen- und Gammastrahlenbereich, viele stark beschleunigte, geladene Teilchen sowie riesige Materiewolken teilweise auch in Richtung zum Mond ausgesandt.

Die Astronauten der beiden letzten Apollo-Missionen wären bei ihrem Aufenthalt auf dem Mond, der sich gerade nicht in dem abschirmenden Schweif der Erdmagnetosphäre aufhielt, deshalb etwa zweieinhalb bis drei Tage lang, ohne eine sie schützende lunare Atmosphäre, dem unheilsamen Bombardement von hochenergetischen Teilchen und hochenergetischer Strahlung von der Sonne ausgesetzt gewesen. Die NASA-Wissenschaftler haben vermutlich wohl erst nachträglich erkannt, dass die Astronauten die Auswirkungen derartig heftiger, sich im Zeitraum vom 2. bis 11. August 1972 und darüber hinaus immer wiederholender Strahlungsausbrüche damals wahrscheinlich nicht überlebt hätten. Von daher ist es verständlich, dass sich die NASA in den vergangenen Jahrzehnten gründliche Gedanken darüber machte und auch heute noch intensiv erforscht, wie man den

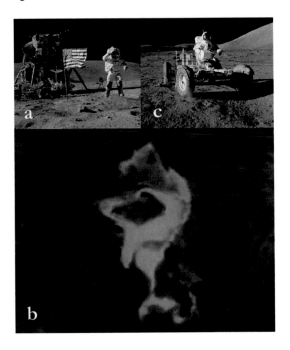

Abb. P.1 Mögliche Lebensgefahr für Astronauten durch die Auswirkungen von Sonneneruptionen. **a** Der Astronaut John Young der Apollo 16 Mission salutiert am 21. April 1972 vor der Flagge der Vereinigten Staaten auf dem Mond. Im Hintergrund sieht man das Apollo Lunar Module Orion und das Lunar Roving Vehicle. **b** Gewaltiger Sonnensturm in Form eines Flares am 7. August 1972. **c** Der Astronaut Eugene A. Cernan der Apollo 17 Mission unternimmt am 11. Dezember 1972 eine erste Probefahrt mit dem Lunar Roving Vehicle
Apollo 16 NASA Documentary – Nothing So Hidden – 1972 – 5th Moon Landing: sn.pub/1VAVNl
Great Solar Flare (August 7, 1972): sn.pub/elkDO6
Apollo 17 Lunar Rover: sn.pub/fLd8fV
© a C. Duke/NASA, b Big Bear Solar Observatory, c Harrison H. Schmitt/NASA

Gefahren für die Astronauten durch die bedrohlichen Auswirkungen des Weltraumwetters am besten begegnen kann.

Die Weltraumagenturen planen gegenwärtig wesentlich längere bemannte Raumflüge und Aufenthalte von Astronauten auf dem Mond und sogar auf dem Mars. Manche Fantasten träumen darüber hinaus von einer technisch machbaren Umwandlung anderer Planeten in bewohnbare erdähnliche Himmelskörper, sogar der Besiedelung „naher" extrasolarer Sternsysteme wie z. B. Proxima Centauri oder Trappist-1 (Abb. E.1 im Epilog). Abgesehen davon, dass die Reisen dorthin viele Zehntausend Jahre dauern würden und schon von daher als unrealistisch angesehen werden müssen, sollte man sich auch die ungeheuren Gefahren für die Astronauten bei solchen Reisen wegen des auch dort sicherlich herrschenden, wahrscheinlich sogar noch wesentlich extremeren „Weltraumwetters" bewusst machen. Die im Umfeld dieser Sterne anzutreffenden kosmischen Entwicklungen könnten noch viel intensiver sein.

Die Sonne als Zentralkörper unseres Sonnensystems stellt eine im Vergleich zur Erde riesige, weitgehend aus ionisiertem Wasserstoff bestehende Plasmakugel dar. Ihr Durchmesser ist etwa 109-mal so groß wie der unseres Heimatplaneten. Unser Stern besitzt eine Masse, die die Gesamtmasse aller acht Planeten, die sie umkreisen, um mehr als das 700-Fache übertrifft. Es ist die Vielzahl der in dem Inneren und den unterschiedlichen Atmosphären-schichten der Sonne auf ganz verschiedenen räumlichen und zeitlichen Skalen ablaufenden dynamischen Prozesse, die auch die Entwicklung der die Sonne umgebenden Heliosphäre entscheidend bestimmt. Im äußeren Drittel des Sonneninneren, der Konvektionszone, werden durch großräumige sowie turbulente elektrische Ströme die solaren Magnetfelder in Dynamo-prozessen immer wieder neu erzeugt. Diese im Vergleich zum Erdmagnetfeld relativ starken Felder schwanken hinsichtlich ihrer Stärke und räumlichen Anordnung auffallend im Rhythmus des etwa elfjährigen periodischen Zyklus der Sonnenfleckenaktivität bzw. 22-jährigen Zyklus des sich zeitlich weitgehend periodisch stark ändernden globalen Magnetfelds der Sonne.

Die Sonnenmagnetfelder steuern die Strukturbildung und Entwicklungen einer Vielzahl solarer Phänomene, die auf der Sonnenscheibe, in höheren Atmosphärenschichten sowie in dem aus der heißen Sonnenkorona stetig in den interplanetaren Raum abströmenden turbulenten und magnetisierten Sonnenwind zu beobachten sind. So treten beispielsweise die auffallend dunklen Sonnenfleckengruppen sowie die manchmal riesigen, auch als Protuberanzen bezeichneten solaren Plasmawolken im Verlauf des elf-jährigen Zyklus systematisch bei verschiedenen heliografischen Breiten mit ganz unterschiedlichen Abmessungen auf. Die Entstehung besonders großer Sonnenflecken näher zum Sonnenäquator, weit über den Sonnen-rand aufragende riesige Gaswolken sowie die solaren Flares und Eruptionen mit gewaltigen Materieauswürfen finden dabei bevorzugt in Zeiten des Maximums der Sonnenaktivität statt. Magnetisch vermittelte Prozesse heizen die Sonnenkorona bis zu mehr als 1 Mio. Grad auf. Sie lösen heftige Explosionen in der Sonnenatmosphäre aus und beschleunigen die geladenen Elektronen, Protonen sowie Ionen größerer Masse im Sonnenwind.

Als Heliosphäre wird das sehr weiträumige Gebiet des Weltraums bezeichnet, welches die Sonne blasenförmig umgibt und in dem der Sonnenwind mit seinem Magnetfeld dynamisch wirksam wird. Bis zu der als Heliopause bezeichneten Außengrenze dieses Raums verdrängt dieser von der Sonne ausgehende Teilchenstrom weitgehend den Zustrom von Materie aus dem umgebenden interstellaren Medium. Das Weltraumwetter in der Heliosphäre (Abb. P.2) beschreibt die zeitlich variierenden Zustände der Teilchen und elektromagnetischen Felder im Sonnensystem. Es wird dabei ganz wesentlich durch den Sonnenwind und die Sonnenstürme, aber auch durch die von außen in das Sonnensystem einströmenden hochenergetischen Partikel der galaktischen kosmischen Strahlung bestimmt. Unterschiedliche Sonnenwindströme wechselwirken im interplanetaren Raum dynamisch miteinander, und sie treffen auf die Magnetosphären und Ionosphären der Planeten sowie auf kleinere Himmelskörper. Die in unregelmäßigen Abständen verstärkt einsetzenden Teilchen- und Strahlungsströme bei solaren Flares sowie die kosmische Teilchenstrahlung können Vorgänge selbst noch in den tieferen Schichten der Planetenatmosphären beeinflussen. Entscheidend für uns Menschen ist natürlich der Einfluss des Weltraumwetters in der Umgebung unserer Erde, denn in einer zunehmend höhertechnisierten Welt können intensive Teilchenströme von der Sonne und durch sie induzierte erdmagnetische Stürme unter Umständen sehr negative Folgen haben.

Etwa 99 % des Universums bestehen vermutlich aus Plasmamaterie, in der magnetische Felder wie in der Heliosphäre der Sonne eine zentrale Rolle spielen. Insbesondere die Vor-Ort-Erforschung durch Satelliten, die Gewinnung umfangreichen, räumlich und zeitlich hochaufgelösten Datenmaterials für eine Vielfalt von sich relativ rasch entwickelnden und gut beobachtbaren Phänomenen im uns nahen Sonnensystem ermöglichen die genaue Erforschung von und Gewinnung grundlegender Erkenntnisse über physikalische Prozesse in den verschiedensten magnetisierten Plasmen. Mit den hier gewonnenen Einsichten lassen sich auch die grundlegenden Prozesse der Heizung und Beschleunigung elektrisch geladener Teilchen in stellaren Koronen und Astrosphären weit entfernter Sterne viel besser verstehen. Wie wichtig erweist es sich doch für ein tieferes Verständnis der komplexen Vorgänge in unserem Universum, neben den physikalischen Prozessen, die unter dem dominierenden Einfluss der Gravitation erfolgen, gerade auch die vielfältigen elektromagnetischen Prozesse adäquat zu berücksichtigen.

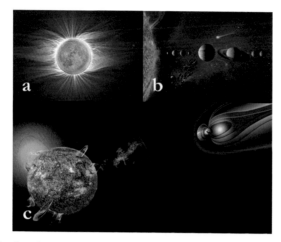

Abb. P.2 Durch den Sonnenwind in der Heliosphäre getriebenes Weltraumwetter.
a Blick in die Sonnenkorona und Innere Heliosphäre während einer totalen Sonnenfinsternis, bei der der Mond die Sonnenscheibe verdeckt. **b** Künstlerische Darstellung bekannter Himmelsobjekte in der Heliosphäre unseres Sonnensystems.
c Magnetische Feldstrukturen, die das Weltraumwetter im Sonne-Erde System prägen
Miloslav Druckmüller, Stále záhadná sluneční koróna: sn.pub/YnCoya
Das Sonnensystem: Unser Zuhause im Weltall: sn.pub/AErisu
1859 Carrington-Class Solar Storm Pummeled Earth's Magnetic Field: sn.pub/tY05ni
CME Leaving the Sun, Slamming into our Magnetosphere: sn.pub/mhyqZj
© a M. Druckmüller, b NASA, c NASA

Nicht nur für Wissenschaftler gibt es offensichtlich viele triftige Gründe
dafür, in der Heliosphäre, in der Sonnenatmosphäre, im Sonnenwind und
im Umfeld planetarer Magnetosphären das Weltraumwetter mit all seinen
komplexen physikalischen Prozessen gründlich und im Detail zu erforschen
und tiefer zu verstehen. Die Sonne ist nun einmal der Stern, der unser aller
Leben bestimmt, und deshalb sind wir neugierigen Menschen sehr daran
interessiert, auch mehr über die Vorgänge im Umfeld unseres Heimatsterns
und seines Planeten Erde zu erfahren. Besonders fasziniert bestaunen wir bei
einer totalen Sonnenfinsternis die filigranen, durch Magnetfelder geformten
Strukturen der Sonnenkorona und bewundern die Entwicklungen der Polarlichterscheinungen und die Schönheit der Kometenschweife.

In einer zunehmend technisierten Welt werden wir Menschen in Zukunft
außerdem stärker darauf angewiesen sein, die möglichen negativen Auswirkungen des Weltraumwetters einschätzen zu können. Wissenschaftler
und Raumfahrtagenturen benötigen dessen verlässliche Vorhersage, damit
sie die Sicherheit der oft sehr teuren Satellitenprojekte oder gefährlicher
bemannter Raumfahrtmissionen durch rechtzeitige Risikominimierung

gewährleisten können. Gespannt verfolgen viele Menschen in diesem Zusammenhang die aktuellen Vorbereitungen der für die nächsten Jahrzehnte geplanten Raumflüge von Astronauten zum Mond und sogar zum Mars. Die Plasma- und Heliophysiker, Sonnenwind- und Magnetosphärenforscher sind darüber hinaus natürlich aber auch sehr an der Grundlagenforschung selbst interessiert.

Dieses Buch ist für interessierte Laien, Studenten und Amateurastronomen geschrieben, die sich für die Vielfalt der faszinierenden Phänomene auf der Sonne und in der Heliosphäre unseres Sonnensystems (Kap. 1, 2 und 3) interessieren. Beeindruckendes Bild- und Videomaterial[1] sowie anschauliche, tiefergehende Erklärungen sollen die Leser ohne Zuhilfenahme größerer mathematischer Herleitungen über die besondere Bedeutung und den Einfluss der Plasmen und Magnetfelder in dem uns direkt umgebenden Teil des Universums gründlich informieren. Es wird erklärt, wie die magnetischen Felder in der Sonne und in den sie umkreisenden Planeten mit ihren Monden durch Dynamoprozesse entstehen können (Kap. 3 und 8). Es werden die komplexen Prozesse ausführlicher beschrieben und erklärt, welche die Aufheizung der Sonnenatmosphäre, die Auslösung solarer Eruptionen sowie die Beschleunigung der Teilchen im magnetisierten Sonnenwind bewirken (Kap. 3, 4 und 5). Es wird weiterhin dessen langer Weg durch die gesamte Heliosphäre bis zum Kontakt mit dem das Sonnensystem umgebenden lokalen interstellaren Medium verfolgt.

Insbesondere werden auch die physikalischen Wechselwirkungsprozesse des Sonnenwinds beim Auftreffen auf Hindernisse wie Kometenkerne, Magnetosphären oder Ionosphären der Planeten beschrieben und eingehender erläutert (Kap. 7 und 8). Es sollen sowohl die historischen (Kap. 1 und Anhang) als auch die jeweils neuesten wissenschaftlichen Aktivitäten und Erkenntnisse zur Erforschung des Weltraumwetters (Kap. 5 und 9) vorgestellt und dessen vielfältige Einflüsse auf das Leben auf unserem Planeten, speziell aber auf das Klima im Erdsystem, ausführlich beschrieben

---

[1] An den erklärenden Text zu den Abbildungen sind häufiger zu angesprochenen Themen eine Vielzahl sogenannter Kurz-URLs angefügt, über die der Leser leichteren Zugang zu ergänzendem Video- und Datenmaterial finden kann. Dies gelingt jeweils durch Eintippen und Anklicken dieser Kürzel im Internet-Browser, in der Online-Ausgabe dieses Buchs einfach durch direktes Anklicken dieser Links. Einige dieser Materialien entsprechen nicht strengen wissenschaftlichen Anforderungen, erleichtern dem Leser möglicherweise aber einen einfacheren Zugang zu komplexeren Sachthemen.

Aktualisierte und ergänzende Text- und Bildmaterialien zu diesem Buchsowie gegebenenfalls erforderliche Fehlerkorrekturen des Buchtextes werdenfortlaufend auf der Seite sn.pub/hebmF6 im Internet veröffentlicht.

werden (Kap. 10). Für ein tieferes Verständnis all dieser Phänomene werden jeweils die zurzeit anerkannten Szenarien und Theorien möglichst anschaulich erläutert. Dafür werden die mithilfe moderner Teleskope und In-situ-Messungen auf Satelliten gewonnenen Beobachtungsergebnisse, aber auch einige durch Modell- und numerische Simulationsrechnungen gewonnene Erkenntnisse vorgestellt.

Inhaltsverzeichnis

Abbildungsverzeichnis

Text für das Titelbild

Das Titelbild dieses Buchs ist ein Bildkomposit. Es zeigt eine Aufnahme der Sonnenkorona bei der totalen Sonnenfinsternis, die 2021 von Miloslav Druckmüller und Andreas Möller in der Antarktis beobachtet wurde. Ihr überlagert, bedeckt eine Aufnahme, die mit einer Kamera des Solar Dynamics Observatory (SDO) vom Weltraum aus gemacht wurde, die Sonnenscheibe. Die Chromosphäre und Transitregion der Sonnenatmosphäre sind darauf im ultravioletten Licht des einfach ionisierten Heliums bei einer Temperatur von etwa 50 000 Grad zu sehen. Die Feinstrukturen in der Sonnenkorona entstehen durch Streuung des von der Sonne ausgestrahlten weißen Lichts an den koronalen Elektronen: Sie veranschaulichen eindrucksvoll die hier komplexe Verteilung der Plasmadichte sowie den filigranen Verlauf der solaren Magnetfeldlinien.

1

Das Sonnensystem und die Heliosphäre

Inhaltsverzeichnis

1.1 Eigenschaften des Sonnensystems

Die Sonne steht im Zentrum unseres Sonnensystems, hat seit mehr als 4,5 Mrd. Jahren die Entwicklung dort entscheidend beeinflusst und wird sie auch in Zukunft bestimmen. Der die Sonne weiträumig umgebende blasenförmige Bereich des Weltraums wird als Heliosphäre bezeichnet, in welcher das aus der Sonnenatmosphäre ausströmende Plasma, der magnetisierte Sonnenwind, das interstellare Medium vollständig verdrängt hat.

Unser Sonnensystem (Abb. 1.1) besteht aus der Sonne, den sie umkreisenden acht Planeten Merkur, Venus, Erde, Mars, Jupiter, Saturn, Uranus und Neptun, den Zwergplaneten wie z. B. Pluto, einer Vielzahl von sie umkreisenden Monden, mehr als 1 Mio. Asteroiden und Kometen, unzähligen meteoroidischen Gesteinsteilen sowie der Gesamtheit aller Gas- und Staubteilchen. Die Gesamtmasse aller Himmelsobjekte beträgt in diesem System rund $2 \cdot 10^{30}$ kg. Davon entfallen 99,86 % auf die Sonne, deren dominante Gravitationskraft noch bis in die sogenannte Oortsche

© Springer-Verlag GmbH Deutschland, ein Teil von Springer Nature 2023
U. von Kusserow und E. Marsch, *Magnetisches Sonnensystem*,
https://doi.org/10.1007/978-3-662-65401-9_1

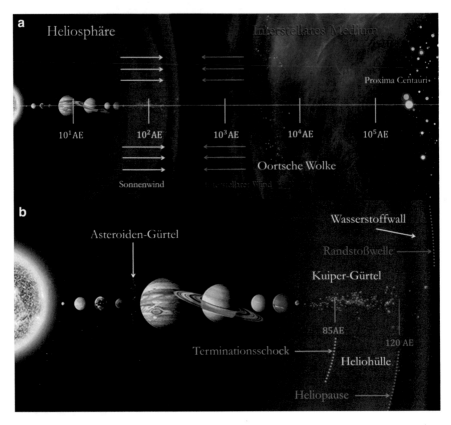

Abb. 1.1 Das Sonnensystem, die Heliosphäre und das umgebende interstellare Medium. **a** Während der gravitative Einflussbereich der Sonne unseres Sonnensystems bis zur Oortschen Wolke reicht, befindet sich der Rand der durch den Sonnenwind geformten Heliosphäre dort, wo interstellare Winde die Ausbreitung des Sonnenwinds stoppen. **b** Die Umlaufbahnen der Planeten, der Asteroiden- sowie der Kuipergürtel befinden sich innerhalb der Heliosphäre. Deren äußere Grenze wird als Heliopause bezeichnet, vor der sich ein Wasserstoffwall mit einer Randstoßwelle ausbreitet, an dessen vorderster Front das interstellare Medium beginnt. Im Bereich der Heliohülle nimmt dieses Medium bereits mehr oder weniger deutlichen Einfluss auf die Strömungsgeschwindigkeit des Sonnenwinds. Er wird dadurch am Terminationsschock auf Unterschallgeschwindigkeit abgebremst
Das Sonnensystem: Unser Zuhause im Weltall: sn.pub/AErisu
Mapping the Heliosphere for the first time: sn.pub/18BMeg
The Heliosphere: sn.pub/iQ70jC
© C. Carter/Keck Institute for Space Studies, U. v. Kusserow

Wolke Einfluss nimmt. Diese hypothetische, allerdings nur schwer nachzuweisende kugelschalenförmige Ansammlung eisiger planetesimalartiger astronomischer Objekte würde so theoretisch den äußeren gravitativen Rand unseres Sonnensystems bilden (Abb. 1.1a).

Die Masse der Sonne ist mit $M_\odot = 2 \cdot 10^{30}$ kg etwa 700-mal so groß wie die gesamte Masse aller Planeten und 333 000-mal so groß wie die der Erde. Die Lage des Massenschwerpunkts unseres Sonnensystems, des Baryzentrums, liegt dabei allerdings extrem selten direkt im Zentrum der Sonne, häufig nicht einmal überhaupt irgendwo im Sonneninneren – insbesondere dann nicht, wenn die relativ massereichen Gasplaneten Jupiter und Saturn bei ihren Umläufen um die Sonne mit anderen Planeten in Konjunktion, also auf einer Seite in einer Reihe hintereinander stehen. Deren gemeinsame Gravitationswirkung kann den Massenschwerpunkt des Systems dann sogar für mehrere Jahre aus der Sonne herausbefördern.

Die Planeten und Kleinplaneten umrunden die Sonne ebenso wie die Monde ihre Planeten in der Regel weitgehend auf Ellipsenbahnen in der sogenannten Ekliptik (Abb. 1.2). Während sich die Gesteinsplaneten meist durchweg starr um ihre Rotationsachsen drehen, rotieren die Sonne, aber auch die Gasplaneten differenziell. Die auf ihrer Oberfläche und im Inneren messbaren Winkelgeschwindigkeiten ihrer Rotationsbewegung sind in

Abb. 1.2 Künstlerische, nicht maßstabsgetreue Darstellung der Planeten, Asteroiden und Kometen unseres Sonnensystems, die die aktive, im UV-Licht dargestellte Sonne umkreisen
Solar System 101 | National Geographic: sn.pub/0pSaxW
© NASA

diesen Fällen orts- und zeitabhängig. Der orbitale Drehimpuls des Planetensystems ist dabei 88-mal größer als der Eigendrehimpuls der Sonne.

Die mittleren Abstände der einzelnen Planeten von der Sonne lassen sich jeweils als Vielfaches der Astronomischen Einheit (AE) angeben. Dieses in der Astronomie häufig verwendete Längenmaß bestimmt durch die Festlegung von 1 AE = 149 597 870,700 km den mittleren Abstand der Erde von der Sonne. Die große Halbachse des innersten Planeten Merkur beträgt 0,3871 AE, was einer Entfernung von etwa 83 Sonnenradien entspricht. Neptun ist mit etwa 30 AE der am weitesten von der Sonne entfernte Planet. Während das Sonnenlicht ihn mit der Geschwindigkeit von $c = 299\ 792\ 458$ m/s nach etwa 6 h erreicht, benötigt es bis zum Erreichen des etwa 100 000 AE entfernten äußeren Rands der Oortschen Wolke sogar 1,6 Jahre (Abb. 1.1b). In noch größerer Entfernung von der Sonne beginnt der Bereich, in dem die ihr benachbarten Sterne gravitativ dominieren. Mit einer Entfernung von 4,243 LJ $\cong$ 266 000 AE ist Proxima Centauri dabei der unserem Sonnensystem nächste Stern. Mit einer Masse von nur etwa $0,123 \cdot M_\odot$ ist er Zentralstern eines eigenen extrasolaren Planetensystems.

1.2 Dynamoprozesse und magnetische Eigenschaften

Im Inneren der Sonne, der Gesteinsplaneten Merkur und Erde, der Gasplaneten Jupiter und Saturn, der Eisplaneten Uranus und Neptun sowie im Jupitermond Ganymed werden kosmische Magnetfelder in sogenannten Dynamoprozessen immer wieder neu gebildet. Geeignete Geschwindigkeitsfelder in ihnen sorgen dafür, dass dort elektrische Ströme durch die Bewegung geladener Gaspartikel bzw. metallischer Fluide fließen. Durch komplexe Rückkopplung sorgen Induktionsprozesse dabei selbstorganisiert für die Erzeugung der magnetischen Felder. Sie können sich hinsichtlich ihrer Stärken, zeitlichen Entwicklungen und räumlichen Strukturen wesentlich voneinander unterscheiden.

Plasma bezeichnet ein aus Ionen und freien Elektronen bestehendes Teilchengemisch, gegebenenfalls auch mit einem Anteil aus neutralen Atomen oder Molekülen, das meistens in gasförmiger oder flüssiger Form vorliegt. In der Konvektionszone der differenziell, mit räumlich und zeitlich variabler Geschwindigkeit rotierenden Sonne erfolgt der thermische Energietransport in Form auf- und abströmender Plasmamaterie. In diesem, etwa 200 000 km breiten äußeren Bereich des Sonneninneren sorgen Turbulenzen,

Scher- und meridionale Strömungen des elektrisch sehr gut leitfähigen Plasmas für die Erzeugung der solaren Magnetfelder. Hinsichtlich ihrer Stärke, der Häufigkeit und Verteilung ihres Auftretens in unterschiedlichen heliografischen Breiten verändern sich diese Felder mehr oder weniger periodisch im Verlaufe des durchschnittlich 11,04-jährigen solaren Aktivitätszyklus. Da sich alle großskaligen magnetischen Feldstrukturen nach Durchlauf eines Zyklus jeweils umpolen, spricht man in diesem Zusammenhang von der Existenz eines etwa 22 -jährigen magnetischen Aktivitätszyklus der Sonne.

Auch in dem aus Eisen, Nickel und zu 10 bis 15 Gewichtsprozenten aus leichteren Elementen bestehenden flüssigen Kern der Erde werden Magnetfelder in Dynamoprozessen erzeugt. Im Inneren der rotierenden Erde sind es im Wesentlichen turbulente, in Form von Konvektionsrollen organisierte Strömungen der fluiden Metalle, die im Abstand zwischen 2900 km und 5100 km von der Erdoberfläche die magnetischen Induktionsprozesse treiben. Anders als bei der Sonne polt sich das globale Magnetfeld der Erde allerdings nicht periodisch, sondern völlig unregelmäßig, im Durchschnitt etwa alle 250 000 Jahre, um. Wie die Erde besitzen auch die Planeten Jupiter und Saturn feste innere Kerne. Oberhalb von diesen sorgen elektrische Ströme im elektrisch, aufgrund hoher Drücke metallähnlich gut leitfähigen Wasserstoff in deren rotierendem Inneren für die Erzeugung stärkerer Magnetfelder in Dynamoprozessen. Jupiter besitzt ein besonders starkes Magnetfeld mit einer magnetischen Flussdichte, die mehr als zehnfach so groß ist wie die der Erde, sowie eine besonders ausgedehnte Magnetosphäre, die weit in den interplanetaren Raum hinausreicht. Die Magnetosphäre des Saturns durchsetzt das ihn umgebende Ringsystem weiträumig.

Messungen unterschiedlicher Raumsonden haben gezeigt, dass Magnetismus ein im Planetensystem zwar häufiges, aber nicht bei allen Planeten anzutreffendes Phänomen darstellt. Auch Uranus und Neptun besitzen offensichtlich eine in Dynamoprozessen erzeugte Magnetosphäre. Anders als bei der Erde und den beiden Gasplaneten mit ihren weitgehend dipolartigen Magnetfeldern dominieren bei diesen Eisplaneten aber eher die multipolaren Feldanteile. Auch der Merkur und mit dem Jupiter umlaufenden Ganymed sogar ein Mond besitzen offensichtlich zwar recht schwache, aber immerhin wohl doch dynamogenerierte Magnetfelder. Es wird davon ausgegangen, dass auch der Mars einmal ein solches Magnetfeld besessen hat. Wie beim Erdmond findet man auch bei diesem Planeten heute noch einen charakteristisch strukturierten Restmagnetismus, der auf das Wirken früherer Dynamoprozesse schließen lässt. Obwohl die extrem langsam und im Vergleich zu fast allen Planeten gegenläufig rotierende Venus vermutlich einen ähnlich großen Nickel-Eisen-Kern wie die Erde besitzt, hat sie nur ein äußerst schwaches Magnetfeld. Nur aufgrund des von der Sonne ausgehenden Teilchenwinds wird die große Mengen von Ionen und freien Elektronen enthaltende und als Ionosphäre bezeichnete Atmosphärenschicht der Venus magnetisiert.

1.3   Der Einfluss der Sonne auf die Heliosphäre

Durch magnetische Auftriebskräfte steigen die solaren Magnetfelder, die in der Konvektionszone der Sonne in Dynamoprozessen erzeugt werden, unter anderem in gebündelter Form als magnetische Flussröhren seeschlangengleich durch diese auf. Dort, wo sie in magnetisch bipolarer Form die Sonnenoberfläche durchstoßen, geben sie sich in Form großer dunkler Sonnenflecken, Gebiete heller Fackelpunkte sowie mehr oder weniger hoch in die Sonnenatmosphäre aufragender solarer Gaswolken indirekt zu erkennen. Sonnenflecken erscheinen dunkel, weil breite Flussröhren den Zustrom heißer ionisierter Materie aus dem Sonneninneren behindern. Fackelgebiete geben sich als punktförmige Aufhellungen zu erkennen, weil man hier jeweils durch sehr schmale magnetische Flussröhren schräg in daran angrenzende, tiefergelegene und dadurch heißere Gebiete blickt. In die hervorstehenden Gaswolken, die je nach ihrer charakteristischen Form speziell auch als Bogen- oder Heckenprotuberanzen bezeichnet werden, hat sich relativ zur heißen Umgebung kühlere Materie einlagern können. Die magnetische Spannung der diese geordnet stützenden Magnetfeldstrukturen verhindert dabei den Rückfall der Materie zur Sonnenoberfläche gegen die gewaltige Gravitationskraft der Sonne. Die Schwerebeschleunigung $g_\odot = 274$ m/s^2 auf der Sonnenoberfläche ist in etwa 28-mal so groß wie die auf der Erdoberfläche ($g_\oplus = 9{,}81$ m/s^2).

Turbulente Strömungsprozesse, Strahlungsprozesse, aufsteigende und miteinander wechselwirkende, in Rekonnexionsprozessen auch miteinander verschmelzende solare Magnetfelder lösen eine Vielzahl von Instabilitäten in den unterschiedlichen Atmosphärenschichten der Sonne aus. Auf ganz unterschiedlichen Raum- und Zeitskalen wird die Materie hier aufgeheizt oder gekühlt, werden einzelne Teilchen auf unterschiedlich hohe Geschwindigkeiten beschleunigt, erfolgt der Transport, sogar Auswurf größerer Materiemengen mit eingelagerten magnetischen Feldern in Form solarer Eruptionen mehr oder weniger explosiv. Nicht nur in Zeiten starker Sonnenaktivität werden große Mengen an magnetischer Energie in stetig oder blitzartig auftretenden Flares freigesetzt. Und bei koronalen Masseauswürfen werden unter Ausbildung vorgelagerter Schockfronten große Mengen von Materie in den interplanetaren Raum hinausgeworfen. Kontinuierlich strömt ein stetiger, teilweise fortlaufend beschleunigter Teilchenwind aus der Korona, der äußersten, besonders stark aufgeheizten Atmosphärenschicht der Sonne. Die Quellen der unterschiedlich schnellen, dichten und in ihrer chemischen Zusammensetzung voneinander abweichenden Komponenten dieses Sonnenwinds liegen dabei im Bereich der offenen bzw. äquatornahen geschlossenen magnetischen Feldstrukturen.

Als Heliosphäre wird der die Sonne umgebende weiträumige Bereich des Weltraums bezeichnet, in dem der Sonnenwind mit seinem mitgeführten Magnetfeld entscheidend wirksam ist. In der Heliosphäre verdrängt dieser aus der Korona der Sonne ausströmende Teilchenstrom das interstellare Medium. Die sich im Abstand von etwa 120 AE von der Sonne befindende Heliopause benennt die äußerste Grenze der Heliosphäre, jenseits derer der Sonnenwind keinen Einfluss mehr hat. Hier gleichen sich der Druck des interstellaren Windes und des Sonnenwinds aus (Abb. 1.1a). Und hier beginnt definitionsgemäß der interstellare Raum, auch wenn der gravitative Einfluss der Sonne noch bis zur Oortschen Wolke reicht. Der Heliosphäre vorgelagert befindet sich vermutlich eine Art Wasserstoffwall, der durch eine erhöhte Dichte von elektrisch neutralem Wasserstoffgas ausgezeichnet ist.

Wenn hochenergetische Partikel aus dem interstellaren Raum in die Heliosphäre eindringen, dann sorgen sie im Gebiet der Heliohülle (Abb. 1.1b). für eine deutliche Abbremsung des Sonnenwinds. Bereits im Bereich des Terminationsschocks in einer Entfernung von etwa 85 AE erfährt dieser zum ersten Mal die Beeinflussung durch das interstellare Medium. Die Teilchengeschwindigkeit sinkt hier unter den Wert der vor Ort anzutreffenden Schallgeschwindigkeit. Nahe der Ekliptik reduziert sie sich plötzlich sogar von 350 km/s auf etwa 130 km/s. Durch das Nachströmen magnetisierten Plasmas von der Sonne verdichtet sich hier die Materie und heizt sich dabei auf. Aus dem interstellaren Medium eingedrungene neutrale Atome können dadurch ionisiert werden. Auch die Stärke des im Sonnenwind eingelagerten interplanetaren Magnetfelds steigt hierbei deutlich an. Vor allem in Zeiten maximaler Sonnenaktivität können solche stärkeren heliosphärischen Magnetfelder das Vordringen hochenergetischer kosmischer Strahlung aus dem fernen Universum zu den wesentlich näher an der Sonne umlaufenden Planeten merklich abschwächen.

1.4   Zur Erforschung des heliosphärischen Weltraumwetters

Der Sonnenwind, solare Eruptionen sowie die kosmische Strahlung aus dem interstellaren Raum bestimmen das Weltraumwetter in der Heliosphäre unseres Sterns. Als Gegenstück zum Wettergeschehen auf der Erde bzw. in den tieferliegenden Atmosphärenschichten der anderen Planeten unseres Sonnensystems bezieht sich dieser Begriff auf die Beschreibung der Bedingungen auf der Sonne und in dem von ihr ausgehenden Sonnenwind, in den planetaren Magnetosphären und Ionosphären. Während wir Menschen das Wetter direkt spürbar erleben und den aktuellen Zustand der Troposphäre, der atmosphärischen Wetterschicht, an unserem jeweiligen Aufenthaltsort etwa anhand des Sonnenscheins oder der Bewölkung, des Regens oder Winds, der Hitze oder Kälte näherungsweise beurteilen können, gilt dies natürlich nicht für das Weltraumwetter. Auf dessen Existenz können wir nur durch den Einsatz zusätzlicher Hilfsmittel indirekt schließen, z. B. wenn sich in der Sonnenkorona während einer totalen Sonnenfinsternis (Abb. 1.3) etwas verändert, wenn es zu einer solaren Eruption kommt, wenn sich die lang gestreckten Schweife der Kometen dynamisch entwickeln oder wenn die faszinierenden, farbenprächtigen Polarlichter in der Erdionosphäre zu beobachten sind.

Nur mithilfe von Teleskopen und Messgeräten gelingt es heute den Helio- und Plasmaphysikern, den Astronomen und Planetenforschern, das Weltraumwettergeschehen von der Erde oder von Raumsonden aus hochaufgelöst zu beobachten und zu registrieren und es anhand von Modellvorstellungen mit Simulationsrechnungen am Computer genauer zu erforschen. Auf der Sonne verfolgen die Wissenschaftler die Entwicklung der Sonnenflecken, der Fackelgebiete und Protuberanzen, die Freisetzung gewaltiger Energiemengen bei Flares sowie den Auswurf großer Materiemengen bei koronalen Masseauswürfen hinaus in den interplanetaren Raum.

Sie vermessen die Eigenschaften der von der Sonne ausströmenden Teilchen und analysieren in diesem Zusammenhang die koronalen Aufheizungssowie die Teilchenbeschleunigungs- und Wechselwirkungsprozesse der Sonnenwindströme. Sie möchten darüber hinaus verstehen, was passiert, wenn diese auf Hindernisse wie planetare Magnetosphären, Monde oder Kometenkerne treffen. Es ist durchaus von großem Interesse herauszufinden, welchen Einfluss das Weltraumwetter, getrieben durch den magnetisierten Sonnenwind sowie die von außen in die Heliosphäre eindringende hochenergetische kosmische Teilchenstrahlung, dann auch auf die elektrisch

Abb. 1.3 Aufnahme der Sonnenkorona im Weißlicht sowie im rötlichen und grünen Licht neun- bzw. zehnfach ionisierter Eisenatome. Im weißen Sonnenlicht, das an freien koronalen Elektronen gestreut wurde, sind die magnetisch geformten, wimpelartigen Plasma- und Magnetfeldstrukturen sowie links ein koronaler Masseauswurf nach einer solaren Eruption zu erkennen. Im Licht der Eisenionen sieht man klar die rot leuchtenden Protuberanzen der äußeren solaren Atmosphäre und die über ihnen liegenden, grün leuchtenden Plasmastrukturen mit geschlossenen Magnetfeldlinien. Diese am 14. Dezember 2020 bei einer totalen Sonnenfinsternis in Argentinien von Miloslav Druckmüller und Andreas Möller gemachte und danach bearbeitete Aufnahme ermöglicht – durch die Verwendung von Filtern und Intensitätsverstärkung für die Eisenlinien innerhalb des dunklen Rings um die Sonnenscheibe – einen tiefen Einblick in die etwa 1 Mio. Grad Celsius heiße und magnetisch stark strukturierte Sonnenkorona, die das Quellgebiet des Sonnenwinds darstellt
Eclipse Photography Home page Miloslav Druckmüller: sn.pub/HmaRS3
© M. Druckmüller/A. Möller

geladenen Ionosphären und tieferliegenden Atmosphärenschichten der unterschiedlichen Himmelsobjekte nimmt. Abhängig von der periodisch schwankenden Stärke der Sonnenaktivität gilt dies natürlich auch für den Einfluss des Weltraumwetters auf die Erde und dessen Auswirkungen auf das Leben auf unserem Planeten.

Die Biosphäre der Erde ist durch eine dichte Atmosphäre und abschirmende Wirkung der Magnetosphäre unseres Planeten weitgehend vor den Auswirkungen des Weltraumwetters geschützt. In der heutigen

Zeit, die unter anderem durch eine zunehmende Technisierung, durch moderne Kommunikation und verstärkten Flugverkehr, durch den Einsatz hochentwickelter Raumfahrtsysteme bis hin zur bemannten Raumfahrt charakterisiert ist, kann sich das Weltraumwetter in Zeiten starker Sonnenaktivität durchaus unangenehm auswirken. So ist es aufgrund starker elektrischer Ströme, die durch erdmagnetische Stürme induziert wurden, bereits zu Ausfällen von Kraftwerken gekommen, wodurch die Versorgungssicherheit der Bevölkerung wesentlich beeinträchtigt wurde. Polnahe Flüge müssen in solchen Zeiten häufiger auf äquatornähere, dadurch kostspieligere Routen umgeleitet werden. Sonnenstürme können im Abstand von Stunden oder Tagen die globale Radiokommunikation durch Aufladung der Erdionosphäre massiv beeinträchtigen. Sie können Navigationssysteme wie das GPS stören sowie die Funktionsbereitschaft von Satelliten vorübergehend beeinträchtigen oder generell unmöglich machen. Und sie können die Gesundheit von Astronauten massiv gefährden, wenn sie allzu lange hochenergetischer kosmischer Strahlung ohne ausreichenden Schutz ausgesetzt sind.

Genauso wie wir Menschen auf der Erde uns schon immer eine genaue Wettervorhersage durch die Meteorologen wünschten, um unsere zukünftigen Aktivitäten zu planen, ist es heute verständlich, dass sich auch Astronauten eine zuverlässige Prognose des Weltraumwetters wünschen. Die Meteorologen und Klimaforscher können ihre Erkenntnisse im erdnahen Raum in einem relativ dichten gasförmigen oder fluiden, meist nicht oder nur wenig elektrisch geladenen und nicht magnetisierten Medium gewinnen. Demgegenüber haben es die Sonnenwindforscher, die das heliosphärische Weltraumwetter erforschen möchten, mit einem extrem dünnen, nahezu kollisionsfreien, elektrisch geladenen und magnetisierten Plasma zu tun, über das sie Informationen meist nur mithilfe von Raumsonden durch Fernbeobachtung oder Messungen vor Ort gewinnen können.

Essay: Warum Weltraumplasmaphysik?
Immer wieder stellt der interessierte Laie dem Wissenschaftler die Fragen „Warum erforscht man die Sonne und den erdnahen Weltraum?" und "Was lernen wir davon für unser Leben hier auf der Erde?". Nun, die einfachste Antwort ist, weil die Sonne da ist und zweifellos durch ihr abgestrahltes Licht die Quelle allen Lebens auf der Erde ist! Das hatten schon die Menschen in frühen Hochkulturen erkannt und deshalb die Sonne als Gott angebetet. Natürlich ist es besonders die menschliche Neugier, die uns immer wieder dazu treibt, Neuland zu betreten und Unerforschtes zu erkunden mit dem Wunsch, die Welt in allen ihren Aspekten zu verstehen und

eventuell Teile davon für uns nutzbar zu machen. Dies tut die Menschheit seit ihren kulturellen Anfängen, und damit einhergehend hat sie immer schon voll Staunen auch den Nachthimmel beobachtet und sich für die Sterne interessiert.

Zu Beginn des vergangenen Jahrhunderts haben wir mithilfe der Atomspektroskopie gelernt, dass die Sonne ein starkes Magnetfeld besitzt, das sich im elfjährigen Zyklus umpolt. Die Sonne ist der einzige Stern, der mit seinem Planetensystem uns zugänglich ist, und sie wird seit Jahrhunderten vom Erdboden aus und seit etwa 70 Jahren auch mit optischen Teleskopen auf Satelliten und Raumsonden im gesamten Bereich der elektromagnetischen Strahlung beobachtet – von der harten Gamma- und Röntgenstrahlung über das ultraviolette, sichtbare und infrarote Licht bis hin zu Mikrowellen und Radiowellen. Dachte man früher, der Raum zwischen Sonne und Planeten sei leer, also gähnendes Vakuum, so wissen wir heute durch die moderne Weltraumforschung, dass er nicht nur von Strahlung erfüllt ist, sondern auch von zahlreichen massiven kleinen Partikeln (Elektronen und Ionen) verschiedenster Energien und in geringer Zahl von neutralen Atomen und Staubteilchen. Dazu kommen schwache Magnetfelder und niederfrequente elektromagnetische Wellen.

Kontinuierlich strömt aus der hohen ionisierten Atmosphäre der Sonne, der 1 Mio. Grad Celsius heißen Korona, die bei einer Sonnenfinsternis als heller Kranz sichtbar wird, der Sonnenwind in alle Raumrichtungen von der Sonne ab mit Geschwindigkeiten von vielen Hunderten Kilometern pro Sekunde. Er kommt erst weit draußen bei etwa dem 110-fachen Abstand der Erde von der Sonne zum Stillstand durch den sanften Gegendruck des dünnen interstellaren Gases. Die von dem Sonnenwind und dem von ihm mitgeschleppten Magnetfeld der Sonne erzeugte riesige Plasmablase nennen wir die Heliosphäre, die das Sonnensystem umhüllt und gegen das interstellare Medium abschirmt.

Nochmal stellt sich uns die Frage, warum wir all das überhaupt wissen wollen und weshalb wir die Sonne, ihre Planeten und die Heliosphäre mit erheblichem technischem und finanziellem Aufwand erforschen. Ganz sicher und legitimerweise um ihrer selbst willen, aber mehr noch, weil wir nur in unserem kosmischen Zuhause, nämlich der Heliosphäre, mit Raumsonden, Teleskopen und robotischen Fahrzeugen und Sonden auf Planeten und kleinen Körpern (wie Monden, Kometen und Asteroiden) diese Objekte an Ort und Stelle sowie durch Fernerkundung genau und hochaufgelöst untersuchen können. Die gewonnenen Erkenntnisse haben exemplarischen Charakter für das Verständnis anderer naher Sterne und ihrer Planetensysteme (davon gibt es heute schon mehr als 4000 nachgewiesene).

Von zentraler Bedeutung ist bei dieser Forschung die Plasmaphysik, denn die Sonne ist ein heißer Plasmaball, der im Wesentlichen aus ionisiertem Wasserstoff besteht. In der Konvektionszone der Sonne wird durch ihre Rotation ein Dynamo angeworfen, der ein sich zeitlich veränderndes Magnetfeld erzeugt. Dies ist der

Grund für die magnetische Aktivität der Sonne, die letztlich auch für den Sonnen-
wind verantwortlich ist, und die Sonnenstürme, die mit Eruptionen von Magnet-
feldblasen and Plasmawolken einhergehen und die Heliosphäre erschüttern. Diese
Phänomene verursachen im erdnahen Raum und der Hochatmosphäre der Erde das
Weltraumwetter, welches starken Einfluss auf Stationen, Satelliten und technische
Einrichtungen am Erdboden ausüben kann. Vorhersagen des Weltraumwetters
werden im Zeitalter von ISS, GPS, dem baldigen erneuten bemannten Flug zum
Mond und den vielen weltraumgestützten Erdbeobachtungen immer wichtiger. Die
rechtzeitige Vorhersage des Weltraumwetters ist eine sehr nützliche Anwendung der
Ergebnisse der Weltraumforschung!

Aber darüber hinaus ist die Plasmaphysik der Sonne und Heliosphäre von
exemplarischer Bedeutung für das Verständnis der physikalischen Vorgänge in
anderen Sternen und ihren Astrosphären sowie bei der Bildung von kompakten
Objekten aus heißen Plasmawolken und von Akkretionsscheiben und den von
ihnen ausgehenden Winden oder Jets. In diesem Sinne stellen Sonne und Heliosphäre ein großes Plasmalabor für den Astrophysiker dar, in dem er Musterprozesse
studieren kann, die überall im Universum stattfinden, dort aber nicht zugänglich sind und nicht direkt oder genau beobachtet werden können. Wie einst vor
100 Jahren die Laborphysik der Strahlung von atomaren Gasen zur Entwicklung
der Quantenmechanik führte, die den Schlüssel zum Verständnis auch der Stern-
atmosphären lieferte, so gibt uns heute die In-situ-Plasmaphysik im Weltraum
und an der Sonne wertvolle Aufschlüsse über die Plasmaprozesse in Sternen, von
denen z. B. der Dynamoprozess oder die Rekonnexion von magnetischen Feldlinien
eminent wichtig sind.

Aber auch für die fundamentale Plasmaphysik in ihrer atomistischen Form,
als kinetische Theorie der Elektronen und Ionen mit den dazugehörigen elektromagnetischen Feldern und Stößen zwischen den Teilchen, stellen die Heliosphäre und Magnetosphären der Planeten natürliche Plasmen dar, die so weder
in Laboren noch Fusionsreaktoren auf der Erde erzeugt werden können. Ferner
sind die Plasmadiagnostik und die detaillierte Vermessung von Teilchen, Wellen
und Turbulenz im Weltraum in Raum und Zeit hochaufgelöst möglich, ohne das
Plasma dort durch Einbringen von Messgeräten wesentlich zu verändern. Damit hat
man die Möglichkeit, Grundlagenforschung zu betreiben, die richtungsweisend ist
für andere Teilbereiche der Plasma- und Astrophysik. Dies allein ist aus Sicht der
beteiligten Wissenschaftler Grund genug für ihre Forschung und rechtfertigt die
Aufwendungen, wobei man ruhig konstatieren darf, dass Weltraumforschung viele
neue Technologien befördert hat, gerade wegen der besonderen Herausforderungen,
die der Weltraum mit sich bringt.

Weiterführende Literatur

Hanslmeier A (2007) The Sun and Space Weather. Springer, Dordrecht

Jaumann R et al. (2017) Expedition zu fremden Welten: 20 Milliarden Kilometer durch das Sonnensystem. Springer Nature, Berlin

Lang K R (2011) The Cambridge Guide to the Solar System. Cambridge University Press, Cambridge

Mari Paz Miralles M P, Sánchez Almeida J (Hrsg) (2011) The Sun, the Solar Wind, and the Heliosphere. Planet Earth IAGA Springer, Dordrecht Heidelberg London New York

Murray C, Dermott S F (2010) Solar System Dynamics. Cambridge University Press, Cambridge

Podbregar N, Lohmann D (2014) Im Fokus: Sonnensystem – Eine Reise durch unsere kosmische Heimat. Springer Spektrum, Berlin Heidelberg

Quetz A M, Völkel S (2017) Zum Nachdenken: Unser Sonnensystem – Astronomische Aufgaben aus 35 Jahren *Sterne und Weltraum*. Springer, Nature Berlin

2

Erforschung der Sonne und Heliosphäre

Inhaltsverzeichnis

In der zweiten Hälfte des vergangenen Jahrhunderts und den ersten 20 Jahren dieses Jahrhunderts wurden die Sonne und ihre Heliosphäre vom Weltraum und von der Erde aus gründlich beobachtet und studiert. Die dort ablaufenden physikalischen Prozesse wurden anhand des umfangreichen Datenmaterials analysiert, das sowohl durch Fernerkundung als auch mithilfe der In-situ-Messungen von einer Vielzahl unbemannter Raumsonden gewonnen wurde. Zahlreiche langlebige Sonden und Satelliten erforschten bis heute die Sonne und fast alle Bereiche unseres Sonnensystems, insbesondere

© Springer-Verlag GmbH Deutschland, ein Teil von Springer Nature 2023
U. von Kusserow und E. Marsch, *Magnetisches Sonnensystem*,
https://doi.org/10.1007/978-3-662-65401-9_2

aber die Magnetosphären und Ionosphären der terrestrischen und großen Planeten mit ihren zahlreichen Monden.

Von Raumsonden aus wurden in situ im Plasma der inneren Heliosphäre immer besser räumlich und zeitlich aufgelöste Messungen von Dichte- und Geschwindigkeitsverteilungen der unterschiedlichsten Teilchensorten sowie von magnetischen und elektrischen Feldern vorgenommen. Mithilfe der durch Fernbeobachtung gewonnenen, spektral sehr hochaufgelösten optischen Daten gelang es, immer bessere Abbildungen der filigranen magnetischen Strukturen in den verschiedenen Atmosphärenschichten der Sonne zu machen und genauere Analysen ihrer dynamischen Entwicklung vorzunehmen. Gegenwärtig studieren bis hin zum nächsten solaren Aktivitätsmaximum und darüber hinaus mit der Parker Solar Probe und dem Solar Orbiter zwei moderne leistungsfähige Raumsonden die bisher nicht so gut verstandenen Heizungs- und Beschleunigungsprozesse des Plasmas und seine charakteristischen Strukturen und Entwicklungen in der äußeren Korona, der inneren Heliosphäre sowie im Sonnenwind. Diesen beiden aktuellen Missionen ist daher ein eigenes Kapitel (Kap. 5) gewidmet.

In diesem Kapitel sollen eine knappe Übersicht über bisherige und aktuelle Weltraummissionen gegeben, einige der dabei beteiligten Wissenschaftler kurz vorgestellt und ausgewählte wichtige Forschungsmethoden und Messtechniken diskutiert werden. Doch zunächst wird hier ein kurzer Abriss der Entdeckungsgeschichte solarer und heliosphärischer Phänomene und Prozesse gegeben. Ein ausführlicher Anhang für den daran näher interessierten Leser erzählt diese Geschichte mit vielen interessanten historischen und wissenschaftlichen Details.

2.1 Kurze Geschichte magnetischer Phänomene und Prozesse im Sonnensystem

Die Entdeckungsgeschichte des Sonnensystems selbst und seines Zusammenhalts durch die Gravitation der massiven Sonne nach Isaac Newton (1642–1727) ist mittlerweile allgemein bekannt und bleibendes Kulturgut der Menschheit. Weniger bekannt sind jedoch die auch tief in die Vergangenheit zurückreichenden Beobachtungen des Magnetismus, dessen moderne Geschichte mit William Gilbert (1544–1603) im Jahr 1600 beginnt. In seinem Werk *Vom Magneten, von den magnetischen Kräften und dem großen Magneten Erde* stellt er die innovative

Hypothese auf, die ganze Erde sei ein einziger Magnet. Gilberts Theorie über den Erdmagnetismus wurde auf solide experimentelle Füße gestellt durch die genialen Laborexperimente zum Elektromagnetismus von Michael Faraday (1791–1867), der um die Mitte des 19. Jahrhunderts die magnetische Induktion entdeckte und sein Modell der magnetischen Kraftlinien entwickelte. Er benutze dieses neue Konzept damals aber fälschlicherweise auch dafür, die Bewegungen der Himmelsobjekte im Sonnensystem ganz ohne die Wirkung von Gravitationskräften zu erklären.

Als bedeutsam wurde die Rolle des Magnetismus im Sonnensystem erst angesehen, als man entdeckte, dass auch die Sonne ein sogar starkes Magnetfeld besitzt, das periodische Veränderungen im Verlauf eines etwa elfjährigen Zyklus hinsichtlich des Auftretens dunkler Sonnenflecken zeigt, die ja schon von den alten Griechen und Chinesen vor über 2000 Jahren entdeckt und beobachtet wurden. In Europa beobachtete der englische Naturphilosoph Roger Bacon (um 1220 bis kurz nach 1292) erstmals die Sonnenflecken mithilfe einer Lochkamera, in der ein höhen- und seitenverkehrtes Abbild von ihnen erzeugt werden konnte, sodass der Beobachter nicht mit bloßem Auge in die grelle Sonne blicken musste. Aber erst im Jahr 1844 stellte Samuel Heinrich Schwabe (1789–1875) den Zyklus in der Sonnenfleckenhäufigkeit mit einer Periode von etwa zehn Jahren anhand des damaligen Datenmaterials fest. Beginnend 1862 fand der deutsche Astronom Friederich Wilhelm Gustav Spörer (1822–1895) bei der systematischen Erforschung der Bewegung der Sonnenflecken auf der Sonnenscheibe heraus, dass sich ihre heliografischen Breiten im Verlauf des Sonnenzyklus in systematischer Weise verändern. Im Jahr 1908 wies der US-amerikanische Astronom George Ellery Hale (1868–1938) schließlich nach, dass die Sonnenflecken stark magnetisiert sind. Dies gelang ihm mithilfe des Zeeman-Effekts, der nach dem niederländischen Physiker und Nobelpreisträger Pieter Zeeman (1865–1943) benannt ist und den Sachverhalt bezeichnet, dass atomare Spektrallinien in Magnetfeldern in charakteristischer Weise in mehrere Komponenten aufgespalten werden. Anhand der Messung der Stärke der Aufspaltung sowie anhand der Polarisationseigenschaften dieser Komponenten lassen sich Stärke und Ausrichtung des magnetischen Flussdichtenvektors am Ort der Lichtemission quantitativ bestimmen.

Seit Jahrtausenden waren die Menschen immer tief beeindruckt, wenn sie eine totale Sonnenfinsternis bei der Verdeckung der Sonnenscheibe durch den Mond erlebten. Jedem Menschen, der mit bloßem Auge eine totale Sonnenfinsternis beobachtet hat, ist sicher der hell leuchtende Strahlenkranz aufgefallen, der die vollständig verdeckte Sonne umhüllt. Vermutlich hat der byzantinische Historiker Leo Diaconus (etwa 950–994) zum ersten Mal ausdrücklich erwähnt, dass die Sonne eine heute als Korona bezeichnete äußere Atmosphärenschicht besitzt, die weit über die Sonnenscheibe hinausreicht. Es war der englische Astronom Edmond Halley (1656–1741), der Entdecker des nach ihm benannten periodisch alle 74 bis 79 Jahre wiederkehrenden bekannten Kometen, der bei der Sonnenfinsternis am 3. Mai 1715 nicht nur die Asymmetrie der Sonnenkorona entdeckte, sondern auch helle rote als Protuberanzen bezeichnete Gaswolken über dem Sonnenrand beobachtete. Die Astronomen George Ellery Hale (1868–1938) und Henri-Alexandre Deslandres (1853–1948) entwickelten in den Jahren 1893 bzw. 1894 einen Spektroheliografen, mit dem man die über der Photosphäre liegende Chromosphäre sowie die Protuberanzen jederzeit, nicht nur während der seltenen Sonnenfinsternisse, beobachten kann.

Möglicherweise haben bereits chinesische Beobachter mit bloßem Auge im Jahr 1111 v. Chr. erstmals die als Flares bezeichneten, blitzartig auftretenden, sehr starken lokalen Aufhellungen auf der Sonnenscheibe gesehen. Mit dem Spektroheliografen wurde die hochaufgelöste Beobachtung der Chromosphäre der Sonne insbesondere im roten Licht des Wasserstoffs möglich. Die vorher nur über dem Sonnenrand erkennbaren Protuberanzen waren jetzt in Form dunkler, lang gestreckter Filamente auch auf der Sonnenscheibe sichtbar. Mit diesem Instrument ließen sich nun die solaren Flares als assoziiert mit magnetischen Eruptionen auf der Sonne spektroskopisch beobachten und genauer analysieren. Die ersten optischen Aufnahmen eines damit verbundenen Materieauswurfs aus der Sonnenkorona gelangen am 13. und 14. Dezember 1971 mithilfe des Weltraumkoronografen OSO-7 der NASA. Die künstliche Verdeckung der Sonnenscheibe in einem solchen Koronagrafen ausnutzend, machten danach die US-Amerikaner Aufnahmen solarer Eruptionen mit deutlich besserer Qualität und über längere Beobachtungszeiten von Bord ihres Weltraumlabors Skylab.

Bereits 1898 war der norwegische Physiker Kristian Olaf Bernhard Birkeland (1867–1917) davon ausgegangen, dass geladene Teilchen in Form von Elektronen von der Sonne in Richtung Erde gesendet werden und dass diese für die Entstehung der Polarlichter verantwortlich sein könnten. Dass die Sonne einen aus ihrer Korona stetig abströmenden, möglicherweise auch von Magnetfeldern durchwirkten Partikelwind aussendet, vermutete wesentlich später im Jahr 1951 auch der deutschen Physiker Ludwig Franz Benedikt Biermann (1907–1986) bei seinen Überlegungen zum Ursprung der lang gestreckten Schweife der Kometen. Dann zeigte 1958 Eugene Newman Parker, dass Biermann tatsächlich recht hatte. Anhand seiner ersten

Berechnungen zum Sonnenwind konnte er zeigen, dass die Sonnenkorona aufgrund ihrer hohen Temperatur nicht als statisch angesehen werden darf, sondern dass sie eher ein sich sehr dynamisch entwickelndes System darstellt. Den von ihr ausströmenden überschallschnellen Teilchenstrom, für dessen Beschreibung er eine erfolgreiche Flüssigkeitstheorie entwickelte, bezeichnete er mit dem Begriff „Solar Wind".

Die moderne experimentelle Untersuchung des Magnetfelds der Erde begann wohl mit Edmond Halley, der 1691 für dieses Feld auch eine Theorie entwickelte. Er war der Leiter einer ersten globalen magnetischen Vermessungskampagne (1698–1700), wonach er Karten der Verteilung der magnetischen Deklinationen für Teilbereiche der Welt erstellte. Im Jahr 1716 wies er auf einen möglichen Zusammenhang des Erdmagnetismus mit Polarlichterscheinungen hin. Der Universalgelehrte Friedrich Wilhelm Heinrich Alexander von Humboldt (1769–1859) veröffentlichte 1798 mit anderen Wissenschaftlern die Ergebnisse der mit Kompassen durchgeführten Deklinationsmessungen. In demselben Jahr machte er auch erste Inklinationsmessungen und ermittelte darüber hinaus sogar die relativen Stärken des Erdmagnetfelds an verschiedenen Orten. Von 1805 bis 1807 führte Humboldt umfangreiche erdmagnetische Beobachtungen in Berlin durch, wo er am 20. Dezember 1806 gleichzeitig auch intensive Polarlichterscheinungen beobachtete. Kurz zuher hatte er die von ihm als „magnetische Ungewitter" bezeichneten starken Schwankungen des Erdmagnetfelds zusammen mit dem Bremer Arzt und Astronomen Heinrich Wilhelm Matthias Olbers (1758–1840) untersucht.

Dieser war es auch, der den Kontakt von Humboldt mit dem deutschen Mathematiker, Statistiker, Astronomen, Geodäten und Physiker Carl Friedrich Gauß (1777–1855) vermittelte. Zusammen mit dem Physiker Wilhelm Eduard Weber (1804–1891) arbeitete Gauß in der Sternwarte Göttingen ab 1831 verstärkt über den Magnetismus. Im Jahr 1833 wurde dafür sogar ein magnetisches Observatorium errichtet. Zusammen mit Weber entwickelte Gauß ein Magnetometer zur direkten Messung magnetischer Feldstärken sowie seine berühmte mathematische Potenzialtheorie, mit der erstmals die Ausrichtung und Stärke des globalen Erdmagnetfelds für jeden Ort im Erdumfeld rechnerisch ermittelt werden konnten.

Der Astronom John Frederick William Herschel (1792–1871) verwendete in Analogie zur terrestrischen Meteorologie den Begriff „solare Meteorologie", als er 1847 über die Beobachtung der sich zeitlich verändernden Sonnenfleckengruppen schrieb. Der schottische Physiker Balfour Stewart (1828–1887) publizierte dann 1882 den Artikel „Über die Ähnlichkeiten des magnetischen und meteorologischen Wetters". Aufgrund der oft sehr schnellen Änderungen erdmagnetischer Feldkomponenten schien es ihm, als ob das „magnetische Wetter schneller reist als das meteorologische Wetter". Ein Zusammenhang dieser „solaren Meteorologie" mit dem „magnetischen Wetter" ließ sich zunächst nicht erkennen, bis Edward Sabine 1852 die Beziehung zwischen den solaren Aktivitäten im Sonnenfleckenzyklus und den erdmagnetischen Störungen erkannte und nachdem Richard Carrington (1826–1875) 1858 intensive Polarlichter nur kurze Zeit nach dem Erscheinen gewaltiger Flares auf der Sonne beobachtet hatte. In diesem Zusammenhang wurde damals nachweislich der Begriff „Weltraumwetter" erstmals verwendet. Im Jahr 1957 war es schließlich der amerikanische Physiker Lyman Spitzer (1914–1997), der das Wort „Space Weather" auch als Umschreibung des vorher von ihm verwendeten Begriffs der „interstellaren Meteorologie" benutzte.

2.2   Observatorien im Weltraum und auf der Erde

2.2.1 Kurze Geschichte der Weltraummissionen

In diesem und folgenden Abschnitt werden vergangene (Abb. 2.1) und aktuelle (Abb. 2.2) Forschungsmissionen vorgestellt, mit deren Hilfe bedeutsame Erkenntnisse gewonnen wurden und auch heute noch gewonnen werden, die für die Erforschung der Sonne, der Heliosphäre, des Weltraumwetters und der in den planetaren Magnetosphären ablaufenden Prozesse von zentraler Bedeutung sind.

Die zwei 1972 bzw. 1973 gestarteten amerikanischen Pioneersonden waren wohl die ersten Raumsonden, die nach ihrem Vorbeiflug am Jupiter auch die weiter außen gelegenen Bereiche der Heliosphäre bis zu einer Entfernung von 67 AE zur Erde erforschten. Sie untersuchten sowohl die an der Sonne beschleunigten Partikel des Sonnenwinds als auch die aus der Milchstraße in die Heliosphäre eindringende kosmische Partikelstrahlung und verließen anschließend das Sonnensystem. Die 1977 gestarteten beiden Voyager-Missionen (Abb. 2.1c) der NASA erkundeten nicht nur die Gasplaneten Jupiter und Saturn. Voyager 2 besuchte darüber hinaus auch die Eisplaneten Uranus und Neptun. Bei ihrer Durchquerung des Terminationsschocks, der Heliohülle und Heliopause lieferten sie in den letzten beiden Jahrzehnten vor allem sehr aufschlussreiche Daten über die am äußersten Rand unseres Sonnensystems anzutreffenden Plasma- und Magnetfeldstrukturen und die dort ablaufenden dynamischen Prozesse.

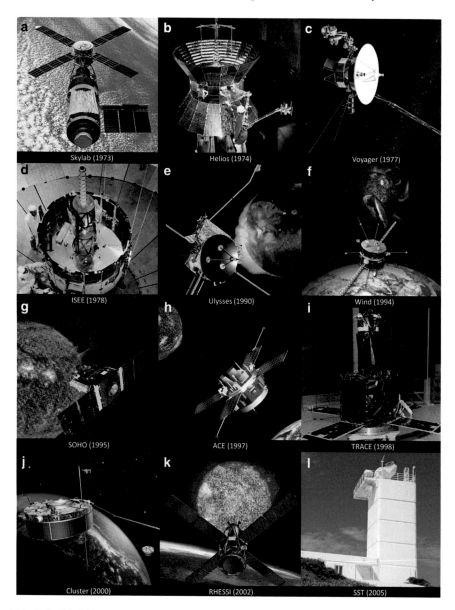

Abb. 2.1 Bis 2005 gestartete Satellitenmissionen, Raumsonden und Sonnenteleskope in zeitlicher Folge von oben links nach unten rechts. **a** Skylab, **b** Helios, **c** Voyager, **d** ISEE, **e** Ulysses, **f** Wind, **g** SOHO, **h** ACE, **i** TRACE, **j** Cluster, **k** RHESSI, **l** SST
© NASA, ESA, NASA/DLR, U. v. Kusserow

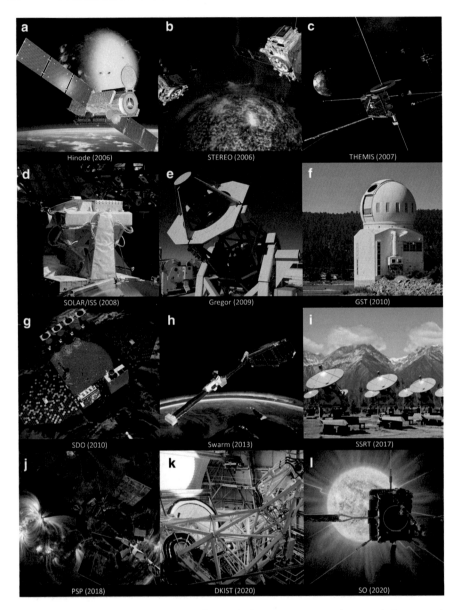

Abb. 2.2 Ab 2006 gestartete Satellitenmissionen, Raumsonden und Sonnentele-skope in zeitlicher Folge von oben links nach unten rechts. **a** Hinode, **b** STEREO, **c** THEMIS, **d** SOLAR/ISS, **e** Gregor, **f** GST, **g** SDO, **h** Swarm, **i** SSRT, **j** PSP, **k** DKIST, **l** SO © NASA, ESA, KIS, BBSO, Institute of Solar-Terrestrial Physics Irkutsk, NSO

Der viel später im Jahr 2006 gestartete New-Horizon-Satellit studierte beim Vorbeiflug 2015 sogar das Plutosystem, und er wird in Zukunft noch weiter entferntere Kuipergürtelobjekte besuchen. Von Bord dieses Satelliten gewonnene Daten bestätigten 2018 die Existenz eines bereits von den Voyager-Satelliten 1992 entdeckten „Wasserstoffwalls" an der Außengrenze unseres Sonnensystems. Durch Analyse der Strahlung von energetischen neutralen Atomen mit Instrumenten des 2008 gestarteten Interstellar-Boundary-Explorer(IBEX)-Satelliten gelang schließlich die genaue Vermessung der Relativgeschwindigkeit des Sonnensystems bezüglich des interstellaren Mediums sowie der Nachweis, dass die vermutlich kleeblatt-ähnliche blasenförmige Heliosphäre im Außenbereich keine wirkliche Stoßfront aufweist.

Mit dem 1973 gestarteten unbemannten Weltraumlabor Skylab 1 der NASA (Abb. 2.1a) begann die Nutzung des erdnahen Weltraums für physikalische Experimente und die Beobachtung der Sonne vom Weltraum aus, insbesondere im ultravioletten Spektralbereich, der bis dahin Beobachtungen vom Boden aus nicht zugänglich war. Zur Sonnenbeobachtung, die ein wichtiges Ziel von Skylab war, verfügte es dabei über das Observatorium Apollo Telescope Mount (ATM). Von Bord dieses Labors wurden erste detaillierte Beobachtungen der Erde vom Weltraum aus möglich. Drei weitere Skylab-Missionen waren sogar schon bemannt. Die dabei gewonnenen Erkenntnisse über die Lebensbedingungen für Astronauten in und im Umfeld einer Raumstation ermöglichten 1998 schließlich den Baubeginn der Internationalen Raumstation ISS.

In den Jahren 1974 bzw. 1976 starteten die beiden deutsch-amerikanischen Sonnensonden Helios 1 und 2 (Abb. 2.1b). Sie näherten sich der Sonne bis auf 0,31 AE bzw. 0,29 AE an. Über einen Zeitraum von zehn Jahren erforschten sie die innere Heliosphäre, beginnend in einem Minimum der Sonnenaktivität bis über das folgende Maximum hinaus. Die Sonnenwindforscher gewannen dabei eine Fülle wichtiger Daten, mit denen sie Turbulenz, Dissipations- und Heizungsprozesse, die Ausbreitung und Wechselwirkung elektromagnetischer Wellen, die Entwicklung bewegter Schockfronten sowie die Beschleunigung von Teilchen im nahezu kollisionsfreien Plasma des Sonnenwinds erstmals im Detail und als Funktion des Sonnenabstands in der Ekliptik messen und analysieren konnten.

Ulysses (Abb. 2.1e) war eine 1990 gestartete Sonde der NASA sowie Europäischen Weltraumorganisation ESA, welche erstmals aus der Ebene der Planetenbahnen hinaus auch die Regionen der Heliosphäre über den Polen der Sonne vermessen konnte. Zentrale Aufgaben dieser 19 Jahre lang erfolgreich Daten sammelnden Mission waren es, die Entwicklung der unterschiedlichen Eigenschaften des Sonnenwinds im Aktivitätsminimum bzw. -maximum zu studieren, die damit einhergehende Entwicklung der Sonnenkorona und des polnahen Sonnenmagnetfelds zu verfolgen sowie dreidimensional den Einstrom der kosmischen Strahlung in die Heliosphäre zu vermessen.

Im August 2018 startete die Mission Parker Solar Probe (PSP) (Abb. 2.2j) der NASA, die sich der Sonne bei insgesamt 24 geplanten Umläufe zunehmend nähern und im Jahr 2025 einen Abstand von weniger als zehn Sonnenradien erreichen wird. Schließlich startete am 10. Februar 2020 die Raumsonde Solar Orbiter (Abb. 2.2l) der ESA, die mit den zehn Instrumenten ihrer komplexen wissenschaftlichen Nutzlast am Ende ihrer Mission eine heliografische Breite von über 30° erreichen und so erstmals einen direkten Blick auf die Pole der Sonne ermöglichen wird.

Von 1962 bis 1973 startete die NASA insgesamt zehn Mariner-Sonden, um die Umgebung des Mars, der Venus und des Merkurs zu erkunden. Unter anderem wurden dabei das interplanetare Magnetfeld, dessen Fluktuationen sowie die jeweils anzutreffenden Teilchenpopulationen und Eigenschaften der von der Sonne ausgesandten Partikel vermessen. Die 1989 gestartete amerikanische Galileo-Mission erforschte mehr als zehn Jahre lang den Jupiter, dessen Magnetosphäre und Monde. Acht Jahre später begann der Flug der Cassini-Huygens-Sonde der NASA, ESA sowie der italienischen Weltraumagentur ISA zum Saturn und dessen Monden. Im Verlauf seiner 20-jährigen Mission untersuchte diese Raumsonde auch die Magnetosphäre des Saturns sowie die physikalischen und elektrischen Eigenschaften der Atmosphäre des Monds Titan.

Von 2004 bis 2015 studierte die Sonde Messenger (MErcury Surface, Space ENvironment, GEochemistry, and Ranging) u. a. das Magnetfeld des Merkurs. Das und noch vielmehr wird in naher Zukunft auch wieder die Mission BepiColombo der ESA und JAXA (Japan Aerospace Exploration Agency) tun, die am 20. Oktober 2918 mit einer Ariane-5-Rakete gestartet wurde: Nach einmaligem Vorbeiflug an der Erde, zwei Vorbeiflügen an der Venus und sechs am Merkur selbst wird sie aber erst am 5. Dezember 2025 am Merkur ankommen. Diese zahlreichen Manöver sind himmelsmechanisch nötig, um schließlich in eine Umlaufbahn um den sonnennächsten kleinen Planeten Merkur einschwenken zu können, wo die aus zwei Satelliten bestehende Mission dann das Magnetfeld, die Magnetosphäre, die Oberfläche sowie das Innere des Planeten ausführlich studieren wird.

In der Vergangenheit gab es bereits sehr viele Missionen, die den erdnahen Weltraum erforschten. Zwischen 1977 und 1987 studierten die beiden International Sun-Earth Explorer (ISEE 1, 2) (Abb. 2.1d) im Rahmen einer kooperativen Mission der NASA und European Space Research Organisation (ESRO, später ESA) erstmals die Interaktion des Sonnenwinds mit dem Erdmagnetfeld, die zur Entwicklung einer starken Bugstoßwelle führt, die auf kleinen Raum- und Zeitskalen im Detail empirisch und im Rahmen kinetischer Theorien gründlich untersucht wurde. ISEE 3 war außerdem die erste Sonde, die 1985 einen Kometen besuchte und durch dessen Plasmaschweif flog, Teilchen und Felder dort zwar messen, aber keine Bilder machen konnte. Das gelang erstmalig der Kamera auf der Giotto Raumsonde, die sich dem Kometen Halley am 13 März 1986 bis auf 586 km näherte und dabei spektakuläre Aufnahmen des Kometenkerns machte.

Die 1994 gestartete, bis heute immer noch wichtige Daten liefernde WIND-Mission (Abb. 2.1f) erforscht die Eigenschaften des Plasmas und der elektromagnetischen Wellen im anströmenden Sonnenwind. Sie studiert die sich darin ausbildende großräumige Bugstoßwelle und die vielfältigen Interaktionen von Teilchen und Wellen mit ihr. Darüber hinaus liefert sie wichtige Daten über den Einfluss des Sonnenwinds auf die Magnetosphäre der Erde. Im variablen, tetragonalen Verbund miteinander untersuchten die vier Cluster-Satelliten (Abb. 2.1j) der NASA und ESA von 2000 bis 2018 über fast zwei Sonnenaktivitätszyklen hinweg ebenfalls das Erdmagnetfeld, die Erdmagnetosphäre, magnetische Stürme sowie das Weltraumwetter im erdnahen turbulenten Sonnenwind. Die 2007 gestarteten fünf THEMIS-Satelliten (THEMIS = Time History of Events and Macroscale Interactions during Substorms) (Abb. 2.2c) erforschen bis heute die Freisetzungsprozesse von Energie bei Stürmen in der Erdmagnetosphäre, die darin häufig auf-einanderfolgenden magnetischen Teilstürme sowie magnetische Phänomene, die verstärkte Polarlichterscheinungen auslösen können.

Die beiden 2012 gestarteten Van Allen Probes A und B untersuchen heute die Variabilitäten in den Van-Allen-Strahlungsgürteln. Seit 2015 sammeln die vier Magnetospheric-Multiscale-Mission(MMS)-Sonden gezielt und im Verbund Informationen zur Mikrophysik magnetischer Rekonnexionsprozesse und über Turbulenzen und Teilchenbeschleunigungs-prozesse. Diese ereignen sich vermutlich in vielen astrophysikalischen Plasmen auch im weiter entfernten Universum und sind daher von großer allgemeiner Bedeutung. 2013 wurden die drei SWARM-Satelliten gestartet, um Multi-Point-Messungen des geomagnetischen Felds durchzuführen. Durch ihre Messungen lässt sich die zeitliche Entwicklung dieses Felds bestimmen, wodurch sich neue Einblicke in das Erdsystem, insbesondere auch in das Innere der Erde und dessen Klimaentwicklung gewinnen lassen.

In den vergangenen 30 Jahren wurde die Entwicklung solarer Magnetfeldstrukturen von der Photosphäre bis zur Korona sowie des Sonnenwinds in der inneren Heliosphäre bis in Erdnähe von einigen sehr leistungsfähigen Sonnensatelliten räumlich und zeitlich zunehmend höher aufgelöst beobachtet. Zwischen 1991 und 2001 wurde das Verhalten der Sonnenkorona mithilfe des japanisch-amerikanischen Yohkoh-Satelliten im Röntgenlicht untersucht, und die magnetischen Aktivitäten im Zusammenhang mit Flare-Prozessen analysiert. Das große Solar and Heliospheric Observatory (SOHO) (Abb. 2.1g) beobachtet die Sonne erfolgreich bereits seit 1995. SOHO registrierte mit zahlreichen Instrumenten eine Vielzahl verschiedenster Daten, die Auskunft sowohl über die Verhältnisse im Sonneninneren als auch über die vielfältigen Prozesse im magnetisch strukturierten Plasma in der gesamten Sonnenatmosphäre und sie umgebenden Heliosphäre geben. Mit dem Koronagrafen auf SOHO konnten auch die Flugbahnen von mehr als 1500 sonnennahen Kometen verfolgt sowie immer wieder wertvolle Daten für die Vorhersage des Weltraumwetters an der Erde gewonnen werden.

Gestartet 1998, untersuchte der amerikanische Transition Region und Coronal Explorer (TRACE, Abb. 2.1i) zwei Jahre lang die bogenförmigen koronalen Magnetfeldstrukturen in der Sonnenatmosphäre mit hoher räumlicher Auflösung. Seit 1997 können mit dem Advanced Composition Explorer (ACE; Abb. 2.1h) die Beschleunigung und das kinetische Verhalten hochenergetischer Teilchen im Sonnenwind studiert werden. Reuven Ramaty High Energy Solar Spectroscopic Imager (RHESSI; Abb. 2.1k) ist der Name eines 2002 gestarteten NASA-Satelliten, dessen Messungen im Gammastrahlen- und angrenzenden Röntgenstrahlenbereich die Analyse hochenergetischer Aufheizungs- und Beschleunigungsprozesse in solaren Flares ermöglichte.

Mithilfe der beiden 2006 gestarteten A- und B-Sonden (Abb. 2.2b) des Solar TErrestrial Relations Observatory (STEREO) konnten bis 2014 teilweise stereoskopische, also dreidimensionale Aufnahmen solarer Eruptionen und massiver Sonnenstürme gemacht werden. Zurzeit besteht mit STEREO B allerdings keine Verbindung mehr. Mithilfe aktueller Daten von STEREO A analysieren die Sonnenforscher heute aber weiterhin die Entwicklung solarer magnetischer Feldstrukturen. Sie vermessen das Sonnenwindplasma bis in Erdnähe und ermöglichen damit einigermaßen verlässliche Vorhersagen des Weltraumwetters.

Mit den Daten des in demselben Jahr gestarteten japanisch-amerikanisch-britischen Satelliten Hinode (Abb. 2.2a) werden bis heute die Wechselwirkungen zwischen dem solaren Magnetfeld und dem Plasma in der

Sonnenkorona im sichtbaren, extrem ultravioletten Licht sowie im Röntgenbereich untersucht. Im Rahmen des Programms „Living with a Star" (LWS) der NASA erforscht das besonders leistungsfähige Solar Dynamics Observatory (SDO; Abb. 2.2g) seit 2010 die zeitliche Veränderung der Sonnenatmosphäre räumlich und zeitlich hochaufgelöst in verschiedenen optischen und ultravioletten Wellenlängen. Mithilfe der allen zur Verfügung gestellten Daten dieses Satelliten werden die Entstehung des Sonnenmagnetfelds in Dynamoprozessen, atmosphärische Heizungsprozesse, die Speicherung und Freisetzung magnetischer Energie sowie die Beschleunigung des Sonnenwinds untersucht.

2.2.2 Bodengebundene, ballongetragene und von Raketen aus beobachtende Sonnenteleskope

Die Liste der im vergangenen Jahrhundert auf der Erde arbeitenden Sonnenteleskope ist sehr lang. Da ein Schwerpunkt dieses Buchs auf der Erforschung des Sonnenwinds und des Weltraumwetters liegt, sollen hier allerdings nur einige der bodengebundenen Observatorien vorgestellt werden, mit denen z. B. Daten mit den in den letzten Jahren gestarteten Sonnensonden SO und PSP ausgetauscht und gemeinsam korrelierte Studien der Sonne durchgeführt werden können. Da ist zunächst das in 2400 m Höhe installierte schwedische Sonnenteleskop (SST; Abb. 2.2l) auf La Palma, das mit seiner 1-m-Linse jahrzehntelang die höchstaufgelösten Bilder der Sonnengranulation, der Sonnenflecken und anderer photosphärischer und chromosphärischer Phänomene lieferte. Auch wenn die Sonne zwischen 2008 und 2020 mit dem kleinen SOLAR-Teleskop der ESA (Abb. 2.2d) auch vom Columbus-Labor auf der Internationalen Raumstation aus beobachtet werden konnte, so steuern die neuen bodengebundenen solaren Großteleskope doch wesentlich mehr zur Erkenntnisgewinnung über die Vorgänge vor allem in den unteren Atmosphärenschichten der Sonne bei.

Das auf Teneriffa in ebenfalls etwa 2400 m Höhe arbeitende 1,5-m-Sonnenteleskop Gregor (Abb. 2.2e) wurde vom Kiepenheuer-Institut in Freiburg entwickelt, das heute den Namen Leibniz-Institut für Sonnenphysik trägt. Nicht nur dieses zurzeit größte europäische Sonnenteleskop nutzt moderne, sogenannte adaptive optische Methoden zur Eliminierung der Bildverzerrungen, die durch die turbulente Luftunruhe in der irdischen Atmosphäre erzeugt werden. Auch östlich von Los Angelos beobachten die Sonnenphysiker unterschiedlichste Sonnenphänomene mit dem Goode

Solar Telescope (GST; Abb. 2.2f), das von der Universität von Kalifornien betrieben wird. Mit diesem Schiefspiegler, der eine Apertur von 1,6 m aufweist, gelingt sogar der Blick bis hinein in die Korona der Sonne. In einem See in 2055 m Höhe über dem Meeresniveau gelegen, garantiert es gute atmosphärische Bedingungen aufgrund der dort stark reduzierten Luftunruhe. Von hier aus lassen sich die zeitlichen und räumlichen Entwicklungen relativ kleiner solarer Strukturen bis hinunter zu Abmessungen von etwa 50 km beeindruckend beobachten.

Das große Siberian Solar Radio Telescope (SSRT; Abb. 2.2g) ist ein russisches Observatorium etwa 200 km von Irkutsk entfernt, welches die Radioemission der Sonne misst. Es besteht aus zwei Arrays von vielen parabolischen Antennen von je 2,5 m Durchmesser und arbeitet durch deren Zusammenschluss als Interferometer im Mikrowellenbereich bei 5,7 GHz. Aufgrund der hohen Zeitauflösung von einigen 10 ms lassen sich die koronalen Aktivitäten und sehr schnellen Vorgänge in Flares hochauflöst verfolgen.

Das 4 m Daniel K. Inouye Solar Telescope (DKIST; Abb. 2.3), das im Auftrag der US-amerikanischen National Science Foundation (NSF) vom National Solar Observatory (NSO) in etwa 3 km Höhe auf dem Gipfel des Haleakala auf der Hawaii-Insel Maui betrieben wird, ist nach seinem First Light im Dezember 2019 das mit Abstand größte optische Sonnenteleskop der Welt. Mit seiner sehr hohen räumlichen Auflösung und spektralen Empfindlichkeit wird es den Sonnenphysikern helfen, eine Vielzahl der ungelösten Rätsel der Physik der Sonne und ihres Magnetismus zu entschlüsseln. Dabei geht es um die Erklärungen des Ursprungs des Magnetfelds, der Heizung der Korona, der Beschleunigung des Sonnenwinds, der Sonnenstürme und magnetischen Eruptionen sowie der Flares und Variabilität der Strahlung mithilfe von Beobachtungen in Wellenlängenbereichen vom sichtbaren Licht bis zum mittleren Infrarot. Das Teleskop ist das beeindruckende Ergebnis der jahrzehntelangen Arbeit einer Vielzahl von Wissenschaftlern und Ingenieuren. Die durch DKIST in Zukunft gewonnenen Erkenntnisse werden dabei die der Sonnenobservatorien im Weltraum in idealer Weise ergänzen, deren Beobachtungsschwerpunkte weitgehend in spektralen Fenstern liegen, die von der Erde aus wegen der dafür undurchlässigen Atmosphärenschichten nicht zugänglich sind.

Das DKIST-Observatorium ist eine technische Meisterleistung. Besonderes Augenmerk musste auf dessen Wärmehaushalt gelegt werden, denn wegen der Fokussierung des Sonnenlichts durch den großen Hauptspiegel beträgt die Strahlungsleistung in dessen Brennpunkt etwa 13 kW. Um die Temperatur auf den Spiegeloberflächen, den mechanischen

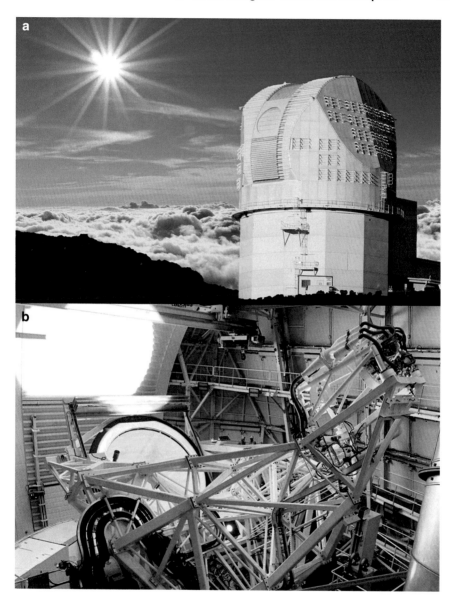

Abb. 2.3 Das Daniel K. Inouye Solar Telescope (DKIST) der National Science Foundation (NSF) als Teil des National Solar Observatory (NSO) auf Maui (Hawaii). **a** Der feinpolierte 4,2-m-Hauptspiegel des Teleskops. **b** Blick auf das DKIST-Schiefspiegler-Sonnenteleskop, bei dem der Sekundärspiegel nicht auf der optischen Achse des Hauptspiegels liegt und der Strahlengang aufgrund der relativ zueinander verkippten Spiegel deshalb um einige Grad schräg verläuft
Daniel K Inouye Solar Telescope: sn.pub/jNe6B2
Daniel K. Inouye Solar Telescope Videos: sn.pub/1zHJDd
© a NSO/AURA/NSF, b NSF/NSO/AURA NSO/NSF/AURA
National Solar Observatory Association of Universities for Research in Astronomy, Inc. on behalf of the National Solar Observatory CO 80303, USA

Strukturen und in den Instrumenten dieses Teleskops möglichst auf der Umgebungstemperatur zu halten, müssen mehr als 99 % der in das Teleskop eingestrahlten und gebündelten Wärmeenergie besonders effektiv nach außen abtransportiert werden. Erst dadurch lässt sich das turbulente Flimmern der Luft im Inneren des Teleskops vermeiden und so die als Seeing bezeichnete Sehqualität optimieren. Ein System von 1600 verstellbaren Aktuatoren unter dem gekühlten Hauptspiegel gewährleistet dessen optimale Formgebung. Aber erst durch präzise Steuerung des Sekundärspiegels im Rahmen der adaptiven Optik können beugungsbegrenzt hochauflösende Bildgebungen sowie die spektroskopischen Untersuchungen zufriedenstellend gelingen. Vier polarimetrisch arbeitende Instrumente stellen dabei ein mächtiges Werkzeug zur Diagnose der dynamischen Prozesse im Zusammenspiel mit komplexen Magnetfeldern in den unterschiedlichen solaren Atmosphärenschichten dar.

In Abb. 2.4 werden ein geplantes europäisches solares Großteleskop, ein ballongetragenes Sonnenobservatorium sowie ein raketengetragenes Sonnenteleskop vorgestellt, mit deren Hilfe bereits spezielle Forschungsarbeiten erfolgreich durchgeführt wurden.

Die European Association for Solar Telescopes (EAST) plant den Bau eines von der Größe her mit DKIST vergleichbaren solaren Großteleskops, mit dessen Hilfe die magnetischen Strukturen und Entwicklungen innerhalb der unteren Atmosphärenschichten der Sonne räumlich, zeitlich und spektral besonders hoch aufgelöst werden könnten (Abb. 2.4c). Mit dem 4,2 m European Solar Telescope (EST) ließe sich die Sonne vom Observatorio del Roque de los Muchachos auf der Kanarischen Insel La Palma von etwa 2400 m Höhe über dem Meeresspiegel aus am Tag genau dann weiterbeobachten, wenn mit den Instrumenten des DKIST auf Hawaii in der Nacht (wie tatsächlich geplant) nur noch andere sonnenähnliche Sterne erforscht werden könnten.

SUNRISE ist der Name eines im Sommer 2022 zum dritten Mal gestarteten ballongetragenen Sonnenobservatoriums (Abb. 2.4b), das von einem Konsortium unter der Leitung des Max-Planck-Instituts für Sonnensystemforschung betrieben wird. Mit einem 1-m-Spiegelteleskop kann SUNRISE III, in Kiruna (Schweden) aufsteigend, auf seinem windgetriebenen Flug in mehr als 35 km Höhe die Sonne fünf bis sieben Tage lang beobachten und schließlich im Norden Kanadas landen. Durchgängig 24 h am Tag führen dabei drei wissenschaftliche Messinstrumente   ununterbrochen Messungen durch. Ein System zur Bildstabilisierung sorgt für die Erstellung scharfer Bilder und die Gewinnung verlässlicher Messdaten. Mithilfe seiner im infraroten, sichtbaren und ultravioletten Wellenlängenbereich arbeitenden

Abb. 2.4 Sehr hochauflösende Sonnenbeobachtungen von der Hi_C Kamera auf der Sounding Rocket der NASA (**a**) sowie mithilfe des ballongetragenen Sonnenteleskops SUNRISE-Teleskops (**b**) eines Konsortiums unter Führung des Max-Planck-Instituts für Sonnensystemforschung in Göttingen und wahrscheinlich zukünftig auch mithilfe eines 4,2 m European Solar Telescope (EST), dessen Bau von der European Association for Solar Telescopes (EAST) auf der Kanarischen Insel La Palma geplant ist (**c**)
Rocket-Borne Telescope Detects Super-Fine Strands on the Sun: sn.pub/ShSzRk
Hi-C Captures Solar Highways and ‚Sparkles': sn.pub/Takunh
Sunrise Gallery: sn.pub/kXzKNQ
Sunrise Videos: sn.pub/ZOqzUk
© NASA, b SUNRISE/S. Solanki, c G. Pérez Díaz (Instituto de Astrofísica de Canarias)

Spektropolarimeter kann SURISE III die magnetischen Feldstrukturen und deren Entwicklung in der Chromosphäre der Sonne besonders hoch aufgelöst vermessen und analysieren.

Mit dem High Resolution Coronal Imager (Hi-C) an Bord von Höhenforschungsraketen (Abb. 2.4a) hat die NASA bei mehreren Flügen bereits spektakuläre Bilder der Millionen Grad heißen Korona mit höchster Auflösung im ultravioletten Wellenlängenbereich geliefert. Auf ihnen lassen sich u. a. filigrane feinstrukturierte Plasmafäden erkennen, die sich entlang der die

Sonnenflecken verbindenden, weit in die Korona aufragenden magnetischen Feldbögen ausrichten.

Die European Association for Solar Telescopes (EAST) plant den Bau eines von der Größe her mit DKIST vergleichbaren solaren Großteleskops, mit dem die magnetischen Strukturen und Entwicklungen innerhalb der unteren Atmosphärenschichten der Sonne räumlich, zeitlich und spektral besonders hoch aufgelöst werden könnten (Abb. 2.4c). Mit dem 4,2 m European Solar Telescope (EST) ließe sich die Sonne vom Observatorio del Roque de los Muchachos auf der Kanarischen Insel La Palma von etwa 2400 m Höhe über dem Meeresspiegel aus am Tag genau dann weiter beobachten, wenn mit den Instrumenten des DKIST auf Hawaii in der Nacht (wie tatsächlich geplant) nur noch andere sonnenähnliche Sterne erforscht werden könnten.

2.3 Menschen und ihre Forschungsmethoden

Die historische Übersicht über die wichtigsten Weltraummissionen und Sonnenobservatorien der letzten Jahrzehnte zeigt, dass die Erforschung von Sonne und Heliosphäre ein aufwendiges Unternehmen ist, welches ein breites Spektrum menschlicher und technischer Aktivitäten erfordert. Forschung im Labor ist überschaubarer und kann meist weitgehend unter der Kontrolle relativ weniger Wissenschaftler durchgeführt werden. Dagegen verlangt die Weltraumforschung ebenso wie die moderne Astrophysik den Einsatz großer Teams von Technikern, Ingenieuren, Software- und Computerfachleuten, die intensive Beteiligung der Raumfahrt- und Raketenindustrie sowie einflussreicher Weltraumagenturen wie beispielsweise der NASA und ESA. Letztere schreiben die Missionsziele aus, entscheiden sich für einen Anbieter, managen und betreuen die jeweilige Mission über ihre gesamte Laufzeit hinweg. Dazu richten sie Zentren ein, in denen die Daten verwaltet, aufbereitet und an die internationale Nutzerschaft weitergeleitet werden.

Von all diesen vielfältigen und aufwendigen Forschungsarbeiten kann hier natürlich nicht berichtet werden. Exemplarisch sollen aber einige wichtige Forschungsgebiete kurz vorgestellt sowie Wissenschaftler genannt werden, die wichtige Projekte betreuen oder betreut haben und mit denen die Autoren dieses Buchs teilweise auch engeren Kontakt hatten. Die Auswahl kann keineswegs vollständig oder repräsentativ, aber vielleicht für den fachfremden Leser doch interessant genug sein, um zu erkennen, dass es letztlich immer wieder wenige Persönlichkeiten sind, die den Erfolg des Forschungsbetriebs gewährleisten, wenngleich alle Wissenschaftler heute natürlich auf die intensive Unterstützung von Maschinen, Robotern, Computern und intelligenter Software angewiesen sind. Die kreativen Ideen zum Bau geeigneter Messinstrumente und zur Entwicklung leistungsfähiger Theorien und Modelle kommen meist von einzelnen Wissenschaftlern oder aus kleinen Kernteams.

Abb. 2.5 zeigt die Köpfe einiger ausgewählter Plasma-, Astro-, Sonnen-, Helio- und Geophysiker unterschiedlichen Alters, die sich um die Erforschung der Materie, des Plasmas und der elektromagnetischen Prozesse in Sonne, Sonnenwind, Heliosphäre, Planeten und kleinen Körpern verdient gemacht haben. Der verstorbene Nobelpreisträger Hannes Alfvén (1908–1995) und Eugene Parker (1927–2022), nach dem die Solar Probe der NASA benannt wurde, stellen dabei aufgrund ihrer Verdienste zwei herausragende Wissenschaftler dar. Einige der abgebildeten Wissenschaftler (Parker, Christensen, Brandenburg) haben sich intensiv mit der Dynamotheorie

Abb. 2.5 Galerie ausgewählter Plasma-, Astro-, Sonnen-, Helio- und Geophysiker, die sich neben vielen anderen um die Erforschung physikalischer Prozesse in der Sonne, im Sonnenwind, in der Heliosphäre und in den Planeten verdient gemacht haben © AIP Publishing, J. Zich (Univ. of Chicago), U. Christensen, A. Brandenburg, E. Priest, L. Boenisch, A. Vourlidas/JHUAPL, S. P. Gary, G. Paschmann, U. v. Kusserow, C. Schrijver, G. Howes

beschäftigt und zum grundlegenden Verständnis der Entstehung von Magnetfeldern im Sonnensystem beigetragen. Andere (Gary, Marsch, Howes) haben die kinetische Plasmaphysik für eine tiefere Erkenntnisgewinnung über eine Vielzahl heliosphärischer und magnetischer Prozesse weiterentwickelt. Wieder andere (Alfvén, Parker, Priest, Schrijver) haben sich erfolgreich mit den komplexen magnetischen Phänomenen in und auf der Sonne sowie in ihrer Korona beschäftigt oder (Vourlidas, Solanki, Paschmann) dafür moderne Instrumente für die Beobachtung der Sonne und die Messung von Teilchen und Feldern in der Heliosphäre entwickelt. Und viele jüngere, hier nicht genannte Wissenschaftler haben schließlich die theoretische, analytische als auch numerische Plasmaphysik vor allem durch den Einsatz leistungsfähiger Computer entscheidend weiterentwickelt.

Diese Aufzählung der Fachgebiete verdeutlicht, dass es sich bei den Himmelsobjekten in unserem Sonnensystem um sehr komplexe Systeme handelt, sodass das tiefere Verständnis der darin ablaufenden Prozesse einen ganzheitlichen physikalischen Ansatz erfordert. Entsprechend vielfältig müssen daher auch die verwendeten Forschungsmethoden und Messinstrumente sein, von denen in den nachfolgenden Abschnitten aber nur einige vorgestellt werden können.

2.4 Einige Messinstrumente und Messtechniken

2.4.1 Allgemeine Bemerkungen

Die Erforschung der Sonne und Heliosphäre, speziell auch der Magnetosphäre der Erde, erfolgte in der Vergangenheit, wie im historischen Anhang ausführlich beschrieben, im Wesentlichen durch Beobachtung von Prozessen und Phänomenen auf der Sonnenoberfläche und am Himmel mit bloßen Augen und mithilfe von Teleskopen vom Erdboden aus. Erst die moderne Raumfahrt mit Satelliten und Raumsonden hat es ermöglicht, ohne den störenden Einfluss der Erdatmosphäre die Sonne zu beobachten und so auch den Zustand des interplanetaren Raums selbst vom Weltraum aus zu erforschen. Das heliosphärische Medium entpuppte sich nicht als ein Vakuum, sondern als ein hochverdünntes Plasma, das aus sehr verschiedenen Teilchen und elektromagnetischen Feldern besteht. Im Vergleich zur irdischen Atmosphäre sind die Anzahldichten der Teilchen allerdings äußerst gering. Wie viele Menschen es schon im Fernsehen in Berichten über die Internationale Raumstation erfahren haben, herrschen im erdnahen Weltraum ganz besondere Bedingungen, die durch die elektromagnetische Strahlung und magnetisierte Teilchen von der Sonne und aus dem All sowie vom lokalen Weltraumwetter bestimmt werden.

Es ist offensichtlich, dass unter solchen Bedingungen ganz andere oder Weiterentwicklungen der Messtechniken und Messinstrumente zum Einsatz kommen müssen, als wir sie am Erdboden gewohnt sind. Da jedes Kilogramm Materie einer Nutzlast, die gegen die Schwerkraft der Erde in den Weltraum gebracht werden soll, eine entsprechende Schubkraft der Trägerrakete erfordert, ist auch klar, dass ein Satellit oder eine Raumsonde so kompakt und leicht und gleichzeitig so stabil und effizient wie möglich gebaut werden muss, um die Kosten insgesamt gering zu halten. Instrumente für die Messung von Teilchen (Elektronen, Protonen und schwere Ionen sowie energiereiche solare und kosmische Teilchen) und von elektromagnetischer Strahlung (von Radiowellen über das sichtbare und ultraviolette Licht bis hin zur Röntgenstrahlung und Gammaquanten sowie niederfrequente elektromagnetische Wellen) dürfen daher nicht zu schwer sein, müssen robust und strahlungsresistent sein und autonom arbeiten können.

Darüber hinaus sollen diese Instrumente jeweils mit eigenem Rechner und Datenspeicher sowie einer Elektronikbox ausgestattet sein, um mit dem zentralen Rechner auf dem Raumfahrzeug kommunizieren zu können. Von diesem aus können die registrierten Daten über die Hauptantenne des Raumfahrzeugs zur Empfangsstation auf die Erde gesendet werden. Dort werden sie dann vom leitenden Experimentator (Principal Investigator, PI) und dem jeweiligen Instrumententeam verarbeitet und analysiert. Ein weltraumtaugliches Messinstrument muss also ein cleveres Design aufweisen, bescheiden an erforderlichen Ressourcen und auch finanzierbar sein. Seine Realisierung stellt für die Wissenschaftler, Ingenieure und Techniker jedes Mal aufs Neue eine große Herausforderung dar.

Was genau ist es, was die Wissenschaftler im Sonnensystem messen wollen? Zum einen geht es darum, die Verhältnisse in situ, also direkt an Ort und Stelle, in der Umgebung des Raumfahrzeugs zu erforschen und dort die relevanten physikalischen Messgrößen zu ermitteln. Zum anderen sollen weit entfernte Ziele, z. B. solche auf und im direkten Umfeld der Sonne, durch „remote sensing", also Fernerkundung, mithilfe von Weltraumteleskopen und Spektrografen beobachtet, erkundet und analysiert werden.

2.4.2 Messungen von Teilchen

Geladene Teilchen werden im Prinzip einfach dadurch gemessen, dass man sie mit einem Detektor „einfängt". Dies geschieht so, dass ein Teilchen durch elektrische Felder hinter der Eintrittsapertur des Instruments (z. B. in einen Analysator bestehend aus zwei Halbkugeln mit unterschiedlicher angelegter elektrischer Spannung U) oder durch magnetische Felder (mithilfe der magnetischen Lorentz-Kraft von stromdurchflossenen Spulen erzeugt) abgelenkt und schließlich durch Eindringen in einen Festkörper (Sekundärelektronenvervielfacher, Channeltron oder Mikrokanalplatte) gestoppt wird. Dort weist man das Teilchen schließlich durch ein elektrisches Zählsignal nach. Die Eindringtiefe in den Festkörper ist dann ein zu kalibrierendes Maß für die Energie E, die Spannung U ein Maß für die kinetische Energie pro Ladung E/q und die Stärke der Ablenkung im Magnetfeld ein Maß für die Geschwindigkeit v oder Ladung pro Masse (q/m). Oft stellt die gemessene Laufzeit t durch eine fest vorgegebene Strecke L im Instrument bis zum Nachweis im Festkörper ein weiteres Maß für die Geschwindigkeit dar.

Da die Geschwindigkeit aber ein Vektor $\vec{v}$ ist, möchte man ihn noch in seine drei räumlichen Komponenten zerlegen können. Das gelingt, indem man die Eintrittsrichtung des Teilchens durch die Apertur verändert, z. B. unter Ausnutzung der Rotation des Raumfahrzeugs oder durch Schwenken des ganzen Instruments, das auf einer Drehplattform montiert ist, in verschiedene Richtungen. Ebenso werden auch mehrere identische Detektoren mit verschiedenen Orientierungen benutzt, um damit eine bessere Winkelauflösung zu erreichen. Das Resultat ist im Idealfall eine vollständige Messung all der Parameter, die das jeweilige Teilchen charakterisieren, insbesondere auch seines Geschwindigkeitsvektors $\vec{v}$.

Zum Zeitpunkt t am jeweiligen Aufenthaltsort $\vec{x}$ eines Raumfahrzeugs registriert der Detektor also ein Teilchen der Masse m und Ladung q mit der Geschwindigkeit $\vec{v}$, womit sich auch deren Bewegungsenergie gemäß $E = 1/2 \cdot mv^2$ berechnen lässt. Sind sowohl die Messzeit als auch die als Totzeit bezeichnete Zeitdauer zwischen zwei aufeinanderfolgenden Messungen des Detektors sehr kurz, dann lassen sich relativ schnell viele Teilchen registrieren. Daraus lässt sich dann eine statistische Häufigkeitsverteilung im Orts- und Geschwindigkeitsraum, dem sogenannten Phasenraum, ermitteln, die durch eine Verteilungsfunktion $f(t, \vec{x}, \vec{v})$ beschrieben wird. In der Praxis ist es leider oft nicht möglich, die Verteilungsfunktionen für alle relevanten Teilchenpopulationen mit hoher Auflösung zu ermitteln. Außerdem ist die

Datenübertragungsrate zur Erde stets begrenzt, sodass die Experimentatoren unterschiedlicher Instrumente auf einer Raumsonde jeweils um eine möglichst hohe Telemetrierate kämpfen müssen. Natürlich können in diesem Zusammenhang auch die Höhe der notwendigen Investitionen oder sogar auch das nationale Prestige eine wichtige Rolle spielen.

In Abb. 2.6 werden einige moderne Teilchendetektoren illustriert und deren Funktionsprinzipien schematisch erläutert. Abb. 2.6a zeigt im Labor eine sogenannte Faraday Cup, ein Strommessgerät, das jetzt mit der Raumsonde Parker Solar Probe der NASA um die Sonne fliegt. Dieses Instrument sitzt außen vor dem Hitzeschild der Probe und kann selbst bei hoher Sonneneinstrahlung dort noch funktionieren. Abb. 2.6b erklärt, wie durch Änderung der differenziellen Spannungen an den gestrichelt dargestellten Gittern geladene Teilchen in das Gerät eintreten können oder aber reflektiert werden. Damit lassen sich die verschiedenen Energien der einfallenden Teilchen durch Variation der Gitterspannungen bestimmen.

Abb. 2.6c und d zeigen einen heutzutage viel geflogenen Top-Head-Detektor im schematischen Querschnitt und als flugfähige Hardware. Solch ein Instrument fliegt zurzeit auf der Solar Orbiter Raumsonde der ESA um die Sonne und misst z. B. Protonen im Sonnenwind. Durch die Rotationssymmetrie des Instruments können Teilchen aus allen Richtungen gleichzeitig in einem festen Winkelbereich in den Detektor eintreten und dann durch die variabel angelegte Spannung zwischen den kugelförmigen Kondensatorplatten nach ihrer Energie pro Ladung selektiert werden.

Abb. 2.6e und f zeigen das Massenspektrometer SWICS von der Ulysses-Mission, wobei links das reale Instrument im Labor und rechts das Messprinzip abgebildet sind. Dieses Instrument zeichnet sich durch die Flugzeitmessung der Teilchen aus, die es erlaubt, auf deren Masse zu schließen. Damit können insbesondere hochionisierte schwere Ionen im Sonnenwind gemessen und dessen chemische Zusammensetzung ermittelt werden. Diese entspricht im Wesentlichen der Zusammensetzung in der Sonnenkorona, die damit sozusagen aus der Ferne bestimmt werden kann, denn sie ändert sich nicht mehr auf dem Weg zur Erde. Dies ist ein schönes Beispiel für die Fernerkundung durch In-situ-Plasmamessungen.

Viel vertrauter ist dem Laien natürlich die Fernerkundung eines Himmelsobjekts mithilfe der Photonen des Lichts, das von der Quelle aus weitgehend ungestört entlang seines Lichtwegs in das Auge des Beobachters, den Fokus des Fernrohrs oder Teleskopspiegels gelangen kann, während Teilchen auf dem Weg von ihrer Quelle etwa in der Sonnenkorona zur Öffnung des Messgeräts vielfältige Wechselwirkungen erleiden können. Um mithilfe von Teleskopen eine möglichst hohe räumliche Auflösung eines Objekts

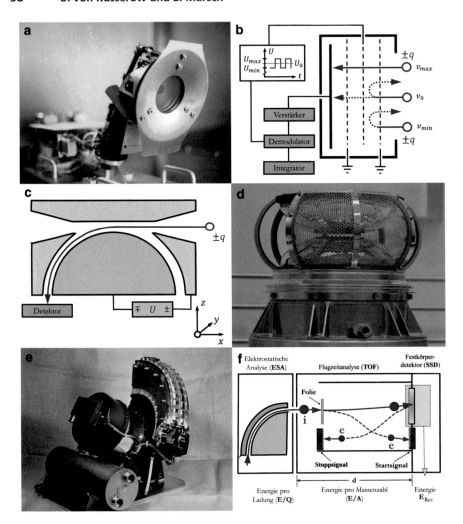

Abb. 2.6 Verschiedene Teilchendetektoren und deren Funktionsprinzipien. **a** Faraday Cup, ein Strommessgerät zur Messung von Ionen und Elektronen. **b** Die Faraday Cup funktioniert durch Variation der angelegten Spannungen zur Energiemessung der eintretenden Teilchen. **c** Messprinzip eines elektrostatischen Top-Head-Analysators zur Messung von Energie pro Ladung der aus allen Richtungen kommenden Teilchen. **d** Entsprechende flugfähige Hardware. **e** SWICS-Ionenspektrometer. **f** Das SWICS-Ionenspektrometer benutzt die Flugzeitmessung zur Identifikation der Ionen
© a A. Wang/SPC_Glamour /SWEAP/PSP, b, c, f U. v. Kusserow, d NASA/GSFC/SSL, e SWICS/Univ. of Maryland/Space Physics Group

in weiter Ferne zu erreichen, ist der Einsatz möglichst großer Primärspiegel und kurzer Wellenlängen erforderlich, da das Auflösungsvermögen proportional zum Durchmesser des Spiegels und umkehrt proportional zur

Wellenlänge ist. Reich an Photonen ist die Sonne aber nur im Sichtbaren, nicht jedoch bei kürzeren und längeren Wellenlängen im Ultravioletten bzw. extrem Infraroten.

2.4.3 Messungen von Feldern

Im Sonnenwind und in der Heliosphäre gibt es eine Vielzahl von sich ausbreitenden elektromagnetischen Wellen und turbulenten Fluktuationen, die mit geeigneten Antennen vermessen werden können. Die Wellen kommen aus der Korona der Sonne selbst oder werden immer wieder lokal im Plasma erzeugt. Einige Mechanismen dafür werden in Kap. 4 diskutiert. Das Bemühen um ein tieferes Verständnis der Erzeugungsprozesse der Wellen verlangt, dass man im Idealfall das variable elektrische Feld $\vec{E}$ sowie das magnetische Feld $\vec{B}$ mit ihren drei Vektorkomponenten jeweils getrennt messen kann, und zwar möglichst bei allen relevanten Frequenzen und Wellenlängen, bis hin zu den quasistatischen elektromagnetischen Feldern.

Einige Instrumente und ihre Funktionsprinzipien zur Vermessung der elektromagnetischen Felder und Wellen werden in Abb. 2.7 erläutert. Abb. 2.7a und d zeigen die Hardware der Wellenmessgeräte, die auf der Parker Solar Probe und Solar Orbiter geflogen werden, deren Messprinzipien schematisch in Abb. 2.7b und c erklärt werden. Ein Search-Coil-Magnetometer ist in Abb. 2.7d als Hardware gezeigt. Das Radio- und Plasmawellenexperiment (RPW) besteht aus einem Satz von drei kurzen magnetischen Antennen, die orthogonal zueinander angeordnet sind. Wie das Fluxgate-Magnetometer sind auch diese kurzen Antennen auf dem langen Instrumentenbaum des Solar Orbiter montiert. Beide Magnetometer verwenden das Prinzip der elektromagnetischen Induktion, das es gestattet, den variablen magnetischen Fluss durch Spulen zu messen und davon die drei $\vec{B}$-Feldkomponenten der magnetischen Wellen im Plasma abzuleiten. In Abb. 2.7e wird das Spacecraft des SO in Seitenansicht gezeigt, wodurch die drei langen elektrischen Antennen des RPW-Experiments neben den Solarpaddeln gut zu erkennen sind. Mit deren Hilfe werden die drei $\vec{E}$-Feld-Komponenten der langwelligeren elektrischen Wellen gemessen.

Bisher wurden die instrumentellen Techniken und In-situ-Messmethoden für Teilchen und elektromagnetische Felder im Sonnenwind und in der Heliosphäre angesprochen. Es ist zwar ein Traum der Sonnenphysiker, diese Methoden auch in der Korona der Sonne anwenden zu können, aber leider erweist sich dies aus vielerlei Gründen als unmöglich. Abgesehen von großen himmelsmechanischen Problemen, eine Sonnensonde sehr tief

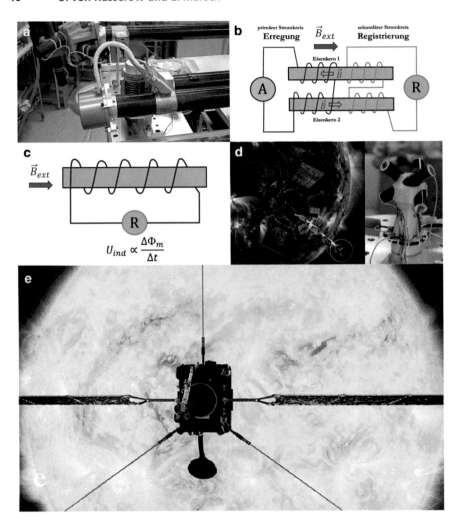

Abb. 2.7 Instrumente und Funktionsprinzipien zur Vermessung elektromagnetischer Felder und Wellen. **a** und **d** Hardware der Wellenmessgeräte, die auf der Parker Solar Probe und Solar Orbiter geflogen werden. **b** und **c** Schema des Messprinzips des Fluxgate-Magnetometers. **e** Künstlerische Darstellung der Solar-Orbiter-Raumsonde vor der Sonne, auf der neben Instrumenten auch die Antennenkonfiguration für Feldmessungen sowie die Solarpanel zur Energieaufnahme sichtbar sind
© a NASA/UC Berkeley/IWF Graz, b, c U. v. Kusserow, d JHUAPL/G. Jannet/ LPC2E (Bearbeitung: U. v. Kusserow), e ESA/NASA/GSFC

in die Sonnenkorona hinein zu lenken, würde die Sonde dort die extreme Bestrahlung durch die darunterliegende Photosphäre nicht überstehen. Sie würde ihre Umgebung außerdem durch Ionisierung und Ausgasung ihres Oberflächenmaterials völlig verändern, sodass die Eigenschaften der Korona hier nur sehr verfälscht registriert werden könnten. Starke elektrostatische Aufladungen im Umfeld der Sonde wären die Folge von Photoelektronen, die aufgrund des Photoeffekts durch intensive Sonneneinstrahlung aus der Oberfläche der Sonde herausgeschlagen würden, sodass auch verlässliche Feldmessungen praktisch unmöglich wären. Es bestünden zudem gewaltige Probleme, die gemessenen Daten durch das hier viel dichtere Plasma der Korona zur Erde zu senden.

Die Sonnenkorona kann folglich nur aus sicherer Entfernung von einem Weltraumobservatorium oder von der Erde aus beobachtet und anhand von Bildern und der von Ionen emittierten Spektren verlässlich analysiert werden. In diesem Jahrzehnt werden es vor allem die Missionen Parker Solar Probe und Solar Orbiter (Kap. 5) sein, die den Wissenschaftlern sowohl anhand von In-situ-Messungen als auch durch Fernbeobachtung neue Daten und Erkenntnisse über die Prozesse in sehr großer Sonnennähe liefern werden.

2.4.4 Messungen von Photonen

Die Messung des sichtbaren Lichts von der Sonne ist ein altes Problem der Sonnenphysik, das unsere Augen schon von Anbeginn der Menschheit gelöst haben. Während wir Menschen uns bei der Sonnenbeobachtung dem grellen Sonnenlicht nicht direkt aussetzen dürfen, ist dies für moderne Instrumente durch die Verwendung schützender Filter sehr wohl möglich. Während wir die Sonne mit unserem Auge nur im Wellenbereich von etwa 400–800 nm wahrnehmen können, sind den Teleskopen und verwendeten Beobachtungsinstrumenten dagegen keine Grenzen gesetzt. Abhängig von der Wellenlänge, in der ein Sonnenphänomen beobachtet und vermessen werden soll, müssen die Wissenschaftler dafür aber unterschiedliche Instrumente und Detektoren verwenden. Das analysierbare Spektrum reicht dabei von den weichen, langwelligen Radiowellen bis hin zur harten, kurzwelligen Gammastrahlung, die insbesondere bei solaren Flares sporadisch emittiert wird.

Schon zu Beginn des 20. Jahrhundert beherrschte man die experimentellen Techniken im Labor, um Licht im infraroten, sichtbaren und ultravioletten Wellenlängenbereich in seine Spektralfarben zu zerlegen (Abb. 2.8). Dazu wurden Spektrometer entwickelt, die es erlauben, das von Atomen und Ionen im gasförmigen Zustand ausgehende Licht zu analysieren (Abb. 2.8a). Überraschenderweise fanden die Physiker, dass aus dem Labor bekannte Linien, wie z. B. die der Balmer-Serie des leichtesten Elements Wasserstoff, auch als

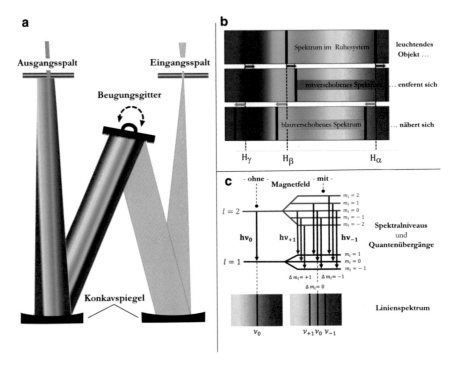

Abb. 2.8 Spektrometer zur Messung von Teilchengeschwindigkeit und Magnetfeldstärke. **a** Messprinzip eines optischen Spektrometers, das Licht mithilfe eines Beugungsgitters in seine Spektralfarben zerlegt. **b** Funktionsprinzip des Doppler-Effekts, der Verschiebung einer Spektrallinie ins Blaue oder Rote, illustriert anhand der Balmer-Linien von Wasserstoff. **c** Aufspaltung einer Linie in Multipletts durch das Magnetfeld aufgrund des Zeeman-Effekts
Astronomy – spectroscopy – 3/3: sn.pub/pcvVk2
Stellar Spectroscopy – what can we learn about stars: sn.pub/LIkxe5
The Zeeman Effect: sn.pub/BMmzRn
© U. v. Kusserow

Emissionslinien in der Chromosphäre der Sonne auftreten. Abb. 2.8b veranschaulicht, wie sich die Lage einer Spektrallinie auf einem Detektor im Labor verändert, wenn sich das emittierende Gas mit einer bestimmten Geschwindigkeit vom Beobachter weg bzw. auf ihn zu bewegt. Dabei verschieben sich die einzelnen Spektrallinien mit zunehmender Geschwindigkeit der bewegten Materie stärker zu längeren bzw. kürzeren Wellenlängen. Mithilfe dieses nach dem österreichischen Mathematiker und Physiker Christian Andreas Doppler (1803–1853) benannten Doppler-Effekts lassen sich auch die Geschwindigkeiten der Plasmamaterie und strömenden Teilchen in der Sonnenatmosphäre und im Sonnenwind bestimmen.

Setzte man ein atomares Gas im Labor einem Magnetfeld aus, so spalteten sich einige der von diesem Gas ausgesandten Spektrallinien zur Verblüffung der Experimentatoren in mehrere Linien, in ein sogenanntes Multiplett, auf (Abb. 2.8c unten). Mithilfe dieses nach dem holländischen theoretischen Physiker Hendrik Antoon Lorentz (1853–1928) benannten und bereits 1896 nachgewiesen Effekts lassen sich auch die Stärken der magnetischen Flussdichten vor allem im Bereich der Sonnenoberfläche durch Fernbeobachtung ermitteln. Aufgrund der bei magnetisch sensitiven Atomen erfolgenden Aufspaltung der Spektralniveaus im Magnetfeld werden bei den atomaren Quantenübergängen (Abb. 2.8c oben) Photonen mit unterschiedlicher Wellenlänge und Polarisation erzeugt. Die Stärke des Wellenlängenabstands der einzelnen Spektrallinien im Multiplett ist dabei ein Maß für die Stärke des am Emissionsort anzutreffenden Magnetfelds. Anhand des speziellen linearen bzw. zirkularen Polarisationsgrads lassen sich darüber hinaus auch Aussagen über die Ausrichtung des Magnetfelds in longitudinaler oder transversaler Richtung machen.

Im Jahr 1908 fand G. E. Hale (1868–1938) heraus, dass Sonnenflecken ein magnetisches Phänomen sind. Aufgrund der geringen Gasdichte in der Photosphäre war die Aufspaltung der Spektrallinien durch den Zeeman-Effekt und ihre Polarisation nur gering, und deswegen waren die Magnetfeldmessungen zunächst recht ungenau. Mit zunehmendem Abstand von der Sonnenoberfläche verändert sich auch die Polarisation des absorbierten Lichts. Man muss also realistische Modelle der Atmosphäre hinzunehmen, um diese Messungen entfalten und interpretieren zu können. Mithilfe der Stokes-Polarimetrie im Sichtbaren und Infraroten sowie geeigneter mathematischer Modelle und sogenannter Inversionsmethoden gelingt es aber, zuverlässige Messungen des Vektormagnetfelds in Photosphäre und Chromosphäre zu erhalten, die durch Extrapolation auch noch die Magnetfelder in der Korona zu berechnen gestatten, welche leider bis heute nicht direkt gemessen werden können.

2.5 Analytische Modellierung und numerische Simulation

In Abschn. 2.2.1 wurde ein historischer Abriss der Erforschung von Sonne und Heliosphäre durch Weltraummissionen gegeben. Dabei wurde klar, dass es sich bei diesen Aktivitäten von Anfang an um die Realisierung von Großforschungsprojekten handelte. Waren die Raumsonden und Satelliten dem jeweiligen Entwicklungsstand der Technik entsprechend zunächst relativ klein und bescheiden, so wurden die Ansprüche und Forderungen der Forscher an ihre Messinstrumente und die zu erwartenden Ergebnisse immer anspruchsvoller. Auch die parallel dazu in der Wirtschaft und Gesellschaft allgemein einhergehende rasche Entwicklung der Mikroelektronik und Computertechnologie erlaubte es nun, immer raffiniertere und aufwendigere Experimente von Raumfahrzeugen aus durchzuführen, wobei die oft großen Distanzen von der Erde, die vorläufige Speicherung gewonnener Daten an Bord der Raumsonden sowie deren Übersendung zum Erdboden häufig noch Probleme bereiten konnten. Aber auch diese Engpässe in der Telemetrie wurden mit der Installation immer größerer und zahlreicher Empfangsantennen auf verschiedenen Kontinenten sowie durch die Verwendung leistungsfähiger Rechner und Datenspeicher an Bord der Satelliten und Raumsonden nach und nach überwunden.

Da wir es bei Sonne, Heliosphäre und Magnetosphären mit großen komplexen Systemen zu tun haben, die auf vielen raumzeitlichen Skalen strukturiert sind und sich entwickeln, wurde der Wunsch immer größer, diese Objekte zwar als ganzheitliche Systeme zu betrachten, sie aber zugleich in ihren Details zu erforschen. Also ging man den nächsten Schritt und schickte „Flotten" von identischen Satelliten wie ISEE, Cluster und Themis in die Erdmagnetosphäre oder die beiden STEREO-Sonden in eine Umlaufbahn um die Sonne, um so dreidimensionale Vorgänge in der Zeit von verschiedenen Orten im Raum aus beobachten und analysieren zu können. Es überrascht nicht, dass die Weltraumforscher immer noch größere Ziele im Auge haben. Die finanziellen und technischen Möglichkeiten setzen manchen Vorhaben aber trotz internationaler Zusammenarbeit großer Weltraumagenturen ihre Grenzen. Das Interesse an der Realisierung kostspieliger Projekte muss natürlich auch gegenüber den Interessen anderer wichtiger Forschungszweige abgewogen werden. Immer stellt sich in diesem Zusammenhang die Frage nach der Priorität und dem Nutzen einzelner Projekte für die gesamte Gesellschaft.

Was das physikalische Verständnis der erforschten Systeme und die Interpretation der relevanten neuen Daten angeht, so brauchte die Weltraumforschung aber keine grundlegend „neue Physik" zu entwickeln, sondern konnte auf die Kenntnisse und Methoden der Laborphysik auf der Erde zurückgreifen. Man kannte die Plasmaphysik ja schon aus der Physik der Gasentladung im Labor und der Fusionsforschung zum magnetischen Einschluss hochenergetischer, geladener Partikel im Reaktor. Über die Physik der Strahlung besaß man grundlegende Kenntnisse bereits von Laboruntersuchungen an Atomen und Molekülen im gasförmigen Zustand sowie aus der schon gründlich erforschten Astrophysik der Sterne. Über die Physik der Atomkerne hatte man schließlich grundlegende Kenntnisse im Zusammenhang mit dem Bau von Atombomben und Kernspaltungsreaktoren erworben, mit denen sich auch die Energieerzeugung in der Sonne und anderen Sternen erklären lässt.

Was die Wellenausbreitung und die Übertragung von Messdaten in Weltraumplasmen betrifft, so konnte man auf die soliden Kenntnisse in der Radiophysik und Elektrotechnik zurückgreifen. Die Erfahrungen mit optischen Sonnenteleskopen und Spektrografen auf der Erde ließen sich durch Miniaturisierung auf kleine und leichte Instrumente übertragen, die sich für den Weltraumflug wesentlich besser eignen. Auch der Umgang mit komplexen Systemen war den Physikern in irdischen Zusammenhängen schon bekannt, wo sie erfolgreich mit statistischen Methoden beschrieben und deren Eigenschaften berechnet werden konnten. All dieses Wissen ließ sich in der Weltraumforschung effektiv nutzen.

Die physikalischen Objekte im Weltraum sind im Vergleich zu den auf der Erde bekannten jedoch sehr groß. Die astrophysikalischen Dimensionen sind riesig und die dort ablaufenden Prozesse besonders komplex. Es ist von daher kaum möglich, einfache Modelle und Theorien zu deren Erklärung zu entwickeln, die in mathematische Gleichungssysteme übersetzt einfache analytische Lösungen haben. Das später diskutierte Parker-Modell für den Sonnenwind ist eine erfreuliche Ausnahme, was den historischen Erfolg dieses einfachen Modells ausmachte. Heutige Modelle berücksichtigen viel mehr empirische Daten und Randbedingungen, können jedoch nur noch auf dem Computer gelöst werden und entziehen sich damit einer einfachen anschaulichen Interpretation. Es ist charakteristisch für die theoretische Beschreibung realer komplexer Objekte im Sonnensystem, dass trotz der im Prinzip vollständigen Kenntnis ihrer Komponenten und deren Wechselwirkung miteinander die Lösungen der relevanten mathematischen Gleichungen meist nicht analytisch ermittelt werden können, sondern dass dies nur numerisch möglich ist, was in der Regel einen erheblichen aber möglichen Computeraufwand erfordert.

In vielen Fällen greifen die Weltraumforscher deshalb heute zu dem neuen Werkzeug der numerischen Simulation, in der Hoffnung, damit die Wirklichkeit nachbilden zu können und so die physikalischen Prozesse in ihrem komplizierten Zusammenspiel besser zu verstehen. Diese mathematisch-physikalische Disziplin ist erst in den vergangenen zwei Jahrzehnten zur vollen Blüte gelangt, aber aus dem Alltag der Theoretiker nicht mehr wegzudenken. Eine mögliche Gefahr besteht bei dieser Vorgehensweise jedoch darin, dass man das reale System mit seinen vielen rätselhaften Details leicht aus dem Auge verliert oder manchmal nur das simuliert, was sich selbst mit den größten Computern noch zufriedenstellend bewältigen lässt. Da diese immer leistungsfähiger werden, kann man hoffen, immer größere Systeme, wie beispielsweise das Wirken der Dynamos in Sonne und Planeten, zunehmend realistischer zu simulieren. Dies gilt auch für viele andere astrophysikalische Systeme, die wegen ihrer großen Entfernung einer genauen Beobachtung nicht zugänglich sind, deren innere physikalische Prozesse aber auf diese Weise wesentlich besser verstanden werden können.

Wie überall in der Wissenschaft, so ist auch in der Weltraum- und astrophysikalischen Forschung der Wunsch der Wissenschaftler groß, in der Vielfalt der beobachteten Phänomene übereinstimmende, stabile und invariante Eigenschaften zu finden, wonach deshalb entsprechend intensiv gesucht wird. So wie man sprichwörtlich manchmal den Wald vor lauter Bäumen nicht sieht, muss man sich dabei aber nicht von den Details der Komponenten eines Systems oder Himmelobjekts verwirren lassen, sondern man sollte versuchen, die Schlüsseleigenschaften zu identifizieren, die es erlauben, wichtige zentrale Fragen zu beantworten.

Viele makroskopische Eigenschaften existieren nicht auf der mikroskopischen atomaren Ebene, sondern geben sich erst als emergente Eigenschaften eines Ensembles von Atomen zu erkennen. Die makroskopische Dichte, Temperatur, Geschwindigkeit und elektrische Stromdichte eines Plasmas (als Ensemble von Elektronen und Ionen mit ihren selbstkonsistenten elektromagnetischen Feldern verursacht durch elektrische Ströme und Ladungen) stellen solche wichtigen emergenten Eigenschaften dar, die es zu messen und zu verstehen gilt. Diese Größen reichen aber häufig schon, um elektrisch leitfähige gasförmige oder flüssige Zustände in Himmelskörpern ausreichend und angemessen zu beschreiben. Auch deren großräumige Magnetfelder erweisen sich in diesem Sinne als emergent, sind im Sinne des physikalischen Reduktionismus zwar nicht fundamental, aber doch von zentraler Bedeutung für den allgegenwärtigen Magnetismus im Sonnensystem.

Weiterführende Literatur

Feuerbacher B, Stoewer H (2006) Utilization of Space – Today and Tomorrow. Springer, Berlin Heidelberg New York

Glassmeier K-H, Scholer M (Hrsg) (1991) Plasmaphysik im Sonnensystem. BI-Wissenschaftsverlag, Mannheim Wien Zürich

Kallenrode M-B (2001) Space Physics: An Introduction to Plasmas and Particles in the Heliosphere and Magnetospheres. Springer, Berlin Heidelberg New York

Schrijver C J, Siscoe G L (Hrsg) (2009) Heliophysics – Plasma Physics of the Local Cosmos. Cambridge University Press, Cambridge

Schrijver C J et al (2022) Principles of Heliophysics – A Textbook on the Universal Processes, sn.pub/uCccT8

3

Die magnetisch aktive Sonne

Inhaltsverzeichnis

© Springer-Verlag GmbH Deutschland, ein Teil von Springer Nature 2023
U. von Kusserow und E. Marsch, *Magnetisches Sonnensystem*,
https://doi.org/10.1007/978-3-662-65401-9_3

Die Sonne ist ein selbstleuchtendes Himmelsobjekt, einer der geschätzt mehr als 100 Mrd. Sterne in der als Milchstraße bezeichneten Spiralgalaxie. Kernfusionsprozesse in dessen etwa 15 Mio. Grad Celsius heißen Zentralbereich erzeugen die für die Abstrahlung erforderliche Energie seit mehr als 4,5 Mrd. Jahren. Vor allem durch Strahlung und Materieströmungen, ergänzt durch Wärmeleitung, wird die erzeugte Energie durch das Sonneninnere in die Sonnenatmosphäre transportiert.

Die Sonne ist eine rotierende Plasmakugel (Abb. 3.1), in deren Innerem die heiße und elektrisch sehr gut leitfähige Plasmamaterie orts- und zeitabhängig differenziell strömt. Während die Sonnenrotation in der weiter innen gelegenen Strahlungszone weitgehend starr erfolgt, sorgen Konvektionsströmungen im äußeren Drittel des Sonneninneren für einen hier vergleichsweise extrem schnellen Energietransport. Über dem für uns Menschen mit „unbewaffneten" Augen sichtbaren Sonnenrand bewirken neben dem sichtbaren Licht auch Radio-, infrarote, ultraviolette, Röntgen- und Gammastrahlung sowie magnetohydrodynamische Wellenmoden den Energietransport durch die Sonnenatmosphäre nach außen.

Die Sonne ist ein magnetisch aktiver Stern (Abb. 3.1c), dessen Magnetfelder im Inneren der Konvektionszone durch magnetische Induktion in räumlich sowie periodisch oder auch in chaotischer Weise variierenden Dynamoprozessen immer wieder neu erzeugt werden. In den unterschiedlichen Schichten der Sonnenatmosphäre lösen die als Rekonnexion bezeichneten Zerreiß- und Neuverbindungsprozesse magnetischer Feldlinien andauernd komplexe Umstrukturierungen der solaren Magnetfelder aus. Zusätzlich sorgen magnetische Turbulenzen und Wellenmoden dort für eine starke Aufheizung des atmosphärischen Plasmas, für die Beschleunigung hochenergetischer Teilchen sowie für sporadisch erfolgende magnetische Eruptionen. Dabei werden gewaltige Mengen magnetischer Energie freigesetzt, und es erfolgt immer wieder auch der Auswurf großer magnetisierter Plasmawolken in den interplanetaren Raum.

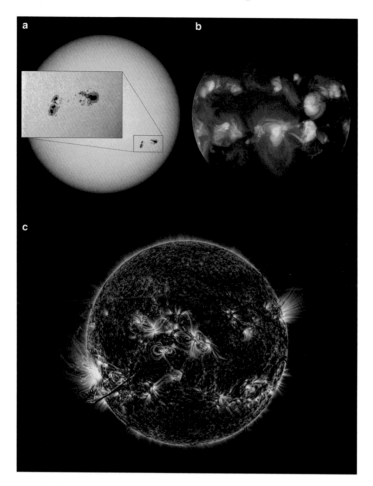

Abb. 3.1 Durch den Einfluss solarer Magnetfelder erzeugte Sonnenphänomene. **a** Vom Solar Dynamics Observatory (SDO) der NASA erstellte Aufnahme der Sonne im sichtbaren Wellenlängenbereich. Der vergrößerte Bildausschnitt zeigt helle Fackel- gebiete im Umfeld großer dunkler Fleckengruppen. **b** Auf der Röntgenaufnahme des japanisch-amerikanischen Satelliten Hinode ist gut zu erkennen, dass sich die durch Fleckenbildung geprägten solaren Aktivitätsgebiete in beiden Hemisphären der Sonne in zwei Gürteln konzentrieren, die parallel zum Äquator verlaufen. **c** Die SDO-Aufnahme der Sonne im ultravioletten Licht veranschaulicht die Strukturierung magnetischer Felder in den solaren Aktivitätsgebieten. Links unten erfolgt gerade ein gewaltiger koronaler Masseauswurf
SDO Gallery Spots Galore: sn.pub/Z7tjuY
The X-Ray Sun Over 5.5 Years [Hinode/XRT]: sn.pub/YiXkU6
Filament eruption, August 31, 2012: sn.pub/4nADNx
© a NASA, b JAXA, c NASA/GSFC/Miloslav Druckmüller

Die magnetische Aktivität und damit auch die Eigenschaften der durch sie beeinflussten solaren atmosphärischen Phänomene wie Sonnenflecken und Fackelgebiete, Magnetfeldbögen und Gaswolken, Eruptionen und Masseauswürfe variieren ausgeprägt im Verlauf des im Mittel etwa elfjährigen solaren Aktivitätszyklusses. Darüber hinaus treten periodische und zufällige größere Variationen auf mehreren typischen längeren Zeitskalen auf. Hochenergetische Prozesse sorgen insbesondere in den Aktivitätsgebieten für die Aussendung von Röntgen- und sogar Gammastrahlung.

Neben dem stetig abströmenden magnetischen Sonnenwind bestimmen Prozesse im Inneren und in der Atmosphäre der Sonne das Weltraumwetter im Sonnensystem, also den Zustand und die Veränderungen in der diesen Stern umgebenden Heliosphäre, ganz entscheidend.

3.1 Magnetische Sonnenphänomene

Mit „unbewaffneten" Augen erkennt der Beobachter eine auffallende Randverdunklung der Sonne. Diese rührt daher, dass er am Sonnenrand etwas schräger und nicht so tief wie in der Sonnenmitte in merklich kühlere Bereiche der etwa 5500 °C heißen Photosphäre blickt. Geschützt vor grellem Sonnenlicht bei der Beobachtung durch dünne Wolkenschichten könnte er in Zeiten starker Sonnenaktivität mit bloßem Auge unter Umständen sogar besonders große dunkle Sonnenflecken entdecken, die sich in den Aktivitätsgebieten oberhalb und unterhalb des Äquators der rotierenden Sonne im Laufe der Zeit mehr oder weniger dynamisch entwickeln. Abb. 3.1a zeigt eine Aufnahme der Sonne im Weißlicht, die mithilfe eines Teleskops von Bord des Solar Dynamics Observatory (SDO) gewonnen wurde. In der Ausschnittvergrößerung lassen sich die häufig sehr komplexen Strukturen der teilweise sogar mehr als erdgroßer Flecken studieren, die sich meist in einer Gruppe organisieren. Die einzelnen Flecken besitzen einen dunklen, etwa 4000 °C heißen, als Umbra bezeichneten Kernbereich, der meist von einer filamentartig, hell-dunkel strukturierten Penumbra umgeben ist. Die über einen Internetlink zugängliche Filmsequenz (s. Legende zu Abb. 3.1) veranschaulicht nicht nur die Entwicklung der Sonnenfleckengruppen auf der rotierenden Sonne. Sie zeigt auch die etwa 7000 °C heißen, als Fackeln bezeichneten punktförmigen Aufhellungen, die verstärkt im Umfeld solarer Aktivitätsgebiete bereits mit einfachen Amateurteleskopen insbesondere in der Nähe des Sonnenrandes gut zu beobachten sind.

Die Röntgenaufnahme der Sonne in Abb. 3.1b wurde mit dem japanisch-amerikanischen Satelliten Hinode in Zeiten starker Sonnenaktivität erstellt.

Sie veranschaulicht eindrucksvoll, dass die solaren Aktivitätsgebiete, in denen sich Sonnenfleckengruppen mit Lebensdauern von häufig mehreren Wochen sowie Fackelgebiete auf kürzeren Zeitskalen ausbilden und entwickeln, beidseitig in Zonen parallel zum Sonnenäquator auftreten. Im Verlauf des solaren Aktivitätszyklus wandern diese Gürtel in Zeiten schwacher Aktivität beginnend bei etwa 30–40° heliografischer Breite über 15° im Aktivitätsmaximum bis zu 5° im nächsten Aktivitätsminimum recht nahe an den Äquator heran. Wie komplex die magnetischen Feldstrukturen fast überall auf der Sonne miteinander verwoben sind, zeigt Abb. 3.1c. Sie wurde im ultravioletten Licht mit dem Solar Dynamics Observatory (SDO) der NASA aufgenommen, das die Sonne seit 2010 hochaufgelöst, regelmäßig und in kurzen Zeitabständen in den unterschiedlichsten Wellenlängen vom Visuellen bis ins extreme Ultraviolett aus einem Orbit um die Erde mit einer Bahnhöhe von 34 600 km beobachtet. Im Licht hochangeregter Eisenionen, die dort aufgrund von Temperaturen von über 1 Mio. Grad Celsius zur Aussendung ultravioletten Lichts angeregt werden, geben sich die magnetischen Feldlinien indirekt zu erkennen, die oft in komplexer Weise miteinander verwoben sind. Wenn sie im Verlauf magnetischer Rekonnexionsprozesse „zerschnitten" werden und wieder „neu miteinander verschmelzen", können gewaltige Mengen an Energie und hochenergetischen Teilchen mehr oder weniger blitzartig in Flares freigesetzt werden. In Abb. 3.1c (links unten) ist eine durch solche Prozesse ausgelöste gewaltige Eruption zu erkennen, bei der riesige Mengen an Plasmamaterie, durchsetzt von solaren Magnetfeldern aus einem Aktivitätsgebiet der Sonne, in den interplanetaren Raum hinausgeschleudert werden.

3.2   Der innere Aufbau und die Atmosphärenschichten der Sonne

Es stellt sich natürlich zunächst die Frage, wie die in den solaren Aktivitätsgebieten so starken und komplex strukturierten Magnetfelder überhaupt entstanden sind, und wie und wo sie im Inneren der Sonne, dabei hinsichtlich ihrer Stärke und Ausprägung periodisch variierend, immer wieder neu entstehen können. Dafür ist ein Blick in das Innere unseres Sterns erforderlich. Im Folgenden sollen deshalb die heutigen Erkenntnisse über den inneren Aufbau der Sonne vorgestellt werden. Wie ihr Inneres, so ist auch ihre Atmosphäre, in der die typischen Sonnenphänomene von außen zu beobachten sind, in charakteristischer Weise geschichtet und strukturiert.

3.2.1 Ein Blick in das Sonneninnere

Die Kernfusionsprozesse, in denen Energie unter Bildung von Helium überwiegend im Verlauf von Proton-Proton-, zu 1,6 % aber auch von katalytischen CNO-Kettenreaktionen erzeugt wird, finden zu 99 % im Zentralbereich der Sonne statt (Abb. 3.2). Dieser etwa 15 Mio. Grad Celsius heiße Plasmakern, der im Inneren bei einem Gasdruck von vermutlich $2,6 \cdot 10^{16}$ Pascal eine Dichte von $150\,g/cm^3$ aufweist, erstreckt sich bis zum etwa 0,2- bis 0,25-Fachen des Sonnenradius. Er enthält 34 % der Gesamtmasse der Sonne, aber nur 0,8 % ihres Volumens. In seinem äußeren Bereich besteht der Kern noch zu 68–70 % der Masse aus Wasserstoff, aufgrund abgelaufener Fusionsprozesse in seinem innersten Bereich wahrscheinlich aber noch zu etwa 34 %.

An die Kernfusionszone schließt sich die Strahlungszone an, die im Wesentlichen als starr rotierend angesehen wird, und in der der Energietransport nach außen dominierend durch die Photonen der elektromagnetischen Strahlung erfolgt. Die Materiedichte sinkt vom Boden dieser Zone bis zur äußeren Begrenzung jedoch um das 100-Fache auf etwa $0,2\,g/cm^3$ ab. Die anfangs besonders kurzwelligen Photonen können in der anfangs dichten Materie nur sehr kurze Wege zurücklegen. Sie

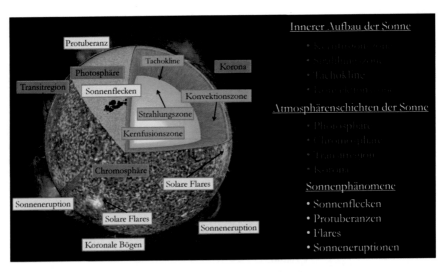

Abb. 3.2 Aufbau des Inneren und der Atmosphäre der Sonne sowie die in den unterschiedlichen Atmosphärenschichten zu beobachtenden Sonnenphänomene
Structure and Composition of the Sun: sn.pub/rTRZoW
Solar Science: The Layers of the Sun: sn.pub/Hh9wQ5
© NASA/GSFC, U. v. Kusserow

werden reflektiert oder absorbiert und in zufällige Richtungen reemittiert, bewegen sich also auf einem Zickzackkurs bevorzugt nach außen. Einzelne Photonen, die auf ihrem Weg aufgrund häufiger Stoßprozesse zwar Energie verlieren, könnten theoretisch die Oberfläche dieser Zone in 0,7 Sonnenradien Abstand vom Mittelpunkt des Sonneninneren unter Umständen in 10 000 bis 170 000 Jahren erreichen. Da ein Großteil der transportierten Energien jedoch wegen der nahezu ungerichteten Photonenbewegung quasi als thermische Energie gebunden ist, dauert der reale Energietransport durch das Sonneninnere nach außen sogar 17 Mio. Jahre.

Der Temperaturgradient, der die Änderung der Temperatur mit der Höhe angibt, ist am Boden der Strahlungszone mit 0,1 °C pro Meter zwar zehnmal so groß wie in der Erdatmosphäre, dennoch kann der Energietransport in dieser Zone nicht durch Konvektionsströmungen erfolgen. Diese Transportart ist dadurch charakterisiert, dass heiße und damit relativ leichte Materie an bestimmten Stellen aufsteigt, nach außen drängt, sich ausdehnt und dabei abkühlt und danach an benachbarten Stellen wieder absinkt, wodurch der Transportkreislauf geschlossen wird. Dass Konvektion hier nicht stattfinden kann, liegt daran, dass der Druckgradient in dieser Zone noch steiler ist. Die starke Gravitationskraft verhindert daher das Einsetzen konvektiven Wärmetransports.

Nach außen hin wird aber die Energie der thermischen Photonen mit abnehmender Temperatur immer schwächer. Aufgrund abnehmender Dichte wird die Materie zunächst auch optisch immer durchlässiger und die Fallbeschleunigung zunehmend geringer. Die nun nicht mehr so schnellen Elektronen können unter diesen Bedingungen insbesondere von Ionen mit hoher Kernladungszahl eingefangen und von eingestrahlten Photonen auf höhere Bahnen angehoben werden. Diese Rekombinations- und Absorptionsprozesse behindern schließlich die Ausbreitung der elektromagnetischen Strahlung. Diese als Opazität bezeichnete Lichtundurchlässigkeit wird dadurch gesteigert. Etwa bei einem Abstand von 29 % des Sonnenradius zur Sonnenoberfläche beginnt die Schichtung jedoch instabil und turbulent zu werden. In der darüber fast bis zum äußeren Sonnenrand reichenden Konvektionszone erfolgt der Energietransport daraufhin im Wesentlichen durch Konvektionsströmungen. Auf jeweils charakteristischen Zeitskalen bewegt sich die Materie dabei in Konvektionszellen mit drei spezifischen Längenabmessungen, die sich im Bereich der Sonnenoberfläche in Form körniger Granulationsmuster zu erkennen geben.

Während die Strahlungszone ähnlich einem Festkörper sehr wahrscheinlich weitgehend starr rotiert, sorgen die in der rotierenden Konvektionszone wirksamen Turbulenzen dafür, dass die Rotation hier differenziell erfolgt.

Stärker abhängig von der Tiefe und der heliografischen Breite, darüber hinaus aber auch vom Zeitpunkt im solaren Aktivitätszyklus abhängig bewegt sich das Plasma dabei orts- und zeitabhängig mit ganz unterschiedlichen Winkelgeschwindigkeiten. Die bei etwa 0,7 Sonnenradien gelegene schmale Übergangsregion zwischen diesen beiden Zonen wird als Tachokline bezeichnet, die eine Breite von vermutlich nur etwa 0,005 Sonnenradien aufweist. Da hier die nahezu starr, mit einer Umlaufperiode von etwas weniger als 27 Tagen rotierende Strahlungszone auf die demgegenüber differenziell, an der Sonnenoberfläche mit 25,4 Tagen am Äquator und 36 Tagen an den Polen, rotierende Konvektionszone trifft, müssen in dieser Übergangszone starke Scherströmungen auftreten.

Diese Erkenntnisse über die Tachokline wurden entscheidend durch helioseismologische Untersuchungen sowie sie begleitende Modellrechnungen gewonnen. Sie spielen eine wichtige Rolle bei der Erzeugung solarer Magnetfelder in Dynamoprozessen. In diesem Zusammenhang wird die Übergangsregion zwischen starr und differenziell rotierendem Sonneninneren auch als Overshoot-Region bezeichnet, weil hier Konvektionsströmungen unter Umständen immer wieder einmal in die darunterliegende Strahlungszone „überschießen" können. Ähnlich wie im Bereich der Tachokline treten stärkere Gradienten, also räumlich stark variierende Größen der Winkelgeschwindigkeit bei der Sonne, auch im Außenbereich der Konvektionszone auf.

3.2.2 Sonnenphänomene in den solaren Atmosphärenschichten

Mit der Photosphäre, der Chromosphäre, der Korona sowie der Transitregion als Grenzschicht zwischen letzteren sind in Abb. 3.2 auch die unterschiedlichen Schichten der Sonnenatmosphäre schematisch dargestellt. Zwiebelschalenartig übereinander umhüllen sie das Sonneninnere. Beobachter, die die Sonne ohne weitere Hilfsmittel betrachten, blicken nur in die Photosphäre und erkennen den Sonnenrand im integrierten Licht des Weißlichtbereichs. Als „Kugelschale des Lichts" bezeichnet diese unterste, etwa 400 km dicke Atmosphärenschicht eine Zone, in der die Materie wegen der immer schneller abnehmenden Materiedichte erstmals durchsichtig wird, und aus der die meisten Photonen des elektromagnetischen Spektrums ungehindert nach außen entweichen können.

Mit räumlich ausreichend gut auflösenden Teleskopen können selbst Amateurastronomen die Feinstrukturen von Sonnenflecken, Fackelgebieten und des sie umgebenden granularen Netzwerks studieren. Die Temperaturen betragen in der Photosphäre durchschnittlich etwa 5500 °C. Sowohl in der ausgedehnten, zwischen 2700 °C und 4200 °C warmen zentralen dunklen Umbra (lateinisch für „Schatten") der Sonnenflecken als auch in der sie umgebenden, im Vergleich dazu knapp 1000 °C wärmeren, ringförmigen Penumbra (lateinisch für „Halbschatten") liegen diese deutlich niedriger. Die einem Beobachter eher punktförmig erhellt erscheinenden Fackeln ermöglichen ihm den Einblick in tiefere Atmosphärenschichten. Dort können deshalb höhere Temperaturen von etwa 7000 °C gemessen werden.

Bis etwa 2000 km über den Sonnenrand hinaus erstreckt sich die Chromosphäre, die im Wesentlichen aus Wasserstoff und Helium, aber auch aus vielen schwereren Spurengasen besteht und nach außen hin immer dünner wird. Ohne den Einsatz optischer Filter kann diese rötlich leuchtende schmale „Farbhülle" kurzzeitig nur bei einer totalen Sonnenfinsternis beobachtet werden. Im Licht der starken roten H-alpha-Spektrallinie des Wasserstoffs gibt sie sich dann als ein gezacktes, aus spitz aufragenden kollimierten Gasspritzern bestehendes Gebilde zu erkennen. Zu jedem Zeitpunkt verteilen sich Zehntausende dieser Spikulen in einem chromosphärischen Netzwerk über die gesamte Oberfläche der Sonne. Mit zunehmender Höhe sinken die Temperaturen in der Chromosphäre zunächst auf unter 3800 °C ab, um danach wieder auf bis zu 10 000 °C anzusteigen (Abb. 3.3). Ansonsten wird diese Atmosphärenschicht vom grellen Licht der Photosphäre überstrahlt. Diese photosphärische Strahlung wird zwar in der Chromosphäre zu einem kleinen Anteil absorbiert und wieder abgestrahlt. Wegen ihrer geringen Materiedichte, die mit der Höhe von 10^{-11} auf 10^{-15} g/cm^3 stark abnimmt, trägt dieser schmale Farbsaum aber nur unwesentlich zur Gesamtstrahlung der Sonne bei. Für den überraschenden Anstieg der chromosphärischen Temperatur nach außen werden Aufheizungsprozesse durch magnetische Rekonnexion, Turbulenzen und Wellen verantwortlich gemacht.

Getrennt durch eine schmale Transitregion geht die Chromosphäre in die besonders heiße und dünne Sonnenkorona über. Von dieser äußersten, je nach Stärke der periodisch variierenden Sonnenaktivität, ein bis drei Sonnenradien breiten Atmosphärenschicht, die nach außen hin keine scharfen Grenzen aufweist, strömt der stetige Sonnenwind in den interplanetaren Raum hinaus. Während einer totalen Sonnenfinsternis oder mithilfe eines die Sonnenscheibe verdeckenden Koronografen kann dieser filigran strukturierte, relativ schwach leuchtende „Strahlenkranz" der Korona im Weißlicht beobachtet werden. Es wird verursacht durch die von der Photosphäre ausgehenden Photonen, die elastisch an Elektronen gestreut werden,

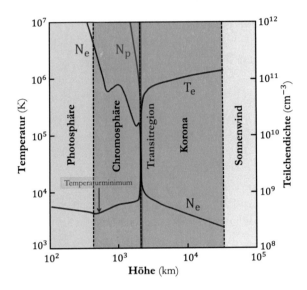

Abb. 3.3 Temperatur- und Teilchendichteverteilungen in den unterschiedlichen Schichten der Atmosphäre der Sonne. T_e bezeichnet die Temperatur der Elektronen in Kelvin, N_e und N_p die Teilchendichte der Elektronen bzw. Protonen © U. v. Kusserow (nach M. Aschwanden)

die an koronale magnetische Feldstrukturen gebunden sind. Vom Weltraum aus können viele beeindruckende Plasma- und Magnetfeldphänomene, die sich dynamisch in der Sonnenkorona entwickeln, auch vor der Sonnenscheibe insbesondere im hochenergetischen UV- und Röntgenbereich beobachtet werden. Zu diesen Phänomenen gehören die unterschiedlich weit ausgedehnten und über den Sonnenrand aufragenden, sich langsam verändernden magnetischen Bogenstrukturen sowie die als Protuberanzen bezeichneten, teilweise riesigen solaren Gaswolken. Aktive solare Magnetfelder können Flares erzeugen, aber auch schon in tieferen Atmosphärenschichten gewaltige Mengen an magnetischer Energie freisetzen und häufiger Eruptionen der Protuberanzen und koronale Masseauswürfe auslösen.

In der Korona bestimmen die Magnetfelder und Gravitationskräfte die Bewegung der Teilchen. Aufgrund der geringen Dichte kann dort der Einfluss des Gasdrucks dagegen weitgehend vernachlässigt werden. Die Temperaturen liegen hier, fern vom thermischen Gleichgewicht, mit mehr als 1 Mio. Grad Celsius 200- bis 500-fach über denen der Photosphäre. Viele der aus der Korona stammenden Spektrallinien werden von sehr hoch ionisierten, relativ schweren Eisenatomen ausgesandt, die sich teilweise nur im extremen UV-Bereich zu erkennen geben. Durch die Ablenkung hochenergetischer Elektronen an vielfach geladenen schweren Ionen wird zusätzlich auch ein schwaches Röntgenkontinuum erzeugt, das die Beobachtung der Korona vor der in diesen Frequenzbereichen dunklen Photosphäre erlaubt. Leichte Elemente wie Wasserstoff und Helium können die zu schnellen freien Elektronen nicht einfangen. Deshalb kann man sie in diesen Bereichen der Sonnenatmosphäre nur sehr schwer nachweisen.

In der nur wenige Hundert Kilometer breiten Übergangszone zwischen der Chromosphäre und der Korona verdünnt sich die Materie nach außen hin ziemlich abrupt, und ihre Dichte fällt um drei Größenordnungen von 10^{-7} auf $10^{-10} \mathrm{g/cm^3}$ ab. Die Temperaturen steigen dabei von $10\,000\,°C$ auf $700\,000\,°C$ (Abb. 3.3), und die elektrische Leitfähigkeit verbessert sich dadurch sehr. Fern vom thermischen Gleichgewicht repräsentiert im extrem dünnen Plasma der hier verwendete Temperaturbegriff nur ein Maß für die sehr hohe mittlere Geschwindigkeit der Elektronen. Die darüberliegende, in diesem Sinne sehr heiße Korona versucht, sich in die darunterliegende, vergleichsweise kalte Chromosphäre „einzubrennen". Sie gibt an diese zwar Wärme ab, die jedoch nicht allzu weit vordringen kann, weil die starken Strahlungsverluste, die quadratisch mit der dort zunehmenden Dichte anwachsen, dies verhindern. Nur im Bereich koronaler Löcher, in denen die Materie entlang offener magnetischer Feldlinien im schnellen Sonnenwind abströmt, kann die von der Korona ausgehende Heizung durch elektronische Wärmeleitung auch in den tiefer gelegenen Atmosphärenschichten wirksam werden. Die effektivsten direkten koronalen Heizmechanismen durch Wellen beschleunigen die Teilchen vermutlich in der unteren Korona direkt oberhalb der Transitregion. Schon seit Langem stellt sich den Sonnenphysikern die zentrale ungeklärte Frage, durch welche Prozesse diese starke Aufheizung der Sonnenkorona eigentlich bewirkt wird (Abschn. 3.8).

3.3 Magnetische Sonnenflecken und solare Aktivitätszyklen

Betrachtet man die Sonne im Visuellen, ist ihre Sonnenoberfläche, weitgehend unabhängig von der zeitlich sehr stark variierenden magnetischen Sonnenaktivität, im Wesentlichen von einem Netzwerk granularer Zellen bedeckt. Als überwiegend thermisch bedingtes Phänomen repräsentieren diese Granulen die Oberflächen von Konvektionszellen, innerhalb derer heiße Materie aufsteigt und an deren Rändern bis zu etwa $500\,°C$ kühlere Materie in der obersten Schicht der Konvektionszone wieder absinkt. Kleinskalige, aus dem Sonneninneren aufsteigende Magnetfelder organisieren sich zwischen den Granulen trichterförmig in helleren Fackelgebieten. Von dem turbulenten Fluss der kurzlebigen Konvektionszellen werden sie immer wieder hin- und herbewegt. In Zeiten stärkerer Sonnenaktivität durchstoßen wesentlich breitflächiger ausgedehnte magnetische Flussröhren mit größerer Magnetfeldstärke die Oberfläche und geben sich hier als dunkle Sonnenflecken zu erkennen. Die relative Häufigkeit des Auftretens solcher langlebigeren Fleckengruppen sowie die Größe des insgesamt von ihnen eingenommenen Anteils der Sonnenoberfläche stellen dabei geeignete Maße für die Stärke der magnetischen Sonnenaktivität dar. Es zeigt sich, dass diese periodisch im Verlauf eines im Mittel etwa 11,1 Jahre langen solaren Aktivitätszyklus variiert. Die Sonnenfleckenrelativzahl, die im Verlauf eines Zyklus regelmäßig zwischen maximalen und minimalen Werten schwankt, wird als Kennzahl für die Stärke der Sonnenaktivität verwendet.

3.3.1 Sonnenflecken und Fackelgebiete im photosphärischen Netzwerk

Abb. 3.4 und die in der Legende zu Abb. 3.4 verlinkten Videosequenzen veranschaulichen die komplexen Strukturen und Entwicklungen des granularen Netzwerks, der in den dunklen Umrandungen der Konvektionszellen teilweise hell aufleuchtenden Fackeln sowie der beeindruckenden Sonnenflecken. Während die typischen Durchmesser der Granulen im Mittel nur etwa 1000 km betragen, und die Aufhellungen in den Fackelgebieten ähnliche Abmessungen aufweisen, so können einzelne Sonnenflecken mit ihrer Umbra und Penumbra sogar größer als die Erde sein. Die typische Lebensdauer der Granulen beträgt nur wenige Minuten, die der Flecken, die sich organisiert in größeren Gruppen dabei aber ständig entwickeln, unter Umständen mehr als einen Monat. Die aus dem Sonneninneren aufsteigenden, die Sonnenoberfläche flussröhrenartig und in unterschiedlich großen Arealen durchstoßenden solaren Magnetfelder sind es, die zum einen für die Dunkelheit der Sonnenflecken, zum anderen aber auch für die Aufhellungen der Fackelgebiete sorgen. Dort, wo stärkere Magnetfelder austreten, verformen sich die Granulen und können dadurch schmaler und kleiner werden.

Abb. 3.4a und b zeigen die „First Light"-Aufnahmen des größten Sonnenteleskops der Welt, die im Dezember 2019 von einem Fackelgebiet im granularen Netzwerk bzw. im Januar 2020 von einem Sonnenfleck gemacht wurden. Das 4 m Daniel K. Inouye Solar Telescope (DKST) der US-amerikanischen National Solar Organisation (NSO), das auf dem

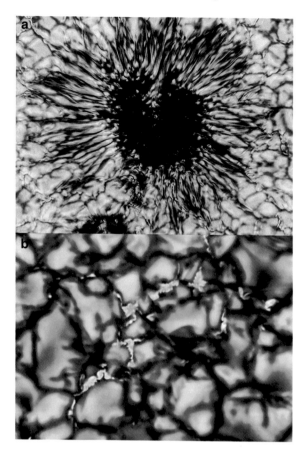

Abb. 3.4   Erste Aufnahmen des Inouye Solar Telescope (DKIST) von einem Sonnenfleck und einem Fackelgebiet im granularen photosphärischen Netzwerk. **a** Die im
Januar 2020 erstellte Aufnahme zeigt hochaufgelöst helle Punkte in der Umbra und
filigrane Strukturen in der Penumbra eines Sonnenflecks in dem ihn umgebenden
granularen Netzwerk. **b** Auf der „First Light"-Aufnahme des DKIST, die im Dezember
2019 gemacht wurde, sind komplex strukturierte, hell leuchtende Fackeln zu
erkennen, die das photosphärische Netzwerk im Bereich der relativ kalten und deshalb dunkel erscheinenden granularen Gassen durchsetzen
First sunspot observed by the Inouye Solar Telescope: sn.pub/DhNTgD
NSF's newest solar telescope produces first images: sn.pub/RZUIyM
A Sunspot, Revealed in Incredible Detail by Europe's Newly Upgraded GREGOR
Telescope: sn.pub/arfxRK
DKIST Begins Science Operations Commissioning Phase: sn.pub/wMSZkX
© a, b NSO/AURA/NSF
National Solar Observatory Association of Universities for Research in Astronomy, Inc.
on behalf of the National Solar Observatory CO 80303, USA

3067 m hohen Vulkan Haleakala der zweitgrößten Hawaii-Insel Maui errichtet wurde, nahm erst 2022 seinen normalen Betrieb auf. Im Visuellen und nahen Infraroten wird dieses Teleskop dann mithilfe modernster Instrumente und Techniken, hochaufgelöst auch durch den Einsatz aktiver und adaptiver Optiken, nicht nur in der Photosphäre, sondern auch in den darüberliegenden Atmosphärenschichten Plasma- und Magnetfeldstrukturen beobachten, die Abmessungen bis zu 20 km aufweisen.

Abb. 3.4b veranschaulicht die komplex verwobenen Formen der hellen Fackeln, die die dunklen Ränder der Granulen, die sogenannten granularen Gassen, dort durchsetzen, wo schmale, trichterartig gebündelte magnetische Flussröhren die Sonnenoberfläche durchstoßen. Wegen derer geringeren Materiedichte ist hier der Einblick in etwas tieferliegende und damit heißere photosphärische Schichten möglich. Deutlich erkennbar ist auf dieser Aufnahme auch die ortsabhängig variierende Formgebung der einzelnen Granulen, die sich durch Wechselwirkungs-, Überlagerungs- und Auslöschungsprozesse aufgrund der turbulenten Konvektionsströme auf kurzen Zeitskalen ständig verändern kann. Dank des so hohen Auflösungsvermögens des DKIST-Sonnentelekops macht Abb. 3.4a sehr deutlich, wie verwirrend komplex die umbralen und penumbralen Strukturen eines Sonnenflecks in Wirklichkeit sind, und wie sie mit dem umgebenden granularen Netzwerk verwoben sind.

Baumstammähnliche, in der Umbra eng gebündelt und weitgehend senkrecht die Sonnenoberfläche durchdringende, im Bereich der Penumbra dagegen stark zur Oberfläche geneigte einzelne magnetische Flussröhren sind es nach Ansicht der Sonnenphysiker, die das typische Erscheinungsbild eines Sonnenflecks prägen. Sie behindern bzw. variieren hier den Zustrom der Wärmeenergie von unten aus der Konvektionszone der Sonne. Ganz dunkel ist es in der kälteren Umbra offensichtlich nicht überall, denn in den teilweise aufgehellten Teilbereichen, den sogenannten umbralen Punkten, gelingt die Wärmezufuhr von unten dennoch. Anhand von Videoaufnahmen lässt sich zeigen, dass die langgestreckten, durch magnetische Felder erzeugten hellen und dunklen Strukturen in der Penumbra immer wieder ihre Neigung gegenüber der Sonnenoberfläche zeitlich und räumlich verändern. Penumbrale helle Punkte bewegen sich dabei entlang dieser filamentartigen Strukturen sowohl nach innen zur Umbra als auch nach außen zum granularen Netzwerk und wechselwirken mit diesem. Irgendwie erinnert der Blick auf den Sonnenfleck in Abb. 3.4a an einen Blick von oben auf einen sehr alten Rasierpinsel, der zu den Seiten hin schon allzu stark ausgefranst ist.

3.3.2 Sonnenflecken im chromosphärischen Netzwerk und in der Korona

Aus der Konvektionszone aufsteigende großflächige magnetische Flussröhren können auch dunkle, als Poren bezeichnete Sonnenflecken erzeugen, bei denen die Umbra zunächst noch nicht von einer Penumbra umgeben ist. Im Laufe der Entwicklung einer größeren, aus mehreren Sonnenflecken bestehenden Fleckengruppe bildet sich dessen Penumbra in der Regel aber nachfolgend aus. Die Flecken einer solchen Gruppe besitzen dabei unterschiedliche magnetische Polaritäten. Innerhalb eines Flecks weisen die magnetischen Feldlinien aus der Sonnenoberfläche heraus, innerhalb eines benachbarten Flecks aber in sie hinein. Dass magnetische Feldstrukturen diese Flecken unterschiedlicher Polaritäten in höheren Atmosphärenschichten in komplexer Weise überbrücken und miteinander verbinden, das veranschaulicht Abb. 3.5 sehr eindrucksvoll.

Abb. 3.5a zeigt eine Aufnahme in der H-alpha-Spektrallinie des Wasserstoffs, die den Verlauf lang gestreckter Plasmafilamente veranschaulicht, die einzelne Flecken einer größeren Fleckengruppe mit unterschiedlicher magnetischer Polarität in Höhe der Chromosphäre der Sonne in komplexer Weise verbindet. Sie wurde bereits 2003 mit dem Schwedischen Vakuum-Sonnenteleskop auf der Kanarischen Insel La Palma durch Abbildung mithilfe einer 1-m-Linse erstellt. In Abb. 3.5b ist eine Aufnahme zu sehen, die 2014 von der Raumsonde Solar Dynamic Observatory im ultravioletten Licht gemacht wurde. Sie zeigt indirekt den typischen Verlauf magnetischer Feldlinien, die zwei Flecken tieferliegend im Bereich der Chromosphäre und höherliegend im Bereich der Korona miteinander verbinden. Feldlinien können nicht direkt abgebildet werden, aber die Anregung und Aussendung von ultraviolettem Licht durch hochionisierte Atome, die diese Magnetfelder auf sehr engen Spiralen umlaufen, machen deren topologische Ausrichtungen doch beeindruckend und recht präzise sichtbar. In einer Filmsequenz, die mithilfe eines speziellen Bildbearbeitungsprogramms aufbereitet wurde (s. Link in der Legende zu Abb. 3.5), kann darüber hinaus auch die Entwicklung eines starken X-Flares verfolgt werden. Dessen Auswirkungen sind in der Abbildung rötlich farbcodiert dargestellt.

Abb. 3.5 Chromosphärische und koronale Magnetfeldstrukturen in solaren Flecken-gruppen. **a** Mit dem schwedischen Sonnenteleskop (SST) auf La Palma im Licht der H-alpha-Wasserstofflinie gemachte Aufnahme, die die unter Einfluss magnetischer Felder geformten lang gestreckten Plasmafilamente zwischen Flecken mit unter-schiedlichen magnetischen Polaritäten einer komplex strukturierten Fleckengruppe zeigt. **b** Die im ultravioletten Licht erstellte Aufnahme des Solar Dynamic Observatory (SDO), die mit einem speziellen Bildbearbeitungsprogramm von M. Druckmüller bearbeitet wurde, veranschaulicht den Verlauf chromosphärischer und koronaler magnetischer Felder im Umfeld einer Fleckengruppe, bei der (rötlich farbcodiert) die Auswirkungen eines starken X-Flares zu beobachten sind
Institute for Solar Physics Stockholm Videos 2008: sn.pub/KrmvkQ
X3.1 flare, October 24, 2014: sn.pub/lX9TPw
© a O. Engvold/ J. E. Wiik/ L. Rouppe van der Voor, b NASA/GSFC/M. Druckmüller
(PM-NAFE)

3.3.3 Über die Entstehung der Sonnenflecken

Über 13 Tage hinweg konnte die SDO-Raumsonde im Juli 2017 die Entwicklung eines großes solaren Aktivitätsgebiets beobachten. Mit einer Kamera wurden im sichtbaren Licht die turbulenten Entwicklungen innerhalb der photosphärischen Fleckengruppe verfolgt. Und mit anderen Kameras ließen sich gleichzeitig die dynamischen Vorgänge in den darüberliegenden chromosphärischen und koronalen Magnetfeldern studieren (s. verlinkte Videosequenz in der Legende zu Abb. 3.6).

In Abb. 3.6a wurden die im sichtbaren und ultravioletten Licht gemachten Aufnahmen übereinandergelegt. Rötlich eingefärbt, erkennt man die Verteilung der unterschiedlich großen Flecken und kleiner Poren mit ihren umbralen und penumbralen Strukturen innerhalb der Photosphäre. Gelblich eingefärbt liegen darüber die mehr oder weniger schmal ausgeprägten magnetischen Feldstrukturen, die ausgehend von einem

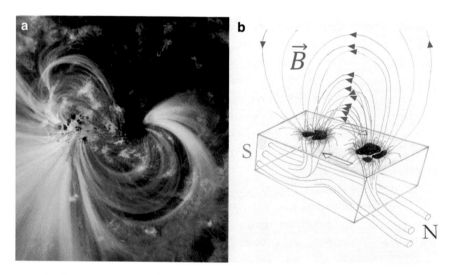

Abb. 3.6 Entstehung von Fleckengruppen durch aufsteigende magnetische Flussröhren. **a** Übereinandergelegte und unterschiedlich farbcodierte Aufnahmen des Solar Dynamic Observatory, die (rötlich dargestellt) die Fleckenstrukturen sowie (gelblich dargestellt) die bogenförmigen koronalen Magnetfeldstrukturen über einem solaren Aktivitätsgebiet zeigen. **b** Darstellung des Aufstiegs gebündelter magnetischer Flussröhren durch die Konvektionszone, ihres Durchstoßens durch die Sonnenoberfläche unter Ausbildung dunkler Fleckengebiete sowie ihrer Ausdehnung und Auffächerung in den nach außen zunehmend dünneren Atmosphärenschichten der Sonne
Sunspot Animation: sn.pub/BBs1pL
Two Weeks in the Life of a Sunspot: sn.pub/jOWeEH
© NASA/GSFC, U. v. Kusserow

großen Fleck bogenförmig in viele kleine Flecken mit entgegengesetzter magnetischer Polarität übergehen.

Abb. 3.6b veranschaulicht schematisch, wie breite und gebündelte, aus dem Sonneninneren aufsteigende magnetische Flussröhren die Sonnenoberfläche durchstoßen. Hier sorgen sie für die Entstehung der Sonnenflecken, die entsprechend der vereinbarten Ausrichtung magnetischer Feldlinien von Nord nach Süd mit unterschiedlicher magnetischer Polarität versehen sind. Wie deutlich zu erkennen ist, breiten sich die Feldstrukturen danach in den nach außen hin dünner werdenden Atmosphärenschichten der Sonne immer weiter aus.

Der magnetische Auftrieb ist dafür verantwortlich, dass die Flussröhren durch die Konvektionszone der Sonne aufsteigen können. In magnetischen Flussröhren setzt sich der Gesamtdruck aus dem Gasdruck des Plasmas sowie einem durch das Magnetfeld vermittelten Druck zusammen. Außerhalb dieser Flussröhren, wo der magnetische Druck angenähert vernachlässigt werden kann, herrscht demgegenüber nur der Plasmadruck. Ein Druckgleichgewicht zwischen dem Gesamtdruck in der magnetischen Flussröhre sowie dem Druck in der näherungsweise als magnetfeldfrei angesehenen Umgebung könnte nur dann bestehen, wenn der Gasdruck im Inneren der Röhre wegen des dort zusätzlich wirkenden magnetischen Drucks merklich kleiner ist. Im Fall eines angenommenen Temperaturgleichgewichts zwischen dem Innen- und Außenbereich einer magnetischen Flussröhre ist dies nur möglich, wenn die Dichte der Materie im Inneren der Flussröhre geringer ausfällt. Dies hat zur Folge, dass das Plasma mit dem in ihm eingelagerten Magnetfeld aufsteigt, also einen „magnetisch vermittelten" Auftrieb erfährt.

Es ist die magnetische Lorentz-Kraft, die die Bewegung freier geladener Partikel auf Spiralbahnen um die magnetischen Feldlinien erzwingt. Diese Kraft ist auch verantwortlich dafür, dass in einem Plasma, das aus vielen solcher Partikel besteht und von Magnetfeldern durchsetzt ist, sowohl magnetische Druck- als auch Spannungszustände vorherrschen. Zusammengepresste magnetische Felder üben nach außen hin einen magnetischen Druck aus; sie möchten sich entspannen. Und in verformten Magnetfeldern sorgt eine darin erzeugte magnetische Spannung, anschaulich gesehen, dafür, dass sich die Feldlinien, so weit es geht, verkürzen können, und sie damit möglichst keine Krümmung mehr aufweisen. Schließlich sorgt die Lorentz-Kraft dafür, dass sich Plasmamaterie und Magnetfelder im Idealfall theoretisch unendlich hoher elektrischer Leitfähigkeit wie unzertrennlich aneinandergekoppelt verhalten. Unter dem Schlagwort der „Eingefrorenheit magnetischer Feldlinien" wird in diesem Zusammenhang davon ausgegangen, dass sich die magnetischen Feldstrukturen eingebunden in die Materie mit dieser mitbewegen, und dass sich umgekehrt eingelagerte Materie den Veränderungen des Magnetfelds umgehend anpasst. Im Kasten „Der Plasmabegriff, die Lorentzkraft und die Eingefrorenheit magnetischer Feldlinien" werden die hier angesprochenen Zusammenhänge ausführlicher erläutert.

Aufgrund der Eingefrorenheit bewegt sich das elektrisch recht gut leitfähige Plasma auch in den magnetischen Flussröhren mit, die wegen magnetischen Auftriebs durch die Konvektionszone der Sonne aufsteigen (Abb. 3.7). Aufgrund dieser im Idealfall weitgehenden Erhaltung des magnetischen Flusses in einem Plasma und der Gebundenheit geladener Partikel an die Magnetfelder durch die magnetische Lorentz-Kraft können geladene Partikel die magnetischen Flussröhren beim Aufstieg nicht verlassen. Aus dem gleichen Grund kann Plasma aber auch nicht von außen in eine magnetische Flussröhre eindringen. Da diese den Aufstieg und das Eindringen heißer Materie aus dem Sonneninneren im Bereich der Sonnenflecken effektiv behindern, muss es hier merklich kühler als in der Umgebung sein. Dies erklärt, warum die Durchstoßflächen breiter magnetischer Flussröhren durch die Sonnenoberfläche relativ zur Umgebung der Sonnenflecken dunkler erscheinen.

Der Plasmabegriff, die Lorentz-Kraft und die Eingefrorenheit magnetischer Feldlinien

Das Plasma, das neben fest, flüssig und gasförmig einen vierten Aggregatzustand der Materie bezeichnet, wurde 1928 von dem US-amerikanischen Chemiker und Physiker Irving Langmuir (1881–1957) definiert. Dieser Begriff charakterisiert das Verhalten einer größeren Gesamtheit frei beweglicher Ladungsträger (Elektronen, Protonen und Ionen), die, anders als beigemischte neutrale, ungeladene Teilchen, auch unter dem Einfluss elektrischer und magnetischer Felder stehen können (Abb 3.7, links oben). Geladene Teilchen werden in diesen Feldern beschleunigt oder abgebremst und können ihre kinetische (Bewegungs-)Energie dabei verändern. Sie bewegen sich entlang der Felder oder auf Kreis- und Spiralbahnen mit spezifischen Gyrationsradien, deren Größe von der Ladung, Masse und Geschwindigkeit der Teilchen sowie von der Stärke des Magnetfelds abhängt, um die magnetischen Feldlinien. Sie können im Plasma miteinander interagieren, sich abstoßen oder anziehen, auch mit neutralen Partikeln kollidieren sowie die Aussendung elektromagnetischer Strahlung und Ausbreitung elektromagnetischer Wellen anregen.

Teilchen mit der elektrischen Ladung q und der Geschwindigkeit $\vec{v}$ erfahren in elektrischen Feldern $\vec{E}$ sowie in Magnetfeldern der Flussdichte $\vec{B}$ eine nach Henrik Antoon Lorentz (1853–1928) benannte Kraft $\vec{F}_L$, die sich gemäß $\vec{F}_L = \vec{F}_e + \vec{F}_m$ aus einem elektrischen Anteil $\vec{F}_e$ und einem magnetischen Anteil $\vec{F}_m$ zusammensetzt. Nur unter der beschleunigenden Wirkung der elektrischen Kraft $\vec{F}_e = q \cdot \vec{E}$ kann die Bewegungsenergie geladener Teilchen vergrößert werden. Durch Einwirkung der magnetischen Kraft $\vec{F}_m = q \cdot \vec{v} \times \vec{B}$, die proportional zur Ladung des Teilchens ist und sowohl senkrecht zum Geschwindigkeitsvektor als auch senkrecht zum Vektor der magnetischen Flussdichte steht, gelingt dies nicht. Die beschleunigende Wirkung dieser Kraft hat allein Änderungen der Bewegungsrichtung der Teilchen zur Folge. Wenn der Geschwindigkeitsvektor $\vec{v} = \vec{v}_\perp + \vec{v}_\parallel$ nicht in Richtung des Magnetfeldvektors zeigt, gyrieren die geladenen Teilchen auf Spiralbahnen um das Magnetfeld (Abb. 3.7, links unten) bzw. speziell auf Kreisbahnen, wenn dieser Vektor gemäß $\vec{v} = \vec{v}_\perp$ genau senkrecht zum Magnetfeldvektor steht.

Durch die Wirkung der magnetischen Lorentz-Kraft kann davon ausgegangen werden, dass die Strömungsprozesse im Plasma unter idealen Bedingungen eng an die Entwicklung der in ihnen existierenden Magnetfelder gekoppelt sind. Der zeitlichen Veränderung der im Feldlinienbild veranschaulichten Magnetfelder werden nämlich auch die an das Magnetfeld gebundenen Teilchen folgen. Wenn umgekehrt auch die durch Feldlinien darstellbaren Magnetfelder stets den Bewegungen der Plasmamaterie folgen

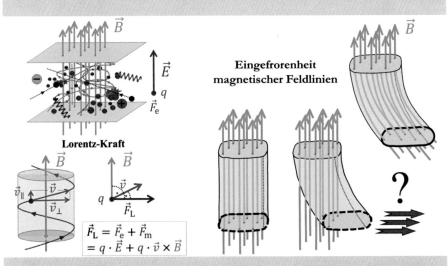

Abb. 3.7 Magnetische und elektrische Felder im Plasma, die Lorentz-Kraft und die Eingefrorenheit magnetischer Feldlinien. In elektrisch leitfähigen Plasmen sowie metallartigen Fluiden wirken elektrische und magnetische Felder in Form der Lorentz-Kraft $\vec{F}_L$ auf elektrisch geladene Partikel. Der elektrische Anteil $\vec{F}_e$ der Lorentz-Kraft wirkt entlang der elektrischen Feldstärke $\vec{E}$, der magnetische Anteil der Lorentz-Kraft kann mit der Geschwindigkeit $\vec{v}$ bewegte elektrische Partikel mit der Ladung q auf Spiralbahnen um den magnetischen Flussdichtenvektor $\vec{B}$ zwingen. Es kann gezeigt werden, dass sich Magnetfelder in elektrisch extrem (theoretisch unendlich) gut leitfähigen Plasmen und Fluiden wie in die Materie „eingefroren" mit dieser mitbewegen müssen, und dass dadurch die Entwicklungen von Plasmastrukturen und kosmischen Magnetfeldern wechselseitig eng aneinander gekoppelt verlaufen

Plasmamaterie im Magnetfeld: sn.pub/Umt20W

Eingefrorene Magnetfeldlinien: sn.pub/a0Qof1

© U. v. Kusserow

würden, dann gäbe dies ein einprägsames und wirkungsvolles Modellbild von der „Eingefrorenheit magnetischer Feldlinien" (Abb. 3.7, rechts). Magnetfelder und Plasmamaterie würden sich nach diesem Modellbild stets miteinander verbunden bewegen, zusammengepresst, auseinandergezogen, verformt und verwirbelt werden. Entwicklungen magnetohydrodynamischer Prozesse im magnetisierten Plasma wären dadurch relativ leicht im Voraus abzuschätzen. Eine plausible Begründung dafür, dass sich Magnetfeldlinien bei idealisiert unendlich hoher elektrischer Leitfähigkeit tatsächlich wie in die Plasmamaterie „eingefroren" verhalten, gelingt anhand eines einfachen Widerspruchsbeweis.

In Abb. 3.7 (rechts unten) wird anfangs unterstellt, dass es ohne großen Energieaufwand möglich sein könnte, Plasmamaterie aus einem Magnetfeld herauszuziehen. Betrachtet man im Bild des einfachen Feldlinienmodells die durch eine geschlossene gestrichelte Linie umrandete Fläche, so müsste sich die Anzahl der sie durchsetzenden magnetischen Feldlinien dabei deutlich verringert haben. Nach dem Induktionsgesetz von Michael Faraday (1791–1867) müsste dann in dem die Fläche umrandenden Leiterkreis eine Spannung induziert werden. Bei extrem (nahezu unendlich) hoher elektrischer Leitfähigkeit wäre der Widerstand R in diesem Medium dadurch extrem (fast unendlich) klein. Nach dem von Georg Simon Ohm (1789–1854) benannten Gesetz sollte dann schon bei kleiner Spannung die induzierte Stromstärke sehr (fast unendlich) groß sein. Ein solcher elektrischer Strom würde dann ein Magnetfeld mit extrem hoher magnetischer Energiedichte erzeugen können.

Dies steht ganz offensichtlich im Widerspruch dazu, dass es ohne großen Energieaufwand möglich sein könnte, das Plasma aus dem Magnetfeld herauszuziehen. Die einleitende Annahme hat sich also als falsch erwiesen. Es muss folglich das Gegenteil gelten. Die Feldlinien würden im Extremfall unendlich hoher elektrischer Leitfähigkeit vollständig in der magnetischen Flussröhre enthalten bleiben, müssten sich, wie in sie „eingefroren", mit ihr mitbewegen. Tatsächlich würden durch die Bewegung des Plasmas relativ zum Magnetfeld Ströme induziert werden, die ihrerseits neue Feldkomponenten generieren. Diese addieren sich zum ursprünglichen Magnetfeld dann geeignet so, dass der magnetische Fluss in der Röhre tatsächlich erhalten bleibt (Abb. 3.7, oben rechts).

Durch einen analog geführten Widerspruchsbeweis lässt sich auch zeigen, dass von außen auf eine mit Plasma gefüllte magnetische Flussröhre zuströmende Plasmamaterie mit unendlich hoher elektrischer Leitfähigkeit nicht in diese Feldstruktur eindringen kann. Dieser Sachverhalt gilt selbst dann, wenn das von außen Druck ausübende Plasma seinerseits mit magnetischen Feldlinien durchsetzt ist, deren Orientierungen nicht allzu stark von der der Feldlinien innerhalb der magnetischen Flussröhre abweichen. Die Flussröhre verformt sich bei diesem Prozess. Ihre Feldlinien weichen der Störung zusammen mit dem Plasma aus und verdichten sich. Der dadurch im Magnetfeld verstärkt erzeugte magnetische Druck wirkt ortsabhängig jeweils entgegengesetzt zur Richtung des größten Feldstärkenanstiegs. Hierdurch sowie durch die in Richtung der Feldstrukturen wirkende magnetische Spannung erfährt das einströmende Plasma in jedem Fall einen Widerstand.

3.3.4 Entwicklung der Sonnenfleckenrelativzahl und magnetischer Flussdichten im Verlauf der 11- bzw. 22-jährigen Aktivitätszyklen

Anhand der Anzahl der auf der Sonnenscheibe von einem Beobachter registrierten Fleckengruppen sowie aller Einzelflecken lässt sich die Sonnenfleckenrelativzahl ermitteln, die als Maßzahl für die aktuelle Stärke der Sonnenaktivität verwendet wird. Zur Zahl der insgesamt registrierten Einzelflecken wird, aus gutem Grund verstärkt gewichtet, das Zehnfache der Zahl der Fleckengruppen hinzuaddiert. Dabei wird ein beobachteter isolierter Fleck allerdings auch als eine Gruppe betrachtet. Da die Ergebnisse dieser Zählungen natürlich stark vom Auflösungsvermögen des Teleskops und dem Sehvermögen des jeweiligen Beobachters abhängen, müssen die ermittelten Sonnenfleckenrelativzahlen zusätzlich mit einem individuellen Korrekturfaktor multipliziert werden. Die von vielen Beobachtern ermittelten Daten werden heute am Observatoire Royal de Belgique in Brüssel gesammelt, ausgewertet und veröffentlicht. Die Sonnenfleckenrelativzahl hat sich als Maßzahl für die Stärke der Sonnenaktivität genauso bewährt wie die viel aufwendigere Ermittlung des Promilleanteils der Fleckenfläche zur Gesamtfläche der Sonnenscheibe. Die Gewichtung der Anzahl der Fleckengruppen mit dem Faktor 10 trägt der Tatsache Rechnung, dass in Fleckengruppen stets ein wesentlich stärkerer magnetischer Fluss durch die Sonnenoberfläche dringt.

Die Verteilung und Stärke der magnetischen Polaritäten auf der Sonnenoberfläche sowie die Sonnenfleckenrelativzahl verändern sich von einem Aktivitätsmaximum zum folgenden auffallend periodisch (Abb. 3.8) im Verlauf eines im langjährigen Mittel 11,04 Jahre dauernden, nach dem deutschen Astronom Samuel Heinrich Schwabe (1789–1875) benannten Zyklus. Der Graph in Abb. 3.8a veranschaulicht die Entwicklung dieser Maßzahl in den letzten sechs solaren Aktivitätszyklen. Mehr oder weniger deutlich sind darin die Veränderungen des Maximalwerts der Sonnenfleckenrelativzahl sowie der Zeitdauer der unterschiedlichen Zyklen zu erkennen. Anhand umfangreicher und komplizierter Datenanalysen kann heute gezeigt werden, dass sich das zyklusabhängige Maximum der Sonnenfleckenrelativzahl dabei ebenfalls mehr oder weniger periodisch auf unterschiedlichen längeren Zeitskalen verändert. Neben dem Gleissberg-Zyklus mit einer Amplitudenmodulation zwischen 70 und 100 Jahren, dem Suess-

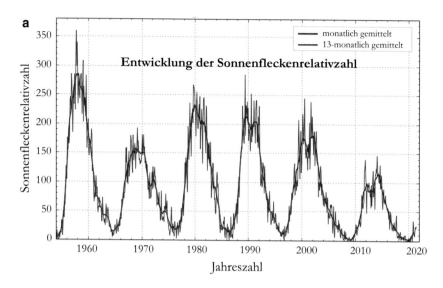

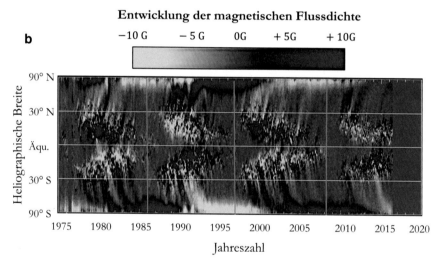

Abb. 3.8 Periodische Entwicklungen der Sonnenaktivität. **a** Monatlich gemittelte (blau) und über 13 Monate geglättete (rot) Sonnenfleckenrelativzahlen für die letzten sechs solaren Aktivitätszyklen. **b** Das magnetische „Schmetterlingsdiagramm" der letzten vier Sonnenzyklen veranschaulicht die zeitliche Entwicklung der Positionen sowie der Stärke und magnetischen Polarität des in Fleckengruppen jeweils vorangehenden Flecks in den beiden Hemisphären der Sonne. Während die Fleckengruppen im Laufe jedes Zyklus, beginnend bei Breitengraden von etwa 35°, zum Äquator wandern, bewegen sich magnetische Felder mit jeweils entgegengesetzten Polaritäten zu den Polen. Etwa alle elf Jahre findet eine Vertauschung der magnetischen Polaritäten statt
Astronomy – The Sun – Sunspot Cycles: sn.pub/9vcb3z
Zeitliche und räumliche Entwicklung der magnetischen Flussdichte in der Photosphäre der Sonne: sn.pub/yzhebi
Solar Dynamo Theory: Video: sn.pub/8J4dfj
NASA – Solar Cycle: sn.pub/gvPOBe
© a SILSO (Royal Observatory of Belgium), b D. H. Hathaway/NASA/

de-Vries-Zyklus von gemittelt etwa 210 Jahren und dem Hallstatt-Zyklus von 2400 Jahren könnte es danach noch weitere große Zykluslängen geben, auf den sich die Sonnenaktivität relativ periodisch oder aber doch in Wirklichkeit eher chaotisch ändert. Dazwischen hat es immer wieder auffallend starke Minima der Sonnenaktivität gegeben, in der über mehrere Jahrzehnte hinweg nur sehr wenige Sonnenflecken beobachtet wurden, die auch für Zeiträume vor Erfindung des Teleskops mithilfe spezieller anderer Forschungsmethoden nachgewiesen werden konnten.

Die magnetischen Polaritäten der jeweils vorangehenden Flecken einer Fleckengruppe bleiben über eine Fleckenzykluslänge in beiden Hemisphären zwar jeweils unverändert, aber wenn die vorangehenden Flecken in der einen Hemisphäre eine Nordpolarität aufweisen, dann besitzen die in der anderen jedoch stets die entgegengesetzte, also eine Südpolarität (Abb. 3.8b). Darüber hinaus kehren sich die Polaritäten der großskaligen Magnetfeldstrukturen auf der gesamten Sonne im Verlauf von 11,04 Jahren, also einer Zykluslänge, vollständig um. Der nach dem US-amerikanischen Astronomen George Ellery Hale (1868–1938) benannte magnetische Fleckenzyklus besitzt somit eine Periodenlänge von im Mittel 22,08 Jahren. Abb. 3.8b macht deutlich, dass in Zeiten starker Sonnenaktivität, wenn die voranlaufenden Flecken der einzelnen Fleckengruppen häufig in einem Streifen um 15° heliografischer Breite und im Laufe der Zeit zunehmend näher zum Äquator entstehen, magnetischer Fluss mit jeweils entgegengesetzter Polarität polwärts zu strömen beginnt. Daraufhin ändert sich die vorherrschende magnetische Polarität in den Polgebieten. Am Ende des Fleckenzyklus, wenn die letzten Flecken bei 5° heliografischer Breite oder sogar noch näher zum Äquator entstehen, sind dann die Felder an den Polen am stärksten.

Den Wissenschaftlern stellt sich die Frage, warum die durch Fleckenzählung abschätzbare Stärke der Sonnenaktivität auf sehr typischen und unterschiedlich großen Zeitskalen so periodisch variiert. Warum beträgt die Zykluslänge bei der Sonne im Durchschnitt gerade rund elf Jahre? Da die Länge des Aktivitätszyklus einiger sonnenähnlicher Sterne ebenfalls bei etwa elf Jahren oder ein paar Jahren weniger oder mehr liegt, könnte man davon ausgehen, dass die Zykluslängen im Wesentlichen durch die speziellen Eigenschaften im Sterninneren, durch die Größen der dort entscheidenden

Parameter für unterschiedliche physikalischen Größen bestimmt werden. Schon seit Langem wird aber darüber spekuliert und inzwischen auch anhand der Ergebnisse von Modellrechnungen analysiert, ob nicht auch Gezeitenkräfte aufgrund wiederkehrender Planetenkonstellationen im Umfeld der Sterne als Taktgeber fungieren könnten. Zumindest auffallend ist in diesem Zusammenhang, dass sich die Planeten Venus, Erde und Jupiter ziemlich genau alle 11,07 Jahre entlang einer geraden Linie ausrichten, dass Interaktionen zwischen Jupiter, Saturn und der Sonne ebenfalls Periodizitäten zwischen zehn und zwölf Jahren aufweisen (Kap. 10). Wie könnte deren allzu gering erscheinender gravitativer Einfluss die Zeitskalen der Sonnenaktivität bestimmen, die offensichtlich entscheidend durch magnetische Prozesse gesteuert wird? Es stellt sich die zentrale Frage, wie die solaren Magnetfelder überhaupt erzeugt und periodisch regeneriert werden.

3.3.5 Die passive und aktive Sonne

In Abb. 3.9 sind die sehr unterschiedlichen Erscheinungsbilder sowohl der Sonnenoberfläche als auch der Sonnenkorona in Zeiten des Maximums im Vergleich zu denen des Minimums der magnetischen Sonnenaktivität gegenübergestellt. In Abb. 3.9b aus dem April 2014 sind auffallend viele Fleckengruppen zu erkennen, die in beiden Hemisphären relativ nahe am Sonnenäquator anzutreffen sind. In Abb. 3.9a aus dem Dezember 2019 zeigt sich dagegen überhaupt kein Fleck auf der Sonnenoberfläche.

Abb. 3.9c, die während der totalen Sonnenfinsternis am 2. Juli 2019 in Zeiten geringer Sonnenaktivität in Chile erstellt wurde, veranschaulicht zum einen die Konzentration wimpelartiger Strukturen in größerer Nähe zum magnetischen Äquator der Sonne. Zum anderen zeigt sich darin auch der stark ausgeprägte strahlenförmige Verlauf „offener" magnetischer Felder in den Polgebieten. Abb. 3.9d zeigt dagegen das Erscheinungsbild der Sonnenkorona, die am 9. März 2016 in Indonesien in Zeiten stärkerer Sonnenaktivität beobachtet werden konnte. Die helmförmigen Wimpel zeigen sich dann auch verteilter in größeren heliografischen Breiten, und offene Feldstrukturen sind häufiger auch in den äquatornäheren Aktivitätsgebieten anzutreffen.

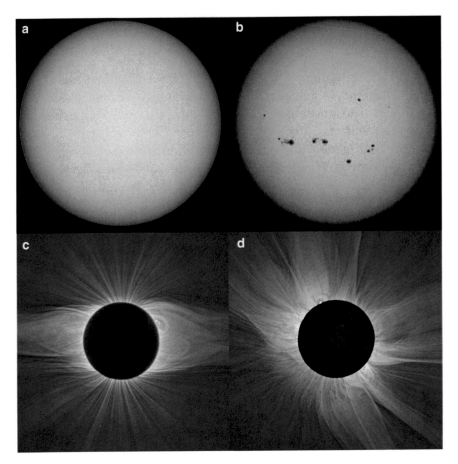

Abb. 3.9 Fleckenaktivität und koronale Magnetfelder in Zeiten minimaler und maximaler magnetischer Sonnenaktivität. Während in der Photosphäre im Aktivitätsminimum zeitweise gar keine Sonnenflecken beobachtet werden können (a), häuft sich die Anzahl der Fleckengruppen in Zeiten des Aktivitätsmaximums unterschiedlich stark in Aktivitätsgebieten (b), die in beiden Hemisphären parallel verlaufend relativ nahe zum Äquator anzutreffen sind. c Während der im Jahr 2019 geringen Sonnenaktivität konzentrieren sich die bei einer totalen Sonnenfinsternis zu beobachtenden helmförmigen Wimpelstrukturen, die über den Protuberanzen in der Chromosphäre und tieferen Korona aufragen, im Äquatorbereich der Sonne. Während hier die magnetischen Feldstrukturen weitgehend geschlossen erscheinen, weisen sie in polnahen Gebieten in Form offener Feldlinien strahlenförmig nach außen. d In Zeiten starker Sonnenaktivität, wie in dieser Abbildung aus dem Jahr 2015 zu sehen, verteilen sich die wimpelförmigen Magnetfeldstrukturen dagegen über größere, auch polnähere Bereiche des Sonnenrands

NASA Science Live: Our Next Solar Cycle: sn.pub/k2WumK

Solar Eclipse Corona 2020: sn.pub/yx6wPO

NASA 2016 Science – Seeing the Inner Corona: sn.pub/pYT4rG

© a, b NASA, c M. Druckmüller/P. Aniol d M. Druckmüller u. a.

3.4 Erzeugung solarer Magnetfelder in Dynamoprozessen

Die in der Oberfläche und Atmosphäre der Sonne periodisch sich verändernden Magnetfelder können natürlich nicht durch einen im Sonneninneren umlaufenden Permanentmagneten erzeugt werden. Aufgrund der dort vorherrschenden Temperaturen von mehreren Millionen Grad würde ein solcher Magnet sofort in seine einzelnen atomaren Bausteine zerlegt werden. Die Idee, dass hier stattdessen elektrische Ströme die Magnetfelder erzeugen, und dass diese durch magnetische Induktion in Form von Dynamoprozessen generiert werden könnten, hatte der irische und britische Physiker Joseph Larmor (1857–1942) erstmals im Jahr 1919.

3.4.1 Das dynamoelektrische Prinzip des Werner von Siemens

Bereits 1866 zeigte der deutsche Elektroingenieur Ernst Werner von Siemens (1816–1892), dass man nach dem von ihm vorgeschlagenen dynamoelektrischen Prinzip elektrische Spannungen in einem Generator „selbsterregt" erzeugen kann. Nach dem 1831 von Michael Faraday (1791–1867) entdeckten Induktionsgesetz können in einer solchen Dynamomaschine elektrische Ströme in einem rotierenden Leiterkreis induziert werden, der sich geeignet relativ zu den magnetischen Feldlinien eines Magneten bewegt. Die geniale Idee von Siemens bestand darin, dass er einen Elektromagneten benutzte, und dass er einen Teil des erzeugten Stroms in einer Rückkopplungsschleife zur Verstärkung dieses Elektromagneten abführte. Durch diesen Selbsterregungsprozess konnte er „dynamogeneriert" die Stärke des erzeugten Stroms bis zu einem Sättigungswert steigern. Das für den Start dieses Prozesses unbedingt erforderliche magnetische „Saatfeld" erzeugte er durch das Fließen eines Startstroms aus einer angeschlossenen Batterie. Bei einem solchen Dynamoprozess wird die von außen gelieferte Rotationsenergie der um einen Eisenkern gewickelten Spule in elektrische Energie umgewandelt. Durch das Fließen eines elektrischen Stroms lässt sich diese wiederum in magnetische Energie umwandeln.

3.4.2 Zur Realisierung kosmischer Dynamoprozesse

In technischen Dynamos findet der Stromtransport durch Elektronenfluss in dünnen elektrischen Leitern statt, die nach außen hin sehr gut isoliert sein müssen. Von Kabeln umwickelte und rotierende Eisenkerne spielen darin eine sehr wichtige Rolle. Natürlich entsprechen diese Verhältnisse in keiner Weise den im Inneren von Sternen wie der Sonne, Planeten wie der Erde oder Galaxien wie der Milchstraße anzutreffenden Verhältnissen. Hier gibt es keine Kabel, keine Eisenkerne, hier ist es für deren Existenz viel zu heiß. Und Plasmamaterie oder metallische Fluide fließen in diesen Himmelsobjekten eher kontinuierlich und großräumig verteilt unter dem Einfluss noch ganz anderer Kraftwirkungen. Es stellt sich daher die berechtigte Frage, wie die in ihnen nachgewiesenen, sich periodisch oder chaotisch und sehr dynamisch entwickelnden Magnetfelder in kosmischen Dynamoprozessen überhaupt erzeugt werden können. Diese Himmelsobjekte rotieren mehr oder weniger starr um ihre Rotationsachse oder wie im Fall der Sonne in deren Inneren auch in Form differenzieller Rotation. Genügend Rotationsenergie kann also für die Erzeugung von Magnetfeldern nach dem dynamoelektrischen Prinzip sehr wohl zur Verfügung stehen. Die aus elektrisch geladenen Partikeln bestehende heiße Plasmamaterie sowie metallische Fluide erlauben jederzeit das Fließen elektrischer Ströme. Und die für den Start der Dynamos erforderlichen schwachen magnetischen Saatfelder standen schon bei der Entstehung all dieser Himmelsobjekte überall im Universum ausreichend zur Verfügung. Es bleibt jedoch zu klären, wie die elektrischen Ströme in deren Inneren so gelenkt fließen können, dass sie die Entstehung und Entwicklung von komplex strukturierten Magnetfeldern ermöglichen.

Im Zusammenhang mit Dynamoprozessen interessieren sich Elektrotechniker im Rahmen der klassischen Elektrodynamik bevorzugt für die Entwicklung elektrischer Felder sowie das Fließen elektrischer Ströme. In ihren mathematisch-physikalischen Theorien betrachten Plasmaphysiker und Planetenforscher stattdessen lieber die Entwicklung der magnetischen Flussdichte, die als Vektorgröße die orts- und zeitabhängige Stärke, Richtung und Orientierung des Magnetfelds beschreibt, sowie die Geschwindigkeit der bewegten, elektrisch leitfähigen Materie im Rahmen der Magnetohydrodynamik. In ihren Modellrechnungen kombinieren sie die Bewegungsgleichungen der Hydrodynamik mit den Maxwell-Gleichungen der Elektrodynamik. Solange die elektrisch besonders gut leitfähige Materie eine ausreichend große Dichte besitzt, hat sich diese wissenschaftliche Herangehensweise als sehr geeignet erwiesen. Die wiederholte Argumentation mit dem Bild der „Eingefrorenheit magnetischer Feldlinien" (Abschn. 3.3.3; s. auch Kasten „Der Plasmabegriff, die Lorentz-Kraft und die Eingefrorenheit magnetischer Feldlinien") ermöglicht in diesem Zusammenhang eine einfache und anschauliche Erklärung dafür, wie die solaren Magnetfelder durch Dynamoprozesse immer wieder generiert werden können.

3.4.3 Zur Wirkungsweise des Sonnendynamos

Auch wenn es nicht ganz ausgeschlossen ist, dass auch heute noch magnetische Saatfelder oder neu erzeugte Magnetfelder in der weitgehend starr rotierenden Strahlungszone der Sonne existieren, so gehen doch fast alle Plasma- und Sonnenphysiker davon aus, dass die solaren Magnetfelder vor allem in der darüberliegenden Konvektionszone in Dynamoprozessen generiert werden. Abb. 3.10a veranschaulicht, welche Plasmaströmungen in dieser Zone dafür entscheidend verantwortlich sind.

In der rotierenden Sonne sorgen Turbulenzen dafür, dass Konvektionsströmungen eine entscheidende Rolle spielen. Als Trägheitskraft in einem rotierenden Bezugssystem nimmt auch die Corioliskraft auf die Strömung Einfluss. Wenn sich Materie in der rotierenden Sonne nicht parallel zur Rotationsachse und auch nicht in der Umlaufrichtung bewegt, dann sorgt diese Kraft für eine seitliche Ablenkung aus der ursprünglichen Bewegungsrichtung des Plasmas. Magnetfelder, die in aufsteigenden Konvektionsströmungen aufgrund hoher elektrischer Leitfähigkeit wie eingefroren mitbewegt werden, lassen sich aus diesem Grund in beiden Hemisphären mit unterschiedlicher Vorzugsorientierung helikal verformen, d. h. spiralförmig verdrehen.

Aufgrund der Sonnenrotation, unter Einfluss von Corioliskräften, turbulenter Spannungen, auftreibender Materieströmungen sowie wegen des Wärmeflusses findet in der Konvektionszone ein ständiger Drehimpulstransport statt. Als Ergebnis davon bilden sich mit der differenziellen Rotation und der meridionalen Zirkulation zwei Geschwindigkeitsprofile aus, die für die Entstehung der solaren Magnetfelder in Dynamoprozessen sowie den Transport dieser Felder von großer Bedeutung sind. Die differenzielle Rotation wurde bereits in Abschn. 3.3.1 angesprochen. Im Bereich der Tachokline am Boden der Konvektionszone aber auch nahe der Photosphäre sind die Gradienten, also die Sprünge in der Winkelgeschwindigkeit, dabei relativ groß. Die meridionale Zirkulation stellt ein geschlossenes Strömungssystem

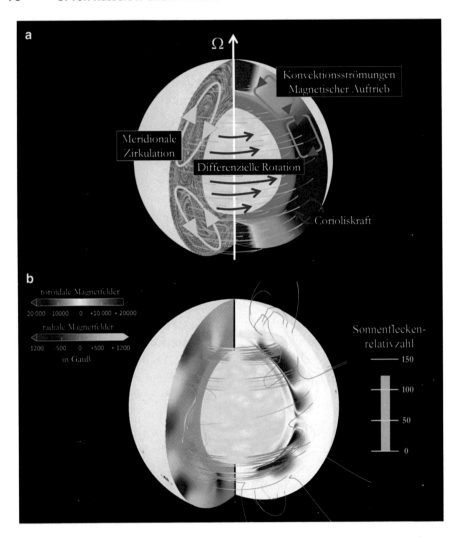

Abb. 3.10 Erzeugung solarer Magnetfelder in Dynamoprozessen. **a** Konvektions- und meridionale Strömungen in der differenziell rotierenden Konvektionszone der Sonne. Hier wirken Corioliskräfte, und magnetische Flussröhren können einen magnetischen Auftrieb erfahren. **b** Entwicklung dynamogenerierter radialer und toroidaler Magnetfelder, bei deren Aufstieg durch die Sonnenoberfläche Sonnen- flecken entstehen. Die Sonnenfleckenrelativzahl variiert im Verlauf des solaren Aktivitätszyklus (s. dazu auch die verlinkte Videosequenz)

The Solar Dynamo: Plasma Flows: sn.pub/lFJZSV
The Solar Dynamo: Toroidal and Poloidal Magnetic Fields: sn.pub/yQWucA
© a NASA/DSFC Scientific Visualization Studio, U. v. Kusserow, b NASA/DSFC Scientific Visualization Studio (Bearbeitung: U. v. Kusserow)

dar, in dem Plasma- und eingelagerte Magnetfelder im Bereich der Sonnenoberfläche nachweislich polwärts transportiert werden. Dessen Rückfluss, der
erst vor Kurzem durch helioseismologische Analysen bestätigt werden konnte,
erfolgt dagegen in wesentlich tieferen Schichten der Konvektionszone.

Die speziellen Eigenschaften all dieser Plasmaströmungen, die für die
Erzeugung der solaren Magnetfelder in der Konvektionszone und damit
auch für die Fleckenentstehung in der Photosphäre von großer Bedeutung
sind, können in einer Videosequenz (s. Link in der Legende zu Abb. 3.10)
genauer studiert werden. Abb. 3.10b zeigt ein Standbild aus einer zweiten,
ebenfalls in der Legende zu Abb. 3.10 verlinkten Videosequenz, in der die
Ergebnisse einfacher Modellrechnungen visualisiert sind, mit denen die
zeitliche Entwicklung dynamogenerierter solarer Magnetfelder ermittelt
werden konnte. Die in Abb. 3.10a dargestellten Plasmaströmungen sind
dafür verantwortlich, dass sich die topologischen Ausprägungen und
Stärken unterschiedlicher Magnetfeldkomponenten im Verlauf des solaren
Aktivitätszyklus merklich verändern. Als toroidal werden dabei die Feldkomponenten benannt, die azimutal um die Rotationsachse herum verlaufen. Poloidale Feldkomponenten stehen stets senkrecht zu diesen,
während die radialen Komponenten den Anteil des Magnetfeldvektors
repräsentieren, der vom Mittelpunkt aus betrachtet strahlenförmig nach
außen in Richtung der Radien weist.

Schon mithilfe von einfachen Modellrechnungen lassen sich die typischen
Eigenschaften der solaren Magnetfelder im zeitlichen Verlauf des Fleckenzyklus reproduzieren. Zum einen verändert sich die Stärke der Sonnenaktivität tatsächlich periodisch, die sich ja durch die Fleckenrelativzahl messen
lässt. Zum anderen wandern die Bereiche starker Sonnenaktivität im Laufe
des Zyklus korrekt von höheren Breiten in Richtung zum Äquator. Und
schließlich kehren sich die magnetischen Polaritäten überall auf der Sonne
nach dem Durchlauf eines Zyklus regelmäßig auch wieder um. Anhand einfacher Modellvorstellungen soll im Folgenden aber unbedingt noch geklärt
werden, wie die unterschiedlichen Materieströmungen dafür sorgen können,
dass sich poloidale und toroidale Magnetfelder wechselseitig ineinander
umwandeln, sich die solaren Magnetfelder tatsächlich in einem Selbst-
organisationsprozess immer regenerieren können, und wie es einfach zu verstehen ist, dass sich diese Magnetfelder regelmäßig nach einer Zykluslänge
stets umpolen.

3.4.4 Das α-Ω-Dynamo-Modell

Im Rahmen diese einfachen Modellbilds lässt sich anschaulich erklären, wie poloidale Komponenten des Sonnenmagnetfelds durch den Ω-Effekt in toroidale Feldkomponenten verwandelt werden können, und wie sich umgekehrt letztere durch verschiedene, jeweils mit dem Namen α-Effekt bezeichnete physikalische Vorgänge wieder in poloidale Felder zurückverwandeln lassen.

Einmal angenommen, zu einem bestimmten Zeitpunkt existiert in der Konvektionszone der Sonne ein poloidales Saatmagnetfeld, das in meridionaler Richtung vollständig in Nord-Süd-Richtung verläuft. Bei unendlich großer elektrischer Leitfähigkeit der Materie wäre dieses Feld dann vollständig in das hier differenziell rotierende Plasma eingefroren und würde sich mit ihm mitbewegen. Die Umlaufzeit photosphärischer Strukturen beträgt in Äquatornähe etwa 25 Tage, in Polnähe dagegen mit etwa 35 Tagen deutlich mehr. Auch in der Konvektionszone der Sonne gilt, dass die Winkelgeschwindigkeit mit abnehmender heliografischer Breite deutlich ansteigt, dass also die dem Äquator näheren Bereiche grundsätzlich schneller umlaufen. Dann ist es verständlich, dass eingefrorene poloidale Magnetfeldlinien aufgrund derartiger differenzieller Rotationsprofile im Laufe der Zeit, wie in Abb. 3.11a (links) dargestellt, immer stärker aufgewickelt werden. Nacheinander entstehen dadurch immer mehr toroidale, nahezu azimutal, also in Rotationsrichtung, ausgerichtete, gebündelte und eng übereinanderliegende Feldanteile. Interpretiert im Bild des einfachen Feldlinienmodells bedeutet dies, dass hier ein relativ starkes toroidales Magnetfeld generiert worden ist. Die dabei von der Sonne zur Verfügung gestellte Rotationsenergie ist durch die Wirkung eines starken Gradienten in der Winkelgeschwindigkeit in magnetische Energie umgewandelt worden. Dieser Induktionseffekt, durch den poloidale Felder in toroidale Felder umgewandelt werden können, wird unter Bezugnahme auf die besondere Bedeutung der Winkelgeschwindigkeit, die als physikalische Messgröße oft durch den Buchstaben Ω beschrieben wird, als Ω-Effekt bezeichnet.

In Abb. 3.11a (links) ist zu erkennen, dass die toroidalen Feldstrukturen in den beiden Hemisphären entgegengesetzt ausgerichtet sind. Wegen der großen Stärke dieser Magnetfelder muss auch der magnetische Druck darin sehr groß sein. Wie in Abschn. 3.3.3 beschrieben, kann dies aufgrund von magnetischem Auftrieb für den Aufstieg der magnetischen Flussröhren sorgen. Seeschlangengleich durchstoßen sie die Sonnenoberfläche und lassen bei ausreichender Stärke der Magnetfelder Paare von Sonnenflecken entstehen. Die Abbildung macht außerdem deutlich, dass die vorangehenden

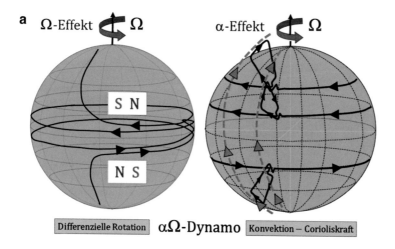

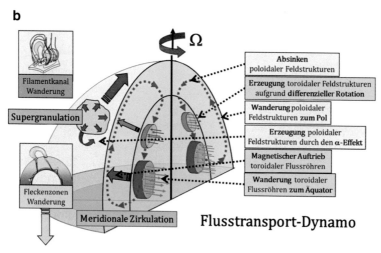

Abb. 3.11 Dynamomodelle zur Erzeugung solarer Magnetfelder. **a** Im Rahmen des α-Ω-Dynamo-Modells erfolgt die Umwandlung poloidaler in toroidale Feldlinien durch differenzielle Rotation (Ω-Effekt), die Umwandlung toroidaler in poloidale Feldlinien durch verdrillte Konvektionsströmungen unter dem Einfluss der Corioliskraft (α-Effekt). **b** Beim Flusstransport-Dynamomodell sorgt die meridionale Zirkulation im Verlauf des Aktivitätszyklus für die Wanderung der Fleckengebiete zum Äquator und für die der supergranularen Netzwerke zu den Polen
Funktionsprinzip des Alpha-Omega-Dynamos: sn.pub/76SKtz
Dynamo theory and its application to the Sun by Arnab Rai Choudhuri: sn.pub/TM0YZM
© a, b U. v. Kusserow

Flecken aufgrund der breitenabhängigen Neigung im Vergleich zu den nach-folgenden Flecken näher am Äquator liegen müssten, was tatsächlich der Fall ist.

Damit sich dieser anschaulich dargestellte magnetische Induktionsprozess zur Erzeugung toroidaler magnetischer Felder wiederholen kann, bedarf es aber unbedingt auch immer wieder poloidaler Felder. Als α-Effekt wird der Induktionseffekt bezeichnet, durch den physikalische Prozesse dafür sorgen, dass poloidale Felder rückwirkend wieder aus toroidalen Feldern generiert werden können. In Abb. 3.11a (rechts) sind zwei wichtige physikalische Prozesse bildhaft veranschaulicht, die heute auch in vielen wissen-schaftlichen Modellrechnungen als zielführend für die Realisierung der gewünschten Rückumwandlung erkannt werden. Durch Materieauftrieb, z. B durch kleinskalige Konvektionsströmungen, können auch die in sie ein-gefrorenen toroidalen Felder durch die Konvektionszone aufsteigen. Und Corioliskräfte sorgen dafür, dass diese Felder lokal an vielen verschiedenen Stellen in geeigneter Weise (in gleicher Vorzugsrichtung jeweils in einer Hemisphäre, aber in entgegengesetzter Richtung in den unterschied-lichen Hemisphären) helikal so verdreht werden, dass sie überlagert die Regeneration großskaligerer poloidaler Felder ermöglichen.

Damit ist der Kreislauf zur wiederholten Regeneration solarer Magnet-felder, die hier im Rahmen eines einfachen α-Ω-Dynamo-Modellbilds ver-anschaulicht wurde, geschlossen. Im Kasten „Faradaysches Induktionsgesetz und das Funktionsprinzip des α-Ω-Dynamos" werden die angesprochenen Zusammenhänge noch etwas ausführlicher und vertiefend erläutert. Darüber hinaus wird dort auch die Induktionsgleichung vorgestellt, mit deren Hilfe Wissenschaftler Modellrechnungen und numerische Simulationen zur Dynamotheorie im Rahmen der Magnetohydrodynamik durchführen.

3.4.5 Das Flusstransport-Dynamomodell

Anhand von Abb. 3.11b lassen sich die Umpolungen des solaren Magnet-felds im Verlauf des im Mittel etwas mehr als 22 Jahre langen magnetischen Aktivitätszyklus der Sonne im Rahmen eines erweiterten α-Ω-Dynamo-Modells verständlich machen. Beim sogenannten Flusstransport-Dynamomodell spielt der zyklisch verlaufende Transport von Materie und magnetischem Fluss durch meridionale Zirkulation (Abschn. 3.4.3,

Abb. 3.10a) eine zentrale Rolle. Mit Geschwindigkeiten von einigen Metern pro Sekunde wandern supergranulare Magnetfeldstrukturen (Abschn. 3.5) und magnetische Filamentkanäle (Abschn. 3.6) polwärts. Dies gilt ebenso für die magnetischen Polaritäten der jeweils nachfolgenden Flecken einer Fleckengruppe, wie es in Abb. 3.8b gezeigt wurde. Im Verlauf der meridionalen Zirkulation sinken die bis dahin zunehmend poloidal ausgerichteten Magnetfelder nach jeweils etwa elf Jahren wechselnder Polaritäten bis zum Boden der Konvektionszone in die Tachokline ab.

Aufgrund des hier anzutreffenden starken Gradienten in der Winkelgeschwindigkeit sorgt der Ω-Effekt für die Umwandlung der poloidalen Feldkomponenten in toroidale Felder, die im Laufe der Zeit zunehmend stärker werden. In der Tachokline können diese Magnetfelder dabei ohne allzu stark auftreibende Konvektionsströmungen stabiler und länger gelagert werden. Durch die meridionale Zirkulation, die den Materie- und Magnetflusstransport im unteren Bereich der Konvektionszone mit etwas geringerer Geschwindigkeit als im Bereich der Sonnenoberfläche bewerkstelligt, gelangen die toroidalen Magnetfelder im Laufe des elfjährigen Aktivitätszyklus schließlich in heliografische Breiten um 35°. Die magnetische Flussdichte und damit auch der magnetische Druck in diesen Feldern ist inzwischen so stark geworden, dass magnetischer Auftrieb für den Aufstieg großer magnetischer Flussröhren durch die Konvektionszone sorgt. Beim Durchstoß durch die Sonnenoberfläche bilden sich die Fleckengruppen aus (Abschn. 3.3.3).

Der durch unterschiedliche physikalische Prozesse erklärbare α-Effekt sorgt dafür, dass die toroidalen Magnetfelder wieder in poloidale Felder zurückverwandelt werden (Abschn. 3.4.4). Nach einem heute aber weitgehend akzeptierten anderen Dynamomodell, das nach den US-amerikanischen Astronomen und Physikern Harold Delos Babcock (1882–1968) und Robert B. Leighton (1919–1997) benannt wurde, findet die Generierung poloidaler Felder allerdings eher nicht in den Tiefen der Konvektionszone statt. Dort sind die Magnetfelder wohl noch zu stark, um verformt zu werden. Die Umwandlung sollte stattdessen im Bereich der Sonnenoberfläche erfolgen, wo differenzielle Rotation dafür sorgt, dass die zunehmend schwächer werdenden und polwärts driftenden Magnetfelder der Flecken und solaren Gaswolken in den Aktivitätsgebieten zunehmend stärker verschert und schließlich poloidal ausgerichtet werden.

Faradaysches Induktionsgesetz und das Funktionsprinzip des α-Ω-Dynamos

Die von Michael Faraday (1791–1867) im Jahr 1831 entdeckte magnetische Induktion erklärt nicht nur das grundlegende Funktionsprinzip von Transformatoren, Elektromotoren und Generatoren. Das nach diesem berühmten englischen Wissenschaftler benannte Induktionsgesetz bildet darüber hinaus auch die Grundlage für die Erklärung der Entstehung kosmischer Magnetfelder in Dynamoprozessen. In diesem Zusammenhang macht es quantitative Aussagen über die Erzeugung einer Spannung, eines elektrischen Felds oder einer elektromotorischen Kraft aufgrund einer zeitlichen Veränderung des magnetischen Flusses (des modellhaft veranschaulichten Durchlaufs magnetischer Feldlinien) durch eine (gedachte) Leiterschleife in elektrisch leitfähiger Plasmamaterie oder metallischen Fluiden. Basierend auf Faradays Induktionsgesetz und unter Verwendung der bereits von André-Marie Ampère (1775–1836) und Georg Simon Ohm (1789–1826) sowie Carl Friedrich Gauß (1777–1855) in den Jahren 1826 bzw. 1835 entdeckten Gesetze lässt sich im Rahmen der Magnetohydrodynamik (MHD) die sogenannte Induktionsgleichung herleiten (Abb. 3.12, ganz unten). Mit deren Hilfe kann die Änderung $\partial \vec{B}/\partial t$ der magnetischen Flussdichte $\vec{B}$ mit der Zeit t in Abhängigkeit von unterschiedlichen Effekten ermittelt werden, die für die Erzeugung bzw. den Abbau kosmischer Magnetfelder in Dynamoprozessen verantwortlich sein können.

Als Dynamos werden in der Elektrotechnik Maschinen bezeichnet, in denen mechanische Bewegungsenergie durch magnetische Induktion „selbsterregt" (d. h. ohne erforderliches ständiges Vorhandensein starker permanenter Magneten wie beim Fahrraddynamo) in elektrische Energie umgewandelt werden kann. In diesen Generatoren rotieren geeignet geformte, um Eisenkerne mit bestehendem Restmagnetismus gewickelte Leiterschleifen relativ zu Elektromagneten. Eine durch magnetische Induktion in der rotierenden Spule anfangs erzeugte geringe Spannung sorgt durch Rückkopplung für eine verbesserte Stromversorgung der dadurch bis zu einem Grenzwert stärker werdenden Elektromagneten.

Während elektrische Leiter in technischen Geräten meist nach außen isoliert in Form oft raumfester Kabel vorliegen, bewegen sich die meist großräumig verteilten Plasmen und metallischen Fluide, z. B. im Inneren der Sonne bzw. der Planeten, insgesamt als elektrische Leiter. Es stellt sich dann generell die Frage, wie auch in ihnen kosmische Dynamoprozesse geeignete elektrische Ströme induzieren können, die für die Entstehung und Entwicklung ihrer nachgewiesenen Magnetfelder verantwortlich sind. Während sich die Elektrotechniker bei Dynamoprozessen eher für die Entwicklung der elektrischen Felder und die Erzeugung von Strömen im Rahmen der klassischen Elektrodynamik interessieren, betrachten die Plasmaphysiker eher die Entwicklung der Teilchengeschwindigkeiten sowie die Erzeugung der Magnetfelder im Rahmen der Magnetohydrodynamik.

Der Dynamoeffekt bezeichnet das Funktionsprinzip der selbsterregten Erzeugung von Magnetfeldern in einem leitfähigen, strömenden Medium eines rotierenden Objekts aus einem, allerdings nur anfangs erforderlichen, schwachen magnetischen Saatfeld. Als α-Ω-Dynamos werden solche kosmischen Dynamos bezeichnet, die im Rahmen einer vereinfachten, anschaulich gut

Funktionsprinzip der $\alpha\,\Omega$ -Dynamos

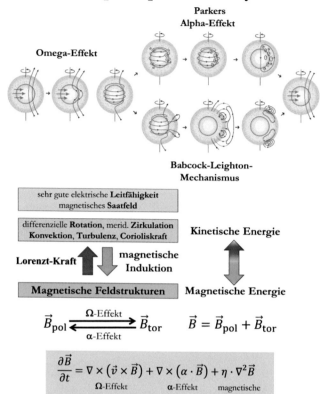

Parkers
Alpha-Effekt

Omega-Effekt

Babcock-Leighton-
Mechanismus

sehr gute elektrische **Leitfähigkeit** magnetisches **Saatfeld**	
differenzielle **Rotation**, merid. **Zirkulation** **Konvektion, Turbulenz, Corioliskraft**	**Kinetische Energie**

Lorenzt-Kraft · **magnetische Induktion** · Magnetische Energie

Magnetische Feldstrukturen · Magnetische Energie

$$\vec{B}_{\mathrm{pol}} \underset{\alpha\text{-Effekt}}{\overset{\Omega\text{-Effekt}}{\longleftrightarrow}} \vec{B}_{\mathrm{tor}} \qquad \vec{B} = \vec{B}_{\mathrm{pol}} + \vec{B}_{\mathrm{tor}}$$

$$\frac{\partial \vec{B}}{\partial t} = \nabla \times (\vec{v} \times \vec{B}) + \nabla \times (\alpha \cdot \vec{B}) + \eta \cdot \nabla^2 \vec{B}$$

Ω-Effekt $\qquad$ α-Effekt $\qquad$ magnetische **Diffusion**

Abb. 3.12 Erzeugung kosmischer Magnetfelder nach dem Funktionsprinzip sogenannter α-Ω-Dynamos. In rotierenden Himmelsobjekten, gefüllt mit elektrisch sehr gut leitfähiger Materie, können großräumige und turbulente Strömungen die Erzeugung kosmischer Magnetfelder durch magnetische Induktionsprozesse bewirken, wenn ein anfängliches magnetisches Saatfeld existiert. Kinetische Energie wird dabei in magnetische Energie umgewandelt. Meridional gerichtete poloidale Magnetfeldstrukturen $\vec{B}_{\mathrm{pol}}$ können aufgrund differenzieller Rotation in toroidale Feldkomponenten (Ω-Effekt) umgewandelt werden. Diese azimutal aufgewickelten Magnetfeldstrukturen $\vec{B}_{\mathrm{tor}}$ können umgekehrt insbesondere durch Turbulenzen und Konvektionsströmungen unter Einwirkung der Corioliskraft wieder in poloidale Feldkomponenten zurückverwandelt werden (α-Effekt). In dem selbsterregten Dynamo wirkt die Lorentzkraft zurück auf die Bewegung der Teilchen. Eine zeitlich nachhaltig wirksame Regeneration ($\partial \vec{B}/\partial t$) magnetischer Felder kann nur gelingen, wenn der Einfluss des die Felder abbauenden magnetischen Diffusionsterms in der Dynamogleichung gegenüber dem Einfluss der α- und Ω-Induktionseffekte zu vernachlässigen ist. Da der Plasmaparameter der magnetischen Diffusivität η umgekehrt proportional zur elektrischen Leitfähigkeit ist, ist dies immer dann möglich, wenn diese Leitfähigkeit besonders hoch ist und sich der Gradient von $|\vec{B}|$ räumlich nur extrem wenig ändert

Dynamo: from plasma flow to magnetic fields: sn.pub/ErCRJb
The Babcock Model of the Sun's Magnetic Cycle: sn.pub/ge2aRe
© S. Sanchez/A. Fournier/J. Aubert, U. v. Kusserow

darstellbaren Modellvorstellung die Erzeugung zeitlich stabiler, veränderlicher oder auch periodisch oszillierender Magnetfelder in Sternen, Planeten oder Monden in Form spezieller Induktionsprozesse erklärt. Die Theorie geht davon aus, dass sich das Gesamtmagnetfeld aus poloidalen Feldanteilen, die meridional in Polrichtung verlaufen, und toroidalen Feldanteilen, die azimutal auf unterschiedlichen Breitengraden umlaufen, zusammensetzt. Der Ω-Effekt beschreibt dabei den physikalischen Prozess, durch den poloidale in toroidale Feldstrukturen umgewandelt werden können. Dies gelingt für eingefrorene magnetische Felder unter dem Einfluss der differenziellen Rotation (Abb. 3.12, oben), einer breitenabhängigen azimutalen Scherströmung, die hin zum Äquator zunehmend schneller wird.

Der α-Effekt wird u. a. dafür verantwortlich gemacht, dass er umgekehrt aus den toroidalen wieder poloidale Feldstrukturen generiert. Modellrechnungen zeigen, dass dies insbesondere unter dem Einfluss von Konvektionsströmungen und Turbulenzen im äußeren Bereich des Sonneninneren gelingen kann, wenn Corioliskräfte für geeignete helikale Verdrehungen der aufsteigenden, in die Materie eingefrorenen Magnetfelder sorgen (Parkers Alpha-Effekt). Nach einem anderen Mechanismus, der nach Horace Welcome Babcock (1912–2003) und Robert Benjamin Leighton (1919–1997) benannt wurde, wären eher oberflächennahe Flusstransportmechanismen für die Umwandlung aufsteigender toroidaler Magnetfelder in poloidale Felder verantwortlich (Babcock-Leighton-Mechanismus).

Die in Abb. 3.12 (unten) notierte Induktionsgleichung für gemittelte Magnetfelder verdeutlicht, wie sich die magnetische Flussdichte unter dem Einfluss sowohl des Ω- als auch des α-Effekts zeitlich verändert. In dieser vereinfachten kinematischen Darstellung der Dynamogleichung für den α-Ω-Dynamo bleibt allerdings unberücksichtigt, dass die so erzeugten Magnetfelder durch die magnetische Lorentz-Kraft stets auf die sie erzeugenden Geschwindigkeitsfelder zurückwirken. In der Dynamogleichung ist zusätzlich auch ein magnetischer Diffusionsterm eingefügt, der bei extrem hoher elektrischer Leitfähigkeit allerdings weniger relevant ist. In resistiven Plasmen und Fluiden muss er aber unbedingt berücksichtigt werden.

3.5   Chromosphärisches Netzwerk, Spikulen und Tornados

Die im Mittel 1000 km große Granulen mit Lebenszeiten von etwa 10 min prägen das Erscheinungsbild des photosphärischen Netzwerks, das durch Strömungen in Konvektionszellen mit vertikalen Geschwindigkeiten von typischerweise 1 km/s erzeugt wird. Diese Granulen organisieren sich darüber hinaus in Form größerer Strukturen. Die Mesogranulation besitzt

Abmessungen von im Durchschnitt 5000 km und Lebensdauern von rund 3 h. In den Konvektionszellen der Granulation beträgt die Aufstiegsgeschwindigkeit nur etwa 60 m/s. In den noch größeren supergranularen Konvektionszellen mit typischen Abmessungen von 32 000 km und Lebensdauern von 20 h steigt das Plasma mit vertikalen Geschwindigkeiten von 400 m/s auf. Die sehr schmalen magnetischen Flussröhren, die die Sonnenoberfläche in den intergranularen Gassen durchstoßen und sich in den Fackelgebieten der Photosphäre als kleinskalige Aufhellungen zu erkennen geben, öffnen sich in der darüberliegenden Atmosphärenschicht. Sie bilden hier ein chromosphärisches magnetisches Netzwerk (Abb. 3.13 und 3.20) aus.

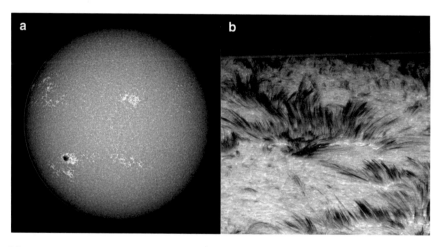

Abb. 3.13 Spikulen im magnetischen chromosphärischen Netzwerk. a Die Aufnahme veranschaulicht dessen Aussehen im Licht des ionisierten Kalziums. Insbesondere im Bereich der solaren Aktivitätsgebiete sind die supergranularen Zellen zu erkennen, deren Grenzbereich verstärkt von magnetischen Flussröhren durchsetzt ist, die von supergranularen Materieströmungen in die Randbereiche transportiert werden. Die großflächigen, als Plages („Strände") bezeichneten Aufhellungen im Umfeld der Sonnenflecken zeigen, dass sich die magnetischen Flussröhren in größeren Höhen über der Sonnenoberfläche weiter geöffnet haben. b Diese mit dem schwedischen 1-m-Sonnenteleskop auf La Palma nahe dem Sonnenrand im roten Flügel der H-alpha-Spektrallinie des Wasserstoffs gemachte Aufnahme zeigt die Verteilung der Spikulen in den äußersten Randgebieten supergranularer Zellen
Scientists Uncover Origins of Dynamic Jets on Sun's Surface: sn.pub/SEyfPd
Solar Chromosphere june 2007: sn.pub/BvZniS
© a TURM Observatory (TU Darmstadt), b L. Rouppe van der Voort (University of Oslo)

3.5.1 Chromosphärische Spikulen

Es war der italienische Astronom Angelo Secchi (1818–1878), der 1860 bei einer Sonnenfinsternis die oberhalb des Sonnenrands fackelartig rötlich aufleuchtende schmale Chromosphäre entdeckte. Er verglich diese Leuchterscheinungen mit riesigen Buschfeuern einer brennenden Prärie. Der Sonnenphysiker Karl-Otto Kiepenheuer (1910–1975), nach dem vormals das Leibniz-Institut für Sonnenphysik benannt worden war, stellte sich diese Atmosphärenschicht als eine Art „Gischt des Photosphären-Ozeans" oberhalb „emporwallender Granulations-Strudel" vor. Ähnlich wie in den Spritzern der Meeresbrandung oberhalb sehr dichter Meereswellen müsste sich auch die Materie in den spritzartig aufsteigenden chromosphärischen „Spikulen" mit merklich höherer Geschwindigkeit als in der wesentlich dichteren Photosphäre bewegen.

Finger- oder bogenartig steigen diese lang gezogenen Plasmaströme über dem Sonnenrand auf. Als chromosphärische Fibrillen und Mottles (helle „Flecken") geben sie sich auf der Sonnenscheibe z. B. im Licht der H-alpha-Linie des Wasserstoffs zu erkennen (Abb. 3.13b). Mit einem Massefluss, der fast 100-fach so groß wie der im Sonnenwind ist, schleudern gleichzeitig vermutlich Hunderttausende dieser Spikulen Materie in die höheren Atmosphärenschichten. Dabei gibt es zwei unterschiedliche Arten von Spikulen. In den sehr viel häufiger auftretenden Spikulen vom Typ I, die einen Durchmesser von mehreren Hundert Kilometern haben, steigt die Materie mit Geschwindigkeiten zwischen 20 und 50 km/s in Höhen bis zu mehreren Kilometern auf. Nachdem die Spikulen etwa 5 min geleuchtet haben, erlöschen sie nach Erreichen ihres höchsten Punkts und fallen danach zur Sonnenoberfläche zurück. In Spikulen vom Typ II, die sich jetartig mit Geschwindigkeiten von bis zu 150 km/s bis in Höhen über 1000 km ausbreiten können, betragen die Temperaturen unter Umständen mehrere Millionen Grad Celsius. Einige Wissenschaftler gehen davon aus, dass Spikulen dadurch zumindest die oberhalb der Chromosphäre liegende 100 km breite Transitregion auf mehrere Hunderttausend Grad Celsius aufheizen können.

Für die Beschleunigung und Lenkung der Plasmaströme in den Spikulen sind solare Magnetfelder von entscheidender Bedeutung. Durch die unterhalb der Sonnenoberfläche und in der Photosphäre bei magnetischen Rekonnexionsprozessen freigesetzten magnetischen Spannungen wird die Materie entlang magnetischer Feldlinien emporgeschleudert. Abb. 3.13a, die eine Gesamtaufnahme der Sonne zeigt, die im Licht einer Emissionslinie des einfach ionisierten

Kalziums erstellt wurde, veranschaulicht die Struktur des chromosphärischen Netzwerks sehr deutlich vor allem in den Aktivitätsgebieten im Umfeld der Sonnenflecken. Die in der Photosphäre in Fackelgebieten anfangs noch sehr schmalen magnetischen Flussröhren haben sich im Bereich der Chromosphäre bereits aufgeweitet und geben sich in Form großflächiger, im Französischen als „plage" („Strand") bezeichneter Aufhellungen zu erkennen. Abb. 3.13b zeigt in diesem Zusammenhang deutlich auf, dass die Spikulen und damit auch die sie lenkenden magnetischen Flussröhren im Wesentlichen nur in den Randgebieten der supergranularen Zellen auftreten. Die in den Supergranulen nach außen treibenden Plasmaströme sorgen für den Transport der in die Materie eingefrorenen Magnetfeldstrukturen, die dadurch an den Zellrändern des chromosphärischen Netzwerks konzentriert werden.

Trotz der in den letzten Jahrzehnten verbesserten Beobachtungsmöglichkeiten mit hochauflösenden Teleskopen und Spektrografen von bodengestützten Observatorien oder von Raumsonden aus und trotz hochentwickelter Analysemöglichkeiten mithilfe leistungsfähiger Modellrechnungen und numerischer Simulationen sind die physikalischen Erzeugungsprozesse der Spikulen und deren Bedeutung für die Aufheizung der Sonnenatmosphäre immer noch nicht zufriedenstellend geklärt. Die bekannte regelmäßige 5-min-Oszillation der Sonnenoberfläche, die Freisetzung magnetischer Energien in Rekonnexionsprozessen, die Anregung und Aussendung akustischer und magnetischer Wellen sowie die Ausbildung von Schockfronten durch den raschen Aufstieg der Spikulen, all diese Prozesse bieten im Zusammenspiel eine große Palette von Erklärungsmöglichkeiten für die Heizung der Korona an.

3.5.2 Atmosphärische Heizung durch chromosphärische Tornados

Selbst in der ruhigen Chromosphäre der Sonne werden immer wieder kleinskalige, sich sehr dynamisch entwickelnde Wirbelstrukturen und Spikulen beobachtet (Abb. 3.14), in denen sich Gasströme und Magnetfelder, zufällig verteilt im oder gegen den Uhrzeigersinn drehend, in höhere Atmosphärenschichten ausbreiten. Abb. 3.14a zeigt übereinandergelegte reale Aufnahmen dieser in der Photosphäre, Chromosphäre und Sonnenkorona zu beobachtenden Verwirbelungen. Die Abmessungen dieser solaren Tornados, in denen gewaltige Materie- und Energiemengen nach außen geschleudert werden, können dabei in der Korona so groß werden, dass sie denen des europäischen Kontinents entsprechen.

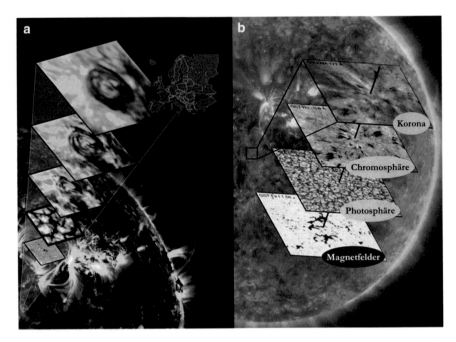

Abb. 3.14 Erscheinungsformen chromosphärischer Wirbel und Spikulen in den unterschiedlichen Atmosphärenschichten der Sonne. **a** Die überall auf der Sonne anzutreffenden tornadoähnlichen magnetischen Verwirbelungen breiten sich beim Aufstieg durch die Sonnenatmosphäre aus, besitzen schließlich Abmessungen, die denen Europas entsprechen. Die in der Abbildung verwendeten Aufnahmen wurden mit dem schwedischen Sonnenteleskop (SST) auf La Palma und dem Solar Dynamics Observatory (SDO) der NASA gemacht. **b** Die mithilfe von Aufnahmen des SDO und des Big Bear Solar Observatory (BBSO) des New Jersey Institute of Technology erstellte Abbildung zeigt die Verteilung magnetischen Flusses in der Photosphäre und die typischen Erscheinungsformen von Spikulen in der Photosphäre, Chromosphäre und unteren Korona
Vortex flows in the solar atmosphere: sn.pub/KAWuiG
Images from NJIT Big Bear Solar Observatory Peel Away Layers of a Stellar Mystery: sn.pub/6MyLpw
© a E. Scullion/ S. Wedemeyer u. a./NASA, b T. Samanta u. a. BBSO/GST/NASA/SDO (Bearbeitung: U. v. Kusserow)

Sowohl die turbulenten Bewegungen, die in der Konvektionszone auf unterschiedlichen Größenskalen ablaufen, als auch magnetische Rekonnexionsprozesse bewirken immer wieder ein ganzes Spektrum von Seitwärtsbewegungen der hier aus dem Sonneninneren aufsteigenden Magnetfelder. Wie sowohl die Beobachtungen als auch die Ergebnisse numerischer Simulationsrechnungen zeigen, können dadurch tatsächlich Verwirbelungen nicht nur der Plasmaströme sondern auch der darin

eingelagerten Magnetfelder entstehen. Neuere Ergebnisse von Modellrechnungen zeigen, dass der Energiefluss in der Chromosphäre meist mit
großen und komplexen Wirbelstrukturen verbunden ist, die sich als Überlagerung mehrerer kleinskaliger Wirbel interpretieren lassen. Es spricht
einiges dafür, dass diese schraubenförmig verdrehten „torsionalen" Alfvén-
Wellen besonders effektiv Energie transportieren können. Die mit solchen
chromosphärischen Tornados verbundenen physikalischen Prozesse könnten
möglicherweise zur Aufheizung der Chromosphäre und Transitregion als
auch der Korona der Sonne beitragen.

3.5.3 Solare Gaswolken über dem Sonnenrand

Anhand von Abb. 3.14b lässt sich erkennen, dass so manche magnetisch
getriebene Spikulen, die aus dem granularen Netzwerk der Photosphäre
durch die Chromosphäre aufsteigen, durchaus noch Eindrücke in den
unteren Schichten der Korona hinterlassen können. Dieser Sachverhalt lässt
sich auch mittels Abb. 3.15 veranschaulichen, in der alle möglichen Arten
solarer Gaswolken über dem Sonnenrand dargestellt werden. Während
die mehr oder weniger spitzen oder bogenförmigen Spikulen vom Typ I
gehäuft in einem schmalen chromosphärischen Streifen direkt oberhalb
der Sonnenoberfläche zu beobachten sind, sieht man auch einige merklich höher emporspritzende Spikulen sowie größere, teilweise bogenförmige
Aufhellungen in Gaswolken, die sogar bis in die Sonnenkorona reichen.
Im Hintergrund ist darüber hinaus auch eine ihrer Form entsprechend als
Heckenprotuberanz bezeichnete riesige Gaswolke zu sehen, die sehr weit in
die Korona aufragt.

Alle diese unterschiedlichen Arten solarer Gaswolken entstehen unter
dem Einfluss solarer Magnetfelder, die kräftemäßig die Entwicklung
des relativ dünnen Plasmas dominieren. Den Sonnenphysikern stellen
sich immer noch grundlegende Fragen, wie Plasmamaterie in diesen
magnetischen Bögen- und Heckenprotuberanzen eingefangen wird, wie
sie darin anscheinend über Tage und Wochen trotz gewaltigen gravitativen
Einflusses der Sonne relativ stabil gelagert bleibt und welche dynamischen
Entwicklungen auf ganz unterschiedlichen Raum- und Zeitskalen ihre
Erscheinungsformen kontinuierlich, unter Umständen aber auch drastisch,
sogar explosiv verändern können.

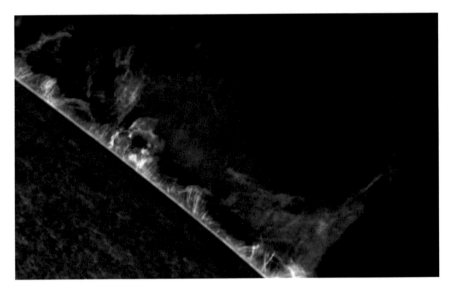

Abb. 3.15 Spikulen, magnetische Bögen und Protuberanzen über dem Sonnenrand. Diese Aufnahme aus einem Video (siehe beigefügten Link), die im November 2006 mit dem Solar Optical Telescope der NASA von Bord des japanischen Satelliten Hinode gemacht wurde, zeigt die große Vielfalt der durch solare Magnetfelder geformten Plasmawolken über dem Sonnenrand
NASA study reveals origins of plasma spicules on sun's surface: sn.pub/xhWHoK
Solar Polar Crown Prominences: sn.pub/2fPnRT
© NASA/JAXA

3.6 Protuberanzen und koronale Magnetfeldstrukturen

Als Protuberanzen („prominences") werden nicht nur die größeren und leuchtenden solaren Gaswolken bezeichnet, die sich deutlich (prominent) aufragend über dem Sonnenrand als bogenförmige oder heckenähnliche Strukturen zu erkennen geben (Abb. 3.16). Tatsächlich können die so benannten Objekte z. B. im Licht der H-alpha-Wasserstofflinie aber auch auf der Sonnenscheibe in Form langgestreckter, filamentartiger Verdunklungen beobachtet werden. Die deshalb auch als Filamente bezeichneten Protuberanzen sind mit dichterem Plasma gefüllt, dessen Temperaturen mit maximal 10 000 °C wesentlich unter denen der sie umgebenden dünneren Transitregion und Korona liegen.

Im Bereich starker Aktivitätsgebiete weisen die Protuberanzen eher bogenförmige Strukturen auf und können sich hier innerhalb von Stunden

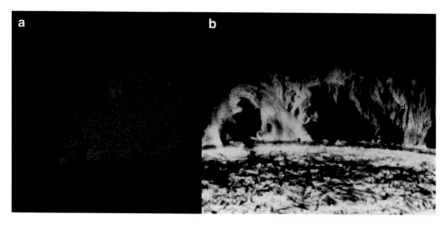

Abb. 3.16 Solare Filamente und Protuberanzen **a** Die im Licht der H-alpha-Wasser-stofflinie von einem Amateur gemachte Aufnahme zeigt dunkle, langgestreckte Filamente auf der Sonnenscheibe sowie helle Protuberanzen über dem Sonnen-rand. **b** Diese Abbildung der Feinstrukturen einer Heckenprotuberanz im Licht der Wasserstofflinie gelang Sonnenphysikern am Big Bear Solar Observatory bereits im Jahr 1970. Die nahezu horizontal ausgerichtete „Wirbelsäule" dieser solaren Gas-wolke, von der aus Materieverdichtungen in Form dünner Fäden nach unten weisen, ist durch elefantenartige Füße mit der unteren Atmosphärenschicht verbunden
NASA's SDO Watches Giant Filament on the Sun: sn.pub/imbLKW
Solar Prominence: sn.pub/jC0gb7© a W. Lille, b Big Bear Solar Observatory

oder Tagen deutlich verändern. Ruhende Protuberanzen entstehen in der Regel weit außerhalb der Aktivitätsgebiete. Sie erstrecken sich bis zu Hunderttausende von Kilometern über dem Sonnenrand und besitzen auf der Sonnenscheibe Längenabmessungen, die im Extremfall, mit beobachtet maximal 800 000 km, der des Sonnenradius entsprechen können. Die Lebensdauer dieser auch als Heckenprotuberanzen bezeichneten solaren Gaswolken, die sich unter Umständen innerhalb nur eines Tages ausbilden können, betragen mehrere Wochen oder sogar Monate. Als „intermediär" werden die einer dritten Gruppe zugeordneten Protuberanzen bezeichnet, die sich zwischen schwachen unipolaren Plage-Regionen und den Aktivitäts-gebieten ausbilden und entwickeln.

Die Protuberanzen bilden sich in Filamentkanälen oberhalb sogenannter Polaritätsinversionslinien (PIL) aus, die als Grenzen Regionen mit ent-gegengesetzter photosphärischer magnetischer Polarität trennen. Die Filamentkanäle der Heckenprotuberanzen verlagern ihre Position im Ver-lauf des solaren Aktivitätszyklus zunehmend näher zu den Polen. In deren Nähe können sich wiederholt neue Protuberanzen ausbilden. Als Polare

Kronen werden die Protuberanzen dieses Typs bezeichnet, weil sie die Polgebiete nahezu vollständig umgeben. Solare Magnetfeldstrukturen und die in ihnen ablaufenden physikalischen Prozesse spielen eine zentrale Rolle für die Entstehung und Entwicklung aller solaren Gaswolken in Abhängigkeit vom Zeitpunkt innerhalb des Aktivitätszyklus.

3.6.1 Protuberanzen und Filamente

In Abb. 3.16a sind die auffallendsten Sonnenphänomene zu sehen, die es in Zeiten starker Sonnenaktivität auf der Scheibe und über dem Rand der Sonne im Licht der H-alpha-Wasserstofflinie zu bewundern gibt. Auf der Sonnenscheibe sieht man darin zum einen die aufgehellten Plage-Gebiete im Umfeld der Sonnenfleckengruppe und zum anderen die teilweise extrem langgestreckten und filigran verästelten, dichten und relativ kühlen Filamente, die sich aufgrund der in ihnen erfolgenden Lichtabsorption als dunkle Strukturen gegenüber dem Hintergrund zu erkennen geben. In der Nähe des Sonnenrands emittieren sie dagegen das H-alpha-Licht und heben sich deshalb als helle Strukturen gegenüber dem in diesem Licht dunklen, die Sonne umgebenden Himmelsbereich ab.

Auf der vor mehr als 50 Jahren gemachten spektakulären Aufnahme, die eingefärbt in Abb. 3.16b dargestellt ist, sind die typischen filigranen Feinstrukturen einer beeindruckenden Heckenprotuberanz wiederum im Licht der H-alpha-Wasserstofflinie zu sehen. Auf säulenartig erscheinenden, mit Widerhaken versehenen Stützpfeilern, die offensichtlich in den tieferen Atmosphärenschichten der Sonne verankert sind und ein wenig den Beinen eines Elefanten ähneln, scheint eine lang gestreckte, weitgehend parallel zur Sonnenoberfläche ausgerichtete, komplex strukturierte leuchtende Plasmawolke zu ruhen. In diesem, im Englischen als „spine" („Wirbelsäule") bezeichneten Teil der riesigen Plasmawolke strömt die Materie allerdings ständig unter dem Einfluss der starken Gravitationskraft der Sonne entlang fadenförmig erscheinender Strukturen nach unten. Wie lässt es sich dann aber erklären, dass manche Heckenprotuberanzen Lebensdauern von Wochen und Monaten aufweisen können?

3.6.2 Feldstrukturentwicklungen in Protuberanzen

Sowohl die generelle Stabilität solarer Gaswolken gegenüber dem starken gravitativen Einfluss der Sonne als auch die Einlagerung der relativ zur Umgebung der Protuberanzen sehr kühlen Plasmamaterie darin werden ent-

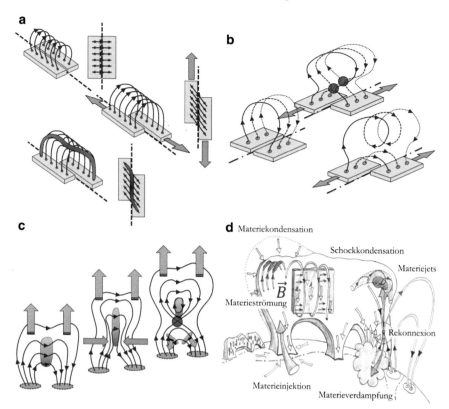

Abb. 3.17 Entwicklung magnetischer Feldstrukturen und der damit einhergehenden Materieeinlagerung in Heckenprotuberanzen. **a** Veranschaulichung der Verscherung magnetischer Feldlinienbögen aufgrund bestehender Geschwindigkeitsgradienten im Bereich magnetischer Polaritätsinversionslinien, wodurch die Einlagerung von Protuberanzenmaterial in eine Art „magnetische Hängematte" ermöglicht wird. **b** Durch magnetische Rekonnexion in verscherten Feldlinienbögen generierte spiralförmig aufgewickelte Feldlinienbögen, in denen die magnetischen Feldlinien im oberen Bereich eine entgegengesetzte Orientierung im Vergleich zum unteren Bereich aufweisen. **c** Bei einem derartigen magnetischen Umwandlungsprozess kann Plasmamaterie, die anfangs noch, wie in **a** dargestellt, eingelagert ist, zerteilt, zum einen angehoben, zum anderen in tiefere Atmosphärenschichten hinein beschleunigt werden. **d** Veranschaulichung diverser physikalischer Prozesse, die für eine fortlaufende Einlagerung von Plasmamaterie in das „magnetische Gerüst" einer Heckenprotuberanz verantwortlich sein können
© U. v. Kusserow

scheidend durch die solaren Magnetfelder bestimmt (Abb. 3.17). Die aus der Sonnenoberfläche auch außerhalb solarer Aktivitätsgebiete überall aufsteigenden Magnetfeldbögen können durch starke Scherströmungen, die schon wegen der differenziellen Rotation überall auf der Sonne existieren, so verformt werden, dass sich darin schlauchartig geformte Plasmaballen wie in einer Hängematte einlagern (Abb. 3.17a). Wenn bei solchen Scherströmungen, die parallel zu Polaritätsinversionslinien verlaufen, Magnetfeldlinien mit entgegengesetzter Orientierung aufeinandertreffen, dann können die Magnetfeldstrukturen in solaren Gaswolken durch magnetische Rekonnexionsprozesse in sehr charakteristischer Weise verändert werden. In Abb. 3.17b ist dargestellt, wie sich dabei spiralförmig aufgewickelte Magnetfelder in größeren Höhen der Protuberanzen ausbilden können. Abb. 3.17c zeigt, wie bereits vorher eingelagerte Materieballen bei diesen Umwandlungen magnetischer Feldstrukturen zerteilt werden können, wie obere Materiebereiche mit den Feldstrukturen stärker angehoben, untere Teilbereiche des Materieballens dagegen beschleunigt in tiefere Atmosphärenschichten gestoßen werden. Sie sorgen u. a. auch für die Aufheizung der dortigen Materie.

Natürlich stellt sich im Zusammenhang mit der Stabilität großer Heckenprotuberanzen die generelle Frage, warum die sich dynamisch verändernden Magnetfeldstrukturen nicht selbst weiter aufsteigen und in den interplanetaren Raum entweichen können. Tatsächlich verantwortlich dafür ist die starke magnetische Spannung in den darüberliegenden magnetischen Feldern, die die Protuberanzenfelder von außen umhüllen und vor einem allzu schnellen Aufstieg schützen, und die sich bei einer totalen Sonnenfinsternis als helmförmige Wimpel (Abb. 3.9) zu erkennen geben.

Bemerkenswert ist die sehr lange Lebensdauer der Heckenprotuberanzen – dies umso mehr, wenn man bedenkt, dass die koronalen Temperaturen im Umfeld dieser Gaswolken in etwa um den Faktor 100 größer sein können als in deren Inneren. Auf den ersten Blick könnte man davon ausgehen, dass sich dieser gewaltige Temperaturgradient sehr schnell ausgleichen müsste, dass die Materie im Innen- und Außenbereich schon nach kurzer Zeit eine mittlere Temperatur annehmen würde. Tatsächlich ist die elektrische Leitfähigkeit aber in beiden Bereichen hoch genug, sodass man in Bezug auf die Wechselwirkung zwischen Plasma und magnetischen Feldern zumindest angenähert davon ausgehen kann, dass diese Beziehung hier weitgehend im Rahmen des anschaulichen Modellbilds der „Eingefrorenheit magnetischer Feldlinien" interpretierbar ist. Danach muss die relativ kühle Materie an die Magnetfeldstrukturen der Heckenprotuberanz gebunden bleiben und kann aus der Gaswolke nicht herausströmen. Und danach hat das heiße koronale Plasma große Schwierigkeiten, von außen in die magnetischen Felder der Plasmawolke einzudringen.

Aufgrund der starken Gravitationskräfte der Sonne strömt das Plasma in einer Heckenprotuberanz kontinuierlich entlang spiralförmig aufgewickelter

Magnetfeldlinien (Abb. 3.17d) in den Bodenbereich der „Wirbelsäule". Die Materie wird sich hier dadurch zunehmend verdichten oder aber entlang der Füße einer solchen Gaswolke in die Sonnenoberfläche zurückfließen. Nach Erkenntnissen der Sonnenforscher müsste sich eine Heckenprotuberanz eigentlich schon innerhalb weniger Tage vollständig entleert haben, würden nicht andere physikalische Prozesse dafür sorgen, dass ständig Materie von außen wieder zugeführt wird. So sorgen die Konvektionsströme im Bereich der heftig brodelnden, darüber hinaus auch im 5-min-Rhythmus oszillierenden Sonnenoberfläche dafür, dass Materie kontinuierlich von unten in die Füße der Heckenprotuberanzen injiziert wird. Wenn aufsteigende magnetische Flussröhren Feldkomponenten aufweisen, die entgegengesetzt zu den Feldern im Fußbereich dieser Protuberanzen ausgerichtet sind und mit diesen in Kontakt kommen, dann setzen hier Rekonnexionsprozesse ein. Materie wird dabei zum einen jetartig in höhergelegene Bereiche der Protuberanz geschleudert, und zum anderen heizt die Materie, die bei solchen Prozessen nach unten beschleunigt wird, den Fußbereich dieser Gaswolke auf. Einsetzende Materieverdampfung sorgt für die Auffüllung des Protuberanzenkörpers mit neuer Materie von unten. Durch Kondensation nach starker Abkühlung der umgebenden koronalen Materie kann Materie unter Umständen verstärkt auch von oben in das magnetische Gerüst der Gaswolke einlagert werden.

3.6.3 Die instabile Grand-Daddy-Heckenprotuberanz

Im Jahr 1946, also kurz nach Ende des 2. Weltkriegs, gelangen Sonnenforschern am High Altitude Observatory (HAO) auf Hawaii, in dem heute schwerpunktmäßig die Sonnen- und Heliosphärenphysik sowie die Auswirkungen der Sonnenvariabilität auf die Magnetosphäre und die Atmosphärenschichten der Erde erforscht werden, erstmals faszinierende Filmaufnahmen einer instabil gewordenen Heckenprotuberanz (Abb. 3.18 und verlinkte Videosequenz). In den äußersten Bereichen weiterhin verankert in den tiefen Atmosphärenschichten, stieg diese als Grand Daddy bezeichnete riesige Gaswolke durch die Sonnenkorona auf. Das vermutlich sogar bis zu 20 000 °C heiße Plasma dieser Protuberanz zeichnete durch seine Emission die in ihr verlaufenden spiralförmigen Magnetfeldstrukturen nach.

Dass diese Heckenprotuberanz plötzlich instabil wurde und als koronaler Masseauswurf weit in den interplanetaren Raum aufsteigen konnte, lässt sich nur damit erklären, dass die sie stützenden Magnetfeldstrukturen ziem-

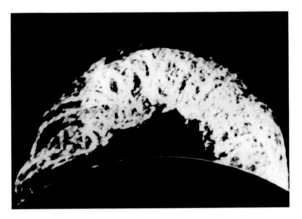

Abb. 3.18 Eruption der Grand-Daddy-Heckenprotuberanz. Diese im Juni 1946 am High Altitude Observatory (HAO) im Licht der H-alpha-Wasserstofflinie fotografierte 200 000 km weit in die Korona aufragende Gaswolke entweicht in einer eruptiven Phase in den interplanetaren Raum. Der Beobachter gewinnt dabei den Eindruck, dass das Plasma darin in ein sehr großskaliges, spiralförmig aufgewickeltes Magnetfeldgerüst eingelagert sein müsste
Grand Daddy Prominence: sn.pub/93XJYS
Giant Prominence Erupts – April 16, 2012: sn.pub/exVsbb
© High Altitude Observatory (HAO)

lich abrupt instabil wurden, wobei gewaltige Mengen an magnetischer Energie freigesetzt wurden.

3.7 Flares, solare Eruptionen und koronale Masseauswürfe

Das aus ihrer Oberfläche kommende stark strukturierte und oft verwirbelte Magnetfeld der Sonne bildet das Grundgerüst für die Einlagerung von Plasmamaterie in die Protuberanzen und Korona. Neu aus dem Inneren der Sonne aufsteigende Materie und austretender magnetischer Fluss, photosphärische Scherströmungen aufgrund differenzieller Rotation sowie verstärkte Turbulenzen bewirken immer wieder dynamische Entwicklungen in den solaren Gaswolken. Die Magnetfelder werden verformt, sodass sich magnetische Spannungen in ihnen aufbauen und dadurch verstärkt magnetische Energie gespeichert wird. Zwischen entgegengesetzt orientierten Feldbereichen bilden sich elektrische Stromschichten aus, in denen magnetische Rekonnexionsprozesse für Beschleunigung geladener Partikel, Aufheizung der Materie und großräumigen Materietransport sorgen können.

Zunehmende Widerstände in den elektrische Stromschichten sowie die Freisetzung magnetischer Energien durch Rekonnexion können die Aussendung von hochenergetischen Teilchen und Photonen in sogenannten Flare-Prozessen bewirken. Wenn Magnetfelder allzu stark verdreht oder in Rekonnexionsprozessen plötzlich zerschnitten und sofort unter Ausbildung wesentlich veränderter magnetischer Topologien wieder neu verbunden werden, dann wird das magnetische Gerüst, das ursprünglich unter gravitativem Einfluss relativ stabil war, plötzlich instabil. Es kann dadurch zu einer Eruption der Protuberanz, zu einem Aufstieg der Plasmawolke mit dem in sie eingefrorenen Magnetfeld kommen. Wenn die magnetische Spannung in den darüberliegenden magnetischen Feldstrukturen allerdings noch groß genug ist, und die bei einer solchen Eruption freigesetzte magnetische Energie nicht ausreicht, um das Plasma gegen die Gravitationskraft in den interplanetaren Raum hinauszuschleudern, dann fällt die Materie in Form koronalen Regens wieder auf die Oberfläche der Sonne zurück. Andernfalls findet ein koronaler Masseauswurf statt, bei dem unter Umständen gewaltige Materiemengen mit den Feldstrukturen, die an beiden Enden meist mit der Sonne verbunden bleiben, in den interplanetaren Raum hinausgetragen werden. Eruptive Plasmawolken, deren Magnetfeldstrukturen sich sogar vollständig von der Sonne abgelöst haben und innerhalb dieser Wolken in geschlossener Form eingebettet sind, werden auch als magnetische Wolken oder Plasmoide bezeichnet.

3.7.1 Freisetzung magnetischer Energien in Flare-Prozessen

Als solare Flares werden die blitzartig auftretenden erhöhten Strahlungen vor allem im Zusammenhang mit chromosphärischen Eruptionen bezeichnet, die im Prinzip über das gesamte elektromagnetische Spektrum von langwelliger Radiostrahlung bis hin zur besonders kurzwelligen Gammastrahlung registriert werden können. Im Optischen lassen sich aber nur extrem starke Flares als Weißlicht-Flares beobachten. Schwache Flares treten wesentlich häufiger auf als starke. Ausgelöst vor allem durch magnetische Rekonnexionsprozesse (s. Kasten „Magnetische Rekonnexionsprozesse in resistiven Medien") in bogenförmigen magnetischen Arkaden können dabei Energien zwischen einigen Billionen und maximal etwa 300 Billiarden Kilowattstunden freigesetzt werden. Es wird unterschieden zwischen graduellen, sukzessiv fortschreitenden Flares (beispielsweise im Umfeld besonders aktiver Fleckengruppen, bei denen Aufhellungen fortlaufend

über einen langen Zeitraum zu beobachten sind) und impulsiven, nur kurzzeitig intensiv auftretenden Flares, die jedoch häufiger mit Eruptionen von
Protuberanzen und koronalen Masseauswürfen einhergehen.

Das Plasmamedium kann bei solchen Flare-Prozessen auf mehr als
10 Mio. Grad Celsius erhitzt werden. In einem Klassifizierungssystem
für Sonneneruptionen wird die zunehmende Stärke pauschal durch
Verwendung der Buchstaben A, B, C, M oder X charakterisiert. Sie
repräsentieren ein grobes Maß für die Spitzenleistung der Emission in Watt
pro Quadratmeter, die für Röntgenstrahlen mit Wellenlängen zwischen 0,1
und 0,8 nm von dem Geostationary Operational Environmental Satellite
(GOES) der US-amerikanischen Wetterbehörde NOAA gemessen wird.
Flares geben sich vor allem durch Aussendung starker Radiostrahlung, die
effektive Beschleunigung von Partikeln sowie den Auswurf von Plasmaballen in den interplanetaren Raum zu erkennen. Elektronen, Protonen
und schwerere Ionen können dabei auf nahezu Lichtgeschwindigkeit
beschleunigt werden. Solange der Ablauf der Flare-Prozesse noch nicht vollständig verstanden ist, können aber verlässliche Vorhersagen für ihr Auftreten noch nicht gemacht werden.

In Abb. 3.19a sind die Auswirkungen gradueller Flare-Prozesse in
einem gerade sehr aktiven Fleckengebiet veranschaulicht. Farbcodiert
und überlagert sind in dieser Abbildung die Daten zur Strahlungsintensität zusammengestellt, die im ultravioletten Licht bei unterschiedlichen Wellenlängen im Bereich der Transitregion und Korona der
Sonne mit unterschiedlichen Filtern und Kameras des Solar Dynamic
Observatory (SDO) ermittelt wurden. So blickt der Beobachter mit der
einfach ionisierten Heliumlinie bei 30,4 nm sowie der achtfach ionisierten
Eisenlinie bei 17,1 nm in die Strukturen der etwa 10^5 Grad Celsius heißen
Transitregion, mit der neunfach ionisierten Eisenlinie in die der 1 Mio.
und mit der 13-fach ionisierten Eisenlinie bei 21,1 nm in die 2 Mio.
Grad Celsius heiße Korona. Die unterschiedlichen Ionen, die sich auf
engen Spiralbahnen entlang der magnetischen Felder bewegen, senden
diese Strahlung aus und zeichnen so den bogenförmigen Verlauf der Feldstrukturen vor allem in der Korona nahezu linienartig nach. Im Verlauf der
zeitlichen Entwicklung verändern sich diese Magnetfelder, und nach plötzlicher Beschleunigung der Teilchen werden blitzartig immer wieder große
Mengen an Strahlungsenergie vor allem im UV-Bereich freigesetzt.

In Abb. 3.19b sind die Ergebnisse von Simulationsrechnungen dargestellt,
anhand derer die beeindruckende Entwicklung einer solaren Eruption verfolgt werden kann. Die Wissenschaftler haben dafür ein mathematisches
Modell entwickelt, mit dem sie die physikalischen Prozesse studieren

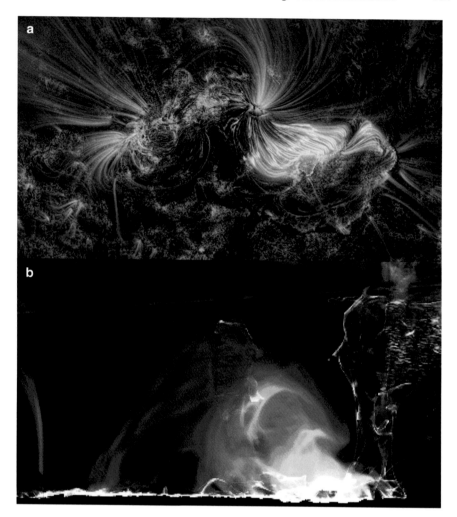

Abb. 3.19 Dynamische Entwicklungen solarer Flares in der Chromosphäre, Transitregion und Korona. **a** Dieses Bild aus einer Videosequenz (s. beigefügten Link) veranschaulicht die Intensität der in einem Aktivitätsgebiet ausgesandten elektromagnetischen Strahlung sowie den Verlauf magnetischer Feldstrukturen, die sich infolge extrem starker Flares entwickeln. Dieses Bildkomposit wurde anhand von Daten erstellt, die mit verschiedenen Kameras des Solar Dynamics Observatory (SDO) der NASA im ultravioletten Licht bei verschiedenen Wellenlängen gewonnen wurden. **b** Dieses Ausschnittbild aus einer farbcodierten Animation (s. beigefügten Link zur Videosequenz, die Ergebnisse numerischer Simulationen visualisiert) veranschaulicht die Erscheinungsform eines solaren Flares zu einem bestimmten Zeitpunkt. Die violette Farbe repräsentiert Plasmatemperaturen von weniger als 1 Mio. Grad Celsius. Rot steht für Temperaturen zwischen 1 Mio. und 10 Mio. Grad Celsius, Grün für Temperaturen über 10 Mio. Grad Celsius
X1.2 flare, January 7, 2014: sn.pub/SXOkG8
From emergence to eruption: A comprehensive simulation of a solar flare: sn.pub/Hmjzj6
© a NASA/GSFC, b M. Cheung (Lockheed Martin)/M. Rempel (NCAR)

können, die sich beginnend im äußersten Teil der Konvektionszone, nach dem Durchstoß magnetischer Flussröhren durch die Sonnenoberfläche bis in die unteren Bereiche der Korona entwickeln können. So realistisch wie möglich haben sie dabei die Unterschiede der Dichte-, Gasdruck- und Temperaturverhältnisse sowie der Topologien der Magnetfelder in den verschiedenen Bereichen der Sonne abzubilden versucht. Beeindruckend ist die Visualisierung der plötzlichen Veränderungen der Magnetfeldstrukturen sowie der Freisetzung großer Energiemengen in Form blitzartig einsetzender Strahlung.

Magnetische Rekonnexionsprozesse in resistiven Medien

Durch Veränderung der Verbindung von magnetischen Feldlinien bewirkt magnetische Rekonnexion die topologische Neustrukturierung magnetischer Felder (Abb. 3.20). Zwischen aufeinandertreffenden, sehr leitfähigen Medien, in denen die magnetischen Felder mit deutlich unterschiedlicher magnetischer Orientierung anfangs noch wie eingefroren mitbewegt werden, bilden sich sehr dünne elektrische Stromschichten aus. Diese heizen sich auf, wenn sie zusammengepresst werden, wodurch der elektrische Widerstand in ihnen erhöht wird. Die Magnetfelder verhalten sich dann nicht mehr wie eingefroren in die Materie. Sie entkoppeln sich teilweise von dieser, können durch sie hindurchdiffundieren und direkt miteinander in Kontakt treten. In einer eng begrenzten Zone der Stromschicht löschen sich die interagierenden Magnetfeldkomponenten aufgrund ihrer entgegengesetzten Orientierung gegenseitig aus und werden so, anschaulich in einem einfachen Modellbild betrachtet, lokal zerschnitten.

Nach einem Gesetz der Elektrodynamik müssen die Feldlinien der magnetischen Flussdichte aber stets in sich geschlossen sein. Dies kann nur gelingen, wenn sie sich instantan, also im selben Moment, wieder neu verbinden. Abb. 3.20d veranschaulicht, dass die neu entstandenen Feldlinien sehr stark gekrümmt sein müssen. Anschaulich argumentiert, möchten magnetische Feldlinien aufgrund der in ihr aufgebauten magnetischen Spannung stets möglichst kurz sein und deswegen eine möglichst gerade Form anstreben. Um dies zu gewährleisten, schnellen die neu gebildeten Magnetfeldstrukturen beidseitig aus dem Bereich der elektrischen Stromschicht heraus. Da sie jetzt erneut wie eingefroren an die hier wieder deutlich leitfähigere Materie gekoppelt sind, katapultieren sie diese beidseitig aus dem Rekonnexionsgebiet hinaus.

Überall dort, wo groß- oder kleinskalige, mehr oder weniger turbulente kosmische Magnetfelder mit starken Veränderungen ihrer Ausrichtung auf kleinen Längenskalen kontinuierlich oder impulsiv, getrieben oder zufällig aufeinandertreffen, können magnetische Rekonnexionsprozesse in den zwischen ihnen entstehenden Stromschichten im resistiven Plasma ablaufen. Einzelne geladene Partikel werden dabei auf hohe Energien beschleunigt, dichte Plasmamaterie kann stark aufgeheizt und bewegt werden, und die unterschiedlichsten elektromagnetischen Wellenarten können dabei angeregt werden.

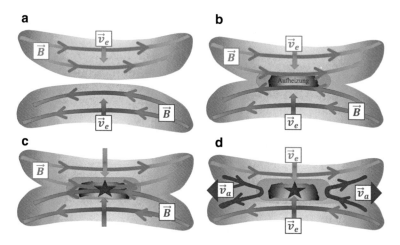

Abb. 3.20 Lokale Zerreiß- und Neuverbindungsprozesse des Magnetfelds in resistiven Plasmen und Fluiden. **a** Mit der Geschwindigkeit $\vec{v}_e$ aufeinander zuströmende, elektrisch sehr gut leitfähige Medien mit in sie eingefrorenen Magnetfeldstrukturen mit entgegengesetzt orientierten Feldkomponenten. **b** Aufheizung und Anstieg des elektrischen Widerstands in der zwischen diesen beiden Medien eingeschlossenen und deswegen zunehmend verdichteten Materie. **c** Die erhöhte Resistivität ermöglicht die Entkopplung von Materie und Magnetfeldern, sodass die Magnetfelder in einem schmalen Bereich aufeinandertreffen und sich hier gegenseitig auslöschen. **d** Im Modellbild zerreißen die Magnetfeldlinien hier, müssen sich allerdings instantan neu verbinden. Die in den stark gekrümmten Feldlinien wirksame magnetische Spannung lässt das an ihnen „befestigte" Plasma wie in einer Gummizwille beschleunigt mit der Geschwindigkeit $\vec{v}_a$ seitlich entweichen
Magnetic reconnection: sn.pub/iphDKp
Magnetische Rekonnexionsprozesse in resistiven Medien: sn.pub/yK577r
X Marks the Spot: SDO Sees Reconnection: sn.pub/gZxRr4
© U. v. Kusserow

3.7.2 Eruptionen solarer Protuberanzen

Die bei totalen Sonnenfinsternissen beobachteten helmförmigen oder wimpelartigen Strukturen, deren magnetische Felder weit hinaus in die Korona aufragen, können die Stabilität der unter ihnen liegenden großen Heckenprotuberanzen aufgrund der in ihnen wirksamen magnetischen Spannungen über lange Zeiträume gewährleisten. Schon beim Aufstieg durch die Sonnenoberfläche und vor Einlagerung von Plasmamaterie in das magnetische Gerüst dieser riesigen Gaswolken sind deren Magnetfelder in ihren Fußbereichen stärker verdreht. Unter Einwirkung von Scherströmungen können sich die gesamten Feldstrukturen der Protuberanzen im Laufe der Zeit stärker verdrillen und verflechten. Beobachtungen zeigen, dass die ursprünglich weitgehend geradlinig ausgerichteten magnetischen

„Wirbelsäulen" der Protuberanzen eine zunehmend s-förmige, sogenannte sigmoidale Gestalt annehmen.

In den Fußpunkten sorgen nachweislich Instabilitäten, sehr wahrscheinlich durch Rekonnexion verursacht, dafür, dass dort immer wieder solare Tornados aufsteigen (Abb. 3.14a). Und wenn die s-Form des gesamten magnetischen Feldgerüsts allzu ausgeprägt wird, die weitere Verdrillung der Felder gezwungenermaßen zu seiner seitlichen Verwindung und schrägen Verdrehung führt, dann kann die Protuberanz als Ganzes instabil werden. Auch zusätzlich aus dem Inneren der Sonne nahe der Protuberanz aufsteigender magnetischer Fluss sowie der Kontakt unterschiedlich ausgerichteter magnetischer Feldstrukturen innerhalb des Protuberanzenkörpers können magnetische Rekonnexion auslösen. Es findet daraufhin eine Eruption von Teilbereichen oder der gesamten Protuberanz statt.

Die Sonnenphysiker erklären die Destabilisierung und nachfolgende Eruption solarer Protuberanzen im Rahmen zweier unterschiedlicher Modellvorstellungen. Zum einen machen sie Torus- oder Knickinstabilitäten für den Aufstieg des magnetischen Gerüsts einer ursprünglich stabilen Plasmawolke verantwortlich. Aufgrund des magnetischen Drucks können die darin spiralförmig, torusartig aufgewickelten Magnetfelder auseinandergedrückt werden und aufsteigen, wenn die über der Protuberanz gelegenen und diese stabilisierenden Magnetfelder nicht mehr stark genug sind. Gleiches gilt, wenn sich zufällig ein Knick im Magnetfeld der Protuberanz entwickelt. Der dadurch lokal verstärkte magnetische Druckgradient kann für die Ausdehnung dieses magnetischen Gerüsts und gegebenenfalls für dessen Aufstieg sorgen. Nach der zweiten Modellvorstellung wird das Durchtrennen „magnetischer Halteseile" als auslösende Instabilität für die Eruption einer Protuberanz angesehen. Durch einsetzende magnetische Rekonnexion verlieren die Magnetfelder, die die Gaswolke vorher stabilisierend umhüllten, ihre Haltefunktion (Abb. 3.21).

In Abb. 3.21a ist eine eruptive Protuberanz abgebildet, deren typische Entwicklung sich gut im Rahmen des in Abb. 3.21b veranschaulichten Standardmodells erklären lässt. Wenn die Magnetfeldstrukturen, die unter dem mit Plasmamaterie dicht gefüllten Protuberanzenkern entgegengesetzt orientierte Feldkomponenten aufweisen, aufgrund der oben beschriebenen Entwicklungen aufeinandertreffen, dann sorgen magnetische Rekonnexionsprozesse für die Eruption dieser Gaswolke. Die dabei beschleunigten Teilchen füllen zum einen den Protuberanzenkern mit sehr heißer Materie auf, die dabei intensiv aufleuchtet. Zum anderen schießen sie beidseitig entlang der magnetischen Feldstrukturen in Form sogenannter Zwei-Bänder-Flares in die tieferen chromosphärischen Schichten und heizen diese auf. Genügend starke

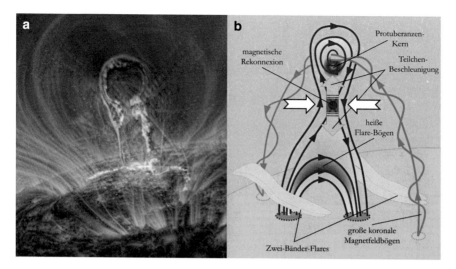

Abb. 3.21 Erklärung einer solaren Eruption im Standardmodell. **a** Diese Aufnahme des Solar Dynamic Observatory (SDO) veranschaulicht die typische Struktur der Verteilung aufsteigenden Plasmas sowie die elektromagnetische Strahlung im UV-Bereich, die bei einem Flare im Verlauf dieser gewaltigen Sonneneruption ausgesandt wird. **b** Das Standardmodell für die Entwicklung einer solchen Eruption geht davon aus, dass magnetische Rekonnexionsprozesse entscheidend für die Instabilität und den Aufstieg von Teilen einer Protuberanz verantwortlich sind. Darüberliegende große koronale Magnetfeldbögen können die Eruption dann häufig nicht mehr verhindern. Dabei nach oben und unten beschleunigte Materie sorgt für die Aussendung hochenergetischer Strahlung in sehr stark aufgeheizten Flare-Bögen
X4.9 flare, February 25, 2014: sn.pub/oJRZHv
A Solar Eruption in 5 Steps: sn.pub/zflaVW
© a NASA/GSFC/M. Druckmüller (PM-NAFE), b U. v. Kusserow

große koronale Magnetfeldbögen können jedoch den Auswurf von Materie als koronale Masseauswürfe in den interplanetaren Raum verhindern.

3.7.3 Koronale Masseauswürfe

In Abb. 3.22 werden mögliche physikalische Prozesse veranschaulicht, die zum Auswurf großer Materiemengen weit hinaus in den Interplanetaren Raum führen können. Eine Protuberanz, die ursprünglich unter wimpelartig geformten magnetischen Feldstrukturen relativ stabil gelagert ist, wird dabei durch den Aufstieg benachbarter magnetischer Bögen instabil. Im Randbereich der Heckenprotuberanz einsetzende Rekonnexionsprozesse beschleunigen Teilchen und heizen die Materie auf. In solaren Flares setzen dann heftige Strahlungsprozesse ein. Die Neuverbindung und daraufhin erfolgende Entspannung der Magnetfelder lösen die Eruption zumindest eines Teilbereichs

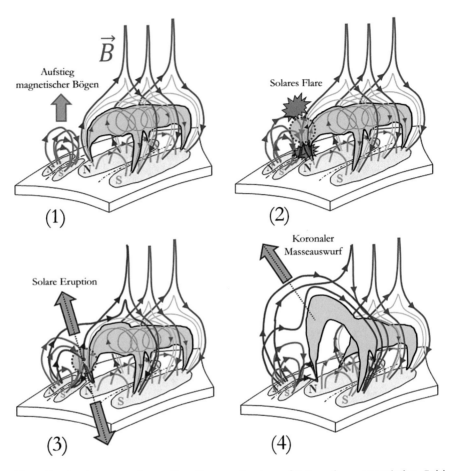

Abb. 3.22 Auslösung solarer Eruptionen durch aufsteigende magnetische Feldbögen. Diese schematischen Darstellungen veranschaulichen, wie der Aufstieg magnetischer Flussröhren (1) in der Nähe einer Heckenprotuberanz, die ursprünglich durch überlagerte wimpelförmige koronale Magnetfeldbögen stabil gelagert war, aufgrund einsetzender Rekonnexion (2) zum Aufstieg von Teilen der Protuberanz (3) und zu einem koronalen Masseauswurf (4) führen kann
Flares, Solare Eruption und Koronaler Masseauswurf: sn.pub/BaNefE
© U. v. Kusserow

der Protuberanz aus. Wenn dabei außerdem auch wirbelförmige Feldstrukturen instabil werden, dann kann das Material der Protuberanz als koronaler Masseauswurf bis weit hinaus in den interplanetaren Raum gelangen.

Abb. 3.23 zeigt Aufnahmen von zwei gewaltigen koronalen Masseauswürfen, bei denen große Materiemengen (mit Massen von mehreren Milliarden Tonnen und Geschwindigkeiten von bis zu 2000 km/s) hinaus

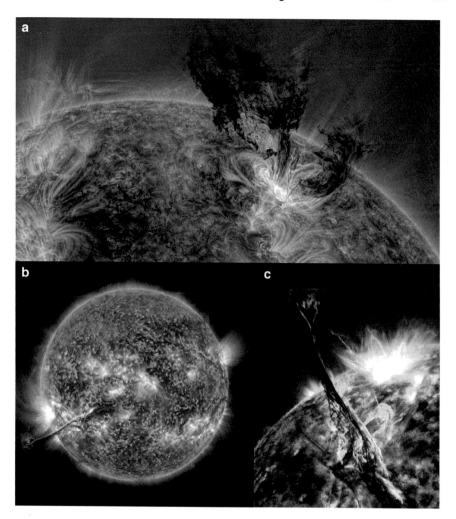

Abb. 3.23 Aufnahmen gigantischer solarer Eruptionen mit dem Solar Dynamic Observatory (SDO) der NASA. **a** Magnetische Rekonnexion löst Flare-Prozesse und eine solare Eruption aus, bei der gewaltige Materiemengen in die Sonnenkorona aufsteigen. **b** und **c** Beide Abbildungen veranschaulichen denselben koronalen Masseauswurf, der unter dem Einfluss besonders lang gestreckter Magnetfeldbögen erfolgt, deren Enden jedoch in tiefen Atmosphärenschichten verwurzelt bleiben. Vor allem im Bereich dieser Fußpunkte werden bei Flares auch gewaltige Mengen an Strahlungsenergie freigesetzt
M2.0 flare, June 7, 2011: sn.pub/GB5seO
Filament eruption, August 31, 2012: sn.pub/4nADNx
© a NASA/GSFC/M. Druckmüller (PM-NAFE), b und c NASA/GSFC

in die Heliosphäre geworfen wurden (Abb. 3.23a). In Abb. 3.23b und c ist indirekt die Struktur riesiger, weit hinaus in die Korona ragender Magnetfeldbögen zu erkennen, die an beiden Enden in den tieferen Schichten der Sonnenatmosphäre verankert bleiben.

3.8   Zur Aufheizung der solaren Atmosphärenschichten

Bereits 1869 wurde im Sonnenspektrum der Korona eine grüne Emissionslinie mit der Wellenlänge 530,3 nm entdeckt. Da eine solche Linie im Labor auf der Erde vorher noch nie beobachtet worden war, unterstellte man damals, dass diese Linie einem bisher unbekannten Element zuzuordnen sei, dem daraufhin der Name „Coronium" gegeben wurde. Erst 1930 erkannten die deutschen bzw. schwedischen Astrophysiker Walter Grotrian (1890–1954) und Bengt Edlén (1906–1993), dass diese grüne Spektrallinie in Wirklichkeit von 13-fach ionisierten Eisenatomen ausgesandt wird. Ein derart hoher Ionisationsgrad kann in der Sonnenkorona allerdings nur auftreten, wenn die Temperaturen hier Werte um 1 Mio. Grad Celsius erreichen. Für die Wissenschaftler ihrer Zeit war diese neue Erkenntnis anfangs eine große Überraschung. Wie ist es möglich, dass die relativ dichte Photosphäre kaum 6000 °C heiß ist, aber die über ihr liegende, extrem dünne äußere Atmosphärenschicht derart hohe Temperaturen hat? Noch heute stellt die Erklärung der „Aufheizung" der Korona der Sonne ein immer noch nicht endgültig und zufriedenstellend geklärtes Problem dar.

In den tieferen Schichten der Photosphäre kann aufgrund der großen Materiedichten davon ausgegangen werden, dass hier lokales thermodynamisches Gleichgewicht herrscht. In Teilbereichen befinden sich dort alle Prozesse, u. a. auch die Emission und Absorption von Strahlung angenähert im Gleichgewicht, sodass in diesem Fall ein Temperaturbegriff verwendet werden kann, der unserer, aus der Erdatmosphäre bekannten Vorstellung von Temperatur entspricht. In der Korona der Sonne herrscht aufgrund der extrem niedrigen Materiedichte jedoch kein thermodynamisches Gleichgewicht. Wenn hier von einer Temperatur sogar von mehr als 1 Mio. Grad Celsius gesprochen wird, so bedeutet dies nur, dass sich die relativ wenigen Teilchen unterschiedlicher Masse und elektrischer Ladung im Mittel jeweils mit sehr viel größeren Geschwindigkeiten als in der Photosphäre bewegen, und dass die durch Stöße der Ionen mit den Elektronen angeregten und von hier im UV- und Röntgenbereich ausgesandten

Photonen deshalb wesentlich hochenergetischer sind. Statt zu fragen, weshalb es in der Korona so heiß ist, wäre es viel sinnvoller zu klären, warum und wie die unterschiedlichen Teilchensorten dort auf so vergleichsweise sehr hohe Geschwindigkeiten beschleunigt werden.

Sowohl in der Photosphäre als auch in der Korona sowie den dazwischenliegenden solaren Atmosphärenschichten spielt das komplexe Wechselspiel zwischen den Magnetfeldern und dem strömenden sowie Strahlung absorbierenden und emittierenden, elektrisch leitfähigen Plasma eine zentrale Rolle. Die Verhältnisse in der Photosphäre unterscheiden sich in dieser Hinsicht gravierend von denen in der Sonnenkorona. Nahe der Sonnenoberfläche dominiert der Einfluss des Plasmas gegenüber dem des Magnetfelds, wohingegen sich die Verhältnisse in der äußeren Atmosphärenschicht umkehren. Während das Verhältnis des Gasdrucks zum magnetischen Druck in der Photosphäre meist deutlich größer als eins ist, ist es in den tieferen Koronaschichten wesentlich kleiner als eins Anhand von Abb. 3.24 lässt sich dieses als Plasmabeta bezeichnete Verhältnis ablesen, das in den unterschiedlichen Schichten der Sonnenatmosphäre sowie im Sonnenwind sehr stark variiert. Auch wenn die Photosphäre vor allem in Aktivitätsgebieten durch eine Vielzahl magnetischer Feldkonzentrationen durchdrungen ist, so ist deren zeitlich gemittelte magnetische Energiedichte in dieser untersten Atmosphärenschicht doch signifikant geringer als die thermische Energiedichte des hier strömenden Plasmas. In der Sonnenkorona kann der magnetische Druck in Teilbereichen dagegen bis fast 10 000-mal so groß wie der Gasdruck sein. Das Magnetfeld füllt dort den gesamten Raum aus, und das Plasma kann sich relativ frei nur entlang der Magnetfeldlinien bewegen.

In der dazwischenliegenden, aus Chromosphäre und Transitregion bestehenden Interface-Region tauschen das Plasma und die Magnetfelder ihre Dominanzrollen. Dort verändert sich das thermische Verhalten des Plasmas sehr stark. Während die Temperaturen in der Photosphäre nach außen hin abnehmen, steigen sie in der Chromosphäre bereits wieder leicht an. In bewegten, verdrillten und miteinander verflochtenen Magnetfeldern sorgen induzierte Ströme und magnetische Rekonnexion für die Umwandlung von magnetischer Energie in Wärmeenergie. Nachdem sich die Energiedichten des Plasmas und der Magnetfelder angeglichen haben, verändert sich das Verhalten des Plasmas in der schmalen Übergangszone zur Korona schlagartig, und die Temperatur steigt dann besonders steil an. Ihr Gradient wird dort wesentlich durch die Wärmeleitung der schnellen Elektronen und die Emission von ultravioletten Photonen bestimmt. Aufgrund der Heizung durch Dissipation magnetohydrodynamischer Wellen sowie bei solaren Flares durch Stoßwellen angetrieben von lokalen jetartigen Plasmaauswürfen, findet

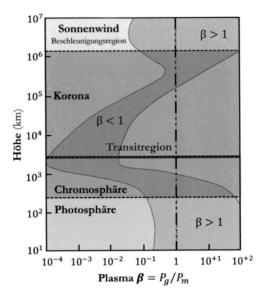

Abb. 3.24 Die starke Veränderung der Größe des als Plasmabeta benannten Parameters, der gemäß $\beta = P_g/P_m$ das Verhältnis des Plasmadrucks P_g zum magnetischen Druck P_m angibt, lässt sich anhand dieser Graphik in den unterschiedlichen Atmosphärenschichten der Sonne und im Sonnenwind nachverfolgen. In der Photosphäre dominiert weitgehend der Gasdruck, in der Korona dagegen verstärkt der magnetische Druck
© U. v. Kusserow (nach G. A. Gary)

ein stetiger Materie- und Energieaustausch auf ganz unterschiedlichen Raum- und Zeitskalen zwischen der Korona und der Chromosphäre statt.

Die kontinuierliche Heizung der Sonnenkorona muss in diesem Zusammenhang als ein Problem des Kreislaufs nicht nur von Energien, sondern auch von Materie betrachtet werden. Damit einhergehend sollte auch geklärt werden, wie geeignete Materieinjektionen immer wieder für die charakteristische strukturelle Ausprägung der äußeren solaren Atmosphärenschichten sorgen können, und wie das Material für den aus der Korona abströmenden Sonnenwind nachgeliefert wird. Das Heizungsproblem der Korona kann zudem nicht ohne ein tieferes Verständnis der chromosphärischen Heizungsprozesse gelöst werden, denn der Energieaufwand für die Heizung der Chromosphäre ist wegen ihrer wesentlich höheren Materiedichte etwa 100-mal so groß.

Einen Überblick über den „Zoo der Sonnenphänomene", der im UV-Licht in der Interface-Region und Korona der Sonne beobachtbar ist, vermittelt Abb. 3.25. Die Ausstrahlung von Flares im Umfeld aktiver

Fleckengebieten sind in den beiden oberen Abbildungen zu erkennen. Mehr oder weniger stabile koronale magnetische Bögen und Protuberanzen mit eingelagerter heißer dünner bzw. kühler dichter Plasmamaterie sind in den mittleren Abbildungen dargestellt. Besonders großräumige, eruptive Prozesse mit gewaltigen Materieauswürfen bestimmen auch die in den beiden unteren Abbildungen präsentierten Sonnenphänomene. Es ist offensichtlich, dass magnetische Felder bei all diesen Vorgängen eine zentrale Rolle spielen.

Solare Magnetfelder erzeugen Flares und sorgen für den Aufbau und die Aufheizung bogenförmiger Arkaden. Sie selbst bewirken durch Frei-

Abb. 3.25 Beobachtung dynamischer Prozesse in der Chromosphäre, Transitregion und Korona der Sonne im UV-Licht. Die Aufnahmen des Solar Dynamic Observatory (SDO) der NASA veranschaulichen die unterschiedlichen Materiekonzentrationen und Magnetfeldtopologien. Die extremen Aufhellungen geben Zeugnis von der großen Vielfalt möglicher Heizungsprozesse im Umfeld von Sonnenflecken, bei Flares, in koronalen Bögen sowie bei Eruptionen von Protuberanzen und koronalen Masseauswürfen
PM-NAFE processed SDO AIA videos archive: sn.pub/hVmbJR
Far side flare, July 19, 2012: sn.pub/Vlv6P5
M7.6 and M5.5 flares, July 23, 2016: sn.pub/FPhsdD
© NASA/GSFC/M. Druckmüller (PM-NAFE)

setzung der in ihnen gespeicherten Energien den Auswurf riesiger, durch sie gestützter Plasmawolken sowie die Beschleunigung unterschiedlicher Partikel auf besonders hohe Geschwindigkeiten. Es ist davon auszugehen, dass die topologische Vielfalt und dynamische Entwicklungen all dieser Prozesse mit der Aufheizung der Chromosphäre, Transitregion und Korona der Sonne ursächlich einhergehen. Noch ist aber nicht endgültig geklärt, welche der im Folgenden aufgelisteten physikalischen Prozesse wo und in welchem Umfang jeweils dafür verantwortlich gemacht werden können.

Turbulente Konvektionsströmungen und Oszillationen der Sonne bewirken die ständige Anregung und Ausbreitung pulsierender akustischer Wellen. Wenn diese Wellen in der noch relativ dichten und von recht starken Magnetfeldern durchsetzten Chromosphäre überall auf Hindernisse treffen, dann steilen sie sich in Form von Schockfronten auf. Ihre Bewegungsenergie dissipiert und wandelt sich dabei in Wärmeenergie der Materie um. Auch die aus dem Sonneninneren aufsteigenden Magnetfelder, die sich aufgrund ausreichend hoher elektrischer Leitfähigkeit weitgehend wie eingefroren mit der Materie mitbewegen, werden durch Turbulenz verwirbelt. Neben hydrodynamischen spielen hier deshalb auch magnetohydrodynamische Heizungsmechanismen eine wichtige Rolle.

Durch das immer wieder abrupte Verknicken und Verdrehen magnetischer Feldlinien wird die Aussendung inkompressibler transversaler oder torsionaler Alfvén-Wellen sowie kompressibler magnetoakustischer Wellen angeregt. Durch die sich überall ausbildenden kleinskaligen Schockfronten, durch Kopplungs-, Phasenmisch- sowie Kollisionsprozesse zwischen unterschiedlichen Wellenmoden und anschließende Dämpfungsprozesse aufgrund von Welle-Teilchen-Wechselwirkungen kann letztlich Wellenenergie in Wärmeenergie umgewandelt werden. Zwischen kleinskalig verwirbelten Magnetfeldern mit zueinander entgegengesetzt orientierten Feldanteilen bilden sich außerdem elektrische Stromschichten aus. Ohmsche Widerstände und magnetische Rekonnexionsprozesse können darin überall für die Erzeugung von Wärmeenergie, die Beschleunigung von Partikeln und somit für eine effektive Aufheizung zumindest in der Chromosphäre sorgen.

Auch Spikulen, Tornados und andere jetartig aufsteigende Plasmaballen könnten für die ständige Aufheizung der Chromosphäre sorgen. In den Fußpunkten koronaler Bögen, die oft arkadenartig weit in die Transitregion und die Korona der Sonne aufragen, erfolgt deren Aufheizung vermutlich recht effektiv durch Rekonnexionsprozesse. In Zeiten der ruhigen Sonne wird die Korona wahrscheinlich überwiegend durch die Ausbreitung und Interaktion von Alfvén-Wellen geheizt. In diesem extrem dünnen Medium, in dem die freien Weglängen der Teilchen wesentlich größer als z. B. die Abmessungen möglicher Rekonnexionsgebiete sind, können nur stoßfreie

Mikroinstabilitäten bei kinetischen Wechselwirkungsprozessen zwischen einzelnen wenigen Teilchen und den elektromagnetischen Wellenfeldern für die Aufheizung der koronalen Materie verantwortlich sein. Gleiches gilt wohl auch für die Erklärung der koronalen Beschleunigungsprozesse der Teilchen im ausströmenden Sonnenwind.

Weiterführende Literatur

Aschwanden M J (2019) New Millennium Solar Physics. Springer Nature Switzerland

Lang K (2009) The Sun from Space. Springer-Verlag Berlin Heidelberg

Carlsson M, De Pontieu B, Hansteen V H (2019) New View of the Solar Chromosphere, Annual Review of Astronomy and Astrophysics, Annual Reviews (USA)

Charbonneau P, (Autor), Steiner O, (Hrsg) (2012) Solar and Stellar Dynamos. Springer, Berlin Heidelberg

Choudhuri AR (2017) Nature´s Third Cycle – A Story of Sunspots. Oxford University Press, Oxford

Dwivedi B N (Hrsg) (2003) Dynamic Sun. Cambridge University Press, Cambridge

Gonzalez W, Parker E (Hrsg) (2016) Magnetic Reconnection – Concepts and Applications. Springer International Publishing Switzerland

Fan Y, Fisher G (Hrsg) (2012) Solar Flare Magnetic Fields and Plasmas. Springer, Science+Business Media New York

Hanslmeier A (2013) Die Sonne – Der Stern von dem wir leben. Vehling Verlag, Graz

Howard T (2011) Coronal Mass Ejections. Springer, New York Dordrecht Heidelberg London

Kippenhahn R (1990) Der Stern, von dem wir leben. Deutsche Verlags-Anstalt (DVA), München

von Kusserow U (2013) Magnetischer Kosmos – To B or not to B. Springer Spektrum-Verlag Berlin Heidelberg

Lang K R (1995) Die Sonne, Stern unserer Erde. Springer-Verlag Berlin Heidelberg

Priest E (2014) Magnetohydrodynamics of the Sun. Cambridge University Press, Cambridge

Raouafi N E et al (Hrsg) (2021) Space Physics and Aeronomy Collection: Volume 1: Solar Physics and Solar Wind. Wiley-VCH, Weinheim

Stix M (2012) The Sun: An Introduction. Springer-Verlag Berlin Heidelberg

4

Der Sonnenwind im Weltraum

Inhaltsverzeichnis

© Springer-Verlag GmbH Deutschland, ein Teil von Springer Nature 2023
U. von Kusserow und E. Marsch, *Magnetisches Sonnensystem*,
https://doi.org/10.1007/978-3-662-65401-9_4

4.1   Historische Bemerkungen

Erste Indizien für die Existenz eines von der Sonne ausströmenden Winds fand der englische Astronom Richard Carrington (1826–1875), als er 1859 einen Zusammenhang zwischen dem von ihm in einer Sonnenfleckengruppe beobachteten Flare-Ereignis und den daraufhin zeitlich verzögert auftretenden Schwankungen des Erdmagnetfelds vermutete. Als Flares werden bekanntlich einzelne oder sich kontinuierlich wiederholende, blitzartig einsetzende Aufhellungen der Sonne bezeichnet, die selten im sichtbaren Licht, jedoch häufig im Ultravioletten oder im Radiobereich registriert werden (Kap. 3). Bei solchen Flares, oft von massereichen koronalen Materieauswürfen in den interplanetaren Raum begleitet, werden gewaltige Mengen von magnetischer Energie und energiereiche Teilchen in der Sonnenatmosphäre freigesetzt.

Im Jahr 1896 postulierte der norwegische Physiker Christian Birkeland (1867–1917), dass diese geladenen solaren Teilchenströme auch für die Polarlichter auf der Erde verantwortlich sein könnten. Schließlich war es 1951 der deutsche Astro- und Plasmaphysiker Ludwig Biermann (1907–1986), der vermutete, dass die typische Ausrichtung der kometaren Gasschweife in die von der Sonne abgewandte Richtung durch einen von ihr ausgehenden Partikelstrom verursacht sein müsste. Einer der führenden frühen Forscher auf diesen Gebieten war Hannes Alfvén (1908–1995) (Abb. 4.1a). Auch er untersuchte die Entstehung von Polarlichtern und magnetischen Stürmen bei der Erde sowie den Einfluss von Magnetfeldern auf die Bildung des Sonnensystems. Er spielte darüber hinaus eine wichtige Rolle bei der Begründung der modernen Plasmaphysik, insbesondere der Physik geladener Teilchen, des interplanetaren Mediums, der Magnetosphären der Planeten sowie der von ihm mit entwickelten Magnetohydrodynamik. Heute allgegenwärtig in astrophysikalischen Plasmen sind die nach ihm benannten Alfvén-Wellen (Abb. 4.1b), die auch für die Heizung der Sonnenkorona von großer Bedeutung sind.

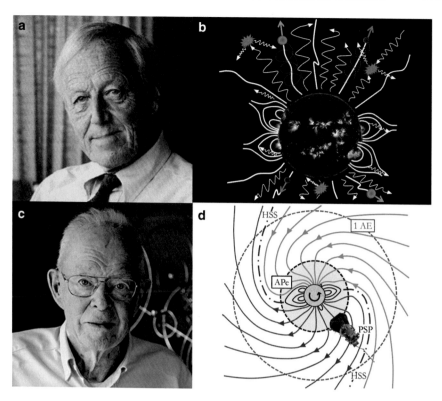

Abb. 4.1 Bedeutsame Entdeckungen zweier herausragender Wissenschaftler im Bereich der Plasmaphysik und Astrophysik. **a** Hannes Alfvén (Nobelpreis 1970). **b** Sonne im ultravioletten Licht und Sonnenkorona mit schematisch dargestellten Magnetfeldern und Alfvén-Wellen. **c** Eugene Parker (Crafoord-Preis 2020). **d** Spiraliges Magnetfeld des Sonnenwinds, das von der Raumsonde Parker Solar Probe erforscht wird © a AIP Publishing, b U. v. Kusserow/NASA, c J. Zich (Univ. of Chicago), d U. v. Kusserow/NASA/JHUAPL

Im Jahr 1958 führte der amerikanische Physiker Eugene Parker (Abb. 4.1c) den Begriff „Sonnenwind" ein und entwickelte eine erste, anfangs jedoch noch umstrittene Theorie zur Erklärung dieses von der Sonnenkorona ausgehenden Teilchenstroms. Erstmals ging er dabei von einer heißen, sich überall hin expandierenden Sonnenkorona aus. In ersten Modellrechnungen (bis 1965) konnte er die Existenz eines spiralförmigen interplanetaren Magnetfelds und heliosphärischer elektrischer Stromschichten nachweisen. Diese bilden sich zwischen offenen Magnetfeldstrukturen unterschiedlicher Ausrichtung oder Polarität, welche von den beiden Polen der rotierenden Sonne bis weit in die Heliosphäre hinausreichen. Die resultierende Parker-Spirale (Abb. 4.1d) des Magnetfelds entsteht dadurch, dass sich die solaren Magnetfeldlinien, wie im Sonnenwind eingefroren, mit ihm fortbewegen, wobei deren Fußpunkte, verankert in der Sonnenoberfläche, immer noch der

Rotation der Sonne folgen. Daher bilden, wie bei den Wassertropfen eines Rasensprengers, die Strömungslinien der Plasmateilchen, die aus derselben Quelle in der Korona kommen, eine spiralige Form aus.

Der direkte Nachweis des Sonnenwinds als ein Fluss von Protonen im interplanetaren Raum gelang im selben Jahr durch In-situ-Messungen an Bord der sowjetischen Luna-Satelliten. Auch die amerikanische Explorer-10-Sonde registrierte dann 1961 (bei einer Entfernung von der Erde von bis zu 42,3 Erdradien) einen direkt von der Sonne ausgehenden Plasmastrom mit einer mittleren Geschwindigkeit von 300 km/s. Der Sonnenwind als ein kontinuierlicher Strom von Protonen und Elektronen mit mittleren Geschwindigkeiten zwischen 400 und 800 km/s konnte schließlich 1962 durch Messungen an Bord der Mariner-2-Sonde im Weltraum nachgewiesen werden.

Während des halben Jahrhunderts, das nach diesen frühen und während der später folgenden Untersuchungen vergangen ist, hat sich das Gebiet der Sonnenwindforschung oder allgemeiner der Weltraumplasmaphysik enorm erweitert. Dieses Buch ist nicht der Ort, um diese Geschichte ganz zu erzählen und alle erstaunlichen Errungenschaften der modernen Weltraumforschung angemessen zu würdigen. In Kap. 2 jedoch haben wir verschiedene wichtige Missionen vorgestellt, die in den letzten Jahrzehnten durchgeführt wurden, um die Sonne und Heliosphäre, planetaren Magnetosphären und Ionosphären sowie Planetenmonde und Kometen genauer zu erforschen.

Heutzutage werden in den Plasmen der Heliosphäre überall von Satelliten und Raumsonden hochauflösende Messungen der Anzahldichten und Geschwindigkeiten der unterschiedlichsten Teilchensorten sowie der magnetischen und elektrischen Felder bei verschiedensten Frequenzen und Wellenlängen durchgeführt. Mit der Parker Solar Probe und dem Solar Orbiter stehen heute zwei besonders leistungsfähige neue Raumsonden zur Verfügung, um physikalische Prozesse in der äußeren Korona, im Sonnenwind und in der inneren Heliosphäre für ein weiteres Jahrzehnt bis zum nächsten solaren Aktivitätsminimum im Detail zu untersuchen. Beide Missionen werden in Kap. 5 ausführlich behandelt.

4.2 Sonnenwind und Heliosphäre

4.2.1 Regionen der Heliosphäre

Heliophysik ist die umfassende multidisziplinäre Wissenschaft aller physikalischen Vorgänge in sowie zwischen der Sonne und ihrem Sonnensystem. Sie umfasst die Erforschung und das Verständnis der Prozesse in der Sonne und der erdnahen Weltraumumgebung und beschreibt diese mit Begriffen hauptsächlich aus der Plasma- und Strahlungsphysik. Als Systemwissenschaft vereint die Heliophysik die vielen miteinander verbundenen Phänomene in der Heliosphäre, die direkt von der Sonne beeinflusst und geformt wird durch die Schwerkraft, das Licht in verschiedenen Wellenlängen, das Magnetfeld und die korpuskulare Strahlung. Der Sonnenwind mit seinem Magnetfeld ist der wichtigste konstitutive Bestandteil der Heliosphäre. Dazu gibt es auch Staub und neutrale sowie geladene energiereiche Teilchen von geringer Häufigkeit.

Durch In-situ-Messungen wurde festgestellt, dass sich die Heliosphäre von der Sonnenkorona bis weit über die Planeten hinaus bis zur Heliopause bei etwa 124 AE erstreckt (Kap. 1). Diese Grenze zum lokalen interstellaren Medium wurde schließlich durch das auf der Raumsonde Voyager-1 geflogene Plasmawelleninstrument entdeckt, das in der Lage war, die lokale Dichte der Elektronen über ihre Plasmafrequenz zu messen. Wenn das Magnetfeld der Sonne sich in ihrem Zyklus verändert, dann ändert sich entsprechend die mit ihr verbundene Heliosphäre. Eine künstlerische Darstellung der Heliosphäre zusammen mit ihrer Umgebung und einigen Planeten unseres Sonnensystems ist in Abb. 4.2 gezeigt.

Von der Sonnenoberfläche ausgehend, lassen sich verschiedene Regionen der Heliosphäre definieren, die sich weit über die Planetenbahnen hinaus auf mehr als 100 AE erstrecken. Bis zu einem gewissen Grad ist die nachfolgende Definition der Bereiche der Heliosphäre etwas künstlich. Ihr „Boden" ist sozusagen die Photosphäre, in der das koronale Magnetfeld verankert ist. Der Übergang des solaren in das heliosphärische Magnetfeld ist nicht scharf definiert, aber eine natürliche Grenze könnte an der Stelle (besser: Oberfläche) definiert werden, an der die kinetische Energiedichte des entstehenden Sonnenwinds gleich der Energiedichte im koronalen Magnetfeld ist. Hier liegt die sogenannte Alfvén-Fläche, von der ab das koronale Plasma praktisch nicht mehr mit der Sonne rotiert und somit allmählich freigesetzt wird, um dann als Sonnenwind fast radial abzufließen.

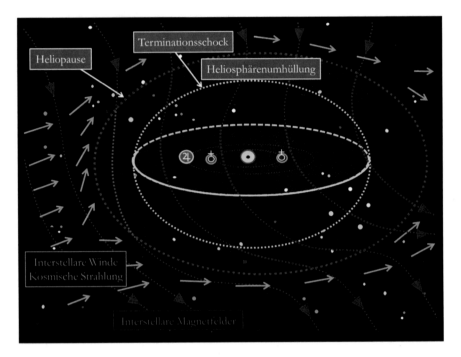

Abb. 4.2 Nicht maßstabsgetreue Darstellung der Heliosphäre der Sonne. Zusammen mit den Positionen der Sonne, der Erde und des Mars im Inneren der Heliosphäre sind die äußeren Grenzen der Heliosphäre sowie in Blau das Magnetfeld und die vermutete Strömungsrichtung des interstellaren Winds eingezeichnet
© U. v. Kusserow

Darüber hinaus lassen sich im Einzelnen grob die folgenden drei Regionen unterscheiden.

1. Die innere Heliosphäre beginnt an der Alfvén-Fläche und reicht etwa bis zur Bahn der Erde oder des Mars, wo die Tangente an die gekrümmte Parker-Spirale mit der radialen Richtung schon einen Winkel von 40–50° bildet. Die mittlere Magnetfeldrichtung wird also zunehmend senkrechter zur Strömungsrichtung des Sonnenwinds. Durch Kontakte zwischen benachbarten Sonnenwindströmen mit verschiedenen Geschwindigkeiten werden daher jenseits der Erdbahn starke Kompressionen des Plasmas in den Kontaktzonen wirksam, wodurch sich dauerhafte mitrotierende Wechselwirkungszonen („corotating interaction regions", CIRs) ausbilden.
2. Die mittlere Heliosphäre kann so definiert werden, dass sie vom Asteroidengürtel über die großen gasförmigen Planeten hinaus bis zum Neptun bei etwa 30 AE reicht, wo das klassische Sonnensystem der

Planeten endet. In diesem Entfernungsbereich sind die Auswirkungen der Sonne in Form der aufgeprägten Stromstruktur des Sonnenwinds und der transienten koronalen Masseauswürfe weitgehend ausgewaschen. Als Zeugnisse der Sonnenaktivität bleiben dann nur noch starke Druckpulse auf dem Hintergrund eines vermischten langsamen Sonnenwinds übrig. Es gibt jedoch einen riesigen Bereich solar-magnetischen Einflusses, der weit über die Bahnen der Planeten hinausreicht.

3. Dies ist die extrem verdünnte, äußere Heliosphäre, die sich jenseits von Neptuns Bahn bis zum Terminationsschock erstreckt, bei dem der Sonnenwind durch Wechselwirkung mit dem lokalen interstellaren Medium (LISM) wieder auf Unterschallgeschwindigkeit abgebremst wird (Kap. 1). Er kommt anschließend weitgehend zum Stillstand und wird an der Heliopause stark umgelenkt, wo sein schwacher Staudruck gerade dem Druck des LISM standhält, das mit etwa 25 km/s relativ zur Sonne strömt.

Diese äußerste Heliosphäre ist jedoch eine ausgedehnte Region aktiver Wechselwirkung mit dem LISM, da von dort z. B. neutrale Partikel die Plasma- und Magnetfeldgrenzen der Heliosphäre durchdringen und somit in sie hineinwandern können. Bei weiterer Annäherung an die Sonne werden sie eventuell durch das ultraviolette Sonnenlicht ionisiert. Sobald ein Teilchen geladen ist, wird es von der Lorentz-Kraft des Sonnenwinds erfasst und mit ihm mitgerissen. Die Voyager-Raumsonden haben nach jahrzehnte-langer Reise einige dieser Prozesse mit direkten In-situ-Messungen aufgedeckt. Mithilfe optischer Fernerkundung und Partikelmessungen in der Nähe der Erde hat die Interstellar Boundary Explorer Mission (IBEX) diese Prozesse am Übergang zum interstellaren Medium indirekt erforscht.

Der weite Übergang zum LISM ist für die moderne In-situ-Weltraumforschung eine letzte Grenzregion, die zurzeit von der Voyager-1-Raumsonde durchflogen wird. Möglicherweise gibt es dort auch eine Bugwelle vor der Heliosphäre. Voyager-1 ist das am weitesten von der Erde entfernte, je von Menschen gebaute Objekt. Im September 2021 war die Sonde ungefähr 154 AE (ca. 23 Mrd. Kilometer) von der Sonne entfernt. Ihre Radialgeschwindigkeit beträgt jetzt etwa 61 000 km/h. Eine neue zukünftige Mission in diese ferne Region wurde bereits von den Raumfahrt-agenturen konzipiert; sie bleibt jedoch ein Abenteuer für die Zukunft mit einer nach dem Start wiederum wohl sehr langen Reisezeit von mehreren Jahrzehnten.

4.2.2 Am Rande von Heliosphäre und Sonnensystem

Wie genau ist die Heliosphäre in das lokale interstellare Medium eingebettet? Dort, wo der Sonnenwind in einer Entfernung zwischen etwa 75
und 90 AE erstmals eine Auswirkung des interstellaren Mediums spürt, wird
er beim Durchgang durch den Terminationsschock (Abb. 4.3) schließlich
wieder auf Unterschallgeschwindigkeit abgebremst. Diese relativ abrupte
Abbremsung des Sonnenwinds führt zur Ausbildung einer Stoßfront. Dort,
wo der Staudruck des Sonnenwinds schließlich mit dem gesamten Druck
des zwischen den umgebenden Sternen wehenden interstellaren Winds
übereinstimmt, von wo der Sonnenwind also keinen wesentlichen Staudruck
mehr auf das interstellare Medium ausüben kann, befindet sich die Heliopause (Abb. 4.4). Sie stellt die Plasmagrenze unseres Sonnensystems dar. Die
an ihr durch Auftreffen des schwachen interstellaren Winds verursachten
Störungen können relativ schnell an die Umgebung im LISM zurück über-
mittelt werden, sodass sich vor der Heliosphäre wohl keine echte Schockfront ausbilden kann.

Der interstellare Wind umströmt die nach neuesten Erkenntnissen wohl
eher ovale oder kleeblattförmige, aber nicht kometenschweifartig geformte
Heliosphäre. Die aus dem fernen Universum (z. B. von Supernovaexplosionen

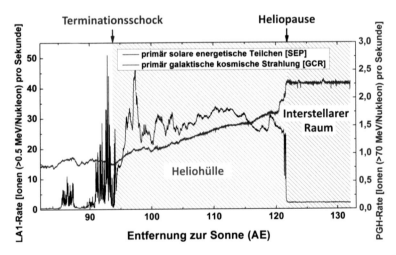

Abb. 4.3 Teilchenflüsse im Grenzbereich der Heliosphäre mit dem interstellaren
Raum. An der Heliopause fällt die kosmische Strahlung um etwa einen Faktor 4 ab.
Am Terminationsschock steigt die Zählrate der solaren energetischen Teilchen durch
Beschleunigung am Schock in der Heliohülle doch wieder abrupt an. Sie können die
Heliosphäre aber nicht verlassen, wie der scharfe Abfall ihrer Zählrate an der Helio-
pause zeigt
© NASA

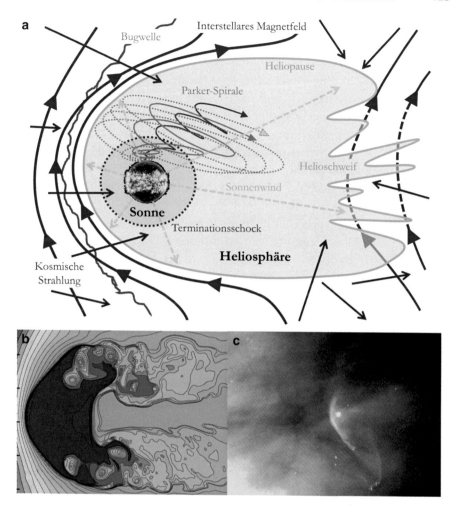

Abb. 4.4 Die Struktur der Heliosphäre. **a** Künstlerische Darstellung der Heliosphäre und ihrer Grenzbereiche. An der Heliopause kommt der hochverdünnte Sonnenwind schließlich zum Stillstand, oder er wird umgelenkt wie hier angedeutet. Die dreidimensionale Parker Spirale ist schematisch eingezeichnet. Interstellare neutrale Teilchen können ungehindert vom Magnetfeld in die Heliosphäre eindringen. **b** Numerische Modellrechnung zur Wechselwirkung eines magnetisierten Objekts mit dem anströmenden Sonnenwind. **c** Astrophysikalische Beobachtung der Stoßwelle vor der Astrosphäre eines Sterns
The Heliosphere: sn.pub/iQ70jC
Zoom From The Milky Way Galaxy To Our Heliosphere: sn.pub/2DmZxz
NASA ScienceCasts: Cosmic Bow Shocks: sn.pub/k8Jarf
© a U. von Kusserow, NASA, b M. Opher/AAS, c NASA/STScI/AURA

stammende) in das äußere Sonnensystem vordringende hochenergetische kosmische Strahlung kann in den turbulenten magnetisierten Strukturen innerhalb der Heliosphärenumhüllung zwar etwas abgebremst und an der Heliopause teilweise umgelenkt werden, sie dringt jedoch meistens weiter in das innere Sonnensystem vor und kann somit auch die Erde erreichen. Die magnetische Struktur der Heliosphäre ist also zu „weich", um uns vor der „harten" kosmischen Strahlung vollständig zu schützen. Diese spielt eine wichtige Rolle für das Weltraumwetter, da sie insbesondere einen Einfluss auf die Wolkenbildung in der Atmosphäre der Erde hat, die wiederum für unser Wetter und vielleicht auch das Klima von entscheidender Bedeutung ist.

Im Jahr 2015 flog das Raumschiff der New-Horizon-Mission an Pluto und seinem Mond vorbei und untersuchte die mit ihnen verbundene Umgebung. In naher Zukunft werden Sonden wohl auch die weiter entfernten Objekte im Kuipergürtel besuchen und erforschen. Die bisherigen Daten bestätigten u. a. die Existenz der sogenannten Wasserstoffwand, die von Voyager 1992 am äußeren Rand unseres Sonnensystems entdeckt wurde. Durch Messung der von energiereichen, aber neutralen Atomen emittierten Strahlung mit Instrumenten auf dem Satelliten Interstellar Boundary Explorer (IBEX) konnte die relative Geschwindigkeit des Sonnensystems in Bezug auf das lokale interstellare Medium erneut bestimmt werden. Die erhaltene Differenzgeschwindigkeit von 23,2 kms^{-1} erwies sich als etwas kleiner als die Schallgeschwindigkeit von 26,3 kms^{-1} im interstellaren Weltraum. IBEX bestätigte auch, dass die blasenförmige Heliosphäre wohl keinen scharfen Schock erzeugt, sondern eher nur eine weiche Bugwelle davor. Die Erforschung der im Außenbereich der Heliosphäre ablaufenden Prozesse bleibt also spannend.

4.3   Eigenschaften des Sonnenwinds und ihre Variationen im Verlauf des Sonnenzyklus

4.3.1   Fundamentale Parameter

Der Sonnenwind hat in der Erdbahn eine durchweg sehr geringe Teilchendichte von nur einigen Protonen pro Kubikzentimeter, was nach irdischen Maßstäben praktisch einem Vakuum entspricht. Er besteht im Wesentlichen aus Protonen, Elektronen und etwa 4 % Heliumkernen (Alphateilchen) sowie in sehr geringen Anteilen aus unterschiedlichen Ionen von schwereren Elementen wie Kohlenstoff, Stickstoff, Sauerstoff, Neon, Magnesium,

Silizium, Schwefel und Eisen. Diese ionisierte, magnetisierte und turbulent verwirbelte Plasmamaterie strömt zunächst mit Unterschallgeschwindigkeit und dann, ab etwa ein bis zwei Sonnenradien über der Photosphäre, mit Überschallgeschwindigkeit stetig in alle Richtungen aus der heißen Sonnenkorona aus. Der so entstehende Sonnenwind besteht aus einzelnen Strömen, die je nach ihren magnetischen Quellen in der Korona unterschiedlich schnell und dicht sind und die eine unterschiedliche chemische Komposition und Ionisation der schweren Elemente aufweisen können. In Tab. 4.1 sind einige wichtige Parameter des Sonnenwinds zusammengestellt, die beim Abstand der Erdbahn von der Sonne gemessen wurden.

4.3.2 Räumliche Variationen

Die langsamen und dichteren Sonnenwindströme, die vorwiegend in nur vorübergehend offenen aber im Mittel geschlossenen Magnetfeldstrukturen der Sonne entstehen, verdoppeln ihre Geschwindigkeit zwischen etwa 5 und 25 Sonnenradien Entfernung von der Sonnenoberfläche auf etwa 300 km/s. Der schnelle Sonnenwind, der in koronalen Löchern entsteht, wird schon bei bis zu 2,5 Sonnenradien Entfernung stark und anschließend bis in etwa 20 Sonnenradien Entfernung weiter auf etwa 700 km/s Endgeschwindigkeit

Tab. 4.1   Arten von Sonnenwind und typische Parameter und Eigenschaften bei 1 AE

Parameter	Schnelle Ströme im Minimum	Langsame Ströme im Minimum	Langsame Ströme im Maximum	Masseauswürfe (CMEs), oft mit Stoßwellen
Geschwindigkeit	400–800 km s^{-1}	250–400 km s^{-1}	300–400 km s^{-1}	400–2000 km s^{-1}
Dichte	3 cm^{-3}	10 cm^{-3}	10 cm^{-3}	Höher
Protonenfluss	2×10^8 cm^{-2} s^{-1}	3.7×10^8 cm^{-2} s^{-1}	4×10^8 cm^{-2} s^{-1}	
Heliumgehalt	3,6 %, ziemlich stationär	Unter 2 %, variabel	4 %, aber sehr variabel	Hoch, bis zu 30 %
Koronale Quelle	Koronale Löcher	*Helmet streamers* und Strom-schichten	Aktive Regionen und kleine koronale Löcher	Bei 30 % eine eruptive Prominenz
Signaturen	Anhaltend über lange Zeit (Wochen)	Eingebettete magnetische Sektorgrenzen	Schockwellen, oft im Strom enthalten	Fe^{16+}, selten He$^+$, oft magnetische Wolken

beschleunigt. Schon nach wenigen Sonnenradien Entfernung breiten sich also alle Sonnenwindströme mit Überschallgeschwindigkeit aus. Wegen der quadratisch mit dem Abstand von der Sonne abfallenden sehr geringen Plasmadichte ist der Sonnenwind (d. h. genauer die Ionen, jedoch nicht die Elektronen) weitgehend frei von Kollisionen. Der prinzipielle radiale Verlauf der Geschwindigkeiten für die drei wesentlichen Arten von Sonnenwind ist in Abb. 4.5 gezeigt, zusammen mit dem wachsenden Krümmungswinkel der Parker-Spirale. Typische Parameter des Sonnenwinds bei 1 AE finden sich in Tab. 4.1. Manche koronalen Masseauswürfe starten relativ langsam, die meisten erreichen aber schon dicht an der Sonne hohe Geschwindigkeiten.

Die räumlichen Variationen der Eigenschaften des Sonnenwinds in drei Dimensionen sind in Abb. 4.6 illustriert, die schematisch einige grundlegenden Ergebnisse zur Erforschung des Sonnenwinds außerhalb der Ekliptik durch die Ulysses-Mission zeigt. Damit Ulysses die Heliosphäre bei allen möglichen heliografischen Breiten untersuchen konnte, lief die Raumsonde auf einem fast senkrecht (bis etwa 80°) zur Ekliptik ausgerichteten Orbit um die Sonne. Diese Bahn konnte durch gravitative Unterstützung

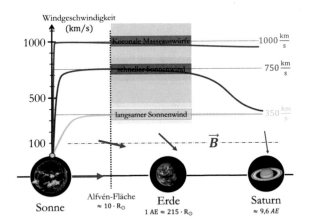

Abb. 4.5 Prinzipielle radiale Geschwindigkeitsprofile für die zwei wesentlichen Arten des Sonnenwinds und für einen schnellen koronalen Masseauswurf oder Sonnensturm. Typische Geschwindigkeitsprofile sind gegen den Abstand von der Sonne aufgetragen. Die blauen Pfeile deuten die Orientierung der Parker-Spirale relativ zur radialen Richtung an, zu der sie bei etwa 10 AE praktisch senkrecht steht. An der Alfvén-Fläche löst sich der Sonnenwind von der partiellen Rotation mit der äußeren Korona ab. Schnelle Ströme werden durch die Wechselwirkung mit langsamen Strömen jenseits von Saturn stark abgebremst. Getrieben durch solare Eruptionen können dagegen koronale Masseauswürfe durch direkte magnetische Beschleunigung anfangs dicht an der Sonne schon sehr hohe Geschwindigkeiten erreichen
© U. v. Kusserow, NASA

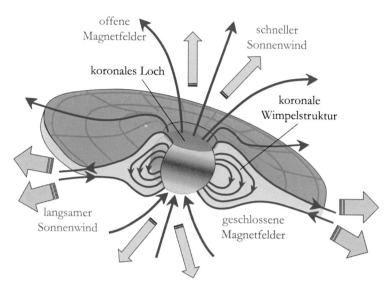

offene
Magnetfelder

schneller
Sonnenwind

koronales Loch

koronale
Wimpelstruktur

langsamer
Sonnenwind

geschlossene
Magnetfelder

Abb. 4.6 Erforschung des Sonnenwinds außerhalb der Ekliptik durch die Raumsonde Ulysses. Künstlerische Darstellung der dreidimensionalen Heliosphäre mit den zugehörigen Sonnenwindströmen. Damit Ulysses die Heliosphäre der Sonne bei allen heliografischen Breiten untersuchen konnte, musste die Sonde in einem fast senkrecht zur Ekliptik des Sonnensystems gerichteten Orbit um die Sonne laufen. Dies wurde durch Vorbeiflüge am Jupiter erreicht
© U. v. Kusserow

beim Vorbeiflug am Planeten Jupiter erreicht werden. Dargestellt ist die aus den Ulysses-Beobachtungen abgeleitete dreidimensionale Struktur der Heliosphäre und des zugehörigen Sonnenwinds während einer Phase um das solare Minimum herum.

Abb. 4.7 illustriert ebenfalls den gemessenen Verlauf des Sonnenwinds außerhalb der Ekliptik durch die Raumsonde Ulysses. Die Darstellung beruht auf den mit dem Instrument SWOOPS (Solar Wind Observations Over the Poles of the Sun) an Bord von Ulysses bei drei Umläufen von 1992 bis 2008 gewonnenen Daten. Gezeigt werden der Betrag der Geschwindigkeiten der aus unterschiedlichen (äquatorialen bis polaren) Sonnenregionen kommenden Sonnenwindströme und das dazugehörige Magnetfeld. Die rote bzw. blaue Farbgebung der Geschwindigkeitsprofile kennzeichnen die unterschiedliche Ausrichtung des zugehörigen Magnetfelds im Sonnenwind, das sich im Verlauf des etwa elfjährigen solaren magnetischen Aktivitätszyklus in charakteristischer Weise ändert. Dieser Zyklus wird durch die Sonnenfleckenrelativzahl R in Abb. 4.7b (unten) angezeigt.

Abb. 4.7a zeigt die realen Messresultate aus dem Umlauf von Ulysses während eines ersten Fleckenminimums. Abb. 4.7b (oben) veranschaulicht

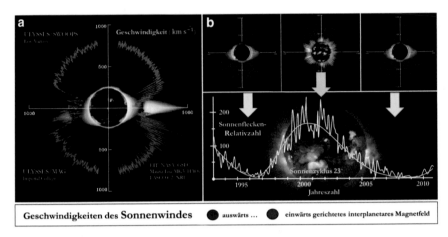

Abb. 4.7 Darstellung der Messergebnisse der breitenabhängigen Geschwindigkeiten unterschiedlicher Sonnenwindströme, die mit der NASA-Raumsonde Ulysses auf ihren drei elliptischen Orbits um die Sonne zwischen 1992 und 2008 gewonnen wurden. **a** Vor einem typischen Bild der Sonnenkorona sind die Daten in Form eines Polardiagramms veranschaulicht, die im Verlauf eines ersten Sonnenfleckenminimums registriert wurden. Die rötliche bzw. bläuliche Einfärbung weist auf die unterschiedliche Ausrichtung des solaren Magnetfelds hin. Der Abstand dieser Einfärbung vom Mittelpunkt des Sonnenbilds ist dabei jeweils ein Maß für die Geschwindigkeit am jeweiligen Messpunkt entlang des Orbits der Raumsonde. **b** Oben sind die unterschiedlichen Eigenschaften der breitenabhängigen Geschwindigkeitsverteilungen der langsamen und schnellen Sonnenwinde während der zwei Sonnenfleckenminima (links und rechts) bzw. während des Sonnenfleckenmaximum (Mitte) schematisch veranschaulicht. Unten ist die Entwicklung der Sonnenfleckenrelativzahl während der Ulysses-Mission vor einem mit der japanischen Raumsonde Yohkoh erstellten Röntgenbild der Sonne dargestelltThe Ulysses Legacy: Observing the Sun for 17 years: sn.pub/v3kK9o
Heliospheric current sheet HCS, Tilt angle recreated from Ulysses space probe: sn.pub/olS2SO
© ESA, NASA/Yohkoh (Bearbeitung: U. v. Kusserow)

nur schematisch die relativ einfachen räumlichen Geschwindigkeitsverteilungen gegen die heliografische Breite beim ersten und dritten Umlauf während zweier solarer Aktivitätsminima. Diese Verteilungen sind durch kleine (bzw. große) Geschwindigkeiten von etwa 350 km/s (bzw. 700 km/s) in niedrigen (bzw. höheren) heliografischen Breiten gekennzeichnet. Beim zweiten Umlauf während des dazwischenliegenden Sonnenfleckenmaximums erweist sich die Geschwindigkeitsverteilung dagegen als wesentlich variabler und weitgehend breitenunabhängig. Über den Polgebieten gibt es zwar auch Hinweise auf die Existenz schneller Sonnenwindströme, aber im Wesentlichen dominieren die langsamen Sonnenwindströme. Das Gesamtbild zeigt sehr deutlich, dass der Sonnenwind sowohl durch langsame als auch schnelle Ströme charakterisiert ist.

4.3.3 Zeitliche Variationen mit dem Sonnenzyklus

In Abb. 4.8 sind eine Sequenz von Aufnahmen der Korona in weißem Licht und darunter die Zeitprofile der Geschwindigkeit des Sonnenwinds dargestellt. Die ausgewählten Beispiele der Sonnenkorona stammen aus verschiedenen Phasen des magnetischen Zyklus und illustrieren den graduellen Übergang von einem mehr dipol- in ein eher multipolartiges Magnetfeld der Korona der Sonne. Das Geschwindigkeitsprofil darunter zeigt entsprechende Änderungen von schnellen wiederkehrenden Strömen hin zu langsamem Sonnenwind um die Ekliptik herum bei niedrigen Breiten. Das Auftreten von CMEs ist am unteren Rand durch schmale Striche markiert. Die Oszillationen der Geschwindigkeit etwa im 25-Tage-Rhythmus kamen dadurch zustande, dass die Ulysses-Raumsonde immer wieder magnetisch mit einem mit der Sonne rotierenden Koronaloch verbunden war, in dem die gemessenen schnellen Sonnenwindströme ihren Ursprung hatten.

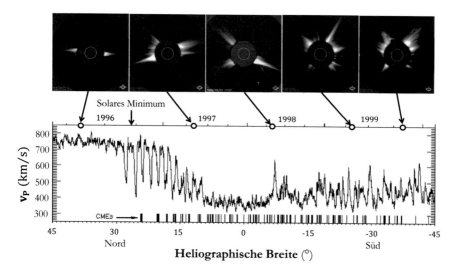

Abb. 4.8 Die sich ändernde Sonnenkorona (oben) und die damit verbundene Stromstruktur des Sonnenwinds (unten) als Funktion der Zeit im Sonnenzyklus bzw. in der heliografischen Breite. Die Daten stammen von SOHO/LASCO und Ulysses. Die Sonnenkorona ist für ausgewählte Beispiele aus verschiedenen Phasen des magnetischen Zyklus gezeigt. Sie illustrieren den graduellen Übergang von einer mehr dipol- in eine eher multipolartige Korona. Das Geschwindigkeitsprofil zeigt eine entsprechende Änderung von schnellen wiederkehrenden Strömen hin zu langsamem Sonnenwind um die Ekliptik herum bei niedrigen Breiten. Das Auftreten von CMEs ist am unteren Rand durch Striche markiert. Sie treten viel häufiger während des Maximums der Sonnenaktivität auf
© ESA/NASA/D. McComas/Space Science Review (Bearbeitung: U. v. Kusserow)

Alle diese prominenten makroskopischen Eigenschaften des Sonnenwinds variieren in Abhängigkeit vom Sonnenaktivitätszyklus, wie in Abb. 4.8 dargestellt, und die verschiedenen Phänomene zeigen sich erneut in ähnlicher Weise bei jedem neuen Zyklus. Ähnliche Ergebnisse hatten in der Ekliptik schon Missionen wie Helios bei 0,3 AE und andere Sonden an der Erde bei 1 AE erhalten. Mit den Ergebnissen von der Raumsonde Ulysses bei hohen heliografischen Breiten ist aber die Heliosphäre für uns sozusagen dreidimensional zugänglich geworden. Diese prominenten makroskopischen Eigenschaften des Sonnenwinds variieren in ihrem Auftreten in Abhängigkeit vom Sonnenaktivitätszyklus, wie in Abb. 4.8 dargestellt, aber die verschiedenen Phänomene zeigen sich erneut in ähnlicher Weise bei jedem Zyklus.

4.4 Die Quellen des Sonnenwinds in der Sonnenkorona

Seit Jahrzehnten beschäftigt die Helio- und Plasmaphysiker die Frage nach dem Ursprung und den Quellen des Sonnenwinds in der Korona. Dafür ist es unbedingt erforderlich, die Heizungs- und Beschleunigungsprozesse in der Korona und im Sonnenwind genauer zu studieren und gründlicher zu verstehen. Darüber hinaus ist es sehr interessiert, die physikalischen Vorgänge in der inneren Heliosphäre beim Auftreffen des Sonnenwinds auf Hindernisse (Kap. 6) zu erforschen, wie sie die Magnetosphären oder Ionosphären der terrestrischen Planeten sowie die sonnennahen Kometen (Kap. 7) darstellen. Natürlich ist es vorrangig, den Einfluss des vom Sonnenwind geprägten Weltraumwetters (Kap. 9) auf die Magnetosphäre und Ionosphäre sowie die tieferen Atmosphärenschichten unseres eigenen Planeten Erde gründlich zu verstehen. Erst dieses Verständnis wird es uns Menschen erlauben, verlässliche Vorhersagen über die möglichen Gefährdungspotenziale solarer Prozesse zu machen. Hier sollen aber erst einmal die Quellen des Sonnenwinds in der Korona identifiziert und diskutiert werden. Dabei spielt das solare Magnetfeld (Kap. 3) eine herausragende Rolle. Die modernen Beobachtungen haben gezeigt, dass das koronale Magnetfeld räumlich stark strukturiert ist und auf vielen Zeitskalen variiert. Entsprechend sind auch die Quellregionen der Sonnenwindströme auf den verschiedensten räumlichen und zeitlichen Skalen veränderlich.

4.4.1 Großräumige Quellen in der Korona

Die vielfältigen Phänomene, die in der Sonnenatmosphäre auftreten, sind in Abb. 4.9 schematisch dargestellt. Abb. 4.9a und b zeigen ein aus direkten Beobachtungen zusammengesetztes Bild. Es besteht aus Bildern der Sonnen-

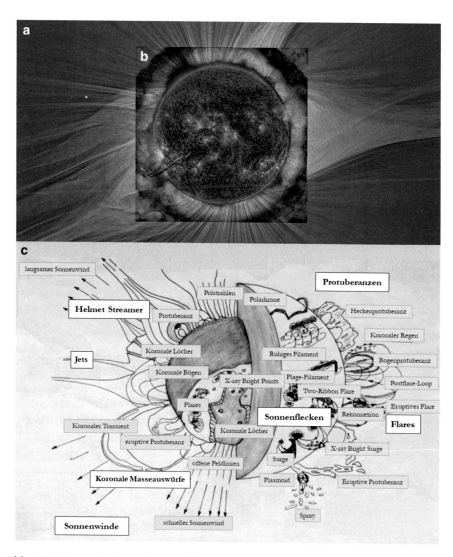

Abb. 4.9 Magnetisch bestimmte Phänomene in der Sonnenatmosphäre. **a** Sonnenkorona während der Sonnenfinsternis am 21. August 2017. **b** Von SDO erstellte Aufnahme der Sonne im UV-Licht während eines gewaltigen koronalen Masseauswurfs. **c** Schematische Darstellung der großen Vielfalt magnetisch beeinflusster Sonnenphänomene
© a und b M. Druckmüller/ P. Aniol/ S. Habbal/NASA (Zusammenstellung: U. v. Kusserow), c U. v. Kusserow

scheibe im ultravioletten Licht sowie der Korona im weißen Streulicht an koronalen Elektronen. In Abb. 4.9c sind viele verschiedene koronale Plasmastrukturen und die mit ihnen verbundenen Magnetfelder schematisch dargestellt und benannt. Diese bestimmen ganz wesentlich auch die räumliche Variation der Dichte und Temperatur des Plasmas in der Korona. Die Schwerkraft neigt dazu, das Plasma in der Sonnenatmosphäre barometrisch zu schichten, aber das starke Magnetfeld kann die Materie schweben lassen und sie so räumlich in Form von hellen, auffälligen Schleifen und als dünne Plasmafilamente und Stromschichten ungleichmäßig verteilen. Wird das Gleichgewicht der Kräfte jedoch gestört, kann dies zu vorübergehenden heftigen Eruptionen führen. Darüber hinaus sind die kleinskaligen Variationen des Magnetfelds in mehrfacher Hinsicht auch für die Erwärmung und Beschleunigung der Plasmapartikel in der geschichteten Sonnenatmosphäre verantwortlich.

Für die Entstehung und Entwicklung des Sonnenwinds spielen das koronale Magnetfeld und dessen Dynamik eine zentrale Rolle. Abb. 4.10c zeigt ein exemplarisches Magnetfeld der Sonne, wie es sich als Potenzialfeld durch Extrapolation des Oberflächenmagnetfelds aufbaut. In den Aufnahmen der Korona im extremen ultravioletten Licht entsprechen helle Bereiche den geschlossenen Magnetfeldschleifen und dunkle den offenen Magnetfeldern. In Abb. 4.10a und b sind die voneinander abweichenden typischen Erscheinungsformen des koronalen Magnetfelds im solaren Minimum bzw. Maximum gegenübergestellt. Während im Minimum die Magnetfeldlinien nahezu dipolartig von Pol zu Pol verlaufen, zeigen sie im Maximum einen komplexeren, multipolaren Verlauf, verstärkt im Bereich der Aktivitätsgebiete. In den Polarregionen sind die Felder selbst im Maximum lokal dipolartig.

Das großräumige Magnetfeld der Sonne ist offen in den koronalen Löchern, aus denen das dünne Plasma als schneller Sonnenwind entweichen kann und in denen die Emission von UV-Licht deshalb stark reduziert ist. Der langsame Sonnenwind kommt teilweise aus den Randbereichen der koronalen Löcher und aus sich nur vorübergehend öffnenden, ansonsten aber hauptsächlich und meistens aus kleinen offenen zwischen größeren geschlossenen Magnetfeldstrukturen überall auf der Sonne. In den prominenten großen Loops sammelt sich das Plasma mit höherer Dichte an und strahlt deshalb mit größerer Helligkeit. Langsamer Sonnenwind kommt auch aus allen Regionen, die diffuses schwaches Licht abstrahlen. Diese Verteilung der Quellen ist in Abb. 4.11 schematisch illustriert.

Viele In-situ-Messungen des Sonnenwinds, die von verschiedenen Orten in der inneren Heliosphäre mit Plasmainstrumenten auf zahlreichen Weltraummissionen im Laufe der Jahrzehnte gemacht wurden, haben klar

Abb. 4.10   Darstellungen des Magnetfelds der Sonne als Potenzialfeld, ermittelt durch Extrapolation des Oberflächenfelds. **a** und **b** Diese Aufnahmen der Korona wurden mit dem SOHO-Teleskop im extrem ultravioletten Licht des hochionisierten Eisens erstellt. Die linke Abbildung zeigt den typischen Magnetfeldverlauf im Aktivitätsminimum, die rechte den im Maximum. Man beachte das generelle Zusammentreffen von diffus hellen Bereichen mit geschlossenen und dunklen Bereichen mit offenen Magnetfeldern **c** Die Abbildung des Solar Dynamics Observatory (SDO) zeigt die Sonne im UV-Licht. Weiße Linien kennzeichnen darin den Verlauf der koronalen Magnetfelder.
Magnetic Forces Unveiled: sn.pub/C85JO3
Magnetism Revealed: sn.pub/Az6Byq
Magnetic Field Illuminated: sn.pub/KKqQGg
© a und b ESA/NASA, c NASA/GSFC

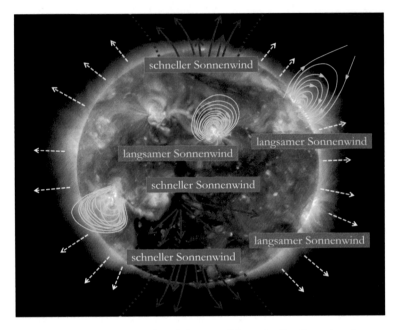

Abb. 4.11 Bild der Sonne im ultravioletten Licht mit Quellen des Sonnenwinds. Die magentafarbenen Pfeile zeigen die schnellen, die weißen Pfeile die langsamen Sonnenwindströme. Die gelben Magnetfeldschleifen deuten kompakte Aktivitäts-gebiete an, aus deren enger Nachbarschaft aber auch mal ein langsamer Sonnen-windstrom kommen kann
© SOHO ESA/NASA, Bearbeitung U. v. Kusserow

gezeigt, dass der Sonnenwind von der Sonnenkorona in alle räumlichen Richtungen weht und somit vollständig den interplanetaren Raum erfüllt. Jedoch variiert er dabei sehr in seiner Dichte und Geschwindigkeit, im Gehalt an Wellen und Turbulenz sowie im Mikrozustand des Plasmas. Alle diese Beobachtungen zeigen, dass der Sonnenwind meist in getrennten und länger anhaltenden, sogenannten Strömen (schnelle und langsame) kommt. Aber manchmal gibt es auch sehr schnelle vorübergehende Sonnenstürme, die mit magnetischen Ausbrüchen (Kap. 3) auf der Sonne verbunden sind, welche ausgedehnte Stoßwellen von hoher Machzahl vor sich hertreiben. Diese auf-fallenden Sonnenstürme sind für das Weltraumwetter besonders prägend, weil sie auch eine große Anzahl energiereicher Teilchen mit sich bringen.

4.4.2 Kleinräumige Quellen im chromosphärischen Netzwerk

Offensichtlich ist die Art des schnellen oder langsamen Sonnenwinds eng mit der Topologie des Sonnenmagnetfelds verbunden. Auf offenen Feldlinien kann das heiße koronale Plasma nicht eingeschlossen werden, sondern sich frei ausdehnen. Es kühlt sich dabei jedoch ab und wandelt sich in Sonnenwind um. Im Gegensatz dazu bleibt das Plasma auf geschlossenen Feldlinien, beispielsweise in Form von magnetischen Schleifen (Abb. 4.10 und 4.11), eingefangen und wird dabei anscheinend stark erwärmt, kühlt sich aber wiederum ab durch helle Strahlung in ultraviolettem Licht. Somit bestimmt die koronale magnetische Struktur in großem Maßstab, d. h. mehrere Zehntel eines Sonnenradius oder eine Winkelgröße von vielen Grad vom Sonnenzentrum gesehen, die räumliche Verteilung der von der Sonne ausgehenden Plasmaströme.

Verfolgt man den Verlauf der koronalen Magnetfeldlinien von der Korona zurück zu ihren Fußpunkten in der Photosphäre, dann konzentrieren sich diese in zunehmend enger werdenden Bereichen. In der Chromosphäre existieren diese in Form von magnetischen Trichtern, die sich durch die hellen Supergranulen im chromosphärischen Netzwerk zu erkennen geben (Abb. 4.12). Der magnetische Fluss eines solchen Trichters stammt aus den Rändern von mehreren einzelnen photosphärischen Granulen (Kap. 3).

Diese Erkenntnisse legen es nahe, dass der entstehende Sonnenwind eng mit dem magnetischen Netzwerk (Abb. 4.12) verbunden ist und dass seine Masse und Energie aus begrenzten Regionen zu stammen scheinen, die sich entlang der Grenzen von Netzwerkzellen erstrecken. Die detaillierte Magnetfeld- und Strahlungsstruktur der Transitregion in einem polaren koronalen Loch wurde durch Beobachtungen in verschiedenen ultravioletten Spektrallinien sehr genau untersucht. Bei diesen Untersuchungen des Magnetfelds im Netzwerk stellte sich heraus, dass magnetische Trichter („magnetic funnels") eine entscheidende Rolle bei der Erzeugung des schnellen Sonnenwinds spielen.

Die detaillierte Verbindung des entstehenden Sonnenwinds mit der magnetischen Netzwerkstruktur konnte empirisch nachgewiesen werden (Abb. 4.13). Dabei erkannte man, dass der Wind mit einer Geschwindigkeit von etwa 10 km/s schon in der niedrigen Korona in Höhen über der Photosphäre von 10–20 Mm in den magnetischen Trichtern herausströmt. Die Trichter bilden die magnetischen Bausteine des chromosphärischen Netzwerks in Form eines „magnetischen Teppichs". Dieses bemerkenswerte

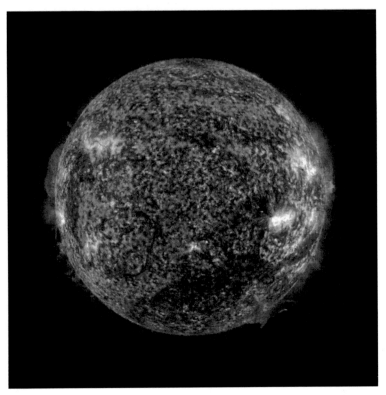

Abb. 4.12 Chromosphärisches Netzwerk im Licht der Heliumlinie He II 30,4 nm, emittiert bei einer Temperatur von etwa 20 000–80 000 K (Aufnahme des Satelliten SOHO vom 18. März 2003). Das magnetische Netzwerk, das typische Zellgrößen von 20–30 Mm besitzt, verteilt sich ziemlich gleichmäßig über die gesamte Sonnenscheibe. Die starken Magnetfelder von bis zu etwa 100 Gauß Feldstärke konzentrieren sich in den Netzwerkrändern. Über dem Sonnenrand sind auch zwei gewaltige Magnetfeldschleifen (eruptive Prominenzen) zu sehen
SOHO-Filaments and Prominences: sn.pub/u47q7n
© NASA/GSFC

Ergebnis erhielt man, indem man Karten der Doppler-Geschwindigkeit und der Strahlung von Spektrallinien, die von verschiedenen Ionen emittiert wurden, direkt mit den Karten des solaren Magnetfelds korrelierte. Dieses wurde mithilfe von photosphärischen Magnetogrammen zu verschiedenen Höhen extrapoliert. Der empirische Befund ist in Abb. 4.13a und c gezeigt.

Wie zuvor diskutiert entstehen schnelle Sonnenwindströme in koronalen Löchern. Diese Quellen können in der starken chromosphärischen He I 584 nm Emissionslinie des Edelgases Helium und in der schwächeren Ne VIII 770 nm Emissionslinie des Edelgases Neon, die in der niedrigen Korona emittiert wird, sehr gut abgebildet werden, wobei die Quellregionen

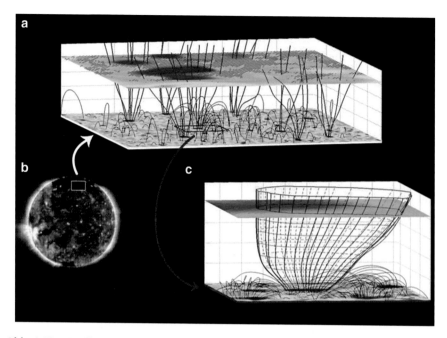

Abb. 4.13 Quellen des Sonnenwinds in der Transitzone im magnetischen Netzwerk. **a** Das Bild zeigt typische magnetische Strukturen der solaren Übergangszone in dem polaren Koronaloch anhand eines Segments des polaren koronalen Magnetfelds. **b** Die kleine Röntgenaufnahme der Sonne der japanischen JAXA-Raumsonde Hinode zeigt ein großes polares koronales Loch und eine Vielzahl heller, kleinerer magnetischer Bögen. Ein Pfeil deutet zu dem bearbeiteten Ausschnitt. **c** Die Vergrößerung eines Ausschnitts des obigen Felds, der die Form eines nach oben sich öffnenden Trichters hat. Offene Magnetfeldlinien werden in Magenta gezeichnet, und die Feldstärke wird in der oberen Ebene, die sich in einer Höhe von 20 Mm über der Sonnenoberfläche befindet, in blauer Farbe angezeigt. In den schraffierten Bereichen beträgt die gemessene Strömungsgeschwindigkeit des Plasmas schon etwa 10 km/s © a und c Tu et al. Science 308 (2005), b ESA/NASA

entweder als dunkle Polkappen in den Sonnenbildern erscheinen (Abb. 4.13a) oder auch als unterschiedliche Regionen mit einer vorherrschenden Blauverschiebung der Linien. Ergebnisse der EUV-Spektroskopie haben gezeigt, dass eine enge Beziehung zwischen der Plasmageschwindigkeit und Magnetfeldstruktur des chromosphärischen Netzwerks besteht, das in Abb. 4.12 im Licht der Helium 30,4 nm Linie überall auf der ganzen Sonnenscheibe zu sehen ist.

Die Koronalöcher als magnetisch offene Regionen konnten als die großen Quellen der dünnen schnellen und stetigen Sonnenwindströme identifiziert werden. Manchmal ist der Wind dort aber auch langsamer, wenn das Koronaloch zu klein ist. Dagegen ist die Bestimmung der Quellen des dichten, langsamen Sonnenwinds schwieriger. In den Aufnahmen der Korona im weißen Licht entsteht oft der Eindruck, dass der langsame Wind aus den magnetisch geschlossenen Bereichen der Korona entkommen könnte. Das ist aber nur möglich, wenn sich die Magnetfeldlinien dort zeitweilig öffnen, z. B. unter dem magnetischen Druck von neu aus der Oberfläche der Sonne austretenden magnetischen Flussröhren oder Schleifen. Diese langsamen Ströme sind deshalb unstetiger und kurzlebiger. Ein anderer Typ von langsamem Wind scheint seinen Ursprung in den Spitzen der Leuchtfahnen im „streamer belt" zu haben, wie sie in der Äquatorregion der Sonne im Aktivitätsminimum häufig auftreten. Die hier diskutierten Quellen des langsamen Sonnenwinds sind in Abb. 4.11 deutlich durch Pfeile markiert.

In-situ-Messungen zeigen deutlich viele kleine räumliche und zeitliche charakteristische Variationen des Sonnenwinds. Es stellt sich daher die Frage, ob einige dieser Variationen auch koronalen Ursprungs sind oder ob sie auf lokale kleinskalige heliosphärische Plasmaprozesse zurückzuführen sind. Wenn man die Bilder der Korona in Abb. 4.9 genauer betrachtet und die zugehörigen filigranen magnetischen Strukturen analysiert, wird man zu der Annahme geführt, dass diese einen Einfluss auf den von ihnen ausgehenden Sonnenwind hinterlassen müssten. Was im Detail sind die Quellen dieser Feinstruktur des Sonnenwinds? Entspricht dieser bereits einer in der Korona vorhanden gewesenen magnetischen Feinstruktur, oder sind dafür interplanetare dynamische Prozesse verantwortlich? Die aktuellen Missionen PSP und SO haben schon heute zur Beantwortung solcher Fragen einige neue Erkenntnisse gebracht (Kap. 5).

4.4.3 Kurze Zusammenfassung

Die wichtigsten Eigenschaften des Sonnenwinds und seiner Quellen während eines Sonnenzyklus lassen sich wie folgt zusammenfassen:

- Langsamer und dichter Sonnenwind kann aus allen Regionen der Sonne kommen, mit Ausnahme der Polkappen. Er kommt zeitweilig auch direkt aus äquatorialen Regionen mit lokal offenen Feldlinien und aus der Nähe von aktiven Regionen mit insgesamt geschlossener Magnetfeldtopologie.
- Schneller und dünner Sonnenwind kommt regelmäßig aus den koronalen Löchern in der Nähe der Pole, seltener im solaren Minimum auch aus Löchern bei niedrigen Breiten.
- Spektroskopische Messungen der Geschwindigkeit des Plasmas zusammen mit berechneten Magnetfeldkarten des chromosphärischen

Netzwerks zeigen, dass der Sonnenwind seinen langsamen Anfang nimmt in den magnetischen Trichtern der Übergangszone, die überall auf der ganzen Sonne existieren.

- Sonnenstürme, d. h. besonders dichte und sehr schnelle Strömungen mit starkem Magnetfeld, entstehen sporadisch durch eine eruptive Prominenz oder andere eruptive magnetische Prozesse auf der aktiven Sonne. Damit häufig einhergehende koronale Masseauswürfe treiben dann interplanetare Stoßwellen in den Weltraum und schieben den komprimierten Umgebungswind vor sich her.

Damit sind die bekannten wichtigen Quellen des Sonnenwinds recht kompakt beschrieben. Auf seinem Weg ins Sonnensystem verursacht die Sonnenrotation eine radial zunehmende Krümmung seines heliosphärischen Magnetfelds in Form der Parker-Spirale, die einen Winkel von etwa 45° zur radialen Richtung bei 1 AE hat. Verschieden schnelle Ströme haben aber unterschiedliche Krümmungen ihrer spiralen Magnetfelder. Schnelle Ströme können, wenn sie langsame im Weltraum überholen, nicht in diese direkt eindringen, weil der eingefrorene Magnetfeldfluss dies verbietet. Beide Ströme werden deswegen voneinander gegenseitig abgelenkt. Dadurch können Stoßwellen in solchen kompressiven Kollisionsbereichen entstehen. Diese dynamischen Prozesse werden in Abschn. 4.6 diskutiert. Eine zentrale, aber bis heute nicht zufriedenstellend geklärte wichtige Frage ist: Wie wird der Sonnenwind in der Korona überhaupt beschleunigt? Der folgende Abschnitt ist diesem schwierigen Thema gewidmet.

4.5 Heizung der Korona und Beschleunigung des Sonnenwinds

4.5.1 Temperaturen und das Heizungsproblem der Sonnenatmosphäre

Entsprechend den Beobachtungen der Sonne (Kap. 3) wird die Materie ausgehend von der neutralen Photosphäre (Temperatur von ungefähr 5700 K) vom sichtbaren Sonnenrand (definiert hier die relative Referenzhöhe) mit wachsender Höhe in der Chromosphäre (mit durchschnittlicher Höhe von ungefähr 1000 km) und dem Übergangsbereich (mit Temperaturen von 10 000–80 000 K bei einigen Zehntausend Kilometern) zunehmend ionisiert. Die Materie erreicht einen fast vollständig ionisierten Zustand in der

Korona (bei einer Temperatur von 1–2 Mio. Kelvin), die in magnetischen Schleifen bis zu etwa 70 000 km Höhe reicht. Dies entspricht einem Zehntel des Sonnenradius. Wie wird die Korona auf diese hohe Temperatur aufgeheizt?

Die Temperatur der Sonnenkorona wird gemeinhin als etwa 1 Mio. Kelvin angenommen. Diese Aussage muss jedoch angesichts der Tatsache, dass das koronale Plasma aus vielen Teilchensorten besteht, noch präzisiert werden. Es besteht hauptsächlich aus Protonen und Elektronen, die vom ionisierten Wasserstoff stammen, aus wenigen einfach oder doppelt ionisierten Heliumatomen, genannt Alphateilchen mit einer Anzahldichte von typischerweise 4 % im Sonnenwind, und einer Vielzahl sehr seltener schwerer Ionen. Diese tragen aber nur 2 % zur Gesamtmassendichte in der Sonnenatmosphäre bei und treten dort in sehr verschiedenen Ionisationsstufen auf.

Alle diese Teilchen befinden sich jedoch nicht im lokalen thermischen Gleichgewicht miteinander, und daher gibt es nicht wirklich die einzige koronale Temperatur. Mithilfe der Daten der beiden Ultraviolettspektrometer auf der Raumsonde SOHO wurden insbesondere die Temperaturen der Teilchen in den koronalen Löchern analysiert. Dabei stellt sich heraus, dass die Elektronen die kälteste Spezies mit Temperaturen unter 1 MK sind. Im Gegensatz dazu haben die Ionen der schweren Elemente im Verhältnis zu ihren Massen viel höhere Temperaturen als die Protonen, die wiederum heißer als die Elektronen sind. Alle Ionen, die schwerer als die Protonen sind, haben tendenziell die gleiche mittlere thermische Geschwindigkeit (Abschn. 4.7). Dies ist eine immer noch rätselhafte Eigenschaft, die ihre Ursache höchstwahrscheinlich in Wechselwirkungen der Teilchen mit passenden Plasmawellen in der Korona hat.

Bis heute bleibt es daher ein schwieriges und nicht hinreichend gelöstes Schlüsselproblem der modernen Sonnenphysik, die Heizung der Korona zu verstehen und den Ursprung des dafür nötigen Energieflusses zu finden, der die Korona von unten durchdringt und sie aufrechterhält. Es wird bei der Heizung heute angenommen, dass die Prozesse, welche die magnetisch offene Korona im Bereich der koronalen Löcher heizen, letztendlich auch für die Erzeugung der schnellen Sonnenwindströme verantwortlich sind. Dazu gibt es eine Vielzahl von schwierigen Fragen, welche die Forscher zufriedenstellend beantworten möchten:

- Wo in der Korona hört z. B. die Gültigkeit der magnetohydrodynamischen Theorie auf, und von wo ab ist eine kinetische Modellierung unbedingt erforderlich?
- Wie wirkt sich in der Korona der turbulente Energietransfer zwischen verschiedenen Wellenarten und Teilchensorten aus?

- Was bewirken koronale Prozesse wie die Rekonnexion, und welche Rolle spielen dabei lokale und zeitweilige, sogenannte intermittente magnetische Vorgänge?
- Wie können insbesondere schwere Ionen überhaupt die Gravitationskraft der Sonne überwinden, wofür sie mindestens die Fluchtgeschwindigkeit von 618 km/s erreichen müssen?
- Führt die unterschiedliche Anziehungskraft auf schwere Ionen und leichte Elektronen, die proportional zur Masse ist, tatsächlich zur Ausbildung eines solaren elektrostatischen Felds?
- Wie beeinflussen die elektromagnetischen Felder und Wellen der Sonnenatmosphäre die Bewegung energiereicher Teilchen?

Ein eigenes und spezifisches Problem stellt die Heizung der großräumig organisierten und hoch in die Atmosphäre aufragenden Protuberanzen (Abb. 4.12) dar. Sie stellen massereiche, meist relativ stabile, langlebige Materiewolken dar, die in magnetische Feldstrukturen eingebettet sind. Dabei halten sich die magnetischen Kräfte mit den im Vergleich zur Erde 28-fach stärkeren Gravitationskräften auf der Sonne das Gleichgewicht. Das dynamische solare Magnetfeld wird mit seinem großen Energieinhalt in vielfacher Weise für die Heizungsprozesse der Plasmamaterie in den unterschiedlichen Schichten der gesamten Sonnenatmosphäre verantwortlich gemacht.

Zum Beispiel löst spontan einsetzende magnetische Rekonnexion in der Korona viele Plasmaprozesse aus, bei denen sich die Topologien magnetischer Feldstrukturen abrupt ändern können. Das hat gewaltige solare Eruptionen und Flares zur Folge, mit nachfolgend aufsteigenden eruptiven Protuberanzen (Abb. 4.12) und eventuell koronalen Masseauswürfen bis weit hinaus in den interplanetaren Raum. Im Verlauf solcher solaren magnetischen Stürme kann ein Großteil der vorher gespeicherten magnetischen Energie in kinetische und thermische Energie des Plasmas umgewandelt werden, wobei einzelne Teilchen unter Umständen auf sehr hohe Geschwindigkeiten, zwar nicht so sehr die schweren Ionen, aber oft die leichten Elektronen von Bruchteilen der Lichtgeschwindigkeit beschleunigt werden können.

4.5.2 Zur Beschleunigung des Sonnenwinds

Die Heliophysiker sind seit Langem mit zwei zentralen Themen beschäftigt. Das erste ist die Heizung der Sonnenkorona und das zweite die Beschleunigung des Sonnenwinds. Das erste hat offensichtlich etwas mit wachsender Temperatur zu tun, denn da, wo eine Heizung ist, muss es wohl wärmer werden. Das zweite hat etwas mit Geschwindigkeit zu tun, weil ja Beschleunigung die Änderung der Geschwindigkeit bedeutet. Nach heutigem Verständnis kann man in der magnetisch offenen Korona, also in den kleinen und großen Koronalöchern, diese beiden Probleme nicht mehr voneinander trennen, denn wie in Abschn. 4.4.2 diskutiert wurde, haben die schnellen Sonnenwindströme ihren Ursprung tief unten im magnetischen chromosphärischen Netzwerk. Die notwendigen Flussdichten von Masse, Impuls (Masse mal Geschwindigkeit) und kinetischer Energie müssen dort aus der Chromosphäre kommend in ausreichender Menge von der Sonne bereitgestellt werden, um den Sonnenwind dauerhaft zu erzeugen und ihn gegen die große Schwerkraft der Sonne zu beschleunigen.

Klar ist, dass die Geschwindigkeit radial von der Sonne recht schnell zunehmen muss, denn an der Erde misst man ja typische 600 km/s. In der Photosphäre der Sonne bewegt sich bei 5800 K ein Wasserstoffatom aber nur mit etwa 10 km/s, seine Fluchtgeschwindigkeit von der Sonnenoberfläche beträgt jedoch 620 km/s. Wie also schafft es die Sonne, eine Überschallströmung mit sonischen Machzahlen von mehr als 10 zu erzeugen? Im einfachen Parker-Modell ist dies nur dann möglich, wenn man unrealistisch hohe Temperaturen von einigen Millionen Kelvin für Elektronen und Protonen als Randbedingung in der Korona annimmt. Im Kasten, „Das Pannekoek-Rosseland-Potenzial" wird dieses Potenzial vorgestellt, welches ein statisches elektrisches Feld der Sonne zur Folge hat und damit einen zusätzlichen Anschub für die Protonen erzeugt.

Das Pannekoek-Rosseland-Potenzial

Bei seiner Betrachtung soll das Magnetfeld vollständig vernachlässigt werden, und vereinfachend nur ein Ausschnitt der Sonnenatmosphäre dargestellt in Abb. 4.14. betrachtet werden. Sie zeigt in ihren drei Einzelbildern schematisch, wie sich das Pannekoek-Rosseland-Potenzial (PRP) aufbaut, welches ein elektrostatisches Feld über der Sonnenoberfläche zur Folge hat. Wie kommt es zustande? Die Photosphäre und Chromosphäre (bis 2000 km Höhe) haben Temperaturen von einigen Tausend Grad. Diese entsprechen bei den Protonen des ionisierten Wasserstoffs einer Geschwindigkeit von einigen zehn Kilometern pro Sekunde, aber bei den dazugehörigen Elektronen, wegen ihrer um den Faktor 1836 geringeren Masse, einem Vielfachen von 430 km/s. Damit können diese viel leichter in die Höhe steigen, und es erfolgt dabei tendenziell eine Trennung der Ladungen. Die positiv geladenen schweren Protonen bleiben nahe an der Oberfläche, und die leichten Elektronen bilden eine negativ geladene Wolke über ihnen. Es baut sich ein aufwärts gerichtetes elektrisches Feld auf, das die Protonen gegen die Schwerkraft der Sonne so lange hinaufzieht, bis sich ein dynamisches Gleichgewicht einstellt, bei dem die

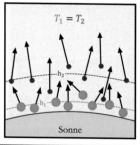
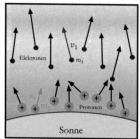
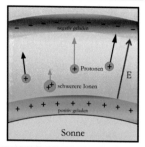

Pannekoek-Rosseland elektrostatisches Potenzial

m_i	Teilchenmasse		t	Zeit
v_i	Teilchengeschwindigkeit	$$m \cdot \frac{dv}{dt} = m \cdot g_S + q \cdot$$	g_S	Gravitationsbeschleunigung Sonne
			q	elektrische Ladung
				elektrisches Feld

Abb. 4.14 Pannekoek-Rosseland-Potenzial. Dieses elektrostatische Potenzial bildet sich aus, weil bei gleicher Temperatur die leichten Elektronen eine viel größere barometrische Skalenhöhe haben als die schweren Protonen im Schwerefeld der Sonne. Es bilden sich eine positiv geladene Schicht an der Sonnenoberfläche und eine negativ geladene Wolke darüber aus. Im dynamischen Gleichgewicht heben sich dann Schwerkraft und elektrische Kraft gegenseitig auf. Ein geladenes Teilchen sieht ein auswärts gerichtetes elektrisches Feld, das positive Ionen beschleunigen kann und so zur Entstehung des Sonnenwinds beiträgt
© U. v. Kusserow

> Protonen von der Sonne nach oben beschleunigt werden. Das ist der Beginn des Sonnenwinds. In Parkers Flüssigkeitsmodell tritt das PRP gar nicht explizit in Erscheinung, ist aber sozusagen im Druckgradient der Elektronen mit enthalten. Um den schnellen Sonnenwind zu erzeugen, reicht aber das PRP bei Weitem nicht aus.

Das PRP allein reicht zwar aus, um einen langsamen Sonnenwind zu produzieren, jedoch nicht die schnellen Ströme aus den Koronalöchern. Dazu bedarf es eines Boosters (Anschubverstärker wie bei einer Rakete auf der Erde). Was ist seine Natur? Als die in der Korona alles dominierende Kraft kommt dafür nur die Lorentz-Kraft infrage, die durch das solare Magnetfeld (Abb. 4.10) vermittelt wird. Die magnetische Energiedichte übersteigt in der Korona bei Weitem die des Plasmas dort, wie der Verlauf von Beta in Abb. 3.25 illustriert. Nun steht aber nicht die ganze Magnetfeldenergie zur Verfügung, um einen Wind zu erzeugen und zu beschleunigen, sondern nur ein Bruchteil davon. Aber die Fluktuationen des Magnetfelds im weitesten Sinne (wellenartige, turbulente, topologische) stellen eine mögliche und potente Energiequelle dar. Durch ihre Dissipation können sie sowohl das Plasma heizen durch ihre Magnetfelder als auch direkt beschleunigen mithilfe ihrer elektrischen Felder. Diese Prozesse nehmen in dem magnetischen Netzwerk ihren Anfang und setzen sich bis in den entstehenden turbulenten Sonnenwind fort.

Die prominentesten und häufigsten Wellen sind die Alfvén-Wellen, die auch spektroskopisch direkt in der Sonnenatmosphäre nachgewiesen wurden. Ihr Zerfall durch nichtlineare Wechselwirkungen oder Dämpfung führt zu einer Energiekaskade, welche die Energie hin zu den kleinen kinetischen Skalen (Tab. 4.5) abführt, wo sie als Wärmeenergie bei den Ionen und Elektronen endet. Es gibt dazu noch die magnetoakustischen und kinetischen Alfvén-Wellen, die insbesondere bei senkrechter Ausbreitung zum mittleren Magnetfeld und kleinen Skalen effektiv zur Heizung beitragen können. Magnetohydrodynamische oder elektromagnetische Turbulenz ist also eine generelle Quelle für die koronale Heizung. Da Wellenabsorption auch zu einem erhöhten thermischen Druck der Teilchen führt, trägt dessen Gradient wiederum zur Beschleunigung des Sonnenwinds bei. Schließlich gibt es im Netzwerk topologische Fluktuationen, die durch häufige transiente Rekonnexion erzeugt werden, lokal zur Aufheizung der Übergangszone führen können und dort zu direkter Beschleunigung der involvierten Teilchen beitragen. Dabei wird auch Masse in Gestalt der Spikulen in höhere Schichten der Atmosphäre katapultiert, was einen Beitrag zum Massenstrom des Sonnenwinds leisten könnte.

Wo kommen die Teilchen in der Korona und dann im Sonnenwind eigentlich ursprünglich her? Letztendlich werden sie alle mittels elektrodynamischer Prozesse gegen die starke Gravitationskraft der Sonne ursprünglich von der Photosphäre hinauf in die Korona gebracht. Hinzu kommt, dass es ja zwei wesentlich verschiedene Komponenten im Plasma gibt: die Elektronen und Ionen (schwere Ionen und restliche neutrale Atome sind da weit in der Minorität). Diese verhalten sich aber sehr unterschiedlich mit dem Abstand von der Sonnenoberfläche wegen ihrer so verschiedenen Massen und elektrischen Ladungen. Es wird aus all dem offenbar, dass eigentlich das solare Magnetfeld die überragende Bedeutung hat bei der Heizung der Korona und Beschleunigung des Sonnenwinds. Nach heutigem Verständnis des Problems braucht man also, um die Teilchen zu heizen und zu beschleunigen, hinreichend starke elektromagnetische Wechselfelder von ausreichender Intensität. Man kann im Rahmen der Magnetohydrodynamik zeigen, dass Alfvén-Wellen einen beträchtlichen magnetischen Druck ausüben können, dessen radialer Gradient die gesuchte Kraft darstellt, welche die Ionen in schnellen Strömen gegen die Schwerkraft der Sonne nach außen beschleunigt.

Energiebetrachtung zum schnellen Sonnenwind

Der schnelle Sonnenwind benötigt als Energieeintrag eine beträchtliche Energiemenge, die weit über das hinausgeht, was im thermischen Energiespeicher der Korona lokal vor Ort verfügbar ist, wie Tab. 4.2 zeigt. Betrachtet man hier beispielsweise das vereinfachte Energiebudget für ein isotropes polytropes Gas (mit dem polytropen Index $\gamma = 5/3$), dann muss man die Forderung stellen, dass die Enthalpie als kinetische Energiedichte plus Druck geteilt durch die Massendichte in der Korona der spezifischen kinetischen Energie des Sonnenwinds bei 1 AE entspricht. Das ergibt eine Bedingungsgleichung, $\gamma/(\gamma - 1) \cdot 2 \cdot k_B \cdot T_K = m_P \cdot (v_\infty^2 + v^2)/2$ mit der Boltzmann-Konstante k_B. Für ein Proton mit der Masse m_p und der bekannten Fluchtgeschwindigkeit $v_\infty = 618$ km/s (für jedes Teilchen) von der Sonnenoberfläche würde man daher eine sehr hohe, so aber nicht beobachtete und deshalb unrealistische Temperatur in der Korona von $T_K = 6 \cdot 10^6$ K benötigen, um nach obiger Formel die bei 1 AE beobachtete asymptotische Geschwindigkeit des Protons von ungefähr 700 km/s entsprechend einer Energie von einigen Kiloelektronenvolt zu erreichen.

Daher ist ein zusätzlicher nichtthermischer Energieeintrag, höchst wahrscheinlich in der Form von Alfvén-Wellen, schon in der Korona selbst dringend erforderlich, um dann von dort die schnellen Sonnenwindströme auf ihre im Weltraum beobachteten hohen Geschwindigkeiten zu bringen. Die dafür vermutete Energiequelle ist sicher von elektromagnetischer Natur, denn mechanische und magnetische Wellenenergie wird durch die turbulente Bewegung der Fußpunkte der Magnetfeldlinien in der Photosphäre erzeugt, bei deren Trennung und Wiederverbindung in der Übergangszone freigesetzt, weiter in die darüberliegende Korona transportiert und dort schließlich in Wärme, d. h. ungeordnete Bewegung der Teilchen, umgewandelt.

Das Thema „Beschleunigung des Sonnenwinds" beschäftigt die Physiker seit den ersten Arbeiten von Parker bis heute. Insbesondere der schnelle Sonnenwind bedarf, wie im Kasten „Energiebetrachtung zum schnellen Sonnenwind" diskutiert, eines beträchtlichen Anstoßes zusätzlich zur Beschleunigung durch das von den Elektronen aufgebaute elektrische Feld (Abb. 4.14). Wie schon erwähnt sind solche Modelle heute favorisiert, welche die Alfvén-Wellen für die effektivste Beschleunigung des Sonnen-

Tab. 4.2 Einige Parameter des schnellen Sonnenwinds

Energiefluss bei 1 R_S	$F_E = 500$ W/m^2
Geschwindigkeit bei 10 R_S	$v_P = (700 - 800)$ km/s
Temperatur bei 1,1 R_S	$T_e \approx T_p \approx (1 - 2) \cdot 10^6$ K
Temperatur bei 1 AE	$T_p \approx 3 \cdot 10^5$ K, $T_\alpha \approx 10^6$ K, $T_e \approx 1,5 \cdot 10^5$ K
T_p= Protonentemperatur, T_α = Temperatur des α-Teilchens, T_e = Elektronentemperatur	

winds in Betracht ziehen. Diese Wellen sind aber auch von genereller Bedeutung für die Heizung der Korona selbst, denn sie entstehen vermutlich andauernd durch magnetische Rekonnexion im chromosphärischen Netzwerk (Abb. 4.12 und 4.13) und sind mit großer Intensität noch in den schnellen Strömen fern ab von der Sonne in der inneren Heliosphäre anzutreffen. Das schwierigere Problem ist es aber, die Existenz der heißen Korona überhaupt zu verstehen, denn die „kühle" Photosphäre hat nur eine Höhe von einigen Hundert Kilometern, während sich die etwa 1–2 Mio. Kelvin heiße Korona in gigantischen Loops (Abb. 4.12) bis zu 70 000 km Höhe erhebt und in den hellen Lichtfahnen sogar bis zu einigen Sonnenradien, wie Abb. 4.9 eindrücklich zeigt. Es ist einfacher, sich dabei zunächst auf die „ruhige" Korona und ihre großen magnetischen Löcher zu konzentrieren, in denen die schnellen Sonnenwindströme ihren Ursprung haben.

Wo befindet sich eigentlich die Grenze der Korona gegenüber dem Sonnenwind? Man kann natürlich einfach sagen, der Sonnenwind ist nur die expandierende Korona von Anfang an. Selbst bei 20 Sonnenradien ist er eigentlich immer noch eine dann hochverdünnte Korona. Ein sinnvoller Punkt, die Grenze zu definieren, ist wohl der sonische kritische Punkt, weil ab dort die Kommunikation durch Schallwellen mit der Oberfläche der Sonne nicht mehr möglich ist. Das heißt, die Protonen können nicht mehr mit ihrer solaren Quelle kommunizieren. Oder man definiert die Grenze durch den Alfvén-Punkt. Das ist der Abstand, wo die effektive Ablösung des Plasmas vom anfänglichen Mitrotieren erfolgt, das vom Magnetfeld der Sonne zunächst erzwungen wird. Da die Korona selbst weit draußen teilweise mit rotiert, ist diese eigentlich kein Sonnenwind, sondern immer noch eine „korotierende Magnetosphäre" der Sonne. Selbst der Sonnenwind an der Erdbahn rotiert noch immer mit einigen Kilometern pro Sekunde, was im Vergleich zum radialen Abströmen aber kaum messbar ist.

Zurück zum generellen Thema Beschleunigung des Sonnenwinds. Da gibt es zwei wesentliche Arten, nämlich die Sonnenstürme und die Sonnenwinde. Sonnenstürme sind sicher das spektakulärste Phänomen in der Sonnenatmosphäre und nicht leicht zu erklären, jedoch vergleichsweise selten. Die Sonnenstürme sind oft gefolgt von dichten CMEs, magnetisierten Plasmawolken, die gegen die Gravitation von der Lorentz-Kraft des großräumigen eruptiven Magnetfelds der Sonne hinausgeschleudert werden. Dabei kann man die Beschleunigung eines CME mit einem Koronagrafen unmittelbar messen, indem man seine Höhe über dem Sonnenrand in Abhängigkeit von der Zeit beobachtet und dann die Prinzipien der einfachen klassischen Mechanik ausnutzt. Bei einem schnellen Sonnenwindstrom ist dies natürlich schwieriger, denn er ist nur ein dünner Fluss von ionisierten Teilchen, die man nicht einzeln sehen kann. Aber selbst hier zeigen moderne Videos, erstellt aus Aufnahmen von Koronagrafen im Streulicht an Elektronen, dass schnelle Plasmaballen von der Sonne weg zu strömen scheinen. Anschließend sollen CMEs nun etwas genauer diskutiert werden.

4.5.3 Koronale Masseauswürfe

Auf ihrem Weg von der Korona hinaus in den interplanetaren Raum entwickelt sich das Erscheinungsbild einer CME als interplanetarer koronaler Masseauswurf (ICME; Abb. 4.15) zwar dynamisch, dennoch bleibt oft eine charakteristische Grundstruktur unter Umständen selbst bis in große Entfernungen von der Sonne ansatzweise erhalten. In Abb. 4.15a lässt sich eine solche Grundstruktur der CME in Sonnennähe deutlich erkennen, welche dann in Abb. 4.15b nochmals schematisch als ICME dargestellt ist. Wie vor einem Motorboot, das sich mit großer Geschwindigkeit durch das Wasser bewegt, bilden sich Bugstoßwellen auch vor einem schnell in das interplanetare Medium expandierenden koronalen Masseauswurf aus. Zwischen der Bugstoßwelle und der bei diesen gewaltigen solaren Eruptionen ausgestoßenen Plasmamaterie befindet sich eine turbulente Hülle, in der die Materie stark verwirbelt wird. Die nach außen expandierenden, spiralförmig als helikale Flussröhren aufgewickelten Magnetfeldstrukturen schieben Plasmamaterie vor sich her, die sich dadurch verdichtet und aufheizt und sich im Sonnenwind durch bogenförmige starke Aufhellungen zu erkennen gibt. Der Innenbereich dieser Magnetfelder stellt sich dem Beobachter in großen Teilen als relativ dunkler Hohlraum dar. Im zentralen Bodenbereich leuchtet aber die Materie des aufgeheizten Kerns der Protuberanz hell auf, und Flare-Prozesse sorgen im Bereich der Sonnenkorona für die Aufheizung ihrer Randbereiche.

Auf der Basis von an der Sonnenoberfläche gemessenen Daten wurden 2004 Simulationsrechnungen am Center for Space Environment Modeling durchgeführt, mit denen die Entwicklung und Ausbreitung einer solaren Eruption von der Photosphäre bis zur Magnetosphäre der Erde verfolgt werden konnte (s. dazu die verlinkte Videosequenz in der Legende zu Abb. 4.15). Für diese Modellrechnungen mussten mehrere Computerprogramme miteinander verschaltet werden, die sehr unterschiedliche physikalische Prozesse in den verschiedenen Atmosphärenschichten der Sonne sowie im interplanetaren Raum erfolgreich beschreiben konnten.

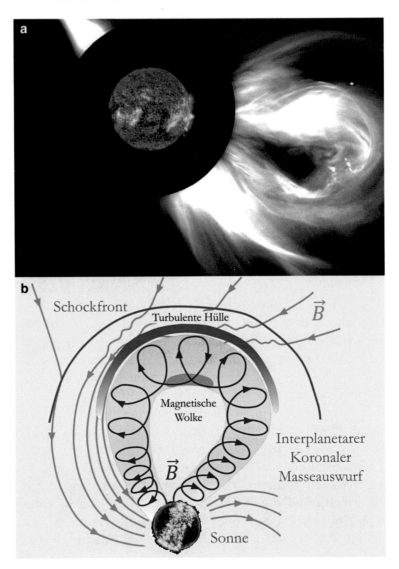

Abb. 4.15 Typische Strukturen eines interplanetaren koronalen Masseauswurfs (ICME). **a** Die mit dem Solar and Heliospheric Observatory (SOHO) der NASA und ESA gemachte Aufnahme zeigt die blasenartige magnetische Struktur einer typischen CME in Sonnennähe. **b** Ihre schematische Darstellung als ICME. Hinter einer Bugstoßwelle (Schockfront) befinden sich meistens nacheinander eine turbulente Hülle, eine hell leuchtende, dichte Vorderkante sowie darauffolgend ein dunkler Hohlraum geringer Materiedichte mit darin spiralförmig aufgewickelten Magnetfeldern, an deren Boden das dichtere Material der eruptiven Protuberanz hell aufleuchtet
NASA – Many Views of a Massive CME: sn.pub/co8bN7
NASA – STEREO Observes One of the Fastest CMEs On Record: sn.pub/JkKG0p
Center for Space Environment Modeling Numerical Challenges in Modeling CMEs and SEP Events: sn.pub/KtRE5P
Numerische Simulation zur Ausbreitung eines Interplanetaren Koronalen Masseauswurfs: sn.pub/H7ZJDN
Propagation of 2008.12.12 CME in 3D: sn.pub/q18UV5
Anatomy of a Coronal Mass Ejection: sn.pub/uoAjLC
© a NASA/ESA, b U. v. Kusserow, NASA/GSFC

Die Rechenzeit am Computer betrug damals etwa vier Tage. Die Ankunft des interplanetaren koronalen Masseauswurfs in der Magnetosphäre der Erde erfolgte in der Realität allerdings bereits zwei Tage nach Ausbruch dieser Eruption in der Sonnenkorona. Dort sind die mächtigen ICMEs oft die Verursacher starker Störungen und verändern das Weltraumwetter (Kap. 9).

Viele Heliophysiker interessieren sich beim Weltraumwetter meist nur für die Makroprozesse und verstehen ein dichtes CME als einen massiven Teilchenstrom, den man gar nicht auflösen will nach den Geschwindigkeitsverteilungen seiner Teilchen. Das Studium der Mikroprozesse ist aber auch für CMEs notwendig und ebenso die Untersuchung, wie die Beschleunigungsprozesse der Teilchen dabei ablaufen, um die feineren Auswirkungen des Weltraumwetters langfristig besser verstehen und vorhersagen zu können. Warum treten plötzlich Teilchen auf, die eine relativ große Geschwindigkeit haben (z. B. relativistische Elektronen), und wieder ganz andere, die unter Umständen doch sehr lange brauchen, bis sie die Erde erreichen? Manche kommen sehr schnell, weil ein glattes Magnetfeld sie wenig behindert, andere dagegen viel langsamer, weil auf ihrem Weg Störungen und Streuungen auftreten oder ihnen Stromschichten im Wege stehen, welche die Teilchen um- und ablenken können. Man muss also auch hier die physikalischen Prozesse in der Heliosphäre in ihrer ganzen Komplexität analysieren, um ein tieferes Verständnis zu bekommen.

4.5.4 Zur Heizung der Sonnenkorona

Schon seit vielen Jahrzehnten beschäftigen sich die Sonnenphysiker mit dem Problem der Heizung der Korona, doch es gibt immer noch kein Standardmodell (wie z. B. in der Physik der Elementarteilchen), mit dem alle Forscher zufrieden wären, sondern bis heute finden intensive und grundlegende Auseinandersetzungen darüber statt, was denn der „Schlüsselprozess" bei der Heizung sei. Mit den in Kap. 5 beschriebenen Missionen SO und PSP soll dieses Problem von der heutigen Forschergemeinde mit frischem Elan, innovativem experimentellem Instrumentarium sowie neuen theoretischen Ideen und numerischen Simulationen angegangen werden. Dabei stellen sich viele im Detail unbeantwortete Fragen. Welche Rolle genau spielen für die Heizung der Korona und Beschleunigung des Sonnenwinds z. B.

- Konvektionsströmungen (granularen und mesogranularen) als Energiebeschaffer?
- dichte Plasmoide, beobachtet im „streamer belt" der Sonne als Massenlieferanten,

- aufsteigende mit Plasma gefüllte magnetische Flussröhren,
- Spikulen auf der Sonne und Makrospikulen mit ihrer höheren Masse,
- Schockwellen als effektive Energie- und Impulsüberträger auf Teilchen,
- magnetische Rekonnexionsprozesse als Erzeuger von lokalen Teilchenjets,
- Turbulenzkaskaden als Lieferanten von thermischer Energie durch Dissipation,
- sporadisch auftretende suprathermische Partikel, magnetohydrodynamische Wellen als universelle Energietransporter,
- die Übergangsregion mit steilen Gradienten in Dichte, Leitfähigkeit und Magnetfeld und
- die partielle Absorption von UV- und Röntgenstrahlung?

Diese keineswegs vollständige Liste von physikalischen Phänomenen und Prozessen illustriert, dass man es bei der Koronaheizung nicht mit einem Problem, sondern einer Reihe von komplexen Problemen zu tun hat, die erheblich erschwert werden dadurch, dass die untere Korona zurzeit selbst mit der PSP oder dem SO nicht direkt in situ zugänglich ist, sondern man noch immer auf optische Methoden der Fernerkundung (Kap. 2) der Korona angewiesen ist.

Es wird deshalb hier noch einmal im Detail die Komplexität des solaren und damit auch koronalen Magnetfelds anhand von Abb. 4.16 erläutert und illustriert. Abb. 4.9 zeigt, dass das solare Magnetfeld auf allen räumlichen Skalen von der Größenordnung eines Sonnenradius (700 000 km) bis hinunter zur Größe einer Granule in der Photosphäre (1000 km) strukturiert ist und dass es ebenso zeitlich variiert auf Zeitskalen, die von einer siderischen Rotationsperiode der Sonne von 25 Tagen bis hinunter zu Stunden für die Lebensdauer von Granulen und Minuten oder gar Sekunden in Flare-Prozessen reichen. Das Magnetfeld der Sonne ist also anschaulich ein „Gestrüpp und Dickicht von Feldlinien", das raumzeitlich wabert und schwankt und von verschiedenen Wellen durchsetzt ist. Dieser magnetische Dschungel ist in Abb. 4.16 veranschaulicht. Er besteht aus einer verwirrenden Vielfalt von magnetischen Strukturen und zahlreichen in ihnen ablaufenden Plasmaprozessen.

Nach vielen Jahren der Datenanalyse und Modellbildung scheint jedoch eines klar zu sein: Die schnellen Sonnenwindströme, die aus Koronalöchern kommen, werden wohl hauptsächlich durch den Anstoß und Energieübertrag von Alfvén-Wellen beschleunigt. Diese sind ja auch jenseits der Korona noch mit großen Amplituden im interplanetaren Raum zu beobachten, wobei die Ströme sozusagen als Wellenleiter dienen, auf denen die Wellen selbst bis hinaus zu Jupiter gelangen können. Daneben gibt es noch die

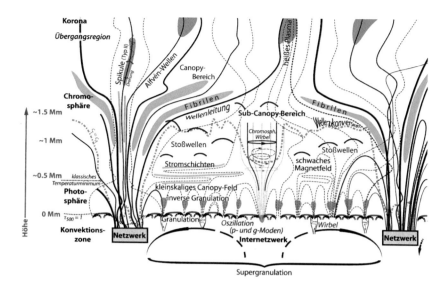

Abb. 4.16 Illustration des magnetischen Netzwerks oder „Teppichs" der Sonne mit seinen zahlreichen Feinstrukturen als Funktion der Höhe über der Sonnenoberfläche. Dieser magnetische „Dschungel" wird von unten durch Konvektion durchgerüttelt und ist von Wellen durchsetzt
© S. Wedemeyer

langsame (analog zur Schallwelle in der Erdatmosphäre) und die schnelle magnetoakustische Welle, die beide jedoch nur einen geringen Anteil von einigen Prozent an den im Weltraum beobachteten Fluktuationen im Sonnenwind haben.

Alles deutet also darauf hin, dass Alfvén-Wellen die Hauptrolle bei der Beschleunigung des schnellen Sonnenwinds spielen. Wie schon vorher erwähnt, werden sie durch zwei wesentliche Prozesse an der Sonne erzeugt: durch langsame konvektive Bewegung der Fußpunkte der koronalen Magnetfelder und durch schnelle Rekonnexion von Feldlinien in der Übergangszone (Abb. 4.16) zwischen der magnetisch offenen und geschlossenen Korona. Bei der Rekonnexion werden Feldlinien, die aus verschiedenen topologischen Regionen des Felds stammen, neu miteinander verbunden. Dabei auftretende starke magnetische Spannungen bauen sich durch Streckung gekrümmter Feldlinien ab, und dadurch erzeugt propagieren Alfvén-Wellen aus dem Rekonnexionsgebiet heraus. Man vermutet, dass dieser Prozess andauernd an den Rändern des magnetischen Netzwerks stattfindet.

Nach unserem heutigen Verständnis sind also die koronale Heizung und der Sonnenmagnetismus stark miteinander verflochtene Prozesse, die zusammen verstanden werden müssen, um das Phänomen auch des

Sonnenwinds zufriedenstellend zu erklären. Die früheren Modelle machten vereinfachende Annahmen über die Randbedingungen an der Sonne. In einer modernen, realistischeren Perspektive beschreiben aber die späteren Modelle – sie reichen nun sogar von der Chromosphäre bis nach 1 AE – die Sonnenkorona und den Sonnenwind als einheitliches physikalisches System und betonen auch die Notwendigkeit einer ganzheitlichen Betrachtung der koronalen Heizung und der Beschleunigung des Sonnenwinds. Es besteht weitgehende Übereinstimmung darüber, dass die Alfvén-Wellen von der Sonne und magnetohydrodynamische Turbulenzen eine herausragende Rolle bei der Lösung dieser schon lange existierenden Probleme spielen. Diese Wellen gehen von der Korona in alle Richtungen aus und durchfluten die Sonnenwindströme, die sie tragen und in denen sie sich jeweils mit der örtlichen Alfvén-Geschwindigkeit im Sonnenwind ausbreiten.

4.5.5 Zur Beschleunigung schwerer Ionen

Alfvén-Wellen verschiedener Wellenlänge und Frequenz wechselwirken in der Korona und im Sonnenwind miteinander und bauen so eine Energiekaskade auf, welche die Wellenenergie bei den kleinsten Skalen (Tab. 4.5) wie dem Protonengyrationsradius oder die Trägheitslänge der Ionen an die Teilchen abliefert. Dort wird die Energie aus der Kaskade thermalisiert, d. h. in Wärmeenergie als ungeregelte Bewegung der Ionen umgewandelt. Damit einher gehen eine anisotrope Aufheizung und differenzielle Beschleunigung der schweren Ionen im Sonnenwind. Das äußert sich sehr deutlich in den Geschwindigkeitsverteilungen der Protonen (Abb. 4.31) und den sehr hohen Temperaturen der schweren Ionen, die offensichtlich bevorzugt aufgeheizt werden. Diesen Effekt hat man spektroskopisch erschlossen (Abb. 4.17), aber auch mit Massenspektrometern bei direkten In-situ-Messungen schon lange gefunden.

Alle diese Prozesse wurden in verschiedenen modernen, aber komplexen Modellrechnungen berücksichtigt. Dabei spielt auch die großräumige magnetische Expansion der Koronalöcher, wie in Abb. 4.10 gezeigt, eine wichtige Rolle, denn das solare Magnetfeld bestimmt Topologie und Querschnitte der Flussröhren, in denen der beginnende Sonnenwind in der Korona noch von magnetischen Kräften geführt ausströmt. Es ist hier nicht der Raum, die verschiedenen Modelle eingehend zu diskutieren, daher wird nur ein beispielhaftes Ergebnis in Abb. 4.17 dargestellt. Es wird aus diesem Bild klar, dass Protonen und schwere Ionen in der Korona sehr unterschiedliche Temperaturen haben und damit nicht im thermischen Gleichgewicht sein können. Dasselbe Phänomen wird auch noch im Sonnenwind fern von

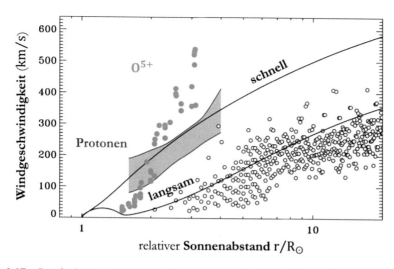

Abb. 4.17 Ergebnisse von Modellrechnungen zur Beschleunigung des Sonnenwinds. Radiale Profile der Geschwindigkeit für den polaren und äquatorialen Sonnenwind am solaren Minimum. Spektroskopische Messungen für das Sauerstoffion O^{5+} werden durch die grünen Punkte wiedergegeben und die für Protonen (H^+) durch den roten Bereich. Offene Kreise stellen die Messungen der Bewegung von Plasmaballen dar, wie sie mit dem Koronagrafen im koronalen Streamer gemessen wurden
© S. Cranmer, Living Rev. Solar Phys., 6, 2009 (https://creativecommons.org/licenses/by/4.0), Textbearbeitung: U. v. Kusserow

der Sonne beobachtet. Es kann nicht mit dem Modell einer Plasmaflüssigkeit verstanden werden. Dazu ist die kinetische Plasmaphysik notwendig, die in Abschn. 4.7 vorgestellt wird.

Unter den für das nur schwach durch Stöße bestimmte Sonnenwindplasma typischen Bedingungen von niedriger Dichte und hoher Temperatur werden Ionen und Elektronen sowie die elektromagnetischen Felder auch ganz wesentlich von kinetischen Prozessen beeinflusst. Diese Themen werden weiter unten im Detail behandelt. Die umfassenden modernen Instrumente der PSP- und SO-Missionen (Kap. 5) liefern gegenwärtig und in der weiteren Zukunft hochaufgelöste bildgebende und spektroskopische Daten sowie sonnennahe In-situ-Messungen von Geschwindigkeitsverteilungen der Plasmateilchen und Spektren der Wellenfelder. Um diese neuartigen Daten zu analysieren und zu interpretieren, ist ein komplexer Systemansatz für die Beschreibung der solaren und heliophysikalischen sowohl makroskopischen als auch mikroskopischen Phänomene erforderlich, der heute auch durch geeignete, jedoch aufwendige numerische Simulationen unterstützt wird. Viele heliosphärische Phänomene können aber oft recht gut durch die Magnetohydrodynamik beschrieben werden. Dabei wird der Sonnenwind als ein magnetisiertes und elektrisch leitfähiges dünnes Gas beschrieben, was für die großräumige Dynamik der Heliosphäre oft ausreichend ist.

4.6　Die dynamische Heliosphäre

4.6.1　Turbulenzen und Wellen im Sonnenwind

In diesem Abschnitt wird ein genereller Überblick gegeben über ausgewählte Beobachtungen von Fluktuationen im Sonnenwind sowie über magneto-hydrodynamische Wellen und Turbulenzen, mit dem Schwerpunkt auf Alfvén-Wellen und ihren Leistungsspektren. Dieses mittlerweile schon etwa 50 Jahre alte und daher gereifte Forschungsgebiet ist über die Jahre immer wieder in umfangreichen Übersichtsartikeln im Licht der jeweils neuesten In-situ-Messungen dargestellt worden. Während in der Frühphase der Heliophysik der Schwerpunkt auf Phänomenen der Magnetohydro-dynamik lag, sind in den letzten Dekaden die kinetische Plasmaphysik und die Fluktuationen bei entsprechenden kinetischen Skalen in den Fokus der modernen Forschung gerückt. Das Studium der Turbulenz im Sonnenwind ist von exemplarischer Bedeutung für die Astrophysik, da andere Sternwinde oder Winde hin zu turbulenten Akkretionsscheiben um kompakte stellare Objekte nicht direkt zugänglich sind.

In Abb. 4.18 werden Messungen einiger wichtiger Parameter des schnellen Sonnenwinds gezeigt, wie sie von der Ulysses-Raumsonde in situ gemessen wurden. Von unten nach oben sind dies die Geschwindig-keit eines schnellen Sonnenwindstroms, die Anzahldichte der Protonen, ihre Temperatur, die Stärke des heliosphärischen Magnetfelds und die drei Komponenten des Magnetfelds. Dabei stehen die Indizes für normal (N), transversal (T) und radial (R) in einem Bezugsystem, in dem die positive x-Achse radial von der Sonne weg zeigt, die y-Achse in die trans-versale Rotationsrichtung der Sonne weist und die z-Achse in Richtung der Normalen zur Ekliptik das rechtshändige System vervollständigt. Dieses orthogonale Koordinatensystem wird oft zur Bestimmung eines Vektors im Sonnensystem verwendet.

Eine genaue Betrachtung der Abb. 4.18 zeigt, dass der Sonnenwind auf den Skalen von Stunden, Minuten bis hinunter zu Sekunden variiert, wobei die Fluktuationen in der Richtung des Magnetfelds sich zeitweilig abrupt ändern können und keineswegs einfachen harmonischen Schwingungen entsprechen, sondern sehr unregelmäßig und turbulent erscheinen, was einer nichtlinearen Überlagerung von sehr vielen einfachen Oszillationen mit einer festen Wellenlänge und Frequenz entspricht. Dagegen bleiben die skalaren Parameter Dichte und Temperatur meist vergleichsweise konstant und auch der Betrag des Magnetfelds, mit Ausnahme einiger kurzfristiger, aber tiefer Einbrüche.

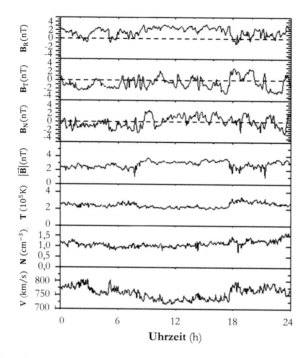

Abb. 4.18 Typischer Tag im April 1995 von Ulysses' Plasma- und Magnetfeldbeobachtungen im schnellen Sonnenwind in der polaren Heliosphäre (42° Nord) bei 1,4 AE. Man beachte die starken Änderungen in der Feldrichtung, d. h. die großen Schwankungen in den drei Feldkomponenten, und die dagegen eher schwachen Fluktuationen in Dichte, Temperatur und Magnetfeldbetrag
© T. Horbury, R. Forsyth

Schon früh hat sich gezeigt, dass wir es im Sonnenwind mit Turbulenz zu tun haben, wobei, anders als in einer Flüssigkeit wie Wasser, neben den Wirbeln in der Strömung die inkompressiblen transversalen Fluktuationen des Magnetfelds, die nach dem Nobelpreisträger Hannes Alfvén benannten Alfvén-Wellen, eine herausragende Rolle spielen. Man kann sie mit den Schwingungen einer Gitarrenseite vergleichen, wobei aber im Plasma die Rückstellkräfte durch magnetische Spannungen gegeben sind. Diese Wellen sind überall in Weltraumplasmen zu finden und können wegen ihrer Inkompressibilität große Amplituden erreichen. Die Sonnenkorona ist eine opulente Quelle dieser Wellen, die sich in der Heliosphäre bis zum Jupiter ausbreiten können, dabei jedoch langsam gedämpft werden und weiter draußen allmählich verschwinden. Ihre Dissipation ist eine Quelle für die nachhaltige Heizung des schnellen Sonnenwinds bis hin zur Erdbahn und darüber hinaus. Die Alfvén-Wellen sind charakterisiert durch eine hohe Korrelation zwischen den beobachteten Fluktuationen der Vektorkomponenten des Magnetfelds und der Strömungsgeschwindigkeit.

Diese Eigenschaften sind in Abb. 4.19 mit einer Auflösung von 3 s für das ganze 40-min-Intervall eindrucksvoll illustriert. Dabei kann sich die Orientierung der Vektoren des Magnetfeldes und der Geschwindigkeit auch sehr abrupt, im Sekundentakt ändern, wobei deren Korrelationen streng bestehen bleiben. Das nach F. de Hoffman und E. Teller benannte HT-Bezugssystem hat den Vorteil, dass in ihm die Plasmaströmung am Magnetfeld ausgerichtet erscheint und das elektrische Konvektionsfeld damit verschwindet. Eine abgetastete Magnetfeldstruktur, die im Ruhesystem des Sonnenwinds zeitlich variiert, erscheint dagegen als stationär, wenn man sie im HT-Bezugssystem betrachtet. Wir finden dabei oft, dass die Vektorkomponenten des Magnetfelds und der Geschwindigkeit in einer Ebene senkrecht zur Richtung der minimalen Varianz des Magnetfelds polarisiert sind, wobei die Spitzen der Vektoren auf einem gemeinsamen Kreisbogen liegen. Diese Fluktuationen werden in der angelsächsischen Literatur "arc-polarized" genannt und entsprechen manchmal einer Rotationsdiskontinuität, also einer sehr abrupten Drehung des Magnetfeldvektors in Sekundenbruchteilen.

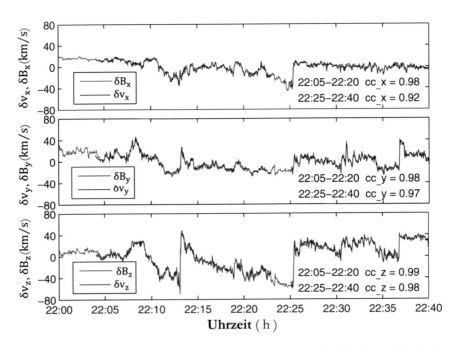

Abb. 4.19 Im Sonnenwind zeigen sich Alfvén-Wellen durch ihre sehr hohen Korrelationen zwischen den beobachteten Fluktuationen der Vektorkomponenten des Magnetfelds und der Strömungsgeschwindigkeit, besonders wenn diese wie hier im De-Hoffmann-Teller(HT)-Bezugssystem ausgewertet werden. Daher sind die jeweiligen auffallend hohen Korrelationskoeffizienten (cc) ebenfalls mit angegeben © X. Wang u. a. ApJ 746, 2012

Eine Kernfrage in der Turbulenzforschung ist immer, wie viel Energie in den jeweiligen Fluktuationen eines Felds (oder seiner Komponenten) bei einer festen Wellenzahlvektor $\vec{k}$ oder Frequenz f steckt. Diese Energie pro Frequenzintervall Δf wird als spektrale Leistungsdichte bezeichnet. Sie kann sich in der Frequenz über viele Zehnerpotenzen erstrecken und hat typischerweise einen fallenden Verlauf mit f, derart dass viel Energie bei den niedrigen Frequenzen und wenig bei den hohen Frequenzen angesammelt ist. Dazwischen liegt der sogenannte Trägheitsbereich, in dem sich empirisch einfache Potenzgesetze mit dem Index α ausbilden. Dabei ist das nach Andrey Kolmogorov benannte $f^{-\alpha}$-Potenzgesetz mit dem Index $\alpha = 5/3$ die historisch wohl berühmteste Erklärung dafür. Es signalisiert das Vorhandensein einer skaleninvarianten Energiekaskade und tritt in vielen Flüssigkeiten auf, wird aber auch in Weltraumplasmen sehr oft beobachtet. In astrophysikalischen Systemen wird seine Existenz aber in Ermangelung von Messungen oft einfach angenommen.

Abb. 4.20 zeigt ein für den schnellen Sonnenwind typisches Leistungsspektrum des Magnetfelds mit drei charakteristischen Skalenbereichen: den Bereich mit den die meiste Energie enthaltenden Fluktuationen bei langen Wellenlängen, den Bereich, in dem sich eine stationäre Kaskade bei mittleren Wellenlängen ausgebildet hat, sowie den Dissipationsbereich bei

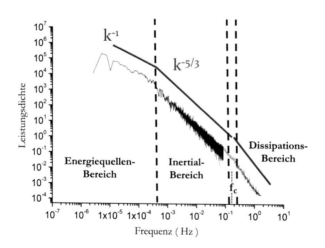

Abb. 4.20 Typisches Leistungsspektrum („power density") des interplanetaren Magnetfelds bei 1 AE. Der Niederfrequenzbereich bezieht sich auf Helios-2-Beobachtungen, während sich der Hochfrequenzbereich auf WIND-Beobachtungen bezieht. Die vertikalen gestrichelten Linien markieren die Lage der sogenannten Knickfrequenz sowie der Frequenzen entsprechend den Korrelationslängen von Taylor und Kolmogorov, die in etwa den Dissipationsbereich der Turbulenz begrenzen.
© R. Bruno, V. Carbone, Liv. Rev. Sol. Phys., 10, (2013), (https://creativecommons.org/licenses/by/4.0), Bearbeitung: U. v. Kusserow

kurzen Wellenlängen (Tab. 4.5), wo die Energie der Turbulenz schließlich in Wärmeenergie der Teilchen umgewandelt wird. Die Dissipation zu verstehen, erfordert die kinetische Beschreibung des Plasmas, wie sie in den nachfolgenden Abschnitten diskutiert wird.

Abb. 4.21 gibt einen globalen Überblick über die relativen Amplituden der Fluktuationen in den Komponenten des heliosphärischen Magnetfelds, so wie es von Ulysses bei verschiedenen heliografischen Breiten und Abständen von der Sonne gemessen wurde. Diese Messungen zeigen, dass die inkompressible Turbulenz in Form transversaler Alfvén-Wellen bei hohen Breiten sein Maximum erreicht, während die Schwankungen des Magnetfeldbetrags um die Ekliptik herum maximal sind. Hier ist das Plasma zwar besonders kompressibel, aber selbst hier erreicht die relative Amplitude der Druckschwankungen nur wenige Prozent. Dagegen sind die Schwankungen der normalen und transversalen Komponenten groß, mit normierten Varianzen im Bereich von einigen zehn Prozent, was zu nichtlinearen Wechselwirkungen führen kann, die wiederum die Dämpfung der Wellen durch Anregung von Tochterwellen bewirken können. Ein solcher Prozess wird parametrischer Zerfall genannt. Er setzt ein, wenn die normierte Varianz einen gewissen Schwellenwert überschreitet. Die Tochterwellen haben oft kürzere Wellen-

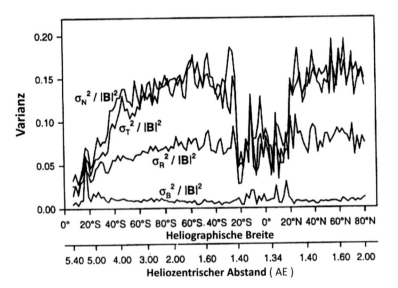

Abb. 4.21 Varianz der drei Komponenten des Magnetfeldes und seines Betrags, beide normiert auf den stündlichen Mittelwert des Magnetfeldbetrags und aufgetragen gegen die heliografische Breite in Grad während eines vollständigen Umlaufs von Ulysses über alle von der Raumsonde erreichbaren Breitengrade
© R. Bruno, V. Carbone, Liv. Rev. Sol. Phys., 10, (2013), (https://creativecommons.org/licenses/by/4.0), Bearbeitung: U. v. Kusserow

längen (Tab. 4.5) im kinetischen Bereich und können deshalb von den Ionen resonant absorbiert werden und so zu deren Heizung beitragen.

Wie in Abb. 4.19 eindrucksvoll gezeigt, ist die typische Signatur von inkompressiblen Alfvén-Wellen ihre hohe Korrelation zwischen den Fluktuationen der Vektorkomponenten von Magnetfeld und Strömungsgeschwindigkeit. In einem Magnetofluid gibt es aber noch zwei weitere fundamentale Wellentypen: die langsame und schnelle magnetoakustische Welle. Auch bei ihnen treten korrelierte Schwankungen auf, jedoch sind es hierbei Korrelationen zwischen den skalaren Größen Dichte und Druck sowie dem Betrag des Magnetfelds. Ihre relativen Amplituden sind nach den Beobachtungen nur gering und betragen einige Prozent, da etwaige größere Druckungleichgewichte im Plasma durch rasche Ausbreitung dieser Wellen schnell wieder ausgeglichen werden können. Der Sonnenwind erweist sich daher als lokal weitgehend im Druckgleichgewicht. Die großräumige Inhomogenität der Heliosphäre, deren mittlere Dichte und Magnetfeld mit wachsendem Sonnenabstand ja kleiner werden, führt aber immer wieder zu neuen Schwankungen des Gesamtdrucks und damit zu einem schwachen globalen magnetoakustischen Rauschen in der Heliosphäre.

Die magnetoakustischen Fluktuationen sind in Abb. 4.22 nach Ulysses-Messungen über etwa fünf Jahre in der Gestalt von farbcodierten Histogrammen des Korrelationskoeffizienten $\rho(N - P_t)$ und $\rho(P_m - P_k)$ von (über eine jeweilige Sonnenrotation gemittelten) Druckschwankungen im Sonnenwind dargestellt. Hierbei ist N die Teilchendichte, P_m und P_k der magnetische bzw. der kinetische Druck im Plasma und $P_t = P_m + P_k$ der Gesamtdruck. Nach den Gleichungen der Magnetohydrodynamik sollte der Gesamtdruck immer mit der Dichte in Phase schwingen (wie im linken Panel), während der magnetische und kinetische Druck bei der schnellen Welle in Phase bei der langsamen jedoch gegenphasig (wie im rechten Panel) schwingen. Dadurch lassen sich diese beiden kompressiven Wellen, ohne den Wellenvektor $\vec{k}$ selbst zu kennen, klar voneinander unterscheiden.

Für die Ausbreitung parallel zum mittleren Magnetfeld ist die langsame Welle nichts anderes als die gewöhnliche Schallwelle, wie wir sie auch in unserer Erdatmosphäre kennen. Die hohen Werte des jeweiligen Korrelationskoeffizienten ρ beweisen die dauerhafte Existenz von überwiegend langsamen magnetoakustischen Wellen im Sonnenwind bei allen heliografischen Breiten und radialen Abständen von der Sonne. Damit wurden das schwache lokale akustische Rauschen sowie die dominanten Alfvén-Wellen aus der Korona als die Hauptkomponenten der Turbulenz im Sonnenwind in der inneren Heliosphäre festgestellt.

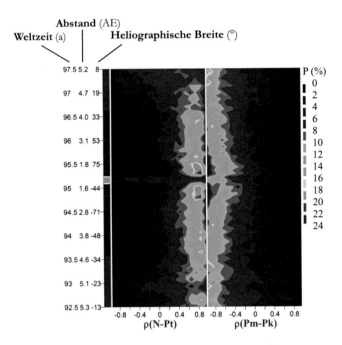

Abb. 4.22 Farbcodierte Histogramme der Korrelationskoeffizienten $\rho(N - P_t)$ und $\rho(P_m - P_k)$ der über die Sonnenrotation gemittelten Druckschwankungen im Sonnenwind. Der Farbbalken auf der linken Seite zeigt die Phasen relativ hoher (rot), mittlerer (blau) und niedriger (grün) Breite der Ulysses-Umlaufbahn an. Die Weltzeit (UT), der heliozentrische Abstand r in AE und die heliografische Breite in Grad sind ebenfalls auf der linken Seite des Diagramms angegeben. Die Häufigkeit des Auftretens in Prozenten wird durch den Farbbalken auf der rechten Seite der Abbildung codiert
© R. Bruno, V. Carbone, Liv. Rev. Sol. Phys., 10, (2013), (https://creativecommons.org/licenses/by/4.0), Bearbeitung: U. v. Kusserow

4.6.2 Stoßwellen und Diskontinuitäten im Sonnenwind

Parker hatte schon in seinem ersten Modell des Sonnenwinds gezeigt, dass sich eine magnetisch offene und isotherme mehr als 1 Mio. Kelvin heiße Sonnenkorona ständig ausdehnen und einen Überschall-Sonnenwind bilden muss (Abb. 4.23). Er trägt den offenen solaren magnetischen Fluss mit sich fort, welcher quasi „eingefroren" vom Sonnenwindplasma transportiert wird. In seinen späteren Modellen berechnete er auch die physikalische Natur des interplanetaren Magnetfelds, das aufgrund der Sonnenrotation die Form einer archimedischen Spirale (Abb. 4.23a) annimmt und in der unteren Korona und letztlich der Photosphäre verankert ist. Das hat zur Folge, dass sich langsame und schnelle Sonnenwindströme bei ihrer Ausbreitung weg von der Sonne überholen und miteinander in Wechselwirkung

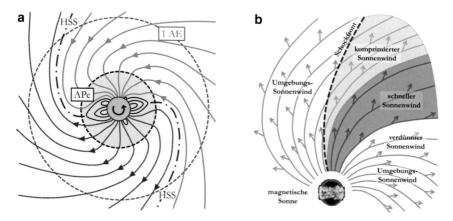

Abb. 4.23 Parker-Spirale und wechselwirkende Sonnenwindströme. **a** Seitlicher Blick auf die rotierende Sonne mit zwei Sonnenwindströmen von unterschiedlicher magnetischer Polarität (grün bedeutet einwärts, rot auswärts orientiertes Feld). Der Wechsel der Polarität findet in der heliosphärischen Stromschicht (HSS) statt, die in dem Gürtel von Magnetfeldwimpeln („streamer belt") verankert ist. Innerhalb (hell-gelb) der Alfvén-Fläche (schwarz gestrichelte Linie, APe, Alfvén-Punkte) rotiert das Magnetfeld mit der Sonne, außerhalb knickt es ab und bildet eine Spirale aus, die vom Sonnenwind mitgeführt wird. **b** Blick auf die Ekliptik. Ist der im Sinne der Rotation vorangehende Strom langsamer als der nachfolgende, dann kann er von dem schnellen eingeholt und komprimiert werden, und umgekehrt bildet sich hinter dem schnellen Strom eine Verdünnungszone aus, wenn ihm ein langsamer Strom nachfolgt. An den Grenzen kann sich dadurch eine vorwärts oder rückwärts laufende Stoßwelle ausbildenThe Interplanetary Magnetic Field (Parker Spiral): sn.pub/5SjKet
Heliospheric current sheet 2001 till 2009: sn.pub/2Cr7BW
The Solar Wind: sn.pub/l7WOHt
© a U. v. Kusserow, b U. v. Kusserow, NASA/GSFC

treten können, was lokale Kompression (Zusammendrücken) und Dilatation (Verdünnen) dieser Ströme zur Folge haben kann. Dieser Sach-verhalt ist in Abb. 4.23b schematisch dargestellt.

An den Wechselwirkungszonen (Abb. 4.23b) zwischen den Sonnenwind-strömen bilden sich Stoßwellen aus, wo die Dichte, Magnetfeldstärke und Strömungsgeschwindigkeit des Plasmas Sprünge machen können, und wo sich auch der gesamte Druck im Plasma sprunghaft ändern kann. Diese Zonen rotieren mit der Sonne („corotating interaction regions", CRIs) und stellen wegen der Unstetigkeiten in Druck und Magnetfeld Hindernisse für energiereiche Teilchen dar, die sich entlang der Spirale ausbreiten, und bewirken damit deren starke Streuung.

Ein anderer interessanter dynamischer Vorgang an den CIRs ist die manchmal stattfindende magnetische Rekonnexion, bei der sich in der heliosphärischen Stromschicht (HSS) durch vorübergehend auftretenden elektrischen Widerstand die Magnetfeldlinien (z. B. rote und grüne in Abb. 4.23a) durch die HSS verbinden können. Dieser Prozess macht sich in situ durch das Auftreten beschleunigter Teilchen und erhöhter lokaler Turbulenz bemerkbar. Die Heliosphäre ist also kein glattes homogenes Medium, sondern durch die Sonnenwindströme und den auf ihnen „reitenden" Wellen stark strukturiert.

Neben diesen Vorgängen gibt es auch immer wieder Störungen der Heliosphäre im Großen (Abb. 4.24), die durch Eruptionen auf der Sonne und koronale Masseauswürfe erzeugt werden und die dann als magnetische Blasen mit hoher Magnetfeldstärke durch den umgebenden Sonnenwind „pflügen", dabei die Spirale stark verbiegen und wie ein Schneepflug im Schneetreiben das Material des Sonnenwinds vor sich herschieben. Dabei können sie auch kräftige Stoßwellen im Plasma erzeugen. Dieser dynamische Prozess ist nach Modellrechnungen in Abb. 4.24a illustriert, wobei die Ausbreitung des ICME für vier verschiedene Zeiten gezeigt wird. Die Zerstörung der Spiralstruktur durch den massiven, schnellen und magnetisch starken Masseauswurf von der Sonne ist dabei offensichtlich.

Die Kompressionszonen an den ICMEs machen sich für die energiereichen Teilchen in der Heliosphäre durch ihre hohen Druckwälle bemerkbar und können die Teilchen dadurch ablenken und effektiv streuen. Diese rotierenden Druckwälle und magnetischen „Wände" können insbesondere der aus der Galaxis stammenden kosmischen Strahlung den Zugang in das innere Sonnensystem erschweren oder je nach deren Energie sogar unmöglich machen und somit die Erde und terrestrischen Planeten vor dieser sehr harten Strahlung teilweise schützen. Da die Häufigkeit der CMEs mit dem Sonnenzyklus variiert (sie treten am häufigsten um das Aktivitätsmaximum herum auf), schwankt die Intensität der kosmischen Strahlung auf der Erde auch im elfjährigen Zyklus. Dieser Sachverhalt ist in Abb. 4.24b dargestellt.

Abb. 4.25 zeigt ein Beispiel einer solchen mitrotierenden Kompressionszone, wie sie von den Instrumenten auf der Raumsonde Ulysses im Jahr 1992 gemessen wurde. Dabei sind besonders markant die Anstiege von Dichte und Temperatur der Protonen im Sonnenwind sowie des Magnetfelds, die insgesamt zum Druckanstieg des Plasmas (unterstes Panel) beitragen. Die Kompressionszone wird durch von ihr ausgehende Stoßwellen begrenzt, die als Sprünge im Geschwindigkeitsprofil erkennbar sind, wobei ein deutlicher vorwärts laufender Schock („forward shock", FS) und eine rückwärts laufende magnetoakustische Welle („reversed wave", RW) zu sehen sind. Die heliosphärische Stromschicht (HCS) kann man auch klar identifizieren, weil in ihr die Richtung des Magnetfelds um etwa 180° flippt. Ulysses durchflog diese CIR aus einem langsamen Strom kommend hinein

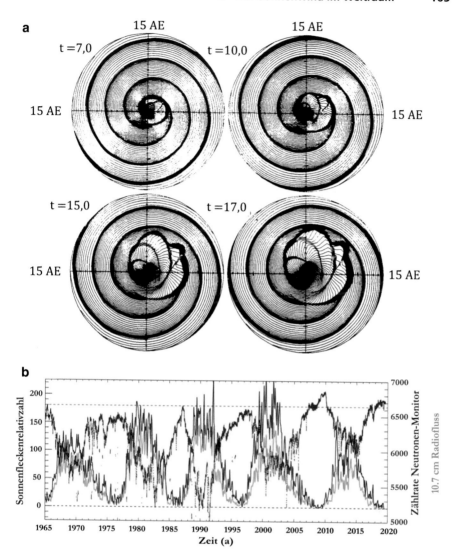

Abb. 4.24 a Spiralförmig geschlossene magnetische Strukturen in der mittleren Heliosphäre aus Modellrechnungen bis 15 AE, sogenannte mitrotierende Wechselwirkungszonen (CIRs), die massiv deformiert werden durch eine von der Sonnenkorona ausgehende Massenejektion. Die Entwicklung dieser Störung ist an vier Zeiten illustriert. Für die hier gezeigten Abstände verläuft die Spirale praktisch senkrecht zur Sonnenrichtung. **b** Für die von unserer Galaxie ins Sonnensystem einfallende kosmische Strahlung (KS) wirken die CIRs als magnetische Wände, an denen diese energetischen Teilchen abgelenkt werden. Die KS kann deshalb schlechter bis zur Erde vordringen, wo sie am Boden indirekt durch Neutronen nachgewiesen werden kann. Die Zählrate am Neutronenmonitor (rot) oszilliert gegenläufig zum Sonnenzyklus, der hier durch die variable Sonnenfleckenrelativzahl (blau) sowie die Radiostrahlung (grün) aus der Sonnenkorona für fünf Zyklen über 55 Jahre dargestellt wird. © a S. I. Akasofu/K. Hakamada 1983, b Robert J. Leamon (Bearbeitung: U. v. Kusserow)

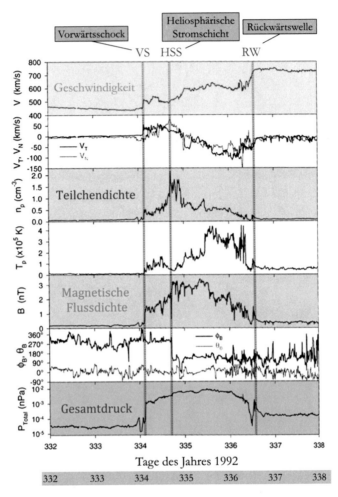

Abb. 4.25 Stromwechselwirkungszone beobachtet von der Ulysses-Raumsonde im Jahr 1992. Von oben nach unten gezeigt sind: Betrag der Sonnenwindgeschwindigkeit, ihre transversale und normale Komponente, Dichte und Temperatur der Protonen, Stärke des Magnetfelds, seine Richtungswinkel in sphärischen Koordinaten und schließlich der gesamte Druck des Plasmas. Die Kompressionszone wird von einem vorwärts laufenden Schock (FS) und einer rückwärts laufenden Welle (RW) begrenzt. Der Durchgang durch die heliosphärische Stromschicht (gestrichelte Senkrechte bei HCS) kann lokal an dem abrupten Umschlagen der Magnetfeldwinkel festgestellt werden
© I. G. Richardson, Living Rev. Sol. Phys. 15, 1 (2018), (https://creativecommons.org/licenses/by/4.0), Bearbeitung: U. v. Kusserow

in einen schnellen Sonnenwindstrom. Aus den Verläufen dieser Kurven wird offensichtlich, dass der langsame Wind vergleichsweise ruhig war, während der schnelle verrauscht und turbulent erscheint, was auf seinen höheren Gehalt an Alfvén-Wellen zurückzuführen ist.

4.7 Mikroskopische Prozesse im Sonnenwind

4.7.1 Allgemeine Betrachtungen

Der Sonnenwind ist der einzige uns in situ zugängliche Sternwind, seitdem wir mit Satelliten in den erdnahen Weltraum und mit Sonden in den fernen interplanetaren Raum vorgedrungen sind. Eine historische Übersicht über die verschiedenen Missionen ist in Kap. 2 zusammengestellt. Meistens hat man sich damit begnügt, nur die fundamentalen Flüssigkeitsparameter des Sonnenwinds wie seine Dichte, Geschwindigkeit und Temperatur zu bestimmen. Hier ist mit Temperatur einfach die typische kinetische Energie von Teilchen im Bezugsystem ihrer mittleren Strömungsgeschwindigkeit gemeint (siehe Kasten „Temperaturen und Geschwindigkeiten der Teilchen"). Sie ist für verschiedene Teilchensorten aber sehr unterschiedlich, da der Sonnenwind sich nicht im thermischen Gleichgewicht befindet.

Schaut man sich den Sonnenwind daher etwas genauer mikroskopisch, sozusagen mit der „Lupe", an, d. h. mit hochauflösenden elektrostatischen Analysatoren und Massenspektrometern, dann erkennt man sofort seine atomistische Natur und stellt fest, dass Elektronen und Ionen Verteilungen ihrer Geschwindigkeit haben, die keine gaußschen Normalverteilungen sind, sondern weit davon abweichen können. Die detaillierte Kenntnis dieser Verteilungen ist jedoch notwendig, wenn man Transportphänomene wie Wärmeleitung, Viskosität oder elektrische Leitfähigkeit verstehen möchte, die durch Coulomb-Stöße zwischen den Teilchen und hochfrequente elektromagnetische Plasmawellen bestimmt werden. Dabei kann man grundlegende Erkenntnisse über diese Phänomene gewinnen, die sich dann auf die Winde anderer Sterne übertragen lassen. Die Heliosphäre ist sozusagen das „Labor" für die atomistische Plasmaphysik von Astrosphären.

Normalerweise werden heliosphärische Phänomene gut durch die Fluidtheorie der Magnetohydrodynamik beschrieben. Aber unter den Bedingungen von niedriger Dichte und hoher Temperatur, die für die nur schwach durch Kollisionen bestimmte Korona und Heliosphäre typisch sind, werden die Sonnenwindpartikel und elektromagnetischen Felder von einer Vielzahl kinetischer Prozesse beeinflusst. Deshalb liefern die modernen Instrumente für das Plasma und elektromagnetische Feld, wie sie bei den aktuellen Missionen PSP und SO (Kap. 5) geflogen werden, sehr hochauflösende In-situ-Messungen von den Geschwindigkeitsverteilungen (GVn) der Teilchen und Spektren der Wellenfelder. Um solche komplexen Daten zu analysieren und die heliophysikalischen mikroskopischen Phänomene adäquat interpretieren zu können, ist die kinetische Theorie des Plasmas erforderlich. Diese umfassende Datenanalyse wird heute zunehmend durch geeignete numerische Simulationen unterstützt. Es ist ein enormer Schritt hin zur Komplexität, wenn man vom einfachen Parker-Fluidmodell zu einer vollständigen kinetischen Beschreibung des aus mehreren Teilchensorten bestehenden Sonnenwinds übergeht. All dies zu tun, ist selbst heute mit aufwendigen rechnergestützten Modellen erst ansatzweise gelungen.

Schon bei der vergangenen Helios-Mission befasste man sich intensiv mit der kinetischen Plasmaphysik im Sonnenwind. Insbesondere lieferten die Helios-Instrumente damals beispiellose Daten von Teilchen und Feldern und auch schon Verteilungsfunktionen von Protonen und Elektronen im Geschwindigkeitsraum, gemessen im Weltraum an Orten zwischen 0,3 AE und 1 AE. Ihre physikalische Interpretation erforderte es, weit über die Flüssigkeitsbeschreibung hinauszugehen und die komplexen, aber mächtigen Werkzeuge der kinetischen Plasmaphysik einzusetzen. Die moderne kinetische Heliophysik ist aus einem derart grundlegenden Ansatz hervorgegangen. Wie zuvor definiert bedeutet Heliophysik im weitesten Sinne einfach die Physik der Sonne analog zur Astrophysik. Insbesondere umfasst sie aber auch die mikroskopische Plasma- und Teilchenphysik des Sonnenwinds und der Heliosphäre.

Temperaturen und Geschwindigkeiten der Teilchen

Die Temperaturen in der Erdatmosphäre können mit Thermometern gemessen werden. Da die Gesamtteilchendichte der Moleküle in Meereshöhe mit $2,55 \cdot 10^{19}$ Teilchen pro Kubikzentimeter sehr groß ist, sorgen hier ständige Stöße auf engstem Raum im sogenannten thermodynamischen Gleichgewicht für eine Gleichverteilung der kinetischen Energie auf alle Teilchen. Für ideale Gase, die in einem idealisierten Modellbild völlig ungeordnete Bewegungen und untereinander oder an Wänden nur elastische Stöße ausführen, ist das Produkt aus dem Gasdruck p und dem Volumen V gemäß der thermischen Zustandsgleichung (Gleichung 1), $p \cdot V = N \cdot k_B \cdot T$, proportional zu der in Kelvin (K) gemessenen Temperatur T. Dabei gibt N die Anzahl der im betrachteten Volumen enthaltenen Teilchen an, und $k_B = 1.38 \cdot 10^{-23}$ m² kgs⁻² K⁻¹ ist die sogenannte Boltzmann-Konstante.

Die Verteilung der Molekülgeschwindigkeit v auf die Teilchen in einem Gas lässt sich mithilfe der Maxwell-Boltzmann-Verteilungsfunktion ermitteln. Für drei verschiedene Temperaturen ist der asymmetrische Verlauf des Graphen dieser Funktion in Abb. 4.26 dargestellt. Experimentell kann die Geschwindigkeitsverteilung der Teilchen eines Gases beim Durchlauf durch eine Geschwindigkeitsfilteranlage im Labor vermessen werden. Nach der kinetischen Gastheorie, in deren Rahmen der mikroskopische Zustand eines Gases charakterisiert wird, erweist sich der Mittelwert der kinetischen Energie gemäß Gleichung 2, $E_{kin} = \langle 1/2 \cdot m \cdot v^2 \rangle = 3/2 \cdot k_B \cdot T$, als proportional zur Temperatur T

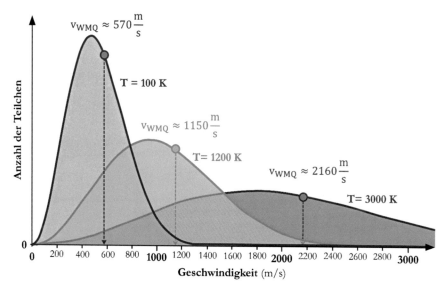

Abb. 4.26 Maxwell-Boltzmann-Verteilung der Molekülgeschwindigkeiten in einem Gas für drei verschiedene Temperaturen *T*. Angegeben sind jeweils auch die Werte für $v_{WMQ} = \sqrt{\langle v^2 \rangle}$, die Wurzel aus dem Mittelwert des Quadrates der Geschwindigkeit *v*
© U. v. Kusserow

des Gases im Laborsystem. Ist das Gas jedoch in Bewegung mit der mittleren Geschwindigkeit $\vec{V}$, so muss die Teilchengeschwindigkeit $\vec{v}$ im mit $\vec{V}$ bewegten Bezugssystem berechnet werden!

Am Boden der Sonnenkorona sind bereits alle Atome ionisiert. Die Teilchendichte der Protonen sowie der Elektronen beträgt dort etwa $4 \cdot 10^8$ Teilchen pro Kubikzentimeter. Die Teilchendichte ist hier also etwa 10^{11}-mal kleiner als am Boden der Erdatmosphäre, sodass Stoßprozesse nur sehr selten stattfinden. Folglich können sich die Elektronen und Ionen ganz unterschiedlicher Elemente weit entfernt vom thermodynamischen Gleichgewicht nahezu ungehindert mit sehr unterschiedlichen mittleren Geschwindigkeiten bewegen. Kennt man die Masse und den Mittelwert des Quadrats der Geschwindigkeit einer Teilchensorte, so lässt sich diesen Teilchen nach Umformung von Gleichung 2 gemäß $T = m \cdot \langle \vec{v}^2 \rangle / (3 \cdot k_B)$ formal auch eine eigene Temperatur zuordnen. Die so definierte Temperatur kann zwar für jede Teilchensorte anders sein, stimmt aber für ein Plasma im Stoßgleichgewicht wieder mit dem in der Erdatmosphäre verwendeten Begriff der Temperatur des thermodynamischen Gleichgewichts überein. So ist es nicht verwunderlich, sondern angemessen, dass die Heliophysiker bei den ganz unterschiedlichen mittleren Geschwindigkeiten der Ionen und Elektronen im stoßfreien Plasma auch von deren ganz unterschiedlichen Temperaturen sprechen. Die Geschwindigkeiten der Ionen können sie aus der Verschiebung der von diesen ausgesandten Spektrallinien aufgrund des Doppler-Effekts (Abschn. 2.3.4) ermitteln. Die Temperaturen lassen sich mithilfe der Verbreiterung der Linien bestimmen. Die Geschwindigkeit und Temperatur der Elektronen wiederum können aus der Emissivität der Spektrallinien bestimmt werden, denn diese ist eine Funktion der Temperatur der Elektronen, deren mittlere Geschwindigkeit in der Korona gegenüber v_{WMQ} vernachlässigbar ist.

Wie können Geschwindigkeit und Temperatur der Teilchen direkt im Weltraum bestimmt werden? Da die Dichte der unterschiedlichen Teilchen z. B. im Sonnenwind an der Erde nur etwa drei bis zehn Teilchen pro Kubikzentimeter beträgt, können diese dort sehr große mittlere freie Weglängen ohne Zusammenstöße mit anderen Teilchen aufweisen, die dem Abstand der Erde von der Sonne entsprechen. Die Geschwindigkeiten aller Teilchen im Sonnenwind lassen sich durch In-situ-Messungen von Bord einer Raumsonde, wie in Abschn. 2.3.2 beschrieben, ermitteln. Mithilfe von Gleichung 2 kann dann auch deren Temperatur berechnet werden.

In einem magnetisierten Plasma zerstört das gerichtete Magnetfeld die Isotropie des Raums und definiert eine Vorzugsrichtung, um welche die Teilchen sich wegen der Lorentz-Kraft (Kap. 3) in Form einer schraubenförmigen Helix bewegen müssen, mit freier Beweglichkeit entlang des Felds und Kreisbewegung senkrecht zu ihm. Dann ist es sogar sinnvoll, eine parallele und senkrechte Temperatur der Teilchen zu definieren. Dies geschieht ganz im Sinne der obigen Definition mittels einer Geschwindigkeit v_{WMQ}, die sich mit den Komponenten von $\vec{v}$ parallel und senkrecht zum Magnetfeld berechnen lässt. Weil das Magnetfeld die Symmetrie des Raums bricht, spricht man von einer Temperaturanisotropie im Plasma.

4.7.2 Geschwindigkeitsverteilungen und grundlegende Begriffe

Für die kinetische Physik ist der Begriff einer Geschwindigkeitsverteilung $f(\vec{v})$ von Teilchen von zentraler Bedeutung (Abb. 4.27). Während man sich in der Flüssigkeitsbeschreibung eines Gases (oder Magnetohydrodynamik eines Plasmas) nur für die Teilchendichte n, Temperatur T und Strömungsgeschwindigkeit $\vec{V}$ (oder im Plasma auch für die elektrische Stromdichte $\vec{j}$ und das Magnetfeld $\vec{B}$) interessiert, möchte man in der Kinetik genau wissen und daher messen, welche individuelle Geschwindigkeit $\vec{v}$ die einzelnen beteiligten Teilchen (Elektronen sowie Atome und Ionen verschiedener Elemente) haben, und zwar an einem festen Ort zu einer gewissen Zeit. Man spricht dann vom Phasenraum. Im Folgenden werden nur die Verteilungen der Geschwindigkeiten von Elektronen und Protonen betrachtet.

Statistische Überlegungen führen dazu, dass im sogenannten thermischen Gleichgewicht die Verteilung der gaußschen Normalverteilung entspricht, die eine Exponentialverteilung der Form $f(E) = e^{-E/k_B T}$ in der Energie $E = 1/2 \cdot mv^2$ ergibt und die damit als Funktion des Betrags

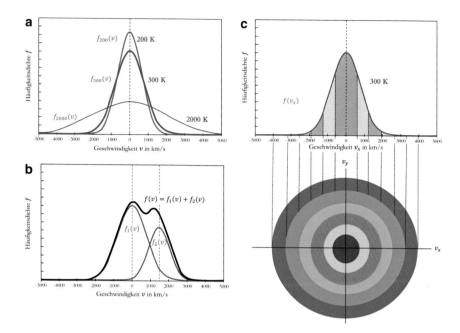

Abb. 4.27 Verschiedene Verteilungen der Geschwindigkeiten der Teilchen im Plasma. Ihre Häufigkeitsdichte $f(\vec{v})$ ist in willkürlichen Einheiten jeweils gegen ihre Geschwindigkeit aufgetragen. **a** Verteilungen bei verschiedener Temperatur. **b** Qualitative Überlagerung zweier Verteilungen, die gegeneinander verschoben sind, da die Teilchen eine unterschiedliche mittlere Geschwindigkeit besitzen. **c** Oben: Zweidimensionale Verteilung $f(v_x, v_y)$ im eindimensionalen Schnitt entlang der x-Achse als Funktion von v_x. Unten: Isokonturlinien derselben Verteilung in der $v_x - v_y$-Ebene mit der Farbcodierung wie oben. Diese Farbgebung wird auch später bei der Darstellung gemessener Verteilungen benutzt. Wegen des exponentiellen Abfalls von $f(\vec{v})$ sind immer weniger Teilchen in den Flügeln der Verteilung bei hohen Geschwindigkeiten anzutreffen. Die meisten halten sich im niederenergetischen braunen Kernbereich auf © U. v. Kusserow/E. Marsch

der Geschwindigkeit die Form einer Glockenkurve hat. Hierbei ist k_B wieder die Boltzmann-Konstante, die überall in der thermischen Physik auftritt. Je nach Temperatur T kann die Verteilung flach (heiß) oder steil (kalt) ausfallen. Dieser Sachverhalt ist in Abb. 4.27a illustriert. Der Kasten „Theoretische Beschreibung des Sonnenwinds" enthält wichtige Gleichungen und beschreibt relevante physikalische Grundlagen.

Theoretische Beschreibung des Sonnenwinds

Die grundlegende theoretische Beschreibung eines Plasmas, wie z. B. in den Lehrbüchern von Treumann und Baumjohann (1997) sowie Baumjohann und Treumann (1996), die extra für Studenten der Weltraumphysik und Astrophysik geschrieben wurden, ist durch die Maxwell-Gleichungen gegeben zusammen mit den individuellen Boltzmann-Vlasov-Gleichungen, die auf kinetischer Ebene alle Teilchen hinsichtlich ihrer Phasenraumdichte darstellen (s. hierzu nochmals die Erklärungen zu Abb. 4.27). Für den Sonnenwind bedeutet dies, dass Elektronen, Protonen und Alphateilchen (ca. 4 % Anzahldichte) sowie viele weniger häufige schwere Ionen jeweils für sich betrachtet werden müssen. Ihre angemessene physikalische theoretische Beschreibung kann auf zwei Arten erreicht werden: Man kann entweder bei der vollständigen, aber schwierigen Boltzmann-Gleichung (Abb. 4.28) bleiben oder die Information stark reduzieren, indem man diese Gleichung über alle Geschwindigkeiten der Teilchen integriert. Als Resultat erhält man damit die magnetohydrodynamischen Fluidgleichungen oder mehrere einzelne Flüssigkeitsgleichungen für die jeweils betrachtete Teilchensorte. In Tab. 4.3 werden diese beiden verschiedenen Beschreibungen des Sonnenwindplasmas charakterisiert.

In Abb. 4.28 werden die oben diskutierten Konzepte noch ausführlicher illustriert und die entsprechenden Gleichungen explizit angeschrieben. Da das Sonnenwindplasma aus vielen Teilchensorten besteht, muss also grundsätzlich für jede von ihnen eine Boltzmann-Vlasov-Gleichung einschließlich der gegenseitigen Kopplungsterme aufgestellt werden, um das Sonnenwindplasma vollständig zu beschreiben. Während die kinetischen Gleichungen theoretisch gut definiert und begründet sind, ergeben sich große Schwierigkeiten, wirkliche Lösungen zu finden, aus ihrer nichtlinearen Natur. Dazu kommen die kaum bekannten Anfangs- und Randbedingungen, die in der Sonnenkorona und Heliosphäre an sie gestellt werden müssen, um die Gleichungen lösen zu können.

4.7.3 Charakteristische Längen und Zeiten im Sonnenwind

Wie früher diskutiert, können die koronalen Bedingungen sehr komplex sein, da das solare Magnetfeld räumlich stark strukturiert ist und auch zeitlich variiert. Aufgrund der großen Schwerkraft der Sonne ist die untere Sonnenatmosphäre stark barometrisch geschichtet, und daher variieren alle Teilchendichten enorm mit der Höhe entlang einer bestimmten Magnetfeldlinie, ebenso wie die Kollisionsraten und die damit verbundenen Ausbreitungspfade der Teilchen. In vielen Weltraumplasmen sind die Coulomb-Stöße normalerweise recht selten, weshalb die Kollisionslänge eines Partikels je nach seiner Energie enorm variieren und mit Bezug auf die Größe des betrachteten Systems ziemlich lang werden kann. Dies

a

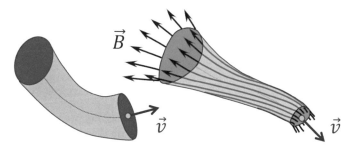

Magnetische Fluide

$$\frac{\partial \boldsymbol{v}}{\partial t} + (\boldsymbol{v} \cdot \nabla)\boldsymbol{v} = \frac{1}{\rho}\,\boldsymbol{f} \;-\; \frac{1}{\rho}\,\nabla\!\left(p + \frac{\boldsymbol{B}^2}{2 \cdot \mu_0}\right) + \frac{(\boldsymbol{B} \cdot \nabla)\,\boldsymbol{B}}{\mu_0 \cdot \rho} + \nu \cdot \nabla^2 \boldsymbol{v}$$

$$\frac{\partial \boldsymbol{B}}{\partial t} = \nabla \times (\boldsymbol{v} \times \boldsymbol{B}) + \eta \cdot \nabla^2 \boldsymbol{B}$$

b

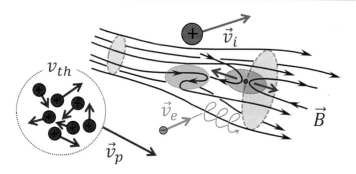

Kinetische Betrachtungen

$$\frac{\partial f_s(\boldsymbol{x},\boldsymbol{v},t)}{\partial t} + \boldsymbol{v} \cdot \nabla_{\mathbf{x}}\, f_s(\boldsymbol{x},\boldsymbol{v},t) + \frac{1}{m} \cdot [\boldsymbol{F} + q \cdot (\boldsymbol{E} + \boldsymbol{v} \times \boldsymbol{B})] \cdot \nabla_{\mathbf{v}}\, f_s(\boldsymbol{x},\boldsymbol{v},t)$$

$$= \left(\frac{\delta f_s(\boldsymbol{x},\boldsymbol{v},t)}{\delta t}\right)_{\text{Koll.}}$$

$$\nabla \cdot \boldsymbol{E} = \frac{\rho}{\varepsilon_0} \quad \nabla \cdot \boldsymbol{B} = 0 \quad \nabla \times \boldsymbol{E} = -\frac{\partial \boldsymbol{B}}{\partial t} \quad ,$$

$$\nabla \times \boldsymbol{B} = \mu_0\left(\boldsymbol{j} + \varepsilon_0 \frac{\partial \boldsymbol{E}}{\partial t}\right)$$

Abb. 4.28 Die grundlegenden Gleichungen der Magnetohydrodynamik und der kinetischen Plasmaphysik sowie die Maxwell-Gleichungen der Elektrodynamik. Dazu sieht man Darstellungen von magnetischen Flussröhren (a) und der Bewegungen von einzelnen geladenen Teilchen im Magnetfeld (b). Fette Symbole bezeichnen hier Vektoren

© U. v. Kusserow/E. Marsch

Tab. 4.3 Theoretische Beschreibung des Sonnenwindplasmas

Kinetische Gleichungen	Flüssigkeitsgleichungen
+binäre Coulomb-Stöße	+Transferterme durch Stöße, z. B. für Heizung
+Welle-Teilchen-Wechselwirkungen	+welleninduzierte Kräfte
+Plasmamikroinstabilitäten	+externe Quellen und Senken
-> Verteilungsfunktion $f(\vec{v}, \vec{x}, t)$ der Teilchen im Phasenraum als Funktion von Ort und Zeit und ihrer Geschwindigkeit	-> Einzel- oder Mehrflüssigkeitsgleichungen, magnetohydrodynamische Gleichungen für die Vektoren $\vec{V}(\vec{x}, t)$ und $\vec{B}(\vec{x}, t)$ in Raum und Zeit

Tab. 4.4 Typische Elektronenparameter

Elektronen Parameter	Chromosphäre (bei 1 Mm)	Korona (bei 1 Rs)	Sonnenwind (bei 1 AE)
Dichte (in cm^{-3})	10^{10}	10^7	10
Temperatur (in K)	$(6-10) \cdot 10^3$	$(1-2) \cdot 10^6$	10^5
Freie Weglänge (in km)	10	10^3	10^7

wird durch die in Tab. 4.4 zusammengestellten Zahlen verdeutlicht, die einige typische Elektronenparameter enthält. In der Plasmakinetik muss man neben den unverzichtbaren Maxwell-Gleichungen für die elektromagnetischen Felder für die beteiligten Teilchenarten die Komplexität ihrer Phasenräume akzeptieren und sich mit den detaillierten Geschwindigkeitsverteilungen dieser Teilchen befassen. Das wird im Folgenden ausführlich geschehen.

Der Sonnenwind als mehrkomponentiges Plasma weist viele physikalische Skalen auf und zeigt empirisch eine komplexe Magnetfeldtopologie, wie in den vorherigen Abschnitten erläutert wurde. Das Sonnenwindplasma ist relativ dünn und daher schwach von Stößen bestimmt, aber es ist allgegenwärtig von elektromagnetischen Wellen durchdrungen und daher ziemlich turbulent. Wenn man den Plasmamikrozustand betrachtet, muss man sich folglich mit der Nichtgleichgewichtsthermodynamik und komplizierten Transportprozessen mit nichtklassischen Transportkoeffizienten, z. B. für die Elektronenwärmeleitung, im Sonnenwind und in der Heliosphäre befassen. Daher ist man z. B. mit folgenden Phänomenen konfrontiert:

- Freie kinetische Energie kann zu Plasmamikroinstabilitäten führen.
- Es treten verschiedenste Arten von Welle-Teilchen-Wechselwirkungen auf.
- Es bestehen starke Abweichungen vom lokalen Stoßgleichgewicht.

- Koronale Prozesse können sich bis weit in die Heliosphäre auswirken.
- Suprathermische Partikel kommen bei wenig Streuung direkt von ihren Quellen in der Sonnenatmosphäre zum In-situ-Beobachter.

Einige dieser Themen werden nachstehend erörtert, wobei zunächst die gemessenen Geschwindigkeitsverteilungen (GVn) der verschiedenen beobachteten Teilchenarten unter theoretischen Gesichtspunkten betrachtet werden. Zuvor soll aber noch auf die Vielzahl von Skalen im Sonnenwindplasma hingewiesen werden. Dazu sind in Tab. 4.5 die verschiedenen charakteristischen Längen- und Zeitskalen im Sonnenwind für typische Parameter bei 1 AE und für die obere Sonnenkorona bei etwa 100 Mm über der Photosphäre aufgelistet. Für jede Kreisfrequenz $\omega = 2 \cdot \pi \cdot f$ ist hier die zugehörige Zeitskala angegeben (definiert durch $t_\omega = 2 \cdot \pi/\omega$). Für die genauen Definitionen all dieser Parameter siehe die vorher zitierten Lehrbücher.

4.7.4 Verteilungsfunktionen von Elektronen

Was tragen die Elektronen eigentlich zur Dynamik des Sonnenwinds bei? Im Vergleich zu den Protonen sind sie praktisch masselos (Massenverhältnis 1/1836) und tragen daher kaum zur Gesamtmasse bei. Ansonsten sind sie aber wichtig, weil sie die Plasmaneutralität (d. h. eine lokale Ladungsdichte von null) gewährleisten, und sie tragen auch zur inneren Energie, die proportional zu ihrer Anzahldichte ist, im Sonnenwind bei. Wesentlich ist jedoch ihr thermischer Druck, dessen Gradient dem lokalen elektrischen Feld im Bezug-

Tab. 4.5 Charakteristische Skalen im Sonnen Längen (oben) und Zeiten (unten)

Symbol	Sonnenwind	Obere Korona	Messgröße
L	1 AE	100 Mm	Größe des Systems
λ_f	1 AE	250 km	Proton freie Stoßweglänge
d_p	100 km	200 m	Proton Trägheitslänge
ρ_p	80 km	10 m	Proton Gyrationsradius
d_e	3 km	5 m	Elektron Trägheitslänge
ρ_e	2 km	20 cm	Elektron Gyrationsradius
λ_p, λ_e	10 m	10 cm	Proton, Elektron Debye-Länge
t_{exp}	3 d	0,1 h	Sonnenwind Expansionszeit
t_f	4 d	1 h	Proton freie Stoßzeit
G_p	1 s	1 ms	Proton Gyrationsperiode
G_e	500 µs	0,5 µs	Elektron Gyrationsperiode
P_p	3 ms	5 µs	Proton Plasmaperiode
P_e	70 µs	0,12 µs	Elektron Plasmaperiode

system des Winds entspricht und der damit auch für die Dynamik der Ionen von Bedeutung ist. In der Flüssigkeitsbeschreibung (z. B. wie im Parker-Modell) ist der Gesamtdruck bei gleicher Temperatur der Protonen und Elektronen doppelt so groß, da die mittleren Dichten dieser beiden Teilchensorten aufgrund der Bedingung der Quasineutralität gleich sein müssen.

Um die Kinetik der Elektronen besser zu verstehen, haben verschiedene Autoren die Boltzmann-Gleichung gelöst mit vernünftigen und plausiblen Randbedingungen in der Korona und im Sonnenwind, wie sie aus Fern-erkundungsdaten abgeleitet und durch In-situ-Messungen erhalten wurden. Bei solchen Modellberechnungen lag der Schwerpunkt auf dem inter-planetaren elektrischen Feld und der Elektronenwärmeleitung. Speziell untersuchte man den Elektronentransport im schnellen Sonnenwind, der von einem koronalen Loch ausgeht.

Doch zunächst soll die dabei typisch beobachtete Form der Geschwindig-keitsverteilung (GV) der Elektronen vorgestellt werden (Abb 4.29). Detaillierte und umfassende Studien der charakteristischen Eigenschaften der Elektronen und ihrer radialen Variationen wurden in der inneren Heliosphäre erstmals durch das Helios-Plasmaexperiment ermöglicht. Demnach kann, wie in Abb 4.29a dargestellt, die beobachtete Elektronen-verteilung in drei verschiedene Komponenten unterteilt werden: den Kern, das Halo und den Strahl. Insbesondere wurden die GVn in der Ekliptik und die Fokussierung oder Verbreiterung des Strahls mit radialem Abstand von der Sonne und als Funktion der Stromstruktur des Sonnenwinds von Helios untersucht. Die Sternchen in Abb. 4.29b geben die Lage der Mess-kanäle des Instruments wieder. Man beachte die hohen Geschwindigkeiten der Elektronen, die an den Achsen angegeben sind. Sie sind bei gleicher Temperatur wie die Protonen um die Wurzel aus dem Massenverhältnis, also dem Faktor 43, größer als die der Protonen.

Einige numerische Ergebnisse für die resultierenden GVn der Elektronen sind in Abb. 4.30 dargestellt. Sie zeigen quantitativ, wie stark sich die Elektronen und ihr Wärmefluss von den Vorhersagen, getroffen unter der Annahme einer hohen Anzahl von Kollisionen, unterscheiden. In diesem Fall sollte die GV isotrop bleiben und nahezu eine gaußsche Normalver-teilung sein. Offensichtlich treten aber in der realen GV (Abb. 4.29b) wie auch in den Modell-GVn erhebliche Verformungen auf. Dies sind typische Merkmale, welche die radiale Struktur des koronalen Magnetfelds sowie die starke Schichtung der Elektronendichte in der Korona wider-spiegeln. Man beachte insbesondere das Auftreten des Elektronenstrahls in Abb. 4.30 (unten), der auf die immer schwächer werdenden Stöße der Elektronen im divergierenden Magnetfeld des koronalen Lochs zurück-

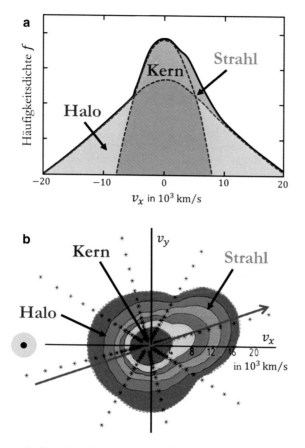

Abb. 4.29 Eigenschaften der Elektronenverteilung. **a** Unterteilung der Elektronenverteilung in drei verschiedene Komponenten: den Kern, das Halo und den Strahl. **b** Die typische gemessene Geschwindigkeitsverteilung (das Magnetfeld in der Ekliptik zeigt die magentafarbene Linie) weist eine deutliche Ausbuchtung auf, den sogenannten Strahl. Sternchen geben die Lage der Messkanäle des Instruments an. Dazwischen wurde interpoliert. Farbige Isokonturen geben die Abnahme der Häufigkeitsdichte um den Faktor 0,1 an, wobei das Maximum im Kern auf eins normiert ist. Der gelbe Punkt gibt die Richtung zur Sonne an.
© R. Schwenn/E. Marsch, U. v. Kusserow

zuführen ist. Dieser Strahl wurde erstmals mit dem Plasmainstrument auf Helios beobachtet und war am Perihel nahe 0,3 AE am ausgeprägtesten. Auch PSP hat den Strahl erneut noch dichter an der Sonne nachgewiesen.

Aus Abb. 4.29 und Abb. 4.30 wird offensichtlich, dass das Magnetfeld für die Formung der Elektronen-GV im Sonnenwind und in der Heliosphäre entscheidend ist. Hauptsächlich passiert dies dadurch, dass das Magnetfeld die Symmetrie (Isotropie) im Geschwindigkeitsraum bricht, und weil es jedes Elektron entlang der lokalen Feldlinien führt. In Bezug

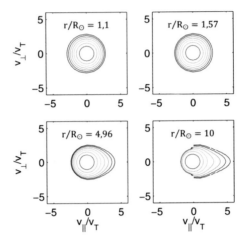

Abb. 4.30 Aus Modellrechnungen bestimmte Geschwindigkeitsverteilungen der Elektronen im Sonnenwind. Die Geschwindigkeiten sind auf die thermische Geschwindigkeit normiert, und die farbigen Isolinien sind logarithmisch so eingerichtet, dass sie einer Abnahme um einen Faktor von $10^{-1/2}$ entsprechen, wobei sich ihre Werte auf das (auf eins normierte) Maximum der Verteilung beziehen. Man beachte die Entwicklung einer deutlichen Anisotropie (Strahl) mit wachsendem Abstand von der Sonne © H. M. Smith, E. Marsch, P. Helander ApJ, 753, 2012

auf die kinetische Modellierung der Elektronen-GVn stellte sich weiter heraus, dass Coulomb-Kollisionen im Kern noch eine große Rolle spielen, im Halo jedoch weniger effektiv und bei der Streuung von Strahlelektronen sehr ineffizient sind. Daher musste zusätzlich zu Coulomb-Kollisionen die Streuung der Elektronen an Whistler-Wellen herangezogen werden, um einige der Beobachtungen zufriedenstellend zu erklären, insbesondere jene, die von der Ulysses-Mission bei größeren Sonnenentfernungen bis etwa 5 AE gemacht wurden.

4.7.5 Verteilungsfunktionen der Protonen

Sonnenwindprotonen, die sich einmal über den kritischen Schallpunkt in der Korona hinweg ausgebreitet und damit thermisch von der Sonne abgelöst haben, verhalten sich ganz anders als Sonnenwindelektronen, deren mittlere Geschwindigkeit immer im Unterschallbereich bleibt. Die GVn der Protonen neigen aber dazu, aufgrund der schwachen Kollisionen der Protonen untereinander, ganz erhebliche Verformungen auszubilden, die durch räumliche Inhomogenität und Mikroturbulenzen verursacht werden. Die GVn werden sowohl durch die Spiegelkraft des mittleren großräumigen

Magnetfelds beeinflusst als auch ein wenig durch Stöße geformt. Ganz wesentlich aber werden sie von Welle-Teilchen-Wechselwirkungen bestimmt, die im mikroturbulenten Sonnenwind allgegenwärtig sind.

Einige grundlegende und oft wiederkehrende Eigenschaften der GVn sind in Abb 4.31 gezeigt, wo drei typische Protonen-GVn dargestellt sind, wie sie von den Helios-Raumsonden in situ gemessen wurden. Ihre genaue

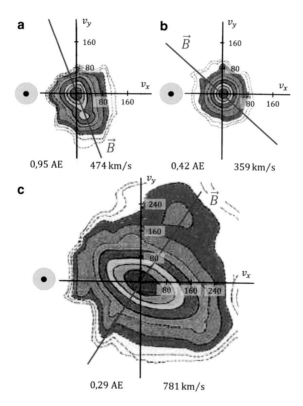

Abb. 4.31 Geschwindigkeitsverteilungen (GVn) der Protonen im Sonnenwind. Der gelbe Punkt gibt die Position der Sonne an. Der Koordinatenursprung bezieht sich auf das mitbewegte System im Sonnenwind mit der angegebenen Geschwindigkeit. Die farbigen Isokonturen sind so eingerichtet, dass sie einer Abnahme jeweils um einen linearen Schritt von 20 % entsprechen und dann logarithmisch um einen Faktor von $10^{-0,5}$ für die blaue und weiße Farbe, wobei sich die normierten Werte auf das Maximum der Verteilung beziehen. Die GVn kommen in einer Vielzahl verschiedener Formen vor, die von seltener Isotropie (**b**) bis hin zu starker Anisotropie in der Temperatur (**a** und **c**) reichen und häufig einen deutlich aufgelösten feldparallelen Beam (**a** und **c**) zeigen. Diese Konturen stellen Schnitte durch die dreidimensionalen GVn in Ebenen dar, die von dem lokalen Magnetfeldvektor und der radialen Richtung weg von der Sonne (v_x-Achse) aufgespannt werden. Die letzten gebrochenen Konturen beziehen sich auf ein Promille des jeweiligen Maximums
© E. Marsch (Bearbeitung: U. v. Kusserow)

Betrachtung zeigt, dass sehr verschiedene Formen auftreten, die von isotroper, fast maxwellscher (runde Konturen in Abb. 4.31b) bis hin zu stark anisotroper Form (mit elliptischen Konturen in der Mitte von Abb. 4.31c) reichen und die häufig einen deutlichen Beam (Ausbuchtung in Abb. 4.31a und c) zeigen, der sich entlang der lokalen Magnetfeldrichtung schneller als das Maximum der GV bewegt. Diese Eigenschaften variieren mit der Sonnenwindgeschwindigkeit und Stromstruktur sowie dem radialen Abstand von der Sonne und der Intensität der Plasmawellen.

4.7.6 Plasmamikroinstabilitäten

Die oben diskutierten signifikanten Abweichungen vom lokalen thermischen Gleichgewicht (LTG) stellen frei verfügbare innere oder thermische Energie dar, die zu Plasmamikroinstabilitäten oder Wellenanregungen führen kann. Dabei wird diese innere Energie der Protonen in die Wellen eingespeist. Wiederum können die durch Wellen bedingten fluktuierenden elektromagnetischen Felder mit ihren Kräften auf die Protonen zurückwirken und die vorher absorbierte Energie auch wieder abbauen und zurückgeben, bis schließlich ein dynamisches Welle-Teilchen-Gleichgewicht erreicht ist. Typische räumliche und zeitliche Parameter der daran beteiligten Prozesse im Plasma sind in Tab. 4.4 aufgelistet. Dieses dynamische lokale Gleichgewicht kann sich jedoch langsam ändern in Abhängigkeit von der großskaligen raumzeitlichen Variabilität der Parameter des Sonnenwinds. Auch durch magnetische Aktivität auf der Sonne und in der Korona werden dem Sonnenwind immer neue Randbedingungen aufgeprägt.

Die in Abb. 4.31 gezeigten Protonen-GVn repräsentieren lediglich lokale Schnappschüsse (gemessen während etwa 10 s) des Mikrozustands des Sonnenwinds an einem bestimmten Ort in der Heliosphäre und zu einem bestimmten Zeitpunkt. Sie werden jedoch nicht so bleiben, während sich der Wind weiter von der Sonne entfernt, sondern sich unter dem Einfluss der Kräfte weiterentwickeln, die mit einer Vielzahl kleiner elektromagnetischer Schwankungen verbunden sind, welche im Sonnenwind zwar allgegenwärtig, aber nur kurzzeitig vorhanden sind. Ihre Wirkung besteht darin, die freie Wärmeenergie, welche in den Abweichungen der Protonen vom LTG enthalten ist, durch Absorption zu reduzieren. Dieser Relaxationsprozess der GVn hin in Richtung eines gaußschen Profils ist jedoch niemals vollständig abgeschlossen, sondern führt immer wieder zu erneuter Emission elektromagnetischer Wellen. Sie können sich für eine Weile ausbreiten, werden dann aber zu einem anderen Zeitpunkt in Raum und Zeit irgendwo absorbiert. Der Prozess der Wellenanregung selbst wird als Mikroinstabilität bezeichnet, durch die das Plasma einen Teil seiner überschüssigen inneren kinetischen Energie irreversibel verringern kann.

Einige der bekanntesten Plasmawellen, die im Sonnenwind erkannt und eindeutig identifiziert wurden, sowie verschiedene Instabilitäten, welche diese Wellen antreiben können, sind zusammen mit den möglichen Energiequellen für ihre Anregung in Tab. 4.6 aufgeführt. Die quasilineare Entwicklung dieser Wellen und Instabilitäten, geschweige denn ihre nichtlineare Entwicklung, mögliche Sättigung oder ihr Zerfall und die damit verbundene räumliche und zeitliche Entwicklung der GVn der Protonen und Elektronen in der Korona und im Sonnenwind konnten noch nicht zufriedenstellend untersucht und erklärt werden.

Die Hauptgründe dafür sind, dass in der Vergangenheit die In-situ-Messungen aus diagnostischer Sicht nicht ausreichend waren und dass es praktisch unmöglich ist, einem einzelnen Wellenzug oder einer einzelnen Partikelbahn in Raum und Zeit tatsächlich zu folgen. Darüber hinaus ist das allgemeine Thema der Plasmawellen und der damit verbundenen Mikroinstabilitäten im Mehrkomponentenplasma ziemlich weit gefasst. In den letzten 20 Jahren wurden jedoch viele ernsthafte numerische Versuche unternommen, die radiale Entwicklung der GVn zu erklären und die komplexen Ionen-Wellen-Wechselwirkungen besser zu verstehen.

Aus dem Ergebnis der Stabilitätsanalyse gemessener Protonenverteilungen, wie sie in Abb. 4.31 gezeigt wird, kann man empirisch schließen, dass die meisten GVn der Protonen im Sonnenwind im Mittel relativ stabil, aber manchmal auch geringfügig instabil sind. Die Überprüfung der Protonenmessergebnisse lieferten typische Beispiele für Instabilitäten, die aus den Plasmaparametern abgeleitet oder aus den vollständig gemessenen GVn direkt vorhergesagt wurden. Vergleichsweise wenige dieser GVn scheinen danach dauerhaft anfällig zu sein für die sogenannte Zyklotroninstabilität, die durch eine hinreichend ausgeprägte Anisotropie des Protonenkerns verursacht werden kann.

Offensichtlich liefert aber eine lineare Stabilitätsanalyse einer GV keine zufriedenstellenden Antworten auf die Frage, warum ihre nichtthermischen Eigenschaften recht lange anhalten können, obwohl die lineare Theorie doch eine Relaxation auf der kurzen gyrokinetischen Zeitskala von nur einigen Sekunden bis Minuten vorhersagt. Bereits in den frühen Tagen der Helios-Mission wurden die Feinheiten und Fallstricke der Plasmastabilitätsanalyse diskutiert, wenn diese sich auf idealisierte Dispersionsbeziehungen der Wellen gründet, die unter Verwendung von Modellverteilungen der Teilchen anstelle der tatsächlich gemessenen berechnet wurden.

Ein weiterer wichtiger physikalischer Aspekt kommt noch hinzu. Wie in Abschn. 4.6.1 diskutiert, erstrecken sich die elektromagnetischen Wellen im Sonnenwind über ein sehr breites Band von Wellenlängen und Frequenzen. Dabei wird nach Abb. 4.20 Energie über eine Kaskade stetig bis zu den Fluktuationen mit höheren Frequenzen transportiert, wo sie durch Absorption von den Ionen thermalisiert wird und diese dabei meist senkrecht zum Magnetfeld aufheizt. Dadurch baut sich eine Temperaturanisotropie auf, die hauptsächlich durch sogenannte kinetische Alfvén-Wellen (KAW) verursacht wird. Diese Anisotropie kann wiederum zu einer induzierten Instabilität der Ionen-GVn (Tab. 4.6) und dann zu erneuter Wellenanregung bei etwas anderen Frequenzen führen.

In Abb. 4.32 wird das Ergebnis einer statistischen Analyse der Stabilität von sehr vielen im Sonnenwind gemessenen GVn der Protonen gezeigt. Deren Temperaturanisotropie (Verhältnis der Temperaturen senkrecht und parallel zum Magnetfeld) wird als farbcodierte Häufigkeitsverteilung in einer Ebene gegen das parallele Plasmabeta (Verhältnis vom parallelen thermischen Druck zum Magnetfelddruck) dargestellt. Die vier Kurven geben Instabilitätsschwellen für die vier wichtigsten Instabilitäten (Tab. 4.6) an, die mit einer Temperaturanisotropie verbunden sind. Dabei wurde eine Anwachszeit der Instabilität von 100 Zyklotronperioden der Protonen angenommen. Ein signifikanter Anteil der farblichen Bins (kleine Quadrate) in der Abbildung liegt jenseits der zwei gepunkteten Schwellenlinien für die Anregung der resonanten Ionenzyklotronmode und der parallelen Firehose-

Tab. 4.6 Prominente kinetische Instabilitäten und davon angeregte Wellenmoden

Name der Instabilität	Freie Energiequelle	Angeregte Plasmawelle
Ionenzyklotron, LH	Temperaturanisotropie	Ionenzyklotron(IC)-Welle
Kein (kompressive ICW)	Turbulenzkaskade	Kinetische Alfvén-Welle (KAW)
Firehose (Schlauch) (parallel und schräg)	Temperaturanisotropie	Schnelle Mode ("fast mode", FM) und Whistler(W)-Welle
Elektronenzyklotron, RH	Temperaturanisotropie	Whistler-Welle
Ion-Ion-Beam, RH resonant	Beam kinetische Energie	FM und W
Ion-Ion-Beam, LH resonant	Beam kinetische Energie	Alfvén(A)- und IC-Welle
Elektron-Elektron-Beam	Beam kinetische Energie	Elektron Plasmawelle
Ion-Elektron-Drift	Differenzielle Bewegung	FM/W and A/IC
Elektron Wärmestrom	Schräge Elektronen-GV, Strahl	Ionenakustische Welle
Ion-Beam, Landau Resonanz	Beam kinetische Energie	Ionenakustische Welle

LH = linkshändige Polarisation, RH = rechtshändige Polarisation

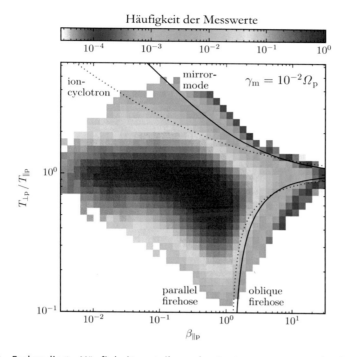

Abb. 4.32 Farbcodierte Häufigkeitsverteilung der Protonenparameter in einer Ebene aufgespannt von Temperaturanisotropie und parallelem Plasmabeta. Die Kurven geben Instabilitätsschwellen für die vier wichtigsten Instabilitäten (Tab. 4.6) an, die mit einer Temperaturanisotropie verbunden sind. Jedes Farbpixel enthält mindestens 25 Datenpunkte. Ein signifikanter Teil dieser Bins liegt jenseits der zwei gepunkteten Schwellenlinien für die Instabilität der resonanten Ionenzyklotronmode und der parallelen Firehose-Mode, während die kontinuierlichen Linien für den Schwellenwert der nichtresonanten Spiegelmode und der schrägen Firehose-Mode engere Grenzen (definiert durch blaue Pixel an den Rändern) in der gemessenen Farbverteilung setzen © D. Verscharen, K. G. Klein, B. A. Maruca, Living Rev. Solar Phys. (2019), Figure 21, (https://creativecommons.org/licenses/by/4.0), Textbearbeitung: U. v. Kusserow

Mode. Dagegen definieren die kontinuierlichen Linien für den Schwellenwert der nichtresonanten Spiegelmode und der schrägen Firehose-Mode etwas engere Grenzen (definiert durch blaue Pixel an den Rändern) für die Farbverteilung der Bins. Aus diesem Ergebnis der Stabilitätsanalyse kann man empirisch schließen, dass die meisten GVn der Protonen im Sonnenwind im Mittel recht stabil, aber manchmal auch leicht instabil gegenüber einer Anregung der genannten Wellenmoden sind.

Zukünftige direkte Simulationen der Entwicklung von Verteilungen der Teilchen im Phasenraum können dabei helfen, die richtigen Antworten über die lineare Stabilitätsanalyse hinaus zu finden. In der Plasmaphysik wurde dafür eine Vielzahl numerischer Codes entwickelt, und ihre Anwendung auf

Weltraumplasmen erscheint vielversprechend, da heute so viel empirisches Wissen über die Ionen- und Elektronenverteilungen sowie die Wellen- und Turbulenzspektren vorliegt. Im Vergleich mit diesen Daten und Beobachtungen können die Ergebnisse von Simulationen verlässlich getestet und die Gültigkeit von theoretischen Vorstellungen überprüft werden.

4.7.7 Schwere Ionen im Sonnenwind

Bisher wurde fast nur von Elektronen und Protonen im Sonnenwind gesprochen. Es gibt darin aber noch viele andere Teilchen, jedoch mit viel geringeren Häufigkeiten, wie z. B. die Alphateilchen (zweifach ionisiertes Helium) mit etwa 4 % der Anzahldichte der Protonen, und schwerere Elemente wie Kohlenstoff (C), Stickstoff (N), Sauerstoff (O), Neon (Ne), Eisen (Fe) sowie viele andere Metalle mit sehr geringen Häufigkeiten. In der Sonne macht die Massendichte all dieser Teilchen jedoch nur 2 % der gesamten Massendichte aus, die klar von Wasserstoff (H) und Helium (He) dominiert wird.

Mit Massenspektrometern (Kap. 2) werden die schweren Ionen im Sonnenwind in situ gemessen, aber auch aus weiter Ferne von der Sonne sind sie messbar mithilfe von optischen Spektrometern (Kap. 2), die die UV-Strahlung der Ionen in der Korona analysieren und davon einige ihrer Eigenschaften ableiten können. Aus der gemessenen Doppler-Verschiebung und -Verbreiterung solcher Emissionslinien kann man auf die Geschwindigkeit entlang der Sichtlinie des Beobachters und die Temperatur der Ionen schließen. Diese Methoden kommen ausgiebig bei den aktuell laufenden Missionen SO und PSP zur Anwendung.

Dabei ist ein hervorstechendes Merkmal all dieser schweren Ionen in der Korona der Sonne, dass ihre gemessenen Temperaturen noch viel höher sind als die der dominanten Protonen, und zwar stellen sie sich als proportional zu der Masse der Ionen heraus. Das ist eigentlich nur mit einer bevorzugten Heizung durch hochfrequente Plasmawellen zu erklären, die durch Zyklotronresonanz die Temperatur der Ionen senkrecht zum Magnetfeld vergrößern können.

Abb. 4.33 zeigt spektroskopische Messresultate für das fünffach ionisierte Sauerstoffatom, die vom UV-Koronagrafen (UVCS) auf der SOHO-Raumsonde gewonnen wurden. Die Messungen beziehen sich auf dichte, koronale geschlossene Magnetfeldstrukturen, die in diesem Licht besonders hell leuchten. Die Temperaturen von Sauerstoff sind bis zu einem Faktor 10 höher als die der Protonen. Die kältesten Teilchen sind dagegen die

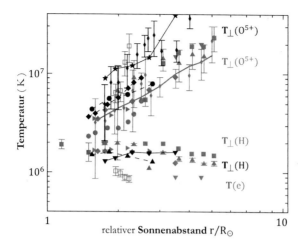

Abb. 4.33 Messpunkte (nach mehreren Datenquellen) der kinetischen Temperaturen von Sauerstoff (O^{5+}), Wasserstoff (H) und Elektronen (e), wie sie in verschiedenen solaren Streamern (auf ihrer Achse und an ihrem Rand) von UVCS auf SOHO als Funktion des Abstands von der Sonnenoberfläche gemessen wurden. Auffällig sind der starke Unterschied in den Temperaturen für die drei Spezies und der radiale Trend für Sauerstoff zu höheren Werten weiter weg vom Rand der Sonne. Der Beobachtungszeitraum erstreckt sich von 1996 bis 2008, nahe am solaren Minimum. Die Datenpunkte streuen stark und zeigen, dass die Heizung auch mit der Phase des Sonnenzyklus und somit der Magnetfeldstruktur in der Korona etwas variiert
© L. Abbo u. a. Space Science Reviews 201, 2016

leichten Elektronen. Bei einigen Sonnenradien Abstand von der Photosphäre erreichen die schweren Ionen Temperaturen von bis zu 10 Mio. Kelvin – ein überraschendes und bisher nicht zufriedenstellend erklärtes Rätsel.

Auch die In-situ-Messungen mit Plasmainstrumenten im Sonnenwind fern von der Korona haben ergeben, dass die schweren Ionen selektiv geheizt werden und eine höhere Temperatur als die Protonen und Elektronen aufweisen. Dafür kommt nach heutigem Verständnis eine Reihe von Plasmawellen infrage, von denen einige in Tab. 4.6 aufgeführt sind. Durch Absorption von Wellenenergie auf kleinen räumlichen und zeitlichen Skalen werden die Ionen aufgeheizt, und dieser Prozess findet auch im schnellen Sonnenwind sogar noch bis hinaus zu den Bahnen von Erde und Mars statt. Die kinetischen Plasmaprozesse, die zur Heizung der magnetisch offenen Korona führen, dauern offensichtlich lange an und setzen sich in den schnellen Sonnenwindströmen bis hinaus in die innere Heliosphäre fort.

Weiterführende Literatur

Baumjohann W, Treumann RA (1996) Basic space plasma physics. Imperial College Press, London UK

Cranmer S R, Winebarger A R (2019) The properties of the solar corona and its connection to the solar wind. Annual Review of Astronomy and Astrophysics, Annual Reviews US

Goosens M (2003) An introduction to plasma astrophysics and magnetohydrodynamics. Kluwer. Academic Publishers, Dordrecht, The Netherlands

Kusserow U von (2018) Chaos, Turbulenzen und kosmische Selbstorganisationsprozesse. Springer Spektrum, Berlin, Deutschland

Lamers HJGLM, Cassinelli JP (1999) Introduction to stellar winds. Cambridge University Press, Cambridge, UK

Lazar M (Hrsg) (2012) Exploring the solar wind. InTechOpen, London

Lazarian A, de Gouveia Dal Pino EM, Melioli C (Hrsg) (2015) Magnetic fields in diffuse media. Springer-Verlag, Berlin Heidelberg

Meier-Vernet N (2012) Basics of the solar wind. Cambridge University Press, Cambridge, UK

Narita Y (2012) Plasma turbulence in the solar system. Springer Briefs in Physics, Springer, Heidelberg Dordrecht London New York

Raouafi NE et al. (Hrsg) (2021) Space physics and aeronomy collection: volume 1: solar physics and solar wind. Wiley-VCH, Weinheim

Roberto B, Carbone V (2016) Turbulence in the solar wind. Springer International Publishing Switzerland

Sánchez Almeida JS, Paz Miralles M (2011) The sun, the solar wind, and the heliosphere. Springer Dordrecht Heidelberg London New York

Schwenn R, Marsch E (Hrsg) (1991a) Physics of the inner heliosphere, 1. Large-Scale Phenomena. Springer-Verlag, Berlin Heidelberg New York London Paris Tokyo Hong Kong Barcelona Budapest

Schwenn R, Marsch E (Hrsg) (1991b) Physics of the inner heliosphere, 2. Particles, Waves and Turbulence. Springer-Verlag, Berlin Heidelberg New York London Paris Tokyo Hong Kong Barcelona Budapest

Schrijver CJ, Bagenal F, Solka JJ (Hrsg) (2016) Heliophysics – active stars, their astrospheres and impacts on planetary environments. Cambridge University Press, Cambridge, UK

Treumann RA, Baumjohann W (1997) Advanced Space Plasma Physics. Imperial College Press, London, UK

Tu C-Y, Marsch E (1995) MHD structures, waves and turbulence in the solar wind – observations and theories. Kluwer Academic Publishers Springer Science+Business Media Dordrecht

Waltz J (2015) Handbook of solar wind. ML Books International – IPS, Neu Delhi

Wilson A (Hrsg) (1997) Fifth SOHO workshop – The corona and solar wind near minimum activity. ESA Publication Division, Noordwijk

5

Parker Solar Probe und Solar Orbiter

Inhaltsverzeichnis

5.1   Neue Epoche in der Erforschung der inneren Heliosphäre

Nach vielen Jahrzehnten erfolgreicher Messungen im Sonnensystem mit zahlreichen Satelliten und Raumsonden verstehen heute die Helio- und Plasmaphysiker den Sonnenwind aus Sicht der exakten Wissenschaften

© Springer-Verlag GmbH Deutschland, ein Teil von Springer Nature 2023
U. von Kusserow und E. Marsch, *Magnetisches Sonnensystem*,
https://doi.org/10.1007/978-3-662-65401-9_5

eigentlich recht gut. Aber können wir selbst seine Auswirkungen auch direkt und ohne Hilfsmittel beobachten oder erleben? Wie wirkt sich dieser magnetisierte Plasmawind auf die Magnetosphäre und Ionosphäre unseres Planeten Erde sowie auf kleinere Himmelsobjekte wie Kometen innerhalb der Heliosphäre aus? Wie bestimmt der Sonnenwind das Weltraumwetter, von dem er die dominante Komponente ist, besonders im Umfeld der Erde und in ihren hohen Atmosphärenschichten? Hat er sogar Auswirkungen auf unser Leben und die ganze irdische Gesellschaft?

Welche charakteristischen Eigenschaften der Sonnenwind besitzt, wurde in Kap. 4 ausführlich erläutert. Aber noch immer stellen sich den Wissenschaftlern wichtige Fragen. Warum verändert sich der Sonnenwind zeitlich und räumlich? Wo genau entsteht er an der Sonne, und welche physikalischen Prozesse treiben ihn dort an? Wie wird er in der Korona aufgeheizt und beschleunigt? Und welches besondere Interesse besteht in der heutigen Zeit an seiner intensiven Erforschung? Mit welchen neuen Methoden gelingt dies den Wissenschaftlern? Welche Rätsel möchte man unbedingt, aus welchen guten physikalischen Gründen, lösen?

Zur Beantwortung all dieser Fragen haben die ESA und NASA zwei innovative Missionen entwickelt und in die Realität umgesetzt (Abb. 5.1). In einer neuen Epoche der Erforschung von Sonne und Heliosphäre sollen diese Fragen mithilfe modernster Instrumente, geflogen auf zwei Raumsonden in Sonnennähe, bearbeitet und beantwortet werden. Die beiden prominenten, sich zurzeit im Orbit befindlichen Raumsonden Parker Solar Probe (PSP) und Solar Orbiter (SO) werden deswegen in diesem Kapitel ausführlicher besprochen und ihre wissenschaftlichen Ziele sowie einige der ersten Ergebnisse vorgestellt.

Abb. 5.2 zeigt die geringsten Sonnenabstände dieser beiden Raumsonden in der inneren Heliosphäre, die sie im Vergleich zu denen der historischen Helios-Mission und der aktuellen ESA-Mission BepiColombo zum Planeten Merkur im Verlauf ihrer Mission erreichen werden. In ihrem dichtesten Perihel wird PSP kurzzeitig sogar in einem Abstand von nur etwa neun Sonnenradien an der Oberfläche der Sonne vorbeifliegen. Damit ist PSP heute schon die von Menschenhand gebaute Raumsonde, die der Sonne jemals am nächsten gekommen ist.

Die hochelliptischen Bahnen von PSP und SO werden durch Vorbeiflugmanöver zunächst an der Erde und dann viele Male an der Venus ermöglicht (Abb. 5.3). Mit dieser raffinierten himmelsmechanischen Methode können Bahnveränderungen erzeugt werden. Dadurch können sowohl die Bahnebene (bei SO) als auch das Perihel (bei SO und PSP) geändert werden, um möglichst optimale Positionen für die In-situ- und

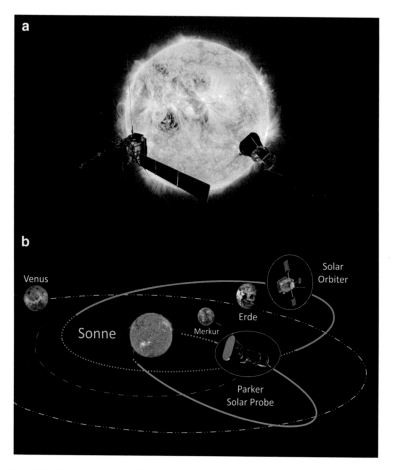

Abb. 5.1   Künstlerische Darstellungen von PSP und SO. **a** Die Raumsonden PSP und SO vor der Sonne. **b** Hochelliptische Orbits der Sonden um die Sonne und die nahezu kreisförmigen Umlaufbahnen der Planeten Merkur, Venus und Erde
How ESA's Solar Orbiter and NASA's Parker Solar Probe work together: sn.pub/b3NasN
Parker Solar Probe and Solar Orbiter Trajectories: sn.pub/GipBHq
Wissen um 11 – Parker Solar Probe und Solar Orbiter – Ulrich von Kusserow: sn.pub/YrsluP
© a Solar Orbiter: ESA/ATG medialab; Parker Solar Probe: NASA/Johns Hopkins APL, b ESA/NASA/JHUAP, U. v. Kusserow

Fernerkundungsmessungen nahe der Sonne zu erreichen. Die Nachteile dieser starken Annäherung an die Sonne sind aber eine vergleichsweise bescheidene Datenübertragungsrate im Vergleich zu einer Sondenposition nahe der Erde. Weiterhin besteht die Notwendigkeit, die Sonde vor der hier stärkeren Bestrahlung durch die Sonne zu schützen, damit die Nutzlast und Messinstrumente hinter einem Hitzeschild überleben und problemlos bei

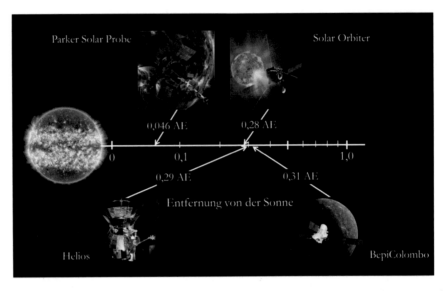

Abb. 5.2 Darstellungen der Abstände (maßstabgetreu in AE) der Sonden PSP und SO von der Sonne. Bis 2019 waren es die zwei deutsch-amerikanischen Raumsonden Helios, die der Sonne am nächsten gekommen waren. Die Sonden Mariner (1974) und Messenger (2011) der NASA waren bisher die einzigen, die den Planeten Merkur besucht hatten. Die 2021 gestartete Mission BepiColombo der ESA und der japanischen Weltraumagentur JAXA wird den Merkur in Zukunft wiederholt besuchen und erneut diesen Planeten und seine Magnetosphäre genauer erforschen © NASA/DLR/ESA (Zusammenstellung: U. v. Kusserow)

Zimmertemperatur funktionieren können. Der Sonnenstrahlung direkt ausgesetzte Antennen und Eintrittsöffnungen einiger Instrumente mussten aus besonders geeigneten Materialien gefertigt werden. Dies stellte eine große Herausforderung für die Techniker, Ingenieure und Experimentalphysiker dar, die diese bei SO und PSP offensichtlich gemeistert haben.

Die Geschwindigkeiten von PSP in den Perihelia sind beträchtlich und erreichen mit etwa 300 km/s sogar das Zehnfache der Umlaufgeschwindigkeit der Erde. Das ist so schnell, wie der langsame Sonnenwind strömt. Daher kommt der Sonnenwind im Bereich des Perihels auf die Raumsonde von der Seite zu, was die Teilchenmessinstrumente bei der Orientierung ihrer begrenzten Öffnungswinkel natürlich berücksichtigen müssen.

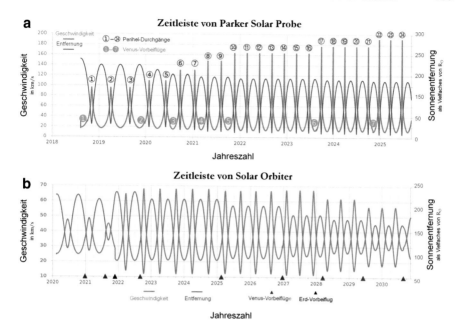

Abb. 5.3 Zeitleisten (in Jahren), anhand derer die zeitabhängigen Bahngeschwindigkeiten (in Kilometern pro Sekunde) und Entfernungen (in Sonnenradien) von der Sonne für die Sonden PSP (**a**) und SO (**b**) abgelesen werden können. Die Periheldurchgänge und Venusvorbeiflüge sind, wie in der Legende markiert, angegeben. Man beachte, dass beide Missionen eine ganze Dekade dauern sollen und die Erforschung von Sonne und Heliosphäre im Weltraum in den 2020er-Jahren entscheidend bestimmen werden
Parker Solar Probe – orbit and timeline: sn.pub/uNLAEU
Solar Orbiter's journey to the Sun: sn.pub/vlSzu5
© a NASA/JHUAPL, b ESA/NASA (Bearbeitung: U. v. Kusserow)

5.2   Wissenschaftliche Ziele und Instrumente von Parker Solar Probe

5.2.1 Wissenschaftliche Fragen

Mit der Mission Parker Solar Probe (PSP) (Abb. 5.4a–d) erhofft man sich, die folgenden wichtigen Fragen zur Entstehung des Sonnenwinds und der Beschleunigung solarer Teilchen beantworten zu können.

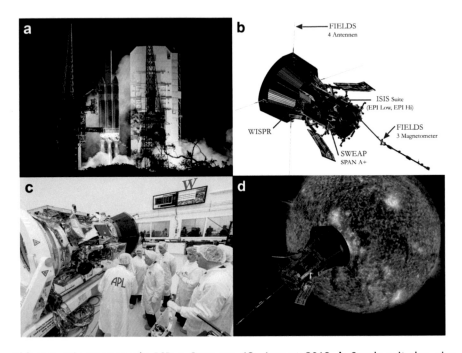

Abb. 5.4 Die Raumsonde PSP. **a** Start am 12. August 2018. **b** Sonde mit den vier Instrumenten ihrer Nutzlast, den Antennen und dem die Sonde schützenden Hitzeschild. **c** PSP am Ort ihrer Entstehung im Applied Physics Laboratory (APL) der Johns Hopkins University (JHU) zwischen Baltimore und Washington. Eugene Parker lässt sich gerade die Instrumente der nach ihm benannten Raumsonde erklären. **d** Künstlerische Darstellung der Sonde vor der Sonne, wie sie im UV-Licht des einfach ionisierten Heliums zu sehen ist
Parker Solar Probe Launch: sn.pub/Uqafwt
Webinar by Volker Bothmer – Pioneering exploration of the solar corona and near Sun environment: sn.pub/DjPgVh
CGAUSS Server für WISPR: sn.pub/NnzYpC
Parker Solar Probe – former SPP (Solar Probe Plus) Spacecraft Mission: sn.pub/YnfvGD
Parker Solar Probe Mission – Die Sonne zum Greifen nah (1/2): sn.pub/HnDZIU
Parker Solar Probe Mission – Die Sonne zum Greifen nah (2/2): sn.pub/dMTjKk
© NASA/JHUAPL (Bearbeitung: U. v. Kusserow)

1. Wie bestimmen Struktur und Dynamik der Magnetfelder die Quellen des Sonnenwinds?
   – Wie verbinden sich die Magnetfelder der Sonnenwindquellen in der Photosphäre mit der Heliosphäre?
   – Wie entwickeln sich die in der Korona beobachteten Strukturen im Sonnenwind?
   – Versorgen die Quellen den Sonnenwind gleich- oder unregelmäßig?

2. Wie erfolgt der Energiefluss bei der Koronaheizung und Sonnenwind-beschleunigung?
   – Wie wird Energie aus unteren Atmosphärenschichten in die Korona übertragen und abgeführt?
   – Welche koronalen Prozesse prägen die heliosphärischen Geschwindig-keitsverteilungen?
   – Wie wirken sich koronale Prozesse auf heliosphärische Sonnenwind-eigenschaften aus?

3. Welche Mechanismen beschleunigen und transportieren energetische Partikel?
   – Welche Rolle spielen Schocks, Rekonnexion, Wellen und Turbulenzen bei der Beschleunigung energetischer Teilchen?
   – Welche Quellpopulationen und physikalischen Bedingungen sind für die Beschleunigung der energetischen Teilchen erforderlich?
   – Wie werden energetische Teilchen in Abhängigkeit von der helio-grafischen Breite und Länge von der Korona radial nach außen in die Heliosphäre transportiert?

4. Welchen Einfluss haben staubige Plasmaphänomene auf den Sonnenwind und die Bildung energetischer Partikel?
   – Wie sieht die Staubumgebung der inneren Heliosphäre aus?
   – Wie entsteht der Staub, wie setzt er sich in der inneren Heliosphäre zusammen?
   – Welche Staub-Plasma-Wechselwirkungen gibt es in Sonnennähe?
   – Wie verändert Staub die Umgebung der Raumsonde in der Nähe der Sonne?
   – Welche physikalischen und chemischen Eigenschaften besitzen die durch Staub erzeugten größeren Teilchen?

5.2.2 Wissenschaftliche Instrumente

Um Antworten auf diese vielen Fragen zu bekommen, haben die Wissen-schaftler eine Reihe von modernen Instrumenten auf der PSP installiert, deren Daten ihre Erkenntnisse erweitern und vertiefen sollen. Es gibt die folgenden drei In-situ-Instrumente (Abb. 5.4b):

1. SWEAP (Solar Wind Electrons Alphas and Protons Investigation): Hiermit werden insbesondere die im Sonnenwind am häufigsten vor-kommenden Partikel (Elektronen, Protonen und Heliumionen gezählt

und deren Eigenschaften gemessen. Die Detektoren sollen auch einige der Partikel in einem speziellen, als Faraday-Cup bekannten Kondensator mit variablen Vorspannungen zur direkten Analyse ihrer Energien und Geschwindigkeiten einfangen.

2. FIELDS (Felder): Hiermit werden direkte Messungen von elektrischen und magnetischen Wellenfeldern, Funksignalen und Stoßwellen durchgeführt, die durch das Plasma der Sonnenatmosphäre laufen. Das Experiment dient auch als riesiger Staubdetektor, der Spannungssignaturen registriert, wenn Weltraumstaub auf die Antennen des Raumfahrzeugs trifft.

3. ISIS (Integrated Science Investigation of the Sun): Das Instrument besteht aus zwei Instrumenten, die mithilfe eines Massenspektrometers eine Bestandsaufnahme der chemischen Elemente in der Sonnen-atmosphäre durchführen, um so Ionen in der Nähe des Raumfahrzeugs zu analysieren und zu sortieren.

Außerdem gibt es auf der PSP-Raumsonde ein Fernerkundungsinstrument (Abb. 5.4b), das Bilder der Korona und der ganzen inneren Heliosphäre liefern kann.

WISPR (Wide-field Imager for Parker Solar Probe): Ein Teleskop, das Bilder der Sonnenkorona und des Sonnenwinds erstellt. Das Experiment kann die Elektronen des Sonnenwinds im Streulicht sehen. Aus den Messungen lassen sich z. B. 3-D-Bilder von Plasmawolken und Schocks erstellen, wenn diese sich der Raumsonde nähern und sie passieren. Diese Untersuchung ergänzt wesent-lich die Messungen der In-situ-Instrumente auf dem Raumfahrzeug.

5.3 Wissenschaftliche Ziele und Instrumente von Solar Orbiter

5.3.1 Wissenschaftliche Fragen

Mit der SO-Mission der ESA (Abb. 5.5a–d) erhoffen sich die Physiker die Beantwortung ähnlicher Fragen zum Sonnenwind und dem Weltraumwetter wie mit der PSP-Mission, aber darüber hinaus auch zur Funktionsweise des solaren Dynamos und zur Erzeugung des Magnetfelds. Neben vier In-situ-Instrumenten besitzt SO sechs leistungsfähige Fernerkundungsinstrumente, mit denen sich die Oberfläche und höhere Atmosphärenschichten der Sonne hochaufgelöst beobachten lassen. Zum ersten Mal kommen solche Instrumente in derart großer Sonnennähe in bis zu etwa 60 Sonnenradien Entfernung zum Einsatz. Die Strahlungsleistung der Sonne ist hier 13-mal so groß wie im Bereich der Erdbahn.

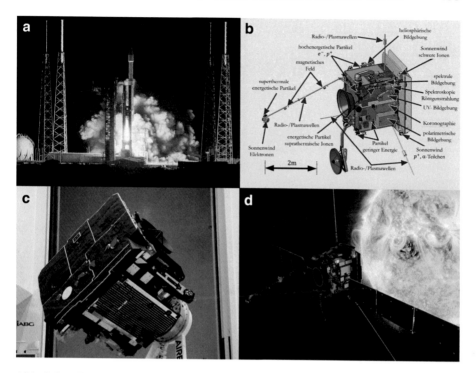

Abb. 5.5 Die Raumsonde Solar Orbiter der ESA. **a** Start am 10. Februar 2020. **b** Sonde mit den zehn Instrumenten ihrer Nutzlast, den Antennen sowie dem Hitzeschild (rechts). **c** Die fertig gestellte große und komplexe Sonde im Labor des Analyse- und Testdienstleistungsunternehmen IABG in Ottobrunn bei München vor ihrer Reise nach Cape Canaveral in Florida, USA. **d** Künstlerische Darstellung der Sonde vor der Sonne, wie sie sich im ultravioletten Licht einer Spektrallinie des hochionisierten Eisens darstellt
Solar Orbiter liftoff: sn.pub/z96HrK
Solar Orbiter Mission: sn.pub/pVG3JM
Die neuesten Ergebnisse von Solar Orbiter – Daniel Verscharen bei Faszination Astronomie: sn.pub/IVYykb
© a NASA/K. Shiflett, b STIX/ESA (Bearbeitung: U. v. Kusserow), c ESA/S. Corvaja, d ESA/ATG medialab

1. Was treibt den Sonnenwind an, und woher kommt das koronale Magnetfeld?
   - Was sind die Quellregionen des Sonnenwinds und des heliosphärischen Magnetfelds?
   - Welche Mechanismen heizen die Korona und erwärmen und beschleunigen den Sonnenwind?
   - Was sind die Quellen der Turbulenz im Sonnenwind, und wie entwickelt diese sich?

2. Wie erzeugen solare Magnetfeldausbrüche die Variabilität der Heliosphäre?
   - Wie entwickeln sich koronale Masseauswürfe (CMEs) in der inneren Heliosphäre?
   - Wie tragen CMEs zum solaren magnetischen Fluss und zur Erhaltung der magnetischen Helizität (Windungssinn des Felds) der Sonne bei?
   - Wie und wo bilden sich Schocks in der Korona und der inneren Heliosphäre aus?
3. Wie erzeugen Sonneneruptionen energetische Teilchenstrahlung, die die Heliosphäre füllt?
   - Wie und wo werden energetische Teilchen in der Sonnenatmosphäre beschleunigt?
   - Wie werden energetische Teilchen aus ihren Quellen freigesetzt und räumlich sowie zeitlich verteilt?
   - Was sind die Saatpopulationen für energetische Partikel?
4. Wie funktioniert der Sonnendynamo, und wie werden magnetische Verbindungen zwischen Sonne und Heliosphäre hergestellt?
   - Wie wird magnetischer Fluss zu hohen Sonnenbreiten und ins Sonneninnere transportiert?
   - Was sind die Eigenschaften des Magnetfelds bei hohen Sonnenbreiten?
   - Gibt es verschiedene Dynamoprozesse in der Sonne?

5.3.2 Wissenschaftliche Instrumente

Um befriedigende Antworten auf diese vielen Fragen zu bekommen, haben die Wissenschaftler zehn Instrumente auf dem SO installiert, deren Daten ihre Erkenntnisse erweitern und vertiefen sollen. Es gibt die vier folgenden In-situ-Instrumente (Abb. 5.5b):

1. EPD (Energetic Particle Detector): Misst die Zusammensetzung, das Timing und die Verteilungsfunktionen von suprathermalen und energetischen Partikeln. Zu den zu behandelnden wissenschaftlichen Themen gehören die Quellen, Beschleunigungsmechanismen und Transportprozesse dieser Partikel.
2. MAG (Magnetometer): Das Magnetometer liefert In-situ-Messungen des heliosphärischen Magnetfelds mit hoher Präzision. Dies ermöglicht detaillierte Studien darüber, wie sich das Magnetfeld der Sonne mit dem des Sonnenwinds verbindet und sich über den Sonnenzyklus entwickelt. Forschungsziele sind es auch herauszufinden, wie Teilchen beschleunigt

werden, wie sie sich im Sonnensystem, auch zur Erde hin, ausbreiten und
wie die Korona aufgeheizt und der Sonnenwind beschleunigt wird.

3. RPW (Radio and Plasma Waves): Das Experiment ist unter den SO-
Instrumenten insofern einzigartig, als es sowohl in situ als auch Fernerkundungsmessungen durchführt. RPW misst magnetische und
elektrische Felder mit hoher Zeitauflösung unter Verwendung einer Reihe
von Sensoren und Antennen, um die Eigenschaften elektromagnetischer
und elektrostatischer Wellen im Sonnenwind zu bestimmen.

4. SWA (Solar Wind Analyzer): Der Analysator besteht aus einer Reihe
von Sensoren, welche die Eigenschaften von Ionen- und Elektronen,
einschließlich ihrer jeweiligen Dichte, Geschwindigkeit und Temperatur
im Sonnenwind bestimmen und so den Sonnenwind im Abstand
zwischen 0,28 und 1,4 AE von der Sonne charakterisieren. Zusätzlich
zur Bestimmung der Masseeigenschaften des Winds liefert SWA auch
Messungen der Ionenzusammensetzung für einige Schlüsselelemente
(z. B. die C-, N-, O-Gruppe und Fe, Si oder Mg).

Des Weiteren gibt es die folgenden sechs optischen Instrumente zur Fernbeobachtung der Sonne vom elliptischen Orbit des SO aus:

1. EUI (Extreme Ultraviolet Imager): Es stellt Bildsequenzen der solaren
atmosphärischen Schichten über der Photosphäre bereit. Dies ermöglicht Erkenntnisse, die unverzichtbar sind, um die Verbindung zwischen
der Sonnenoberfläche, der äußeren Korona und dem Sonnenwind zu
erkennen. EUI wird später auch die ersten UV-Bilder der Sonne aus einer
nichtekliptischen Perspektive liefern, wenn SO die Sonne bei 34° solarer
Breite während der erweiterten Missionsphase beobachten kann.

2. Metis (Koronagraf): Metis wird gleichzeitig die sichtbare und ultraviolette
Emission der Sonnenkorona abbilden. Mit beispielloser zeitlicher und
räumlicher Auflösung werden die Struktur und die Dynamik der vollständigen Korona im Bereich von 1,4 bis 3,0 bzw. 1,7 bis 4,1 Sonnenradien
vom Sonnenzentrum aus diagnostiziert. Diese Region ist entscheidend für
die beabsichtigte Verknüpfung der solaren atmosphärischen Phänomene
mit ihren Auswirkungen in der inneren Heliosphäre.

3. PHI (Polarimetric and Helioseismic Imager): Dieser polarimetrische
und helioseismische Bildgeber liefert auf der Sonnenoberfläche hochauflösende und vollständige Messungen des Vektormagnetfelds und der
Sichtliniengeschwindigkeit (LOS) des Plasmas sowie der Lichtintensität
im sichtbaren Wellenlängenbereich. Die LOS-Geschwindigkeitskarten
verfügen über die erforderliche Genauigkeit und Stabilität, um detaillierte

helioseismische Untersuchungen des Sonneninneren, insbesondere der Sonnenkonvektionszone, zu ermöglichen.

4. SoloHI (Heliospheric Imager): Dieses Instrument wird sowohl den quasistetigen Fluss als auch vorübergehende Störungen im Sonnenwind über ein weites Gesichtsfeld abbilden, indem sichtbares Sonnenlicht beobachtet wird, das von den Elektronen in der Korona und im Sonnenwind gestreut wird. Es bietet einzigartige Messungen, um koronale Masseauswürfe zu lokalisieren und zu verfolgen.

5. SPICE (Spectral Imaging of the Coronal Environment): Dieses Instrument führt eine extreme UV-Bildgebungsspektroskopie durch, um die Plasmaeigenschaften der Sonnenkorona auf der Scheibe aus der Ferne zu charakterisieren. Dies ermöglicht die Korrelation der in situ gemessenen Ionenzusammensetzung von Sonnenwindströmen mit ihren Quellregionen nahe der Sonnenoberfläche.

6. STIX (X-ray Spectrometer/Telescope): Es ermöglicht bildgebende Spektroskopie der solaren thermischen und nichtthermischen Röntgenemission und liefert quantitative Informationen über den Ort, die Intensität und Spektren beschleunigter Elektronen sowie thermischer Hochtemperaturplasmen, die hauptsächlich mit Fackeln und/oder Flares assoziiert sind.

5.4   Erste Ergebnisse der Missionen

5.4.1 Sonnenwindaufnahmen mit WISPR

Mithilfe der zwei Teleskope des Wide-Field Imager Instruments für SO kann die Sonne zwar nicht direkt beobachtet werden. In dem Gesichtsfeld dieses Instrumentes, das sich über einen 13–108° von der Sonne entfernten Winkelbereich erstreckt, lassen sich aber die im Sonnenwind abströmenden Elektronen im von ihnen gestreuten Licht der Photosphäre beobachten und so ihre Dichte- und Geschwindigkeitsstrukturen bis hinein in die Sonnenkorona untersuchen. Mithilfe dieser Teleskope sowie durch In-situ-Messungen der anderen Instrumente können schließlich sogar 3-D-Bilder von Plasmawolken und Schocks im Sonnenwind erstellt werden, die sich der Raumsonde nähern und an ihr vorbeiziehen.

In Abb. 5.6a sind die komplexen koronalen Strukturen nach einer heftigen solaren Eruption zu erkennen, die vermittels des an Elektronen im Sonnenwind gestreuten Sonnenlichts sowie der im Detektor zunächst nur des vorderen WISPR-Teleskops registrierten Leuchtspuren von Staub-

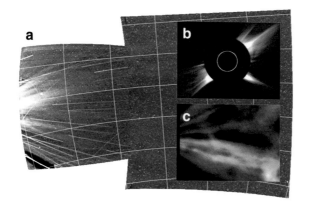

Abb. 5.6 Mithilfe der beiden WISPR Teleskope erstellte Aufnahme (**a**) des nach einer Sonneneruption besonders dynamisch abströmenden Sonnenwinds im Vergleich zu Sonnenwindaufnahmen von SOHO (**b**) und STEREO (**c**). Die lang gestreckten geradlinigen Leuchtspuren zeichnen die Bahnen von Staubpartikeln nach, die nach einer Sonneneruption beim Auftreffen von stark beschleunigten Sonnenwindpartikeln verstärkt aus dem Schutzschirm von PSP herausgeschlagen und nacheinander mit den CCD-Kameras der beiden Teleskope registriert werden
Parker Solar Probe's WISPR Images Inside The Sun's Atmosphere: sn.pub/6CIJJE
WISPR U.S. Naval Research Laboratory: sn.pub/xcA1TLSOHO Observation Videos: sn.pub/MuzjAt
Snapshots from the Edge of the Sun: sn.pub/1134YT
See The Solar Wind: sn.pub/LtJ3YW
© a NASA/Johns Hopkins APL/Naval Research Laboratory, b ESA/NASA, c ESA

partikeln sichtbar werden. Abb. 5.6b und c zeigen im Vergleich dazu ebenfalls Aufnahmen eines dynamisch abströmenden Sonnenwinds, einhergehend mit Sonneneruptionen, die mithilfe von Instrumenten der Sonnensonden SOHO und STEREO gemacht wurden.

5.4.2 Wellen und Turbulenz im Sonnenwind

In Kap. 4 wurde ausführlich über Wellen und Turbulenz im Sonnenwind berichtet. Dabei stellte sich durch die Messungen der Helios-Missionen heraus, dass die Wellenaktivität bei Annäherung an die Sonne generell stärker wird. Eine spannende Frage war es daher, ob sich dieser Trend in den Messungen von PSP fortsetzen würde. Tatsächlich ist dies der Fall, wie die ersten Ergebnisse von PSP in Abb. 5.7 zeigen. Selbst im langsamen Sonnenwind wurden meist intensive Alfvén-Wellen (Abb. 5.7c und d) sowie die selteneren kompressiven Fluktuationen (Abb. 5.7a) und vereinzelte Plasmajets (Abb. 5.7e) beobachtet. In Abb. 5.7b werden auch Messergebnisse der Energiestromdichte im Sonnenwind gezeigt, die für das theoretische Verständnis seiner Heizung und Beschleunigung sehr wichtig sind.

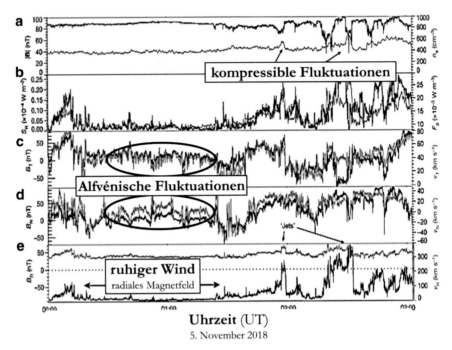

Abb. 5.7 Zeitliche Entwicklung der Wellen und Turbulenzen im Sonnenwind, wie sie von PSP am 5. November 2018 im Abstand von etwa 60 Sonnenradien von der Sonne im Verlauf von drei Stunden gemessen wurden. **a** Betrag des Magnetfeldvektors und Dichte der Protonen. **b** Energiestromdichte und Heizungsrate des Plasmas. **c, d** und **e** Die drei Komponenten des Magnetfelds und der Strömungsgeschwindigkeit (R, N und T bezeichnen die radiale, normale und transversale Komponente). Die verschiedenen Sonnenwindströme und Arten von Wellen sind gekennzeichnet. Auffällig sind hohe Korrelationen in den Vektorkomponenten, wie sie für Alfvén-Wellen charakteristisch sind, die hier im langsamen Sonnenwind auftreten. Sporadische Druckschwankungen magnetoakustischer Wellen sind ebenfalls zu erkennen
Parker Solar Probe: Understanding Coronal Heating and Solar Wind Acceleration – Dr. Marco Velli: sn.pub/zezd1w
© S. D. Bale u. a., (Bearbeitung: U. v. Kusserow)
Highly structured slow solar wind emerging from an equatorial coronal hole, S. D. Bale et al., Nature volume 576, pages237–242 (2019), Figure 2

5.4.3 Magnetfeldumkehrungen

Mithilfe der Plasma- und Magnetfeldexperimente konnten bei Annäherung von PSP an die Sonne häufiger verschiedene Arten von sogenannten Switchbacks (SBs, „Umkehrungen") des Magnetfelds im Sonnenwind entdeckt werden. Die SBs sind mit dem Sonnenwind mitbewegte rasche Umschwünge oder Rückwärtsdrehungen des lokalen Magnetfelds, das hier vorübergehend eine umgekehrte Ausrichtung im Vergleich zur Parker-Spirale in seiner Umgebung hat. Solche Ereignisse waren zwar schon früher von Helios und Ulysses, allerdings in geringerer Anzahl bei größeren Abständen von der Sonne und nur sporadisch, beobachtet worden. Die Forscher meinen, in ihnen Plasmasignaturen aus der Korona selbst zu erkennen, die mit der Beschleunigung des Sonnenwinds in ursächlichem Zusammenhang stehen. Abb. 5.8 illustriert beispielhaft anhand von Daten, wie sich solche Magnetfeldumkehrungen zu erkennen geben. Die SBs kommen mit sehr unterschiedlichen Profilen der Magnetfeldkomponenten vor und dauern auch verschieden lange.

Die plasmaphysikalische Interpretation der SBs und ihre vermutliche Herkunft in der Korona sind zurzeit noch umstritten. Einige mögliche Entstehungsszenarien von SBs werden in Abb. 5.9 veranschaulicht. In Abb. 5.9a wird das Auftreten der SBs im schnellen Sonnenwind aus einem Koronaloch künstlerisch dargestellt. In Abb. 5.9b werden verschiedene Szenarien für deren Entstehung in der unteren Korona illustriert.

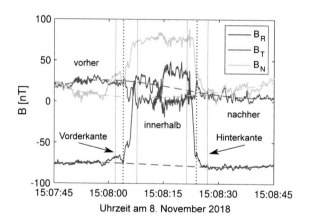

Abb. 5.8 Beispielhafte Magnetfeldumkehrung, wie sie von PSP gemessen wurde. Dargestellt sind die drei Komponenten des Magnetfelds (R, N, und T bezeichnen die radiale, normale und transversale Komponente). An der blauen Kurve ist die Umkehrung der radialen Komponente deutlich zu erkennen. Auch die ockergelb dargestellte normale Komponente zeigt einen Sprung. Das ganze Switchback-Ereignis dauert nur etwa 20 s
NASA Enters the Solar Atmosphere for the First Time, Bringing New Discoveries: sn.pub/EfZZv9
Parker Solar Probe: The Origins of Switchbacks: sn.pub/XxdTDt
Parker Solar Probe – News Archive: sn.pub/iHWbac
© A. Larosa u. a. 2021, A&A, 650, A3 (Bearbeitung: U. v. Kusserow)

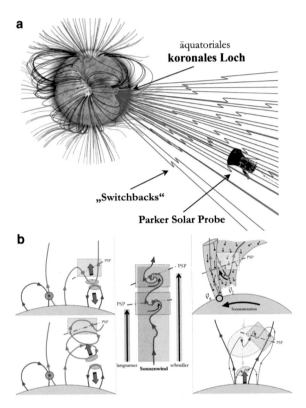

Abb. 5.9 Einige mögliche, aber noch spekulative Entstehungsszenarien von lokalen Magnetfeldumkehrungen in der Korona, die sich als Switchbacks im Sonnenwind manifestieren, wie in **a** gezeigt. Detaillierte Szenarien möglicher Ursachen für die Entstehung von SBs in der unteren Korona sind in **b** dargestellt. Dabei kann magnetische Rekonnexion eine wesentliche Rolle spielen
Switchbacks Science: Explaining Parker Solar Probe's Magnetic Puzzle: sn.pub/wvlNRV
© a NASA/JHUAPL, b U. v. Kusserow/E. Marsch

- Einige Forscher meinen, die SBs entstünden durch die Wechselwirkung von offenen und geschlossenen Feldlinien in Form magnetischer Rekonnexion in der unteren Korona, wie in Abb. 5.9b (links unten) illustriert. Dabei würden Verbiegungen der Feldlinien erzeugt, die mit dem Sonnenwind fortgetragen werden.
- Andere behaupten dagegen, ein SB sei nicht nur ein Knick in der Magnetfeldlinie. Wie in Abb. 5.9b (links oben) illustriert, gehen sie davon aus, dass nach der Rekonnexion eine gewundene magnetische Struktur, einem dicken „magnetischen Seil" („flux rope") ähnelnd, entstünde. Beim Durchfliegen würde PSP unter Umständen sogar mehrere, zeitlich aufeinanderfolgende SBs beobachten können.

- Wieder andere glauben, die SBs seien Relikte großer magnetischer Eruptionen in der Korona, die eine Verbiegung des vom Sonnenwind mitgeschleppten großräumigen Magnetfelds zur Folge habe (Abb. 5.9b, rechts unten).

- Eine große Gruppe von Forschern meint jedoch, dass SBs eine Art von nichtlinearen, gesteilten Wellen seien, die immer wieder im expandierenden Sonnenwind als Komponenten der magnetohydrodynamischen Turbulenz in der Korona entstünden (Abb. 5.9b, Mitte). Es gibt auch neue numerische Simulationen, die mit dieser Vorstellung im Einklang sind.

- Eine weitere Erklärung beruht auf der makroskopischen Geometrie des Magnetfelds in der Korona. Dieses Szenario ist in Abb. 5.9b (Mitte und rechts) illustriert. Man nimmt dabei an, dass zunächst eine schwächer gekrümmte Spirale innerhalb einer Verdünnungszone des Sonnenwinds erzeugt wird. Dabei wandern Fußpunkte der Magnetfeldlinien aus der Quelle vom schnellen in die vom langsamen Strom und stellen so magnetische Verbindungen her durch die Scherungsschicht (den Geschwindigkeitsgradienten) des Sonnenwinds hindurch. Wenn sich umgekehrt Fußpunkte aus der Quelle vom langsamen in die vom schnellen Strom bewegen, bildet sich in ihm eine stärker gekrümmte Spirale aus. Dabei entsteht eine einseitige Querströmung entlang des Felds, aber weiter draußen reduziert sich diese Komponente wieder relativ zur radialen Komponente und entwickelt sich dann in eine Feldumkehr, die als SB mit dem Sonnenwind hinausgeschwemmt wird.

Viele Forscher argumentieren übereinstimmend, dass in der Korona der Prozess der Rekonnexion andauernd stattfindet. Dabei können sich gegenläufig orientierte Feldlinien verbinden und wieder trennen. Dadurch entsteht ein Knick auf einer offenen Feldlinie, der vom Sonnenwindstrom mitgeführt wird. Passiert dies schnell, kann dann ein ganzer Schwall von SBs generiert werden.

Die neueste Erklärung für die SBs glauben die Wissenschaftler darin gefunden zu haben, dass deren in situ gemessenen Skalen und Winkelabmessungen gut zu den Abmessungen der magnetischen Strukturen im chromosphärischen Netzwerk und in der Übergangszone der Sonne passen und dass sie daher als Überreste der magnetischen Trichter und Supergranulen (Abschn. 4.2.2) in diesen unteren Schichten der Korona interpretiert werden könnten. Die neuesten Messungen der Raumsonde PSP im Perihelbereich unterhalb von 0,12 AE suggerieren, dass die SBs dort ihren Ursprung gehabt haben und durch komplexe magnetische Aktivität (Abb. 5.9) entstanden sein könnten.

Es muss aber betont werden, dass die SBs einer direkten Beobachtung in der Korona durch die In-situ-Messungen am Perihel durch die PSP-Mission der NASA und selbst durch die SO-Mission der ESA mit optischer Fernerkundung nur beschränkt zugänglich sein werden. Deshalb bleiben die Wissenschaftler auch sehr auf die Ergebnisse von Modell- und numerischen Simulationsrechnungen angewiesen. Mit PSP und SO gibt es aber viel zu erforschen und insbesondere genauer herauszufinden, wie oft und wo die SBs noch näher an oder in der Korona auftreten und wie es um ihre mikroskopische Natur bestellt ist.

5.4.4 Lagerfeuer im ultravioletten Licht

Eine der unerwarteten Entdeckungen von Solar Orbiter, die mit dem EUI-Instrument gemacht wurden, sind die Campfires („Lagerfeuer"). Sie stellen Emissionen im ultravioletten Licht aus kleinen Bereichen der unteren Korona dar, die in lokalen starken Magnetfeldern nahe der Sonnenoberfläche entstehen und bisher nicht aufgelöst oder einfach übersehen wurden. Abb. 5.10 zeigt exemplarische Beispiele dieser Lagerfeuer.

Lagerfeuer in der unteren Korona, die in einigen Tausend Kilometern über der Photosphäre entstehen, werden als sehr kleine Flares (Lichtblitze) interpretiert, die durch magnetische Prozesse energetisch angetrieben werden. Ihre Zahl ist immens, und sie treten überall und immer wieder auf. Man nimmt daher an, dass sie insgesamt einen wesentlichen Beitrag zur Heizung der Korona leisten könnten. Sie wurden im Mai 2020 zum ersten Mal im ersten Perihel von SO beobachtet, als die Sonde nur 77 Mio. Kilometer von der Sonne entfernt war. Dies entspricht etwa der halben Distanz zwischen der Erde und unserem Stern. Kein anderes Raumfahrzeug hatte bis dahin Bilder der Sonne und ihrer Korona aus einer so kleinen Distanz machen können.

5.4.5 Ultraviolettes Linienspektrum der Sonnenatmosphäre

Mit dem Ultraviolettspektrometer SPICE auf SO lassen sich prominente und helle Spektrallinien (Abb. 5.11) von verschiedenen Ionen unterschiedlicher Elemente (von neutralem Wasserstoff, und Ionen von Kohlenstoff, Sauerstoff, Stickstoff, Neon, Schwefel, bis hin zu Eisen) messen. Diese Spektrallinien werden in Schichten der Sonnenatmosphäre emittiert, welche von der Chromosphäre über die Übergangszone bis in die Korona

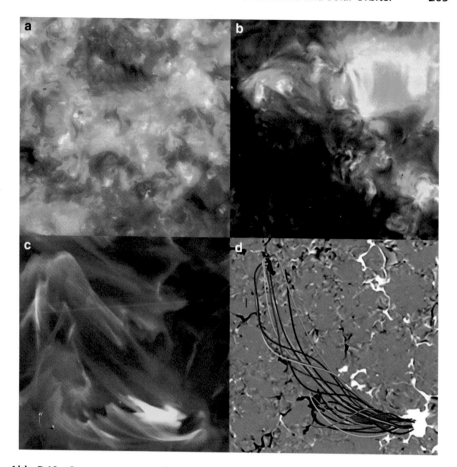

Abb. 5.10 Sogenannte Lagerfeuer, die in der unteren Korona durch das Instrument EUI von SO entdeckt wurden. Sie werden als sehr kleine Flares interpretiert, die durch magnetische Prozesse energetisch angetrieben werden. **a** Mit einer Kantenlänge von etwa 13 000 km wird ein Ausschnitt der Sonnenkorona im Licht der Eisenlinie bei 17,4 nm gezeigt. Bei einer Entfernung von 0,56 AE des SO von der Sonne beträgt die räumliche Auflösung etwa 200 km. Die vielen kleinsten hellen Flecken sind die Emissionen dieser Lagerfeuer. Sie dauern etwa 1 min und haben eine Ausdehnung von einigen Tausend Kilometern. **b** Zwei vergrößert dargestellte intensive Lagerfeuer (kleine helle Punkte links) im Vergleich zu einem großen Aktivitätsgebiet (rechts). **c** und **d** Ergebnisse von Simulationsrechnungen der EUV-Emission (links) und des Magnetfelds (farbige Linien rechts) für ein Lagerfeuer. **d** Das Magnetfeld des Lagerfeuers wurde auf Grundlage des in der Photosphäre (weiß über grau bis schwarze Codierung) gemessenen Magnetfelds errechnet

‚Campfires' offer clue to solar heating: sn.pub/BQxFdt

Solar Orbiter publishes a wealth of science results from its cruise phase: sn.pub/Lrpjgq

Solar Orbiter – Latest: sn.pub/77Qq2S

© a und b Solar Orbiter/EUI Team (ESA & NASA); CSL, IAS, MPS, PMOD/WRC, ROB, UCL/MSSL, c und d Y. Chen u. a. (2021), (Zusammenstellung: U. v. Kusserow)

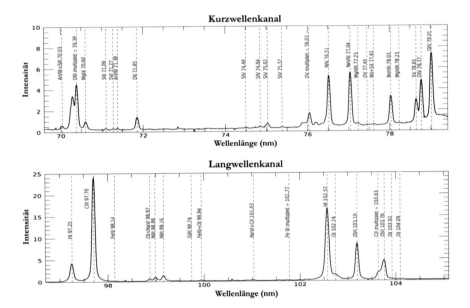

Abb. 5.11 Linienspektrum, gemessen vom SPICE-Spektrometer auf SO in zwei Bändern im ultravioletten Wellenlängenbereich. Diese prominenten Linien verschiedener Ionen unterschiedlicher Elemente werden dazu benutzt, um Parameter wie Dichte, Temperatur und Geschwindigkeit der Ionen in der Sonnenatmosphäre zu bestimmen
© A. Fludra u. a. 2021, A&A, 656, A38 (Bearbeitung: U. v. Kusserow)

reichen und den Temperaturen des Plasmas von 20 000 K bis 1 Mio. K, in Flares bis zu 10 Mio. K entsprechen. Wie anhand von Abb. 2.7 erläutert wurde, kann man mithilfe des Doppler-Effekts aus den gemessenen Linienverschiebungen die Geschwindigkeit der bewegten Ionen, aus der Linienbreite die kinetische Temperatur und aus der Linienintensität die Dichte der emittierenden Ionen ermitteln.

Damit sind aus diesen Fernerkundungsmessungen sehr wichtige Parameter der Ionen bestimmbar. Sie geben Aufschluss über die lokalen Bedingungen in der Sonnenatmosphäre und können wiederum mit den In-situ-Messungen der gleichen Ionen verglichen werden, wenn diese sich mit dem Sonnenwind bis hinaus zur Raumsonde bewegt haben. Damit ist die Zurückführung der Ionen auf ihre Quellen an der Sonne möglich geworden, was ein besonderes Ziel der SO-Mission und ein Alleinstellungsmerkmal seiner Nutzlast ist. Die in Abb. 5.11 dargestellten beiden spektralen Fenster enthalten genau solche ausgewählten Linien, welche diese diagnostischen Schlüsse erlauben. Sie sind daher von großem Wert für die Erforschung des Ursprungs des Sonnenwinds und seiner chemischen Komposition. Die Messungen wurden mit Belichtungszeiten von nur wenigen Sekunden bis Minuten und zum ersten Mal in der Wissenschaftsgeschichte bei einem Abstand der Sonde von der Sonne von nur 0,52 AE (erstes Perihel von SO) gemacht. Durch Rastern mit dem Spalt über die Sonnenscheibe lassen sich auch vollständige Bilder im Licht dieser ultravioletten Linien gewinnen.

5.4.6 Bestimmung der Geschwindigkeit des Sonnenwinds

Der UVCS-Koronagraf und -Spektrograf auf der Sonnensonde SOHO war so konstruiert worden, dass er die Ausströmungsgeschwindigkeit des Sonnenwinds in der äußeren Korona mithilfe der sogenannten Doppler-Dimming-Methode messen konnte. Dabei wird das in der Korona elastisch gestreute Licht der ultravioletten Lyman-alpha-Linie des neutralen Wasserstoffs gemessen, das von der unteren Chromosphäre ausgesandt wurde. Verschiebt sich die im Spektrografen gemessene Lyman-Linie relativ zu ihrer Ruheposition im Labor durch die Plasmabewegung in der Korona, dann schwächt sich dieses Streulicht im Spektrografen an Bord der Raumsonde ab („dimming"). Diese Verminderung der Intensität ist ein Maß für die Geschwindigkeit des Plasmas. Metis auf SO stellt eine wesentliche Verbesserung von UVCS dar. Es hat am 15. Mai 2020 die ersten Bilder der ausgedehnten ultravioletten Korona geliefert und die Geschwindigkeit des langsamen Winds in Sonnennähe gemessen.

Die Resultate der Metis-Beobachtungen sind in Abb. 5.12 gezeigt. In einer Ebene, die senkrecht zur Ekliptik steht, ist die Korona als Funktion der solaren Breite farbcodiert dargestellt. Der Abstand ist in Sonnenradien angegeben. In Abb. 5.12a wird zusätzlich das Magnetfeld der Sonne gezeigt, wie es sich aus Messungen des Magnetfelds in der Photosphäre der Sonne und durch Extrapolation anhand von Modellrechnungen ergibt. Damit lassen sich die Strömungsmuster des Plasmas den solaren Magnetfeldstrukturen zuordnen. Abb. 5.12a ist eine Zusammensetzung von zwei Bildern der Korona, wie sie vom Mauna-Loa-Sonnenobservatorium auf Hawaii aus (blau) und zugleich von Metis an Bord von SO (rot) beobachtet wurde. Der Gürtel von hellen Lichtfahnen („streamers") mit geschlossenen Magnetfeldern um den Äquator der Sonne herum ist gut zu erkennen. Aus diesem „Streamer Belt" kommt der langsame Sonnenwind.

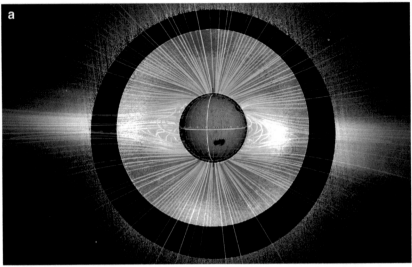

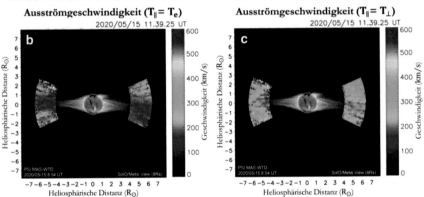

Abb. 5.12 Geschwindigkeit des Sonnenwinds in der Sonnenkorona, die mithilfe der Doppler-Dimming-Technik bestimmt wurde, die das Instrument Metis auf SO verwendet. **a** Kompositbild aus dem berechneten Magnetfeld der Sonne und zwei Bildern der Korona, die in Blau das Streulicht der Elektronen (vom Koronagrafen auf Hawaii) und in Rot das polarisierte Streulicht (von Metis auf SO) im sichtbaren Bereich von 580–640 nm zeigen. **b** und **c** Farbcodiert dargestellte Geschwindigkeit des Sonnenwinds für verschiedene Annahmen der Temperaturverhältnisse der Protonen und Elektronen. Gut zu erkennen ist die Zunahme der Geschwindigkeit mit wachsender heliografischer Breite hin zu Regionen mit offenen Magnetfeldlinien
© M. Romoli u. a. 2021, A&A, 656, A32 (Bearbeitung: U. v. Kusserow)

5.4.7 Neuigkeiten von PSP und SO

Am 28. April 2021 um 9:33 Uhr UT trat die PSP als erstes Raumfahrzeug in der Geschichte der Menschheit direkt in die magnetisierte Korona der Sonne ein. In einer Höhe von nur 13 Mio. Kilometern über der solaren Photosphäre durchkreuzte die Sonde die Alfvén-Fläche, innerhalb derer die Strömungsgeschwindigkeit des entstehenden Sonnenwinds bei einer Machzahl von 0,79 kleiner als die Alfvén-Geschwindigkeit war. Die PSP hielt sich für etwa 5 h in der Korona auf, was sich auch daran erkennen ließ, dass der magnetische Druck hier größer als der thermische Druck von Elektronen und Protonen war. Die durchflogene Region der Korona wurde identifiziert als Teil eines Streamers niedriger Plasmadichte, dessen Magnetfeldstruktur durch theoretische Abbildung der Magnetfelder von der Photosphäre in die Korona mithilfe der Methode der Potenzialfelder (Abschn. 4.4.1) rekonstruiert werden konnte. Dieses Ereignis war ein wirklicher Meilenstein in der modernen Geschichte der Physik von Sonne und Heliosphäre und ein Glanzlicht für die moderne Weltraumplasmaphysik.

Während die NASA-Raumsonde PSP zu diesem Zeitpunkt bereits zehn Periheldurchgänge erlebt hatte, erfolgte am 26. März 2022 in einem Abstand von etwa 0,3 AE der historisch erste nahe Vorbeiflug von SO an der Sonne (Abb. 5.3). Bereits am 15. Februar dieses Jahres konnte diese ESA-Raumsonde den größten Ausbruch einer Sonnenprotuberanz beobachten, der jemals so relativ nahe an der Sonne zusammen mit der gesamten Sonnenscheibe in einem einzigen Bild aufgenommen werden konnte (Abb. 5.13b). Auf dieser mit dem Full Sun Imager (FSI) des Extreme-Ultraviolet-Imager(EUI)-Instruments aufgenommen Abbildung sind die relativ dichten, über der Sonnenoberfläche schwebenden Konzentrationen von Sonnenplasma zu sehen, die durch verschlungene solare Magnetfelder zusammengehalten werden.

Aus einer Entfernung von etwa 75 Mio. Kilometern, also ziemlich genau zwischen Erde und Sonne, wurde im extrem ultravioletten Licht mit diesem Instrument am 7. März auch ein aus 25 Einzelbildern bestehendes Mosaikbild der Sonne aufgenommen, welches die Millionen Grad Celsius heiße Sonnenkorona zeigt. In Abb. 5.13a wird eine Serie von drei Aufnahmen gezeigt, bei denen in einen Ausschnitt des ganz links abgebildeten ausgedehnten Aktivitätsgebietes hineingezoomt wurde. Abb. 5.13c veranschaulicht mit besonders hoher Auflösung die komplexen Strukturen der magnetischen Felder in drei anderen Aktivitätsgebieten auf der Sonne.

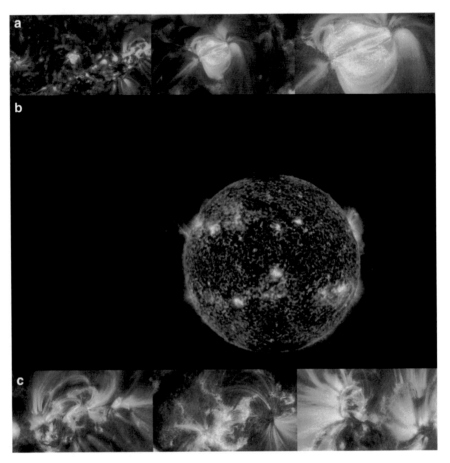

Abb. 5.13 Aufnahmen des Extreme-Ultraviolet-Imager(EUI)-Instruments von SO. **a** Hineinzoomen in das ganz links abgebildete Aktivitätsgebiet. **b** Gewaltiger koronaler Masseauswurf nach der Eruption einer Protuberanz am Rand der magnetisch aktiven Sonne. **c** Hochaufgelöste Veranschaulichung magnetischer Feldstrukturen in drei unterschiedlichen Aktivitätsgebieten
Giant solar eruption seen by Solar Orbiter: sn.pub/uKDGHH
Zooming into the Sun with Solar Orbiter: sn.pub/BMxB3g
© a und c ESA & NASA/Solar Orbiter/EUI team; Data processing: E. Kraaikamp (ROB), b Solar Orbiter/EUI and SOHO/LASCO teams, ESA & NASA

Weiterführende Informationen im Internet

Parker Solar Probe – eoPortal Directory, sn.pub/KlEGSL
Solar Orbiter Mission – eoPortal Directory, sn.pub/aUuXZU

6

Hindernisse im Sonnenwind

Inhaltsverzeichnis

Auf ihrem Weg durch das Sonnensystem treffen die von der Sonne ausgehenden magnetisierten Sonnenwindströme, die solaren energiereichen Partikel und die koronalen Masseauswürfe mit ihren relativ starken Magnetfeldern auf eine Vielzahl verschiedener Hindernisse. Sie unterscheiden sich deutlich hinsichtlich ihrer Größen, Eigenschaften sowie Entfernungen von der Sonne. Diese sich dem Sonnenwind in den Weg stellenden Hindernisse können von unbedeutenden kleinsten Staubpartikeln bis hin zu massereichen Materieansammlungen (Planeten, Monden, Asteroiden, Kometen, Meteoriden) reichen. Einige dieser kompakten Objekte sind von zeitlich und räumlich variablen Magnetfeldern durchsetzt, die durch Dynamoprozesse in ihnen selbst erzeugt werden, wie man es ja von der Erde kennt. In diesem Fall tritt der Sonnenwind zunächst mit dem Magnetfeld des Hindernisses in intensive Wechselwirkung. Dabei bildet sich eine Magnetosphäre aus (mehr dazu siehe Kap. 8). Besitzt ein Objekt kein eigenes

© Springer-Verlag GmbH Deutschland, ein Teil von Springer Nature 2023
U. von Kusserow und E. Marsch, *Magnetisches Sonnensystem*,
https://doi.org/10.1007/978-3-662-65401-9_6

Magnetfeld, wie z. B. die Venus, dann trifft der Sonnenwind direkt auf seine mehr oder weniger dichte Atmosphäre oder feste Oberfläche.

Abb. 6.1 veranschaulicht einige typische Hindernisse, auf die die von der Sonne ausgehenden Teilchenströme, hochenergetische solare Partikel sowie interplanetare koronale Masseauswürfe (ICMEs) in der Heliosphäre treffen können. Neben den terrestrischen, Gas- und Eisplaneten sowie Monden, die in ganz unterschiedlichen Sonnenabständen von Magnetosphären, Ionosphären oder zumindest dünnen Atmosphären umgeben sind, handelt es sich hierbei auch um Asteroiden, vorwiegend im Inneren der Jupiterbahn,

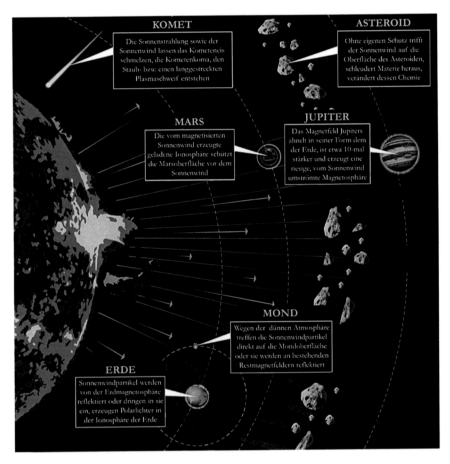

Abb. 6.1 Künstlerische Darstellung von Magnetosphären im Sonnensystem, den terrestrischen Planeten Erde und Mars, dem Erdmond, den Asteroiden und einem Kometen als Hindernisse im Sonnenwind
The Solar Wind Across Our Solar System: sn.pub/wtFvXi
NASA ScienceCasts: Effects of the Solar Wind: sn.pub/fsFOYq
© NASA/GSFC/M. P. Hrybyk-Keith (Text: U. v. Kusserow)

sowie Kometen, die auf ihren lang gestreckten Orbits in großer Sonnennähe besonders lang gestreckte Schweifstrukturen ausbilden können (Kap. 7). Darüber hinaus treffen die Sonnenwindpartikel im allerdings extrem dünnen Medium auch auf Gas- und Staubpartikel. Im Außenbereich der Heliosphäre sorgen die dort einströmenden, magnetisierten interstellaren Winde als auch die Teilchen der hochenergetischen kosmischen Strahlung für eine teilweise Abbremsung des Sonnenwinds sowie die Ausbildung einer riesigen Bugstoßwelle vor der ganzen Heliosphäre.

6.1 Bugstoßwellen vor magnetischen Hindernissen

Trifft der Sonnenwind auf magnetisierte Hindernisse, so spürt er deren Magnetfeld zuerst, presst es aufgrund seines Staudrucks sonnenseitig zusammen und zerrt magnetisch an seiner Rückseite. Dabei verdichten sich die Magnetfeldstrukturen, staut sich die Sonnenwindmaterie und wird etwas aufgeheizt. Der Sonnenwind umströmt solche Hindernisse jedoch seitlich und sorgt durch Faltung seiner magnetischen Felder um das Hindernis herum für die Ausbildung lang gestreckter magnetischer Schweife auf der jeweils sonnenabgewandten Seite. Dagegen werden felsartige nicht magnetisierte Hindernisse, auf deren harter Oberfläche sich kaum ionisierte Plasmamaterie ausbilden und in deren Umfeld deshalb auch keine „Magnetosphäre" induziert werden kann, vom Sonnenwind vergleichsweise ungestört und ruhig umströmt.

Da der Sonnenwind eine Überschallströmung ist (d. h., seine Geschwindigkeit ist größer als die lokale Schallgeschwindigkeit, mit Machzahlen bis zu etwa 10), bildet sich bei der Umströmung eines magnetisierten Hindernisses eine weite Bugstoßwelle aus, hinter welcher der Sonnenwind von einer Über- in eine Unterschallströmung übergeht (Abb. 6.2). In der resultierenden Magnetschicht ist der Sonnenwind turbulent, während er das Hindernis mit Machzahl kleiner als eins umströmt. Er kann jedoch nicht in das Magnetfeld der Erde eindringen, das durch die Magnetopause begrenzt wird, wo sich magnetischer Druck des Hindernisses und Staudruck des Winds die Waage halten.

Die Bugstoßwelle (Schock) hat meistens eine komplizierte mikroskopische Struktur, weil das Plasma im Sonnenwind stoßfrei ist, d. h.,

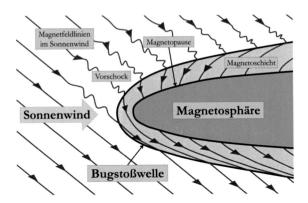

Abb. 6.2 Magnetfeldstrukturen im Umfeld einer Magnetosphäre im Sonnen-wind. Zwischen der Bugstoßwelle und der Magnetosphäre, deren äußerer Rand als Magnetopause bezeichnet wird, befindet sich die Magnetoschicht. Vor der Bugstoßwelle bildet sich aufgrund der an ihr reflektierten Sonnenwindpartikel und der angeregten Ausbreitung magnetischer Wellen ein Vorschock. In dessen Bereich verwirbeln die Magnetfeldstrukturen des Sonnenwinds
NASA ScienceCasts: Cosmic Bow Shocks: sn.pub/NICKeS
© U. v. Kusserow

es gibt praktisch keine effektiven binären Stöße zwischen den Ionen und Elektronen. Die Situation ist also ganz anders als in dichten irdischen Gasen, wo Stöße zwischen den Molekülen für die Dissipation im Gas ver-antwortlich sind und z. B. die dünne Struktur eines Schocks vor einem Überschallflugzeug bestimmen. Diese Rolle übernehmen in Weltraum-plasmen kinetische elektromagnetische Prozesse auf kleinen (gegenüber den Schockabmessungen) kinetischen Skalen, die in Kap. 4 bereits ausführ-lich diskutiert wurden. An der Bugstoßwelle der Erde werden einlaufende Sonnenwindteilchen auch teilweise reflektiert und laufen dann entlang des Magnetfelds vor dem Schock wieder stromaufwärts in Richtung Sonne zurück, wobei sie hochfrequente Wellen anregen können. Diese bevölkern die sogenannte Vorschockregion mit intensiver Turbulenz, welche wiederum zusätzlich die Teilchen lokal streuen oder beschleunigen kann. Die Bugstoßwelle ist daher verrauscht und hat in der Realität nicht die scharfe Struktur, wie sie Abb. 6.2 suggeriert.

Abb. 6.3 zeigt zwei sehr unterschiedliche Beispiele für Bugstoßwellen im Umfeld angeströmter Hindernisse. Da ist zum einen die Bugstoßwelle vor dem Bauch einer sich im Wasser fortbewegenden kleinen Ente (Abb. 6.3a) und zum anderen die Bugstoßwelle vor der riesigen Magnetosphäre des Planeten Saturn (Abb. 6.3b) zu sehen.

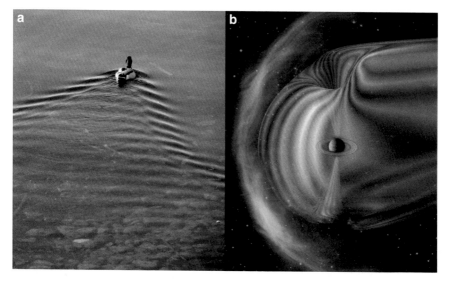

Abb. 6.3 Bugstoßwellen im Umfeld angeströmter Hindernisse. **a** Bugstoßwelle vor dem Bauch einer sich im Wasser fortbewegenden Ente. **b** Künstlerische Darstellung der Bugstoßwelle vor der Magnetosphäre des Planeten Saturn
Swimming ducks: sn.pub/Roc7oL
Cassini Encounters Saturn's Bow Shock: sn.pub/FKW6gl
© a Wikipedia gemeinfrei, b ESA

6.2 Magnetosphären und Ionosphären der Planeten und Monde als Hindernisse

Die Planeten und Monde unseres Sonnensystems stellen die massereichsten und kompaktesten Hindernisse im Sonnenwind dar und können daher vom Sonnenwind nicht durchdrungen werden. Die mit den Wide-Field-Imager-for-Solar-Probe(WISPR)-Kameras von Bord der Sonde Parker Solar Probe erstellten eindrucksvollen Weitwinkelaufnahmen in Abb. 6.4 zeigen die terrestrischen Planeten Merkur, Venus, Erde und Mars sowie die Gasriesen Jupiter und Saturn auf ihren Orbits um die Sonne im Sonnenwind vor dem Hintergrund der Milchstraße (Abb. 6.4a). In Abb. 6.4b sind Merkur, Venus und Erde im Sommenwind sowie ein Ausschnitt aus der Milchstraße zu sehen; außerdem ist der Staubring entlang des Venusorbits deutlich zu erkennen, der natürlich ein im Vergleich zu den Planeten unbedeutendes Hindernis für den Sonnenwind darstellt.

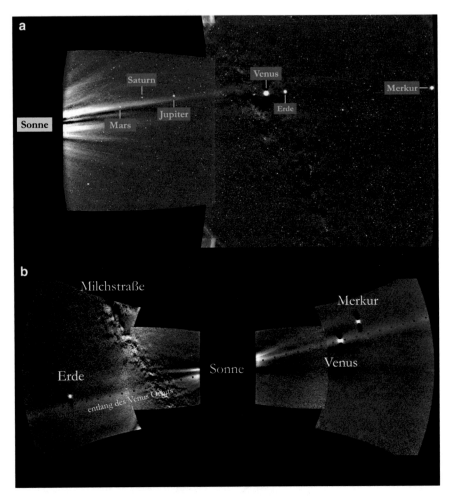

Abb. 6.4 Planeten und Staubpartikel als Hindernisse im Sonnenwind. **a** Bei großer Annäherung an die Sonne wurde am 7. Juni 2020 mit den beiden WISPR-Kameras ein beeindruckendes Porträt der Planeten Merkur, Venus, Erde, Mars, Jupiter und Saturn im Sonnenwind vor der Michstraße erstellt. **b** Die Aufnahmen der WISPR-Kameras vom Frühjahr 2021 zeigen die terrestrischen Planeten Merkur, Venus und Erde im Sonnenwind, den Staubring um den Planeten Venus sowie einen Ausschnitt der Milchstraße
NASA's Parker Solar Probe Captures Imagery of Sun's Outflow: sn.pub/mBYSTx
Amazing close-up of Venus captured by NASA Parker Solar Probe: sn.pub/n5eTeu
NASA's Parker Solar Probe Sees Venus Orbital Dust Ring in 1st Complete View: sn.pub/ocJj3E
WISPR Data: sn.pub/ZDl9N7
© NASA/Johns Hopkins APL/Naval Research Laboratory/G. Stenborg/B.Gallagher

Auch wenn selbst die großen Gasplaneten Jupiter und Saturn noch sehr klein im Vergleich zur Sonne und zu der mehr als 100 AE großen Heliosphäre sind, so erweisen sich die Abmessungen ihrer Magnetosphären im Vergleich zu den planetaren Durchmessern doch als riesig groß. Diese Magnetosphären stellen so ein bedeutungsvolles Hindernis dar, denn das Plasma des Sonnenwinds wird in diesen starken Magnetfeldern aufgrund der dort einwirkenden Lorentz-Kraft abgelenkt. Mit den darin eingefrorenen und folglich mitströmenden Magnetfeldern werden die geladenen Sonnenwindpartikel meist um die planetaren Magnetosphären herumgeführt. Auf der sonnenabgewandten Seite bilden sich so sehr lang gestreckte Schweife der Magnetosphären aus, die im variierenden Sonnenwind „flattern". Der Impuls des Sonnenwinds überträgt sich durch „magnetische Reibung" auch auf die Magnetfelder der terrestrischen Planeten Merkur und Erde sowie der Eisplaneten Uranus und Neptun. Wie bei den Gasplaneten werden auch in deren Innerem Magnetfelder fortlaufend durch Dynamoprozesse generiert.

Natürlich stellen auch die Planeten Venus und Mars, die zumindest heute kein dynamogeneriertes Magnetfeld aufweisen, ein Hindernis für den Sonnenwind dar. Die Venusatmosphäre, die 90-mal massereicher ist als die der Erde, wird im Sonnenwind ionisiert. Deshalb können elektrische Ströme in ihr fließen, die ihrerseits eine begrenzt schützende „Magnetosphäre" induzieren, um welche die magnetisierten Sonnenwindströme unter Ausbildung eines kleineren sonnenabgewandten Schweifs ebenfalls herumgeführt werden. Demgegenüber beträgt die Dichte der Marsatmosphäre nur etwa 1,2 % der Erdatmosphäre, so dass sich beim Mars aus diesem Grund selbst durch Ionisation und das Fließen elektrischer Ströme heute keine wirklich effektiv schützende „Magnetosphäre" ausbilden kann. Sehr wahrscheinlich besaß der Mars früher allerdings ein dynamogeneriertes Magnetfeld. Dafür sprechen seine schwachen, aber relativ geordneten lokalen Krustenfelder, die durch Wechselwirkung mit dem Sonnenwind stärker variieren können.

Auch der Erdmond besitzt kein inneres Magnetfeld. Während der Apollo-Mission der NASA wurden aber mehrere Hundert Kilometer große Regionen entdeckt, in denen relativ starke lunare Magnetfelder in Gesteinsbrocken existieren. Seit Langem rätseln die Forscher über deren möglichen Ursprung. Eine immer wieder diskutierte Theorie über die Entstehung dieser Felder geht von Einschlägen massiver Körper aus, wodurch Magnetisierungsprozesse ausgelöst worden sein könnten. Nach neueren Erkenntnissen müsste im Mond früher aber wohl eher ein inneres Magnetfeld existiert haben, welches durch Dynamoprozesse in dessen Kern entstanden sein könnte. Der Erdmond besitzt auch keine wirkliche Atmosphäre. Radioaktiver Zer-

fall in seinem Inneren sorgt zwar für geringe Ausgasung aus der Mondoberfläche, und in der Exosphäre des Monds existieren in etwa gleichen Mengen
auch Helium, Neon, Wasserstoff und Argon, die aus dem Sonnenwind eingefangen wurden, aber die gerichteten Bewegungen dieser ionisierten Atome
lassen keine ausreichend starken elektrischen Ströme fließen, die eine „lunare
Magnetosphäre" erzeugen könnten. Diese würde den Mond als größeres
Hindernis im Sonnenwind bedeutsamer machen. Die Orbits vieler Monde,
insbesondere der Planeten Jupiter und Saturn, befinden sich innerhalb von
deren Magnetosphären und sind daher durch magnetisierte Umhüllungen
gegenüber dem Sonnenwind geschützt. Der Jupitermond Ganymed ist dabei
offenbar der einzige Mond in unserem Sonnensystem, der selbst ein dynamogeneriertes Magnetfeld besitzt.

6.3   Asteroiden und Kometen als Hindernisse

Natürlich   stellen   auch   Asteroiden,   Kometen   und   die   als
Meteoroide bezeichneten, weniger als 1 m großen Fragmente dieser die
Sonne umlaufenden Kleinobjekte in ganz unterschiedlicher Weise Hindernisse für den Sonnenwind dar (Abb. 6.5). Während die Asteroiden eher
zwischen dem Mars- und Jupiterorbit als in den weiter außen gelegenen
Bereichen des Sonnensystems kreisen, bewegen sich die Kometen gewöhn-
lich auf sehr exzentrischen elliptischen oder hyperbolischen Bahnen mit
ganz unterschiedlichen Umlaufperioden. Kometen haben ihren Ursprungs-
ort sehr wahrscheinlich im Kuipergürtel sowie in der Oortschen Wolke.
Durch gravitative Störungen, beispielsweise durch Sterne, die eng am
Sonnensystem vorbeiziehen, können sie dann auf engere Umlaufbahnen um
die Sonne gebracht werden.

Sowohl Asteroiden als auch Kometen können als Überreste von
Planetesimalen (Abb. 6.5a) aus der frühen Entstehungsphase unseres
Sonnensystems angesehen werden. Kometen unterscheiden sich von
den Asteroiden vor allem auch dadurch, dass ihr aus felsigen Bruch-
stücken, Staubpartikeln und Eis zusammengesetzter Kernbereich von
einer ausgedehnten (gravitativ allerdings weitgehend ungebundenen)
atmosphärischen Koma umgeben ist. In ausreichend großer Sonnennähe kann die Sonnenstrahlung bzw. die Einwirkung des magnetisierten
Sonnenwinds für die Ausbildung sowohl eines Schweifs aus Staubpartikeln,
an denen das Sonnenlicht reflektiert wird, als auch eines lang gestreckten,
magnetisch kollimierten und von der Sonne weg weisenden leuchtenden
Plasmaschweifs sorgen (Abb. 6.5b). Während insbesondere große Asteroiden

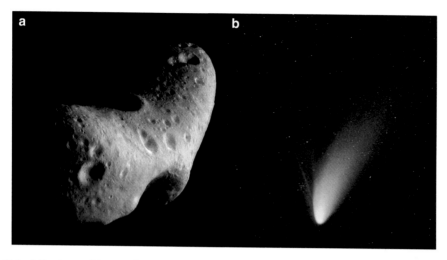

Abb. 6.5 Asteroiden und Kometen. **a** Im Jahr 2000 gelang der Near-Earth-Asteroid-Rendezvous-Mission der NASA eine faszinierende Aufnahme des Asteroiden Eros. **b** Die Aufnahme eines Amateurastronomen veranschaulicht die Leuchterscheinungen im Plasma- und Staubschweif sowie in Koma und Umfeld des Kometen Hale-Bopp
Asteroid Eros NEAR Shoemaker NASA: sn.pub/tdjQZG
Comet Hale-Bopp: sn.pub/y5i7vD
© a NASA/JHUAPL, b H.-J. Leue

in beträchtlicher Entfernung von der Sonne ohne eigene Atmosphäre ein eher mechanisch interagierendes Hindernis für den Sonnenwind darstellen, spielen bei Kometen vor allem elektromagnetische Wechselwirkungsprozesse eine zentrale Rolle.

Gerade in jüngster Zeit konnten Wissenschaftler nachweisen, dass nicht nur Asteroiden und Kometen aus unserem Sonnensystem Hindernisse für den Sonnenwind darstellen. Offensichtlich muss das sehr lang gestreckte interstellare Objekt „Oumuamua" als „Bote aus der Vergangenheit, der uns zu erreichen sucht" ein Besucher aus den Tiefen des Alls sein. Auf seiner hyperbolischen Bahn ist er in unser Sonnensystem eingetreten und wird es wohl wieder in die „Unendlichkeit" verlassen. Während dieser Asteroid 2017 von Berufsastronomen auf Hawaii entdeckt wurde, war es ein Amateurastronom, der 2019 einen ersten interstellaren Kometen in unserem Sonnensystem aufspürte. Wissenschaftler konnten zeigen, dass sich dieser Komet wesentlich von den mehr als 4500 bisher bekannten Kometen unterscheidet. Er ist besonders locker aufgebaut, besteht aus kleinen und fluffigen Staubteilchen, befindet sich ohne allzu starke Einwirkung des Sonnenwinds offensichtlich noch in einem auffallend ursprünglicheren Zustand als die Kometen aus unserem Sonnensystem.

6.4   Interstellare Teilchen als Hindernisse

Selbst das nur dünne Gas und Plasma und die energiereichen Teilchen der kosmischen Strahlung im lokalen interstellaren Medium, das unser Sonnensystem von allen Seiten umgibt, stellen noch ein wirksames Hindernis für die weitere Ausbreitung des dort auch schon hochverdünnten Sonnenwinds dar. Sowohl die magnetisierten interstellaren Winde, die von sonnennahen Sternen ausgehen, als auch die hochenergetische kosmische Teilchenstrahlung, die aus wesentlich weiter entfernten Supernova-Explosionsüberresten ausströmt, bestimmen entscheidend die Begrenzung und Formgebung der vom Sonnenwind erzeugten Heliosphäre (Abb. 6.6).

Die aus dem interstellaren Medium in die Heliosphäre eindringenden Teilchen sorgen bereits im Bereich des Terminationsschocks dafür, dass die Strömungsgeschwindigkeit des hier schon stark verdünnten Sonnenwinds relativ abrupt auf Unterschallgeschwindigkeit absinkt. Die im Sonnenwind nachströmende Materie verdichtet sich in dieser Randstoßwelle und heizt sich auf. Das heliosphärische Magnetfeld erfährt dabei ebenfalls einen deutlichen Anstieg. In der weiter außen befindlichen Heliohülle dominiert zwar noch der Einfluss der Sonnenwindteilchen mit allerdings zunehmend reduzierter Strömungsgeschwindigkeit, aber, nach außen hin verstärkt, treten hier immer mehr auch ungeladene Partikel aus dem umgebenden interstellaren Medium ein. Solche neutralen Partikel können dann durch UV-Licht von der Sonne ionisiert werden. Sie bewegen sich danach als sogenannte Pickup-Ionen auf Spiralbahnen um das Magnetfeld im Sonnenwind. Nach neueren Erkenntnissen bilden sich in den äußeren Bereichen dieser Heliohülle schaumartig strukturierte magnetische Blasen aus, in denen geladene Teilchen des Sonnenwinds eingeschlossen sind. Die Heliopause ist schließlich die äußere Grenze der Heliosphäre, außerhalb derer der interstellare Raum beginnt.

Da sich das Sonnensystem relativ zum interstellaren Medium mit einer Geschwindigkeit von ungefähr 23 km/s bewegt, ist die Heliohülle in der Bewegungsrichtung merklich schmaler als in entgegengesetzter Richtung. Die Heliosphäre besitzt wahrscheinlich eine blasenförmige Struktur. Als eine Art Schutzschirm sorgt ihr in Zeiten größerer magnetischer Sonnenaktivität stärkeres, heliosphärisches Magnetfeld dafür, dass das Eindringen kosmischer Strahlung in das Sonnensystem effektiv behindert wird (siehe Videoanimation unter sn.pub/f78XiK).

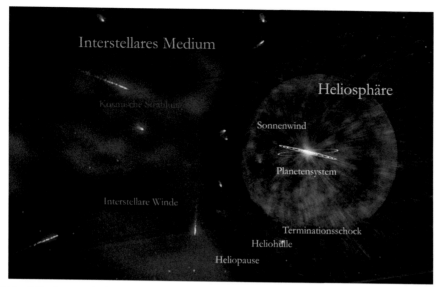

Abb. 6.6 Sternwinde und teilweise auch die von Supernovaexplosionen ausgehende kosmische Strahlung stellen im interstellaren Raum ein nahezu unüberwindbares Hindernis für die magnetisierten Sonnenwindströme dar. Neutrale Partikel und die Partikel der kosmischen Strahlung dringen bis in die zwischen dem Terminationsschock und der Heliopause gelegenen Heliohülle ein und bremsen bereits hier den Sonnenwind mehr oder weniger stark ab
Cosmic Rays and the Heliopause: sn.pub/f78XiK
A Big Surprise from the Edge of the Solar System: sn.pub/BQhNC7
© NASA/GSFC /Conceptual Image Lab (Text: U. v. Kusserow)

Weiterführende Literatur

Brand JC, Chapman RD (2004) Introduction to Comets. Cambridge University Press, Cambridge

Dymok R (2010) Asteroids and dwarf planets and how to observe them. Springer, New York

Hall JA (2016) Moons of the solar system – from giant Ganymede to Dainty Dactyl. Springer International Publishing, Switzerland

Lang KR (2011) The Cambridge guide to the solar system. Cambridge University Press, Cambridge

Lühr H et al (Hrsg) (2018) Magnetic fields in the solar system: planets, moons and solar wind interactions. Springer International Publishing

Murray C, Dermott SF (2010) Solar system dynamics. Cambridge University Press, Cambridge

7

Kometen und ihre Schweife

Inhaltsverzeichnis

Nachweislich, insbesondere in historischen chinesischen Quellen, haben die Bewegung und Entwicklung der Kometen mit ihren Halos und oft langgestreckten Schweifen am Sternenhimmel die Menschen seit Jahrtausenden beeindruckt und fasziniert, manchmal aber auch verängstigt. Während Aristoteles (384–322 v. Chr.) Kometen aufgrund ihrer zeitlichen Veränderungen als etwas Atmosphärisches ansah, welches sich auf jeden Fall innerhalb der Mondbahn befinden müsste, war es etwa zur gleichen Zeit Apollonios von Myndus, der sie als individuelle Himmelskörper genau wie Sonne und Mond betrachtete. Der indische Astronom, Astrologe und Mathematiker Varahamihira ging im 6. Jahrhundert n. Chr. davon aus, dass Kometen periodisch wiedererscheinen würden. Im Jahr 1301 war es der 1337 verstorbene italienische Maler Giotto di Bondone, der den Kometen Halley sehr genau beobachtete. Erstmals porträtierte er die charakteristischen Strukturen vermutlich dieses Kometen sehr exakt und stellte ihn als Stern von Bethlehem dar in einem Wandgemälde, das die Anbetung der Heiligen Drei Könige zeigt.

© Springer-Verlag GmbH Deutschland, ein Teil von Springer Nature 2023
U. von Kusserow und E. Marsch, *Magnetisches Sonnensystem*,
https://doi.org/10.1007/978-3-662-65401-9_7

Isaac Newton (1642–1726) zeigte, dass sich Kometen unter dem Einfluss der Gravitationskraft auf einem parabolischen Orbit um die Sonne bewegen müssen. Er beschrieb sie als kompakte, feste und langlebige Objekte, deren Schweife dünne Dampfströme darstellen, die von dem durch die Sonne geheizten Kometenkern ausgehen. Seiner Meinung nach leuchten die Kometen, weil das Sonnenlicht von dem „Rauch", der von diesen Himmelsobjekten ausgehe, reflektiert wird. Mithilfe von Newtons Methode fand Edmond Halley (1656–1742) im Jahr 1705 heraus, dass die großen Kometen der Jahre 1531, 1607 und 1682 bis auf kleine, durch den gravitativen Einfluss der Planeten Jupiter und Saturn verursachte Abweichungen auf nahezu gleichen Orbits umgelaufen sein müssten, und dass es sich folglich um denselben Kometen handeln müsste. Nachdem Halley das nächste Auftreten dieses Kometen für die Jahre 1758 und 1759 vorhergesagt hatte und dies tatsächlich in etwa eingetreten war, wurde dieser Komet nach ihm benannt. 1755 war es Immanuel Kant (1724–1804), der die Hypothese aufstellte, dass Kometen durch Kondensation ursprünglicher Materie jenseits der bekannten Planeten entstehen, dass sie sich unter schwachem Gravitationseinfluss auf willkürlich geneigten Bahnen der Sonne nähern und, durch diese aufgeheizt, nahe dem Perihel teilweise verdampfen.

Im Jahr 1950 entwickelte der US-amerikanische Astronom Fred Lawrence Whipple (1906–2004) schließlich sein heute weitgehend akzeptiertes Modell eines „schmutzigen Schneeballs", wonach die Kometenkerne eisartige Objekte darstellen, die mit Staubpartikeln, felsartigen Gesteinsbrocken und einer Vielzahl von Molekülen durchsetzt sind. 1986 konnte diese Vermutung beim Durchflug der Giotto-Sonde der ESA sowie der sowjetischen Vega-1- und Vega-2-Sonden durch die als Koma bezeichnete diffuse, nebelige Hülle des Kometen Halley erstmals verifiziert werden. Dabei wurde entdeckt, dass im Sonnenlicht verdampfendes, gas- und staubartiges Material immer wieder jetartig gebündelt von der Kometenkernoberfläche ausströmt. Die Rosetta-Philae-Mission zum Kometen 67P/Tschurjumow-Gerassimenko hat dies im Jahre 2014 noch einmal eindrucksvoll bestätigt und gezeigt, wie inhomogen die Atmosphären dieser Himmelsobjekte sind und welche komplexen Prozesse hier in großer Sonnennähe ablaufen können.

Die Kerne der etwa 4600 bisher entdeckten Kometen sind mit Radien zwischen 100 m und 30 km zwar recht klein und sollten daher im Sonnenwind eigentlich ein eher unbedeutendes Hindernis darstellen. Die von der Wärmestrahlung der Sonne und unter dem Einfluss des magnetisierten Sonnenwinds wie ein Halo aufgeblähte Kometenkoma, die aus Kohlenstoff, Sauerstoff, Wasserstoff und Stickstoff enthaltenden Molekülen besteht, besitzt aber gegenüber dem Kern sehr große Abmessungen zwischen 50 000 und 150 000 km. Im Extremfall kann der aus Kern und Koma bestehende Kometenkopf Durchmesser von bis zu 2 Mio. Kilometern aufweisen. Die Schweife der Kometen, deretwegen sie, übersetzt aus dem Griechischen, als „lange Haare tragende Sterne" benannt wurden, können in großer Sonnennähe sogar Längen von mehr als 500 Mio. Kilometern ausbilden. Ihre Längenabmessungen übertreffen dann in der Regel den etwa 1,4 Mio. Kilometer betragenden Durchmesser der Sonne deutlich und stellen im Extremfall neben dem Magnetosphärenschweif des Planeten Jupiter die ausgedehntesten Himmelsobjekte in unserem Sonnensystem dar. Uns Menschen bietet daher die zu beobachtende Entwicklung der Kometenschweife (Abb. 7.1) den wohl überzeugendsten indirekten Nachweis für die Existenz und den bedeutenden Einfluss des magnetisierten Sonnenwinds in der Heliosphäre unserer Sonne.

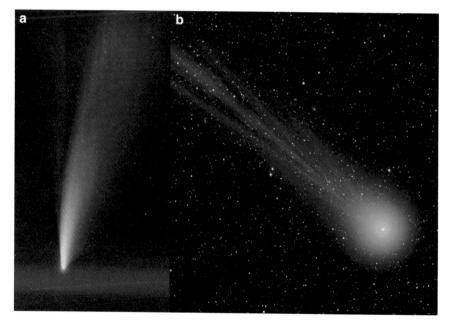

Abb. 7.1 Kometen mit charakteristischen Koma- und Schweifstrukturen. **a** Gas- und Staubschweife des Kometen NEOWISE aus dem Juli 2020. **b** Plasmaschweifstrukturen des Kometen Lovejoy aus dem Januar 2015
Comet NEOWISE from space in stunning time-lapse video: sn.pub/hlGzif
Comet Lovejoy Continues its Course Toward the Sun: sn.pub/WL6MrH
© a M. Druckmüller, b P. Aniol/M. Druckmüller

7.1 Ausbildung der Kometenkoma

Neuere Erkenntnisse über die Eigenschaften des Kometen Tschurjumow-
Gerassimenko (Abschn. 7.4) lassen verlässlich auf die Zusammensetzung
der Kometenkerne schließen. Unter einer mehrere zehn Zentimeter dicken
Staubschicht an der Oberfläche befindet sich sehr wahrscheinlich festes
Eis bzw. eine poröse Mischung aus Eis, Staub oder Felsbrocken, wobei die
Porosität, also das Verhältnis der Hohlräume zum Gesamtvolumen des
Kometenmaterials, hin zum Zentrum des Kerns zunimmt. Der Kern ent-
hält neben gefrorenem Kohlendioxid, Kohlenmonoxid, Methan und
Ammoniak eine Vielzahl anderer organischer, auch langkettiger komplexer
Verbindungen. Seine dunkle Oberfläche besitzt eine sehr geringe Albedo,
reflektiert also das einfallende Licht nur zu wenigen Prozent. Deren
Erwärmung in größerer Sonnennähe lässt leichte, flüchtige Verbindungen
entweichen. Zurück bleiben größere organische Verbindungen, die wie
Teer oder Rohöl besonders dunkel erscheinen. Die geringe Reflektivität der
kantigen Kometenoberflächen begründet ihre besonders effektive Wärme-
absorption, wodurch die beobachteten Ausgasungsprozesse wiederum
angetrieben werden.

Die dadurch nur in großer Sonnennähe verstärkt austretenden Staub-
und Gasströme bilden so eine riesige, extrem dünne, als Koma bezeichnete
Kometenatmosphäre. Auf der sonnenabgewandten Seite geht diese in
einen diffuseren Gas- und Staubschweif sowie in einen teilweise besonders
langgestreckten Plasmaschweif über, in dem Ionen entlang magnetischer
Feldstrukturen gebündelt abströmen (Abb. 7.2). Innerhalb weniger
Astronomischer Einheiten Entfernung von der Sonne besteht die Koma im
Wesentlichen zu etwa 90 % aus Wasser sowie aus Staub. Wassermoleküle
werden näher zur Sonne vor allem in photochemischen Prozessen durch
solare elektromagnetische Strahlung, allerdings kaum unter dem Einfluss der
Sonnenwindpartikel, gespalten. Größere, träge Staubpartikel bleiben entlang
des Kometenorbits hinter dem Kern zurück, während wesentlich kleinere
Staubteilchen durch den vom Sonnenlicht ausgeübten Strahlungsdruck seitlich weggestoßen werden können.

Nahe der Sonne ist der Kern eines Kometen von dichterer, unter
Umständen in Teilen auch ionisierter Plasmamaterie kometaren Ursprungs
umgeben, in die der auf den Kometen zuströmende magnetisierte Sonnenwind nicht eindringen kann. Darüber liegt eine Region, in der hochenergetische Ionen aus dem Sonnenwind zwar teilweise vordingen können,
Ionen kometaren Ursprungs aber noch dominieren. Oberhalb der als Iono-

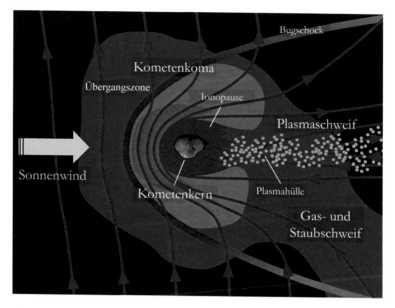

Abb. 7.2 Kometenkern und Kometenkoma, Staub- und Plasmaschweife. Die Abbildung veranschaulicht die Ausbildung unterschiedlicher Bereiche des ausgedehnten Kometenhalos um den Kometenkern sowie die Ausbildung des neutralen Gas- und Staubschweifs sowie des Plasmaschweifs durch die Sonnenstrahlung und den Einfluss des magnetisierten Sonnenwinds
Comet Illustration (Animation): sn.pub/VxhAdx
Giotto: Halley's Comet Flyby Animation (14.03.1986): sn.pub/YMv8hI
Giotto 25 years movie: sn.pub/l9k4ob
© U. v. Kusserow, NASA/JPL-Caltech/Univ. Maryland

pause bezeichneten Grenzschicht liegt eine Übergangszone, in die der Sonnenwind vordringen kann. Hier verdichtet sich die Sonnenwindmaterie, stauen und verstärken sich die Magnetfelder des Sonnenwinds, die in das weiter innen befindliche elektrisch recht gut leitfähige Plasmamedium nicht tiefer eindringen können. Neutrale kometare Partikel können innerhalb dieser Transitregion ionisiert werden und strömen als Pickup-Ionen mit dem Sonnenwind mit. Dafür müssen sie allerdings beschleunigt werden, was aber nur gelingt, indem sie den Sonnenwindpartikeln Bewegungsenergie entziehen, wodurch diese abgebremst werden und langsamer strömen.

Bei größeren Kometen bildet sich in der Übergangszone nahe der Sonne eine Bugschockwelle aus. Die Sonnenwindpartikel, die noch mit Geschwindigkeiten auf den Kometen einströmen, die sowohl größer als die Ausbreitungsgeschwindigkeiten von Schallwellen als auch die von magnetohydrodynamischen Wellen sind, werden plötzlich an einer Schockfront im

Kometenhalo abrupt angebremst. Von der Existenz dieser Front können sie nicht rechtzeitig erfahren, weil die Ausbreitungsgeschwindigkeiten der Signalwellen nicht groß genug sind. Die Materie staut sich deshalb und kann nur entlang der Magnetfeldstrukturen an der gekrümmten kometaren Bugstoßfront vorbeiströmen und in den von der Sonne abgewandten Kometenschweifbereich entweichen.

7.2   Kometenschweife in großer Sonnennähe

Gefrorene Kometen im äußeren Sonnensystem können aufgrund ihrer geringen Kern- und Komagröße sowie fehlender Schweifausbildung nur schwer entdeckt, geschweige denn für uns Menschen mit bloßem Auge sichtbar werden. In großer Sonnennähe bewirken dann die Kräfte, die vom Strahlungsdruck der Sonne und vom magnetisierten Sonnenwind auf die Kometenkoma ausgeübt werden, dass sich die beiden charakteristischen Schweiftypen ausbilden. Während sich der gekrümmte, breite, diffus und faserförmig strukturierte Staubschweif entlang der Umlaufbahn des Kometen ausrichtet, folgt der aus ionisierten Gasen gebildete, wesentlich stärker kollimierte Plasmaschweif den magnetischen Feldstrukturen, die um den kometenkernnahen Bereich gefaltet wurden (Abb. 7.2). Der besonders lang gestreckte Ionenschweif zeigt dabei im Wesentlichen immer entlang der Stromlinien des Sonnenwinds.

Abb. 7.3 veranschaulicht typische Formgebungen der Schweifstrukturen in zunehmend größerer Sonnennähe. Der im Februar 2003 eng an der Sonne vorbeigezogene langperiodische Komet, der im Rahmen des Programms Near Earth Asteroid Tracking (NEAT) entdeckt wurde, zeigte eine beeindruckende Auffächerung seines riesigen Staubschweifs (Abb. 7.3a und Links zu Videomaterial). In diesem Monat, zu einem Zeitpunkt nahe einem starken solaren Aktivitätsmaximum, erfolgten insgesamt 56, teilweise gewaltige koronale Masseauswürfe. Dass diese durch den so nahen Vorbeizug des Kometen NEAT an der Sonne ausgelöst worden sein konnten, davon gehen die Wissenschaftler allerdings nicht aus. Im Dezember 2011 kreuzte der Komet Lovejoy (Abb. 7.3b) die Sonne mit einem besonders lang gestreckten, von der Sonne wegweisenden Plasmaschweif. Dieser hellste jemals beobachtete, die Sonne streifende Komet überraschte die Fachleute, weil er den Vorbeiflug in einem Abstand von nur 100 000 km von der Sonnenoberfläche bei Temperaturen von 1 Mio. Grad Celsius überlebte, obwohl sein Kern vermutlich nur etwa den Durchmesser von zwei Fußballfeldern besaß.

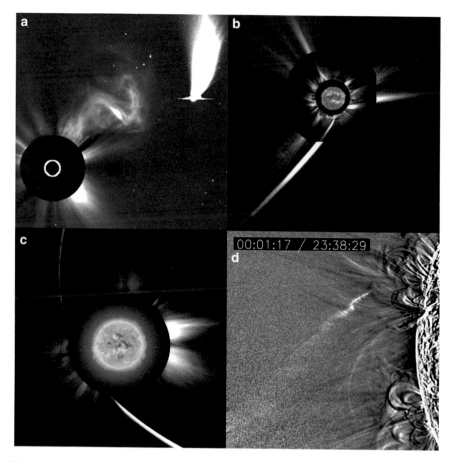

Abb. 7.3   Kometen in großer Sonnennähe **a** Vorbeiflug des Kometen NEAT während einer Sonneneruption am 18. Februar 2003 (Aufnahme der SOHO-Sonde der ESA und NASA). **b** Komet Lovejoy kreuzt die Sonne am 15. Dezember 2011 (Aufnahme der STEREO-Sonde der NASA). **c** Der Tod des Kometen ISON im November 2013 (Aufnahme der STEREO-Sonde der NASA). **d** Sondierung des solaren Magnetfelds mit dem die Sonne im Dezember 2011 streifenden Kometen Lovejoy
Comet Neat: sn.pub/usiyqB
STEREO Watches the Sun Blast Comet PanSTARRS: sn.pub/9dugrb
Comet Lovejoy Cruises around the Sun: sn.pub/7cXxpc
Comet Lovejoy transits solar magnetic fields: sn.pub/wbccdF
Probing the Solar Magnetic Field with a Sun-Grazing Comet: sn.pub/D20Stt
Movies: sn.pub/58WmN8
Four of Our Favorite SOHO-discovered Comets: sn.pub/7bAV0G
Death-Defying Comets Explore the Sun's Atmosphere: sn.pub/5HzGgW
© a NASA/ESA, b NASA, c NASA/GSFC/ESA, d C. Downs u. a./NASA/GSFC

Von dem Kometen ISON, der am 28. November 2013 in einer Entfernung von etwas mehr als 1 Mio. Kilometern an der Sonne vorbeiflog, war erwartet worden, dass er in so großer Sonnennähe eine besonders hohe Leuchtkraft aufweisen würde und dann auch mit bloßem Auge sichtbar sein müsste. Tatsächlich konnte er auf seiner Bahn aber nur mit optischen Instrumenten verfolgt werden, und bei seinem nahen Vorbeigang an der Sonne löste er sich fast vollständig auf (Abb. 7.3c). Einige Überreste des Kometen überlebten zwar, verdunkelten sich danach aber recht schnell und erlöschten schließlich. Abb. 7.3d veranschaulicht eindrucksvoll, wie sich die Schweifstrukturen eines die Sonne besonders nahe streifenden Kometen entwickeln, wenn diese mit dem Plasma und den komplexen Magnetfeldstrukturen in der Sonnenkorona wechselwirken. Auf den Ultraviolettaufnahmen des Solar Dynamics Observatory (SDO), die im Dezember 2011 bei der Passage des Kometen Lovejoy gemacht wurden, ist deutlich zu erkennen (s. verlinkte Videosequenzen in der Legende zu Abb. 7.3), wie sich Richtung, Lichtintensität und Größe des Schweifs des Kometen Lovejoy entlang seines Orbits im inhomogenen Magnetfeld der Sonnenkorona verändern.

7.3   Fragmentation des Kometenkerns und Schweifabrisse

Dass Kometen besonders zerbrechlich sein können, wurde vielen Menschen durch die Zerstörung des Kometen Shoemaker-Levy 9 im Jahr 1994 bewusst. Vermutlich schon in den 1960er-Jahren zwangen die vom Jupiter ausgehenden starken Gravitationskräfte diesen erst 1993 entdeckten, etwa 4 km großen kurzperiodischen Kometen auf eine stark elliptische Umlaufbahn um diesen Gasplaneten. Es waren schließlich Gezeitenkräfte, die dieses unförmige Himmelsobjekt in insgesamt 21 Fragmente mit Abmessungen zwischen 50 und 1000 km zerfallen ließen, die dann nacheinander in den Jupiter stürzten.

Abb. 7.4 sowie die verlinkten Videosequenzen zu dieser Abbildung veranschaulichen, wie Kerne und Schweife von Kometen auch unter dem Einfluss des auf sie einströmenden magnetisierten Sonnenwinds oder durch koronale Masseauswürfe zerstört bzw. in Teile zerrissen werden können. Abb. 7.4b zeigt den Abriss eines Teils des Schweifs des Kometen Hyakutake im Jahr 1996. Die vordere Verbreiterung und Verdichtungen im abreißenden Schweifbereich sprechen dafür, dass vielleicht auch ein Teil des Komamaterials des Kometen dabei schweifseitig entweichen konnte.

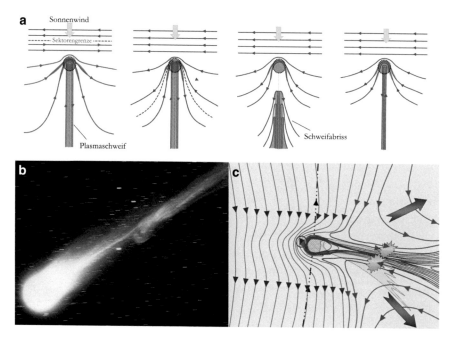

Abb. 7.4 Kometenkernfragmentation und Plasmaschweifabriss. **a** Entwicklungsphasen, die nach Wechsel der magnetischen Polarisation im Sonnenwind zur Fragmentation des Kerns und zum Abriss des Schweifs durch magnetische Rekonnexion führen. Über die Sektorengrenze hinweg ändert sich die Orientierung der magnetischen Feldstrukturen abrupt. In der Kometenkoma einsetzende Rekonnexionsprozesse können dadurch eine Teilfraktur des Kometenkerns, einhergehend mit dem Abriss des Kometenschweifs, verursachen. **b** Teilweiser Abriss im Schweif des Kometen Hyakutake am 25. März 1996. **c** Auswirkungen magnetischer Abriss- und Neuverbindungsprozesse sowohl im Kernbereich als auch im Schweif eines Kometen nach Veränderung der Magnetfeldausrichtung im Sonnenwind bzw. beim Aufeinandertreffen entgegengesetzt orientierter magnetischer Schweiffelder
Solar Hurricane Tears Off Tail of Comet Encke: sn.pub/XtEBxZ
Comet Encke's tail ripped by the Sun: sn.pub/0a2hKh
Comet Hyakutake time lapse sequence: sn.pub/E8HjKw
© a, c U. v. Kusserow, b E. Kolmhofer/H. Raab, Johannes-Kepler-Observatory Linz

Überall dort, wo im Koma- oder Schweifbereich eines Kometen, von außen erzwungen oder im elektrisch recht gut leitfähigen Medium selbstorganisiert, Magnetfelder mit zueinander entgegengesetzt orientierten Feldkomponenten aufeinandertreffen, kann es zu magnetischen Rekonnexionsprozessen kommen. Zwischen solchen Magnetfeldstrukturen müssen sich nach bekannten physikalischen Gesetzen elektrische Stromschichten ausbilden, in denen sich die Materie erwärmt, wenn sie von außen zusammengepresst wird. Dadurch erhöht sich hier der elektrische Widerstand. Das Konzept der Eingefrorenheit magnetischer Feldlinien ist dann nicht mehr gültig. Entkoppelt von der Plasmamaterie diffundieren die entgegengesetzt orientierten Feldkomponenten aufeinander zu und löschen sich an einzelnen Stellen wechselseitig aus. In einem anschaulichen Modellbild interpretiert, werden die Feldlinien hier zerschnitten, müssen sich im selben Moment unter Ausbildung einer in der Regel veränderten magnetischen Topologie aber wieder neu verbinden. Die magnetische Spannung, die danach in den kurzfristig in gekrümmter Form vorliegenden magnetischen Feldstrukturen enthalten ist, muss sich entladen. Die magnetischen Feldlinien entspannen sich durch ihre Verkürzung, wobei die gespeicherte magnetische Energie freigesetzt wird, Teilchen beschleunigt werden und Plasmamaterie bewegt wird.

Abb. 7.4a veranschaulicht, was passiert, wenn sich die Orientierung der Magnetfelder im Sonnenwind plötzlich verändert. Dies kann dadurch passieren, dass der Komet auf seinem Orbit um die Sonne in Bereiche mit veränderten Magnetfeldorientierung des interplanetaren Magnetfelds eintritt oder auf die Ausläufer eines koronalen Masseauswurfs mit abweichender Magnetfeldorientierung trifft. Magnetische Rekonnexionsprozesse im Bereich der Kometenkometen können dadurch eine Teilfragmentierung des relativ porösen Kometenkerns sowie einen vorübergehenden Abriss des Kometenschweifs bewirken. Abb. 7.4c zeigt, dass Rekonnexionsprozesse auch im Schweifbereich ausgelöst werden können. Wenn die Materiekonzentration im Sonnenwind z. B. nach koronalen Masseauswürfen sehr hoch ist, dann strömen sehr viel größere Materiemengen um den Kometenkopf herum in den Kometenschweif. Sie drücken hier die nahezu parallel, aber gerade entgegengesetzt zueinander orientierten magnetischen Felder im Schweif zusammen. Magnetische Rekonnexionsprozesse bewirken dann einen möglichen Schweifabriss.

7.4   Aktivitäten im Kometenkern

2014 erreichte die Rosetta-Mission der ESA den Kometen Tschurjumow-Gerassimenko und erforschte die Vorgänge auf seiner Oberfläche (Abb. 7.5), in seiner Atmosphäre und in seinem größeren Umfeld über zwei Jahre. Mit dem Lander Philae wurde bei dieser Mission erstmals eine Sonde auf einer Kometenoberfläche abgesetzt. Auch wenn der Lander nicht wie gewünscht gearbeitet hat, so repräsentiert die Rosetta-Mission mit ihren Ergebnissen doch einen Meilenstein bei der Erforschung der Kometen. Anhand der sehr

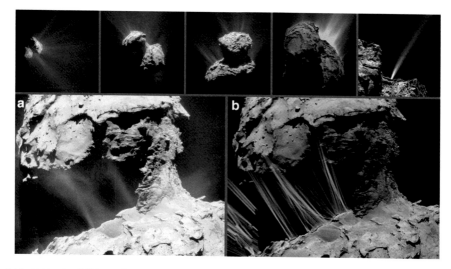

Abb. 7.5 Ausbildung kometarer Jets auf dem Kometen Tschurjumow-Gerassimenko. **a** Plötzliche eruptive oder auch über längere Zeit stabile, stark gebündelte Gas- und Staubjets bilden sich auch auf diesem Kometen regelmäßig bei Sonnenaufgängen (s. auch obere Bildreihe). **b** In Computersimulationen lässt sich die Ausbildung dieser Strukturen überzeugend reproduzieren
Churyumov–Gerasimenko Approaching perihelion – Animation: sn.pub/c0I48q
Rosetta unravels formation of sunrise jets: sn.pub/p3itwY
Dust and Cosmic Ray on the Surface of the Comet: sn.pub/JsuCdj
© ESA/Rosetta/MPS/OSIRIS Team/UPD/LAM/IAA/SSO/INTA/UPM/DASP/IDA

ungewöhnlich hohen Deuterium-Wasserstoff-Verhältnisse konnte beispielsweise gezeigt werden, dass es sehr unwahrscheinlich ist, dass das Wasser auf der Erde durch den Einsturz von Kometen wie Tschurjumow-Gerassimenko geliefert worden sein könnte. Der Kern zumindest dieses Kometen besitzt kein eigenes Magnetfeld. Sicherlich ist es aber voreilig, daraus zu schließen, dass Magnetismus in der Frühphase der Entstehung unseres Sonnensystems keine große Rolle gespielt haben könnte.

Messinstrumente des Landers konnten die Existenz von 16, davon vier neuen organischen Verbindungen auf der Oberfläche nachweisen. Es wurden feste organische Verbindungen auch in den Staubpartikeln gefunden, die vom Kometen immer wieder emittiert werden. Kohlenstoff findet sich darin in besonders langkettigen Makromolekülen. Zwischen Juni und August 2014 gab der Komet überraschenderweise bis zu zehnmal so viel Wasser als zu anderen Zeiten frei. Die vielleicht bemerkenswerteste Entdeckung war die Existenz größerer Mengen freien molekularen Sauerstoffs in dem Gas, das den Kometen umgibt. Nach bisherigen Theorien sollten diese Moleküle eigentlich bereits in Zeiten der Entstehung dieses Kometen vor etwa 4,6 Mrd. Jahren in heftigen Reaktionen mit Wasserstoff für die Entstehung von Wasser gesorgt haben. Wie früher schon beim Halleyschen Kometen beobachtet, entwichen gebündelte Staub- und Gasfontänen bei Sonnenaufgang immer wieder als Jets aus der Oberfläche des Kometen Tschurjumow-Gerassimenko (Abb. 7.5a). Inzwischen gibt es gute Erklärungen für diese beeindruckenden Phänomene.

Die Weltraummission Rosetta der ESA erforschte den Kometen. Die gleichnamige Sonde startete am 2. März 2004, erreichte den Orbit des Kometen im August 2014 und verblieb in diesem mehr als zwei Jahre, währenddessen der Komet sein Perihel durchquerte. Sie setzte im November 2014 den Lander Philae aus, die erste Sonde, die auf einer Kometenoberfläche aufgesetzt hat. Am 30. September 2016 wurde Rosetta selbst gezielt auf dem Kometen zum Absturz gebracht.

Mehr als 70.000 Bilder wurden mit dem OSIRIS-Kamerasystem erstellt, die immer wieder plötzliche eruptive, aber auch länger stabile jetartige Gas- und Staubausbrüche zeigten. Immer dann, wenn die Sonne über einem Teil des Kometen aufging, wurde seine Oberfläche aktiv. Jeden Tag passierte dies am gleichen Platz und in gleicher Form. Neben der wärmenden Sonne sowie dem Frost mit seiner Kälte ist es offensichtlich die jeweils charakteristische Formgebung der Kometenoberfläche, die für das regelmäßige Auftreten dieses beeindruckenden Phänomens verantwortlich ist. An sonnenabgewandten Stellen müsste der Frost eigentlich überall gleichmäßig verteilt auftreten und müssten sich diese Jets beim lokalen Sonnenaufgang eigentlich überall gleichverteilt ausbilden. Dass dies aber nicht passierte, kann nur daran liegen, dass die Form der Kometenoberfläche so unregelmäßig ist und eine sehr komplexe, zackige Topografie aufweist. Die hier in Vertiefungen und konkav gewölbten Strukturen konzentriert eingefrorenen Staub- und Gaspartikel sind es, die nach Schmelzung durch das eintretende Sonnenlicht mehr oder weniger gebündelt und abrupt in die Atmosphäre des Kometen entweichen und dadurch seine Koma kontinuierlich mit Materie anfüllen. Erstmals wurden Computersimulationen durchgeführt, die diese Vorgänge erfolgreich reproduzieren konnten (Abb. 7.5b).

Weiterführende Literatur

Bähr A (2017) Der grausame Komet: Himmelszeichen und Weltgeschehen im Dreißigjährigen Krieg. Rowohlt Buchverlag, Hamburg

Bibring J-P, Zischler H (2019) Comet: photographs from the Rosetta space probe. Thames & Hudson Ltd, London

Brand JC, Chapman RD (1994) Rendezvous im Weltraum – Die Erforschung der Kometen. Birkhäuser, Basel

Brand JC, Chapman RD (2004) Introduction to Comets. Cambridge University Press, Cambridge

Burnham R (2000) Great Comets. Cambridge University Press, Cambridge

Froböse R (1985) Der Halleysche Komet. Harri Deutsch Verlag, Thun

Meierhenrich U (2014) Comets and their origin – the tool to decipher a Comet. Wiley-VCH, Weinheim

Seargent DAJ (2008) The greatest Comets in history: broom stars and celestial scimitars. Springer Science+Business Media, LLC

Stoyan R (2015) Atlas of great Comets. Cambridge University Press, Cambridge

Thomas PJ et al (Hrsg) (2006) Comets and the origin and evolution of life. Springer Science+Business Media, New York

Thomas N (2021) An introduction to Comets: Post-Rosetta perspectives. Springer Nature, Switzerland AG

8

Magnetosphären, Ionosphären und Polarlichter

Inhaltsverzeichnis

© Springer-Verlag GmbH Deutschland, ein Teil von Springer Nature 2023
U. von Kusserow und E. Marsch, *Magnetisches Sonnensystem*,
https://doi.org/10.1007/978-3-662-65401-9_8

Aufgrund ihrer so hell am Sternenhimmel leuchtenden Koma und sehr lang gestreckten beeindruckenden Schweife können wir manchmal größere, sonnennahe Kometen mit bloßem Auge direkt als Hindernisse im Sonnenwind identifizieren. Die wesentlich massereicheren Planeten, aber auch Monde stellen zwar bedeutsamere, sogar die größten Hindernisse für den magnetisierten Sonnenwind dar, dennoch können wir ohne weitere Hilfsmittel nur im Fall der Erde und auch nur relativ indirekt wegen der (an manchen Orten und zu bestimmten Zeiten zu beobachtenden farbenprächtigen, öfter bemerkenswert strukturierten und sich sehr dynamisch entwickelnden) Polarlichter auf mögliche Wechselwirkungen der Planeten mit dem Sonnenwind schließen. Auch die meisten anderen Planeten unseres Sonnensystems besitzen dynamogenerierte oder durch Ionenströme induzierte Magnetosphären. Ohne deren Magnetosphären würden die Leuchterscheinungen der Polarlichter (Abb. 8.1) allerdings gar nicht entstehen.

8.1   Historisches

Historisch gesehen, ranken sich die unterschiedlichsten Mythen um dieses kosmische Feuerwerk der Natur. Als Nordlicht (Aurora borealis) oder Südlicht (Aurora australis) bezeichnet, lässt es sich nachts in höheren nördlichen bzw. südlichen Breiten regelmäßig vor allem im Bereich der sogenannten Polarlichtovale beobachten, die in höheren Atmosphärenschichten in einigem Abstand zentriert über den erdmagnetischen Polen liegen. In Zeiten besonders heftiger Sonneneruptionen können sie darüber hinaus sporadisch auch in wesentlich niedrigeren geografischen Breiten beobachtet werden (Abb. 8.1a). Während sich die in hohen Breiten dynamisch entwickelnden Polarlichter eher in grünlich-bläulicher Farbtönen auftreten, erscheinen sie in niedrigen Breiten wesentlich seltener und eher in rötlich-gelblicher Färbung. Erste gesicherte Berichte über das Auftreten von Nordlichtern wurden in China um 700 v. Chr. überliefert. Erst 1773 war es James Cook (1728–1779), der bei seiner Reise in antarktische Gewässer von der Existenz auch der Südlichter berichten konnte.

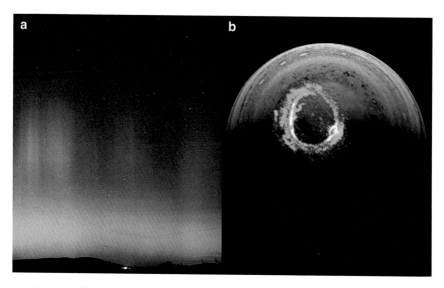

Abb. 8.1 Polarlichter in der Ionosphäre der Erde und des Jupiters. **a** Die rötlich-gelbe, relativ ruhige Aurora borealis konnte in der Nacht vom 6. auf den 7. April 2000 (in Zeiten eines Sonnenaktivitätsmaximums) von Tschechien aus im sichtbaren Wellenlängenbereich vom Boden aus beobachtet werden. **b** Von Bord der Juno-Raumsonde der NASA gelangen die Ultraviolettaufnahmen eines sich am unteren Rand der Jupiter-Magnetosphäre ausbreitenden PolarlichtovalsRed Aurora Australis: sn.pub/db4d2X Auroral oval on Jupiter in ultraviolet wavelengths: sn.pub/EmS6Td
© a M. Druckmüller, b NASA/JPL-Caltech/SwRI

Wegen ihrer bizarren und sich teilweise flammenartig entwickelnden Formen soll Aristoteles sie mehr als 300 v. Chr. als „springende Ziegen" bezeichnet haben. Die Astronomen im alten China wollte anhand der Farben der Polarlichter auf das Auftreten von Überflutungen oder Dürren, auf gute Ernten oder Hungersnöte schließen. Indianer und Eskimos interpretierten die dynamischen Entwicklungen der nach der römischen Göttin der Morgendämmerung bezeichneten Polarlichter als den Kampf der Götter und des Geistes, aber auch der Jungfrauen oder der Walküren, der in der nordischen Mythologie benannten weiblichen Geistwesen im Gefolge des Göttervaters Odin. Im Volksglauben wurden sie hier aber auch als Zeichen für eine bevorstehende Wetteränderung angesehen. In Norwegen bezeichnete man unstetig flackernde Polarlichter auch als Windlichter, die auf zukünftig schlechtes Wetter und Stürme hinweisen würden. Im Mittelalter galten die Aurorae als Zeichen bevorstehender Kriege, Seuchen oder Hungersnöte. In mittleren geografischen Breiten wurden die hier rötlichen Polarlichter oft als Blut oder eine Art Feuer interpretiert. So war es kein Wunder, dass manche Menschen bei der Beobachtung der besonders intensiven Nordlichterscheinungen am 25. Dezember 1560 in Nürnberg davon ausgingen, dass es sich hierbei um einen großen Brand in der Umgebung ihrer Stadt handeln müsste.

Nach einer ersten Theorie von Aristoteles (384–322 v. Chr.) könnte die Wärme der Sonne für das Aufsteigen von Dampf von der Erdoberfläche verantwortlich sein. Durch dessen Kollision mit dem Element Feuer würde ein Himmelsfeuer ausbrechen, wodurch das Nordlicht entstünde. Die wirklich wissenschaftliche Erforschung der Entstehung der Polarlichter leitete Pierre Gassendi (1592–1655) erst etwa 2000 Jahre später ein. Dieser französische Mathematiker und Astronom war es auch, der diesen am Nachthimmel beobachtbaren großräumigen Leuchterscheinungen den Namen „Aurora borealis" gab. Vielleicht waren es vor ihm aber bereits der Bischof Gregor von Tours (538–594) oder sein Lehrmeister Galileio Galilei (1564–1642), die diesen Begriff für die „nördliche Morgenröte" verwendeten. In den folgenden Jahrhunderten wurden beeindruckende Polarlichtereignisse immer wieder ausführlich beschrieben und systematisch katalogisiert. Forscher führten umfangreiche Polarlichtbeobachtungen auf Entdeckungsreisen durch, um diese Phänomene besser zu verstehen.

Der französische Geophysiker und Astronom Jean-Jacques d'Ortous de Mairan (1678–1771) veröffentlichte eine umfangreiche Polarlichtabhandlung und wies 1731 erstmals auf deren mögliche Verbindung mit dem Auftreten von Sonnenflecken hin. Nach seiner Idee könnten Polarlichter damit aufgrund von Interaktionen zwischen der Sonne und der Erdatmosphäre entstehen. Schon Edmond Halley (1656–1742) hatte 1716 einen Zusammenhang zwischen dem Erdmagnetfeld und dem Auftreten von Polarlichtern vermutet. In Zusammenarbeit mit Anders Celsius (1701–1744) entdeckte Olof Peter Hiorter (1696–1750) dann 1741 in Experimenten, dass starke Polarlichter tatsächlich Kompassnadeln in Bewegung setzen. Nachdem 1867 Anders Jonas Ångström (1814–1874) anhand der Lichtzerlegung in einem Prisma zeigen konnte, dass Polarlichter in einem selbstleuchtenden Gas entstehen, war es schließlich Kristian Birkeland (1867–1917), der knapp 30 Jahre später erstmals eine mögliche, insgesamt schlüssige Erklärung für die Polarlichtentstehung geben konnte. Basierend auf den Ergebnissen seines Terrella-Experiments vermutete er, dass bei starker Sonnenaktivität beschleunigte Elektronen entlang des Erdmagnetfelds in die Polarbereiche der Erdatmosphäre eindringen können und hier die Atome zum Leuchten anregen.

Im Jahr 1951 bzw. 1958 waren es Ludwig Biermann (1907–1986) sowie Eugene N. Parker, die die Existenz des Sonnenwinds postulierten bzw. diesen erstmals modellierten. Ihre Entdeckungen führten zum tieferen

Verständnis von Phänomenen wie Störungen und magnetischen Stürmen im Erdmagnetfeld sowie die Erzeugung von Polarlichtern in der Ionosphäre der Erde. Die Namensgebung für diesen speziellen Bereich der Erdatmosphäre, der durch die Ionisierung zumindest eines Teils der hier anzutreffenden Atome und Moleküle charakterisiert ist, erfolgte schon 1926 durch den schottischen Physiker Robert Alexander Watson-Watt (1892–1973). Bereits 1839 hatte Carl Friedrich Gauß (1777–1855) aber schon darüber spekuliert, dass es in der oberen Erdatmosphäre eine elektrisch leitende Schicht geben müsste. Ohne die darin fließenden Ströme ließen sich die insbesondere auch von Alexander von Humboldt (1769–1859) nachgewiesenen zeitlichen Variationen des Erdmagnetfelds nicht gut erklären. Mit anspruchsvollen mathematischen Methoden war es Gauß mit seiner Allgemeinen Theorie des Erdmagnetismus 1838 gelungen, die Struktur des globalen Erdmagnetfelds trotz relativ weniger Magnetfelddaten recht verlässlich zu berechnen. Er konnte zeigen, dass dieses die Erde umgebende Magnetfeld zwar zu großen Teilen im Erdinneren erzeugt wird, dass ein kleiner Anteil aber auch durch das Fließen elektrischer Ströme in der Atmosphäre generiert werden müsste.

Um zu erklären, wie der Sonnenwind mit dem Erdmagnetfeld interagiert, führte der US-amerikanische Astrophysiker Thomas Gold (1920–2004) 1959 den Begriff der Magnetosphäre ein. Sie bezeichnet allgemein das Raumgebiet um ein astronomisches Himmelsobjekt, in dem dessen Magnetfeld gegenüber dem anströmenden Sonnenwind weitgehend dominiert. Gekennzeichnet durch einen starken Abfall der Magnetfeldstärke endet es nach außen hin an der sogenannten Magnetopause. Der Nachweis dafür, dass es innerhalb der Erdmagnetosphäre entlang der Feldstrukturen ausgerichtete Strahlungsgürtel mit auffallender Anhäufung von hochenergetischen Elektronen, Protonen und Ionen gibt, konnte 1958 von dem US-amerikanischen Astrophysiker und Raumfahrtpionier James Van Allen (1914–2006) mit seiner Arbeitsgruppe im Rahmen von Explorer-Missionen nachgewiesen werden. Dass neben den Teilchen des Sonnenwinds noch wesentlich hochenergetischere Partikel aus dem fernen Universum sogar durch die Magnetosphäre und Ionosphäre hindurch in die tieferen Erdatmosphärenschichten vordringen und hier Atome und Moleküle ionisieren können, dafür sprachen die Messdaten, die der österreichische Physiker Victor Hess (1883–1964) schon 1912 bei seinen Ballonfahrten in mehreren Tausend Meter Höhe sammelte. Da die gemessene, auffallend starke Ionisationsrate unabhängig von der Tageszeit war, und sie auch bei einer Sonnenfinsternis weitgehend unverändert blieb, konnte die verstärkte Ionisation nicht durch Sonnenwindpartikel allein erzeugt werden.

Die wesentlich dafür verantwortliche, später als kosmische Strahlung bezeichnete Höhenstrahlung besteht aus Elementarteilchen, die mit fast Lichtgeschwindigkeit, beschleunigt z. B. bei Supernovaexplosionen oder Sternkollisionen, auf die Magnetosphäre und Erdatmosphäre prallen und teilweise in sie eindringen.

Anhand ihrer Radiostrahlung konnten Wissenschaftler erstmals 1955 darauf schließen, dass neben der Erde auch der Jupiter ein vergleichsweise sogar besonders starkes Magnetfeld besitzen müsste. 1964 konnte anhand der Radioemission gezeigt werden, dass dieses Feld mit Io, dem innersten der 1610 von Galilei entdeckten vier Monde, interagiert. Die Raumsonde Pioneer 10 entdeckte 1974 die Ionosphäre des Jupiters, und mithilfe eines erdbodengestützten Teleskops gelang zwei Jahre später der Nachweis der Existenz eines Plasmatorus in der Magnetosphäre des Jupiters. Die ersten In-situ-Messungen innerhalb dieses besonders ausgedehnten und mit Abstand größten magnetischen Hindernisses im Sonnenwind konnten mit Instrumenten von Bord der Pioneer- und Voyager-Sonden gemacht werden. Und 1979 wurden erstmals auch die Polarlichter des Jupiters, allerdings im ultravioletten Licht beobachtet (Abb. 8.1b). Sie weisen im Vergleich zur Erde eine etwa zehnmal so große Helligkeit auf und sind dabei auch etwa 100-mal energiereicher als die Polarlichter in der Ionosphäre der Erde.

Tatsächlich besitzen alle Planeten des Sonnensystems Magneto-sphären mit allerdings stark voneinander abweichenden Eigenschaften und Ursprüngen. Die Magnetfelder der meisten Planeten werden durch Dynamoprozesse im Inneren der Planeten erzeugt. Aber manchmal, wie insbesondere im Fall der Venus und des Mars, die heute keine eigenen Magnetfelder besitzen, werden sie durch ionosphärische Ströme induziert. Dann können sich Magnetosphären auch durch den Aufstau der Magnetfelder im Sonnenwind bzw. aufgrund des Vorhandenseins remanenter Krustenmagnetfelder ausbilden. Fast alle Planeten, mit Ausnahme der Venus, besitzen Ionosphären, in denen elektrische Stromsysteme existieren und in denen unter dem Einfluss des magnetisierten Sonnenwinds Polarlichter entstehen. Wie bei der Erde in Form der Van-Allen-Gürtel existieren auch bei den äußeren Gas- und Eisplaneten Strahlungsgürtel, in die immer wieder hochenergetische Teilchen aus dem Sonnenwind sowie kosmische Strahlungspartikel aus dem interstellaren Raum eindringen und hier gespeichert werden können. Auch der Jupitermond Ganymed besitzt eine dynamogenerierte Magnetosphäre. Er ist der einzige Mond im Sonnensystem, in dessen Ionosphäre nachweisbar sogar auch Polarlichter erzeugt werden, was allerdings unter dem dominierenden Einfluss des vom Jupiter ausgehenden Teilchenstroms geschieht. Wie der Mars, in dessen Ionosphäre sogar Polarlichter entdeckt wurden, besitzt auch der Mond der Erde nur ein Krustenmagnetfeld, das aber wesentlich schwächer ist. Polarlichter im ultravioletten Licht konnten 2020 überraschenderweise sogar im Umfeld der Magnetosphäre des Kometen 67P/Tschurjumow-Gerassimenko nachgewiesen werden. Wie in Abschn. 6.1 beschrieben, bilden sich vor all diesen Magnetosphären in der Regel Bugstoßwellen aus.

8.2 Die Planeten mit dynamogenerierten Magnetosphären

Im August 2006 wurde der auf einem extrem exzentrischen Orbit umlaufende Pluto zum Zwergplaneten degradiert, weil in seiner Umgebung innerhalb des Kuipergürtels mehrere gleich große oder sogar größere planetare Himmelsobjekte gefunden wurden. Seitdem gibt es insgesamt nur noch acht Planeten in unserem Sonnensystem (Abb. 8.2). Vier gesteinsartige, erdähnliche Planeten, nämlich Merkur, Venus, Erde und Mars, umlaufen die Sonne mit zunehmender Entfernung auf jeweils nur schwach elliptischen Bahnen definitionsgemäß in der inneren Heliosphäre (Abb. 8.2a). Diese reicht somit bis zum Orbit des Mars mit einer maximalen Entfernung von etwa 1,67 Astronomischen Einheiten (AE) von der Sonne. Die zwei Gasriesen Jupiter und Saturn sowie die beiden Eisplaneten Uranus und Neptun bewegen sich dann in der sogenannten mittleren Heliosphäre, die vereinbarungsgemäß am Terminationsschock in etwa 85 AE Entfernung von der Sonne endet (Abb. 8.2b). Die sich daran anschließende äußere Heliosphäre, die bis zur Heliopause, dem äußersten Rand der Heliosphäre bis in eine Entfernung von etwa 120 AE vom Zentralstern unseres Sonnensystems reicht, wird auch als Heliohülle bezeichnet. Hier endet der Einfluss des Sonnenwinds. Jenseits davon dominieren die interstellaren Winde.

Venus und Mars sind die einzigen Planeten unseres Sonnensystems, in deren Inneren zumindest heute keine dynamogenerierten Magnetfelder erzeugt werden. Obwohl die Venus hinsichtlich ihrer Größe und Masse am ehesten vergleichbar mit der Erde ist, dreht sie sich mit einer Rotationsperiode von 243 Tagen aber sehr viel langsamer, innerhalb von 243 Tagen einmal um sich selbst. Langsame Rotation scheint zwar abträglich für die Erzeugung eines großskaligen dipolaren Magnetfelds, aber ein grundsätzliches Hindernis für einen Dynamo ist es nicht. Auch wenn dieser Planet in der Frühzeit seiner Entstehung einmal ein Magnetfeld besessen haben könnte, so erklärt das heute offensichtliche Fehlen effektiver thermischer

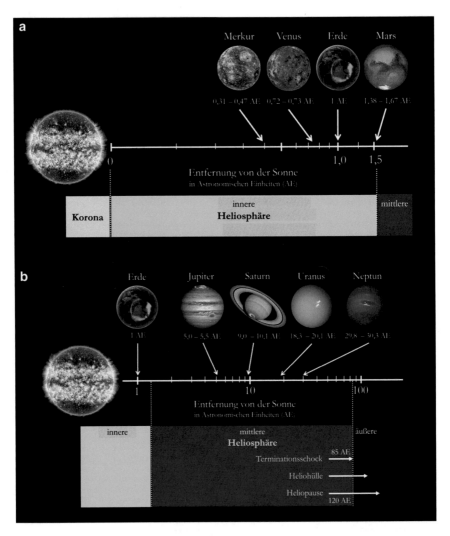

Abb. 8.2 Die Positionen der unterschiedlichen Planeten in der Heliosphäre unseres Sonnensystems. **a** Die zeitlich veränderlichen Entfernungen der erdähnlichen Planeten Merkur, Venus, Erde und Mars in der inneren Heliosphäre von der Sonne sind jeweils in Astronomischen Einheiten (AE), in Vielfachen des mittleren Abstands der Erde von der Sonne angegeben und auf einer logarithmischen Skala ablesbar. **b** Die in der mittleren Heliosphäre umlaufenden Gas- sowie Eisplaneten Jupiter und Saturn bzw. Uranus und Neptun besitzen im Vergleich zur Erde zwar einen wesentlich größeren Abstand zur Sonne, mit maximal etwa 30 AE befinden sie sich aber ebenfalls noch weit entfernt von der äußeren Heliosphäre, die als Heliohülle zwischen dem Terminationsschock bei etwa 85 AE Entfernung und der Heliopause bei ungefähr 120 AE Entfernung liegt

Eine Reise durch unser Sonnensystem: Maßstäbe und Entfernungen: sn.pub/qwMw40

Mapping the Heliosphere for the first time: sn.pub/18BMeg

© U. v. Kusserow, NASA

Konvektionsströmungen im Eisenkern oder Silikatmantel, warum in ihrem Inneren keine Magnetfelder durch Dynamoprozesse induziert werden können. Möglicherweise stand in der Frühzeit der Entstehung der Venus aber zeitweise noch genügend thermische Energie für den Antrieb von Dynamoprozessen zur Verfügung.

Der Nachweis der Existenz sehr geordnet strukturierter Krustenfelder in Teilbereichen der Marsoberfläche spricht dafür, dass in diesem Planeten früher Magnetfelder in Dynamoprozessen erzeugt worden sind. Die im Vergleich zur Erde geringere Masse und Dichte dieses Planeten führte aber wohl dazu, dass sich die Materie dort sehr viel schneller abkühlte, nur der äußere Bereich des Eisenkerns flüssig geblieben ist und die anfangs wirksamen Dynamoprozesse zur Regenerierung des globalen Marsmagnetfelds irgendwann gestoppt wurden. Die wahrscheinlichste Ursache für das Fehlen eines rezenten Dynamos ist ein zu geringer Wärmefluss aus dem Kern, so dass keine thermische Konvektion auftritt. Für den geringen Wärmefluss könnte das Fehlen von Plattentektonik wesentlich sein, wodurch die Wärmeabgabe des gesamten Planeten, auch des Kerns, geringer ausfällt. Zusätzlich fehlt mutmaßlich auch ein innerer fester Eisenkern, mit dessen Wachstum eine durch chemische Unterschiede angetriebene Konvektion verbunden sein kann.

Abb. 8.3 veranschaulicht einige Unterschiede der dynamogenerierten Magnetfelder der Gesteinsplaneten Merkur und Erde, der riesigen Gasplaneten Jupiter und Saturn sowie der sehr weit von der Sonne entfernt umlaufenden Eisplaneten Uranus und Neptun. Anhand beobachtbarer Strukturen und Bewegungsmuster sowie bestimmbarer chemischer Zusammensetzungen an den Planetenoberflächen, anhand der Durchmesser, Massen und gemittelten Materiedichten der Planeten, mithilfe seismologischer Untersuchungen und Modellrechnungen, aber letztlich auch anhand der Eigenschaften und Entwicklungen ihrer Magnetfeldstrukturen konnten die Wissenschaftler in den letzten Jahrzehnten mehr oder weniger gesichertes Wissen über den Aufbau und die Zusammensetzung des Inneren der verschiedenen Planeten gewinnen.

Die Magnetfelder der Gesteinsplaneten Erde und Merkur werden durch Dynamoprozesse erzeugt, die in deren äußeren fluiden, vorwiegend mit flüssigem Eisen, in Anteilen aber auch mit Silizium, Sauerstoff und Schwefel bzw. Nickel gefüllten äußeren Kernbereichen ablaufen. Durch Abkühlung verfestigen sich die metallischen Fluide im Laufe der Zeit, wodurch sich im Zentralbereich ein fester, zunehmend größer werdender innerer Kern ausgebildet hat. Vermutlich besitzen auch die Gasplaneten Jupiter und Uranus einen mehr oder weniger festen inneren Kern, der aus Eis, Eisen- oder

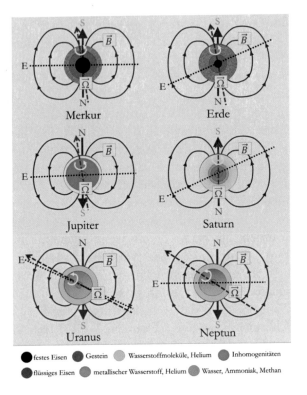

Abb. 8.3 Magnetfeld- und stoffliche Eigenschaften des Inneren der Planeten unseres Sonnensystems mit dynamogenerierten Magnetfeldern. Die Gesteinsplaneten Merkur und Erde, die Gasplaneten Jupiter und Merkur sowie die Eisplaneten Uranus und Neptun unterscheiden sich hinsichtlich der Struktur und stofflichen Zusammensetzung jeweils deutlich. Das gilt auch für die Neigungen ihrer durch $\vec{\Omega}$ gekennzeichneten Rotationsachsen jeweils relativ zu der von N nach S gerichteten Achse ihres Magnetfelds $\vec{B}$ sowie für deren Ausrichtungen bezüglich der Ekliptik E, die in Richtung zur Sonne weisen

Physik der Planeten – Innerer Aufbau: sn.pub/aTUWb5

NASA Investigates Invisible Magnetic Bubbles in Outer Solar System: sn.pub/9LjND6

© U. v. Kusserow

Silikatgesteinen bestehen könnte. Über dem möglicherweise 10 bis 15 Erdmassen schweren Zentralbereich befindet sich beim Jupiter nach Erkenntnissen aus Modellrechnungen eine sehr ausgedehnte Hülle aus flüssigem metallischem Wasserstoff und Helium. In einer solchen quecksilberartig fließenden Materie, die sich nach quantenmechanischen Theorien aufgrund der hier anzutreffenden extremen Druck- und Temperaturverhältnisse ausbilden kann, sorgen thermische und durch Konzentrationsunterschiede getriebene Konvektionsströmungen für die dynamogetriebene Ausbildung des in seiner Struktur etwa erdähnlichen, aber wesentlich stärkeren jovianischen Magnetfelds.

Ähnliches gilt für den inneren Aufbau des Saturns. Da dessen Masse und Größe im Vergleich zum Jupiter nur etwa 30 % bzw. knapp 60 % betragen, wird dessen innerer Kern vermutlich auch kleiner als der des Jupiters sein. Aufgrund fehlender Satellitenmission zu den am weitesten von der Sonne entfernten Planeten Uranus und Neptun sind die Erkenntnisse über deren inneren Aufbau noch sehr gering. Es lässt sich zeigen, dass Dynamoprozesse in deren Inneren sehr wohl wirksam werden können, wenn die fluiden Hauptbestandteile Wasser, Ammoniak oder Methan darin bei geeigneten Druck- und Temperaturverhältnissen eine ausreichend hohe ionische Leitfähigkeit aufweisen. Oberhalb eines kleineren gesteinsartigen Kerns würden dann Ströme innerhalb der aus Wasser, Ammoniak und Methan bestehenden, elektrisch leitfähigen Hülle die Magnetfelder beider Eisplaneten erzeugen können.

Ergänzend zu Abb. 8.3 zeigen auch die in Tab. 8.1 aufgeführten Daten, dass die Ausrichtungen der Magnetfeld- und Rotationsachsen der Planeten relativ zueinander und zur Ekliptik und damit auch zu der Richtung zur Sonne teilweise sehr stark variieren. Die Rotationsachsen des Merkurs und

Tab. 8.1 Eigenschaften dynamogenerierter planetarer Magnetfelder im Sonnensystem

Eigenschaften	Merkur	Erde	Jupiter	Saturn	Uranus	Neptun
Neigung der Rotationsachse zur Ekliptik in Grad	0,01	23	3	27	98	30
Neigung der Magnetfeldachse zur Rotationsachse in Grad	−1,1	9,3	−10	−0	−59	−47
Verrückung der Magnetfeldachse bezogen auf den Planetendurchmesser in Prozent	20	8	10	5	31	55
Planetare magnetische Flussdichte am Äquator in Gauß	0,003	0,31	4,28	0,22	0,23	0,13
Abmessung der Magnetosphäre als Vielfaches des jeweiligen Planetenradius	2,5	10	65	20	18	25

des Jupiters stehen fast senkrecht zur Ekliptik. Die Rotationsachse des Uranus weicht um 8° von der Ekliptik (also der Bahnebene des Planeten) ab. In Richtung fast zur Sonne oder davon weg weist sie nur zweimal während des Bahnumlaufs des Planeten. Die Ausrichtung der Dipolachse des Magnetfelds dieses Eisplaneten ändert sich im Laufe einer Rotationsperiode, weil Rotationsachse und Dipolachse nicht zusammenfallen und die Rotationsachse nicht senkrecht zur Bahnebene steht. Um 31 % des Planetenradius verrückt, läuft die Dipolachse zudem auch nicht durch das Planetenzentrum. Wie eine der in der Legende zu Abb. 8.3 verlinkten Videosequenzen zeigt, führen diese drei speziellen Eigenschaften und die Rotation dazu, dass der Sonnenwind im Laufe der Zeit auf topologisch sehr verschiedene Bereiche der Magnetosphäre trifft. Die Polarlichter des Uranus sollten daher eher in der Nähe von dessen Äquatorbereich zu beobachten sein. Die Magnetfeldachse des Neptuns ist mit 55 % sogar noch stärker verrückt. Beim Saturn und Merkur fällt insbesondere die starke Übereinstimmung der Lage ihrer Magnetfeld- und Rotationsachse auf. Beim Merkur und Saturn sind die Magnetfeldachsen hinsichtlich ihrer Polarität ähnlich ausgerichtet wie aktuell bei der Erde, beim Jupiter, Uranus und Saturn dagegen sind sie entgegengesetzt orientiert.

Mit einer am Äquator gemessenen magnetischen Flussdichte von mehr als 4 Gauß, lokal sogar bis zu 20 Gauß, besitzt der Jupiter das an der Oberfläche mit Abstand stärkste planetare Magnetfeld im Sonnensystem, das die Stärke des Erdmagnetfelds um mehr als das Zehnfache übertrifft. Abb. 8.4 veranschaulicht die gewaltigen Abmessungen der Magnetosphäre des Jupiters im Vergleich zur Größe der Sonne, aber auch zu denen der Magnetosphären der anderen Planeten. Die Ausdehnung der Magnetosphären hängt dabei nicht nur von der Stärke des jeweiligen planetaren Magnetfelds ab. Entscheidend dafür sind außerdem der Staudruck des Sonnenwinds, der mit zunehmendem Abstand von der Sonne merklich abnimmt, sowie die Plasmadichte und Temperatur der Materie in der Magneto- und Ionosphäre. Die Länge des Magnetosphärenschweifs der Erde kann zeitweise bis zu 100 Erdradien betragen, was einer Distanz von 600 000 km entspricht. Da der Mond die Erde in einem Abstand von etwa 60 Erdradien umrundet, durchquert er den Schweif der Erdmagnetosphäre regelmäßig über einen Zeitraum von fünf bis sechs Tagen während seiner jeweils 28 Tage dauernden Umläufe. Die Abmessung der Magnetosphäre des Jupiters beträgt sonnenseitig etwa 65 Jupiterradien, schweifseitig wahrscheinlich bis zu 7000 Jupiterradien, was einer Länge von 483 Mio. Kilometern entspricht. Verschwindend klein erscheint dagegen die Abmessung der Magnetosphäre des Jupitermonds Ganymed, die nur etwa 15 000 km beträgt.

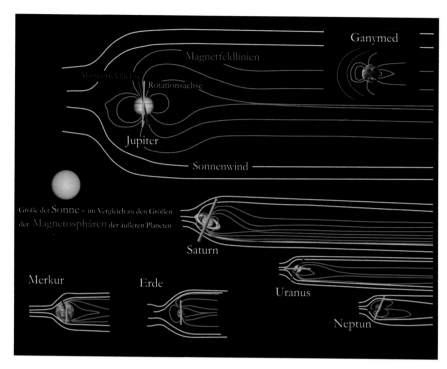

Abb. 8.4 Größenvergleich der dynamogenerierten Magnetosphären der Planeten sowie des Monds Ganymed. In dieser Abbildung sind die einzelnen Himmelsobjekte nicht maßstabsgetreu dargestellt. Allein die Größe der Sonne ist in etwa korrekt im Vergleich zu den Abmessungen der Magnetosphären der Gas- und Eisplaneten Jupiter und Saturn bzw. Uranus und Neptun dargestellt. Die Merkurmagnetosphäre ist vergrößert relativ zu der der Erde, die der Erde vergrößert relativ zu der des Uranus abgebildet. Gleiches gilt für die vergrößert dargestellte Magnetosphäre des Jupitermonds Ganymed relativ zu der des Jupiters. Alle planetaren Magnetosphären der Planeten mit ihren langen Schweifstrukturen auf der jeweils sonnenabgewandten Seite werden entscheidend durch den Sonnenwind geformt. Ganymed ist dagegen durch die Magnetosphäre des Jupiters vor dem Einfluss des Sonnenwinds weitgehend geschützt. Die vom Jupiter ausgehenden Teilchenwinde formen Ganymeds Magnetosphäre. Manche der Feldlinien des Magnetfelds dieses Monds schließen sich in niedrigen Breiten in dessen Innerem, während andere in die Feldlinien des Jupiterfelds übergehen
Which Planets and Moons Have Magnetospheres: sn.pub/qQ9VuV
Magnetosphären (Ulrich Christensen): sn.pub/Gd0CQM
© U. v. Kusserow, NASA

8.3   Die Erde im Sonnenwind

Die sehr ausgedehnte Magnetosphäre der Erde stellt ein großes Hindernis für den Sonnenwind dar (Abb. 8.5). In einigem Abstand vor diesem Hindernis strömt der magnetisierte solare Teilchenwind noch mit Geschwindigkeiten,

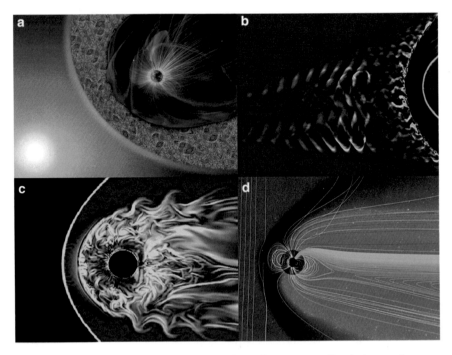

Abb. 8.5 Darstellung von Animationen und Ergebnissen von Simulationsrechnungen, die das Verhalten der Erdmagnetosphäre im Sonnenwind veranschaulichen. **a** Teilchen des Sonnenwinds, die den magnetischen Schutzkäfig der Erde umströmen, erzeugen eine hochturbulente, als Magnetohülle bezeichnete Grenzschicht. **b** Die Teilchen, die bei der Kollision des magnetisierten Sonnenwinds mit der Erdmagnetosphäre reflektiert werden, erzeugen komplexe magnetische Wellenmoden im Vorschock-bereich der Erdmagnetosphäre. **c** Erzeugung von Kelvin-Helmholtz-Wellen beim Auftreffen des Sonnenwinds auf die Erdmagnetosphäre. **d** Unter Einfluss des Sonnenwinds bilden sich auf der sonnenabgewandten Seite lang gestreckte Schweif-strukturen aus, in denen in Zeiten starker magnetischer Sonnenaktivität dynamische Prozesse in Form erdmagnetischer Stürme ablaufen können
Exploring Turbulent Space Around Earth: sn.pub/ixyUF6
Earth's magnetic song recorded for the first time during a solar storm: sn.pub/GCFokF
© a NASA/GSFC/M. P. Hrybyk-Keith; NASA Goddard's Conceptual Image Lab/J. Masters, b ESA/Vlasiator team, University of Helsinki, c S. Kavosi/J. Raeder/UNH, d NASA/Scientific Visualization Studio

die wesentlich größer sind als die Ausbreitungsgeschwindigkeiten akustischer und magnetosonischer Wellenmoden. Da diese deshalb nicht schnell genug Informationen über die Erdmagnetosphäre als störendes Hindernis an den anströmenden Sonnenwind übertragen können, staut sich die Materie vor der Magnetosphäre. Der Sonnenwind wird ziemlich abrupt abgebremst, und es bildet sich die turbulente Magnetohülle vor der Magnetopause aus, an der auch magnetische Rekonnexionsprozesse eine zentrale Rolle spielen (Abb. 8.5a). Einige Teilchen des Sonnenwinds werden bereits an der Bugstoßwelle reflektiert. Diese zurücklaufenden, mit dem Sonnenwind dann kollidierenden und dabei die Ausbreitung magnetosonischer Wellen anregenden Teilchen erzeugen den sogenannten Vorschockbereich der Erdmagnetosphäre (Abb. 8.5b).

Abb. 8.5c zeigt die Ergebnisse von Simulationsrechnungen, die veranschaulichen, welchen großen Einfluss der magnetisierte Sonnenwind selbst auf die Form der Magnetopause, der äußeren Begrenzung der Magnetosphäre, nehmen kann. Die Ausbreitung sogenannter Kelvin-Helmholtz-Wellen, die der bezüglich der Magnetosphäre schnell strömende Sonnenwind anregt, verwirbeln die äußeren Schichten der Magnetopause offensichtlich intensiv und auf großen Skalen. Sehr dynamische Interaktionsprozesse können auch in dem lang gestreckten Magnetosphärenschweif der Erde ablaufen, der sich unter Einfluss des Sonnenwinds auf der sonnenabgewandten Seite ausbildet. Diese Interaktion ist zeitverzögert insbesondere dann sehr stark, wenn auf der Sonne Eruptionen, Flares und koronale Masseauswürfe stattgefunden haben. Atmosphärische Leuchterscheinungen treten bekanntlich relativ regelmäßig in den Bereichen der polnahen Polarlichtovale auf. Vor allem in Zeiten starker Sonnenaktivität lösen Rekonnexionsprozesse im Magnetosphärenschweif erdmagnetische Stürme aus, die die Beobachtung von Polarlichtern sogar in wesentlich niedrigeren geografischen Breiten ermöglichen (Abb. 8.5d).

8.3.1 Erzeugung der erdmagnetosphärischen Felder

Mithilfe der frühen Einsichten über die möglichen Entstehungsorte des Erdmagnetfelds durch Carl Friedrich Gauß aus den Jahren um 1838 haben die Magnetosphärenforscher heute gesicherte Erkenntnisse über die verschiedenen Entstehungsursachen und Entstehungsorte diverser erdmagnetischer Feldanteile gewonnen. Danach werden 95 % des Felds durch Dynamoprozesse im Erdinneren, im Normalfall weniger als 1 %, bei starken magnetischen Stürmen aber bis zu 3 %, durch induzierte elektrische Ströme in der Magneto- und Ionosphäre der Erde, vermutlich mehr als 2 % durch die remanenten Krustenmagnetfelder der Lithosphäre und schließlich ein sehr geringer prozentualer Anteil (aufgrund des relativ zum Erdmagnetfeld im Ebbe-Flut-Zyklus fließenden salzhaltigen, dabei leitfähigen Meerwassers) durch elektrische Ströme in den Ozeanen erzeugt (Abb. 8.6).

In dem oberhalb des festen inneren Erdkerns elektrisch leitfähigen, flüssigen Erdkern wird der dominierende Anteil des Erdmagnetfelds in

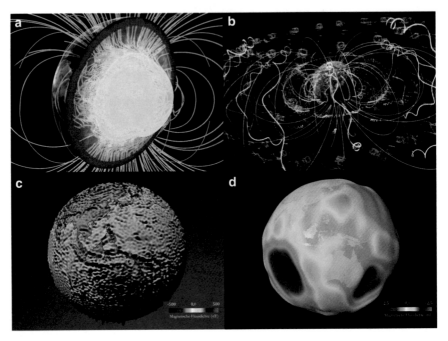

Abb. 8.6 Unterschiedliche Erzeugungsprozesse des Erdmagnetfelds. **a** 95 % des Erdmagnetfelds werden durch magnetische Induktion in den im flüssigen Erdkern ablaufenden Dynamoprozessen erzeugt. **b** Die durch den Sonnenwind in der Magneto- und Ionosphäre der Erde induzierten Felder tragen maximal etwa 3 % dazu bei. **c** Die hochaufgelöste Karte des lithosphärischen Krustenmagnetfelds der Erde wurde anhand der Messergebnisse erstellt, die mit den SWARM-Satelliten der ESA sowie mit dem deutschen CHAMP-Satelliten gewonnen wurden. **d** Die Existenz einer extrem schwachen, von Gezeiten erzeugten vierten Erdmagnetfeldkomponente, die im fließenden, salzigen und dabei elektrisch leitfähigen Meerwasser durch induzierte elektrische Ströme entsteht, konnte nach sensibler Auswertung von SWARM-Daten nachgewiesen werden
The Geodynamo: sn.pub/g7V2Tf
Unravelling Earth's magnetic field: sn.pub/3ScvSr
Magnetic tides: sn.pub/Als210
© a DESY/G. A. Glatzmaier, b NASA/GSFC/J. Ng, c ESA/DTU Space/DLR, d ESA/Planetary Visions

Dynamoprozessen erzeugt (Abb. 8.6a). Die noch existierenden Differenzen in der Temperatur oder Materiekonzentration, die anfangs bei der Materieakkretion der Erdentstehung gespeicherte Restwärme, vor allem die beim Ausfrieren von Eisen beim Wachstum des inneren Erdkerns freigesetzte latente Wärme, und möglicherweise auch die bei radioaktivem Zerfall freiwerdende Restwärme sowie die Präzessionsbewegung der Erde, sie alle zusammen treiben die konvektiven großskaligeren Strömungen sowie Turbulenzen in dem weitgehend metallischen Fluid des Erdkerns.

Durch magnetische Induktionsprozesse wird das oberhalb der Erdoberfläche weitgehend bipolare, in Anteilen aber auch multipolare Magnetfeld der Erde erzeugt (Abschn. 8.3.2). Im elektrisch leifähigen Sonnenwind, der relativ zum Erdmagnetfeld strömt, werden nach Faradays Induktionsgesetz Spannungen induziert, wodurch elektrische Ströme fließen, die neue magnetische Feldanteile erzeugen. In der äußeren Magnetosphäre der Erde, in den Van-Allen-Strahlungsgürteln und in der tieferliegenden Ionosphäre bilden sich unterschiedliche, auch großskalige Stromsysteme aus, die eine zweite Feldkomponente des Erdmagnetfelds erzeugen (Abb. 8.6b).

In Modellrechnungen zum Geodynamo bevorzugen es die Wissenschaftler, in der Regel im Rahmen des sogenannten $(\vec{v}, \vec{B})$-Paradigmas zu arbeiten. Die Geschwindigkeitsfelder und magnetischen Flussdichten spielen darin die zentrale Rolle. Die Magnetosphärenforscher argumentieren dagegen lieber im Rahmen des $(\vec{j}, \vec{E})$-Paradigmas mit elektrischen Stromdichten und elektrischen Feldstärken. Nach den Gesetzen von Ampère, Ohm und Faraday sowie den Maxwell-Gleichungen sind beide Betrachtungsweisen aber vollständig äquivalent.

In der Erdgeschichte hat es sowohl auf dem Festland als auch auf dem Boden der Ozeane immer wieder Vulkanausbrüche gegeben. Die austretenden sehr heißen, geschmolzenen und dabei meist auch eisenhaltigen Lavamassen haben sich ausgedehnt und häufig weiträumig über die Lithosphäre der Erde verteilt. Bei Abkühlung auf die jeweilige Curie-Temperatur für die unterschiedlichen Metalle, die für Eisen bei 768 °C liegt, erstarrt die Lavamaterie dann jedoch wieder sehr schnell. Beim Auskristallisieren werden die ferromagnetischen Minerale in Richtung des Erdmagnetfelds, also jeweils lokal in dessen Vorzugsrichtung, magnetisiert. Mithilfe paläomagnetischer Analysen lassen sich so unterschiedlichste Charakteristika des fossilen, orts- und zeitabhängigen Erdmagnetfelds in der Erdkruste rekonstruieren. Dies gilt insbesondere auch für den mittelozeanischen Rücken, wo sich eine sehr lang gestreckte Vulkankette befindet, die zwischen Europa bzw. Afrika sowie Süd- und Nordamerika in Nord-Süd-Richtung verläuft. Sie ist dort entstanden, wo unterschiedliche Erdplatten aufgrund der Kontinentalverschiebung aneinandergrenzen, wo dazwischen immer wieder auch heiße Lava aus dem Erdinneren aufsteigen kann. Anhand umfangreicher Messreihen, die hier seit den frühen 1950er-Jahren durchgeführt wurden, konnte gesichert festgestellt werden, dass das Erdmagnetfeld in der Erdgeschichte immer wieder starke Veränderungen, extensive Wanderungen der Pole und sogar Hunderte von vollständigen Umpolungen erlebt hat (Abschn. 8.3.3).

Mithilfe der drei SWARM-Satelliten der ESA, die die Erde in ihrer Ionosphäre auf einem polnahen Orbit umkreisen, sowie mit dem deutschen Satelliten CHAMP (CHAllenging Minisatellite Payload) konnten die remanenten erdmagnetischen Krustenfelder hochaufgelöst vermessen werden. Abb. 8.6c zeigt die in einer Karte zusammengefassten Ergebnisse umfangreicher Untersuchungen. Die mit diesen Satelliten gesammelten Daten ermöglichten es, neue Erkenntnisse über die Langzeitentwicklungen unseres Erdmagnetfelds zu gewinnen. Neben den Dynamoprozessen im Erdinneren, der strominduzierten Erzeugung im Sonnenwind sowie ihrer in der Erdkruste gespeicherten Anteile gibt es eine vierte Quelle für die Erzeugung des Erdmagnetfelds von geringerer Bedeutung, welche allerdings erst vor Kurzem ebenfalls mithilfe der SWARM-Satelliten nachgewiesen werden konnte. Die Gezeitenkräfte durch den Mond, die wir Menschen aufgrund der eindrucksvollen Ebbe- und Flutphänomene kennen, sorgen dafür, dass das salzhaltige Wasser in den Ozeanen in speziellen Vorzugsrichtungen strömt. Wenn das elektrisch leitfähige Meerwasser durch das gerade bestehende Erdmagnetfeld fließt, wird ein elektrischer Strom erzeugt, der ein extrem schwaches, aber signifikant nachweisbares magnetisches Signal induziert. In Abb. 8.6d lassen sich diese Spuren „magnetischer Gezeiten" erkennen.

8.3.2 Funktionsprinzip des Geodynamos

Während die Dynamoprozesse im Verlauf des solaren Aktivitätszyklus regelmäßige, nahezu periodisch variierende Magnetfelder im differenziell rotierenden, turbulenten Plasma der Konvektionszone der Sonne generieren, werden die über unterschiedlich lange Zeiträume, aufgrund der langsamen Strömungsgeschwindigkeiten im Erdkern relativ stabilen, nahezu stationären Erdmagnetfelder in einem metallischen Fluid im flüssigen Außenbereich des Erdkerns in Form sogenannter Konvektionsrollen erzeugt. Die Pole des Geomagnetfelds verändern ihre Lage dabei ständig um maximal 20° gegenüber den Rotationspolen, können ihre Positionen bei sogenannten Exkursionen, misslungenen Versuchen einer vollständigen Feldumkehr, allerdings immer wieder noch deutlicher verändern. Auch die Stärke des Magnetfelds kann dabei erheblich variieren. In unterschiedlich langen Zeitabständen dazwischen hat sich das Magnetfeld der Erde in der Vergangenheit häufiger sogar vollständig umgepolt.

Bei der Sonne sind es die Fusionsprozesse, die in ihrem Zentralbereich die Energie für die Dynamoprozesse erzeugen. Im Fall der Erde ermöglichen die nach ihrer Entstehung im Fluid immer noch wirksamen hohen Temperatur- und Dichtegradienten sowie, in wesentlich geringeren Anteilen, die bei radioaktiven Zerfallsprozessen freiwerdende Wärme die Ausbildung von Konvektionsströmungen im rotierenden Fluid und damit den Antrieb des Geodynamos (Abb. 8.7). In den kommenden Jahren wird im Helmholtz-Zentrum

a Funktionsprinzip des α^2-Dynamos

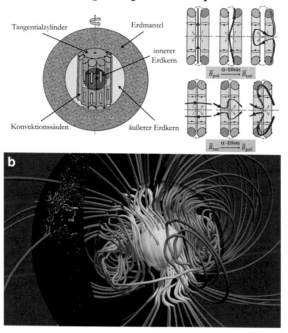

Abb. 8.7 Erzeugung des dynamogenerierten Magnetfelds im metallischen Fluid des äußeren Erdkerns. **a** Wirkungsweise eines α^2-Dynamos, bei dem toroidale und poloidale Magnetfeldkomponenten in turbulenten, konvektiven Strömungen jeweils wechselseitig ineinander umgewandelt werden (rechts). Außerhalb eines Tangentialzylinders, der den festen Erdkern umschließt, laufen diese Strömungen im Erdinneren anders als z. B. bei der Sonne innerhalb sogenannter Konvektionssäulen ab (links). **b** Ergebnisse neuer Simulationsrechnungen veranschaulichen die Wirkungsweise dieses Dynamomechanismus, der den weitaus größten Anteil des Erdmagnetfelds im turbulenten Erdkern generiert
Stunning simulation shows how the Earth gets its magnetic field 2,000 miles below the surface: sn.pub/QuvlxU
Earth's Outer Core Motion: sn.pub/h4pfX5
The geodynamo: sn.pub/aqos17
Magnetic field lines inside Earth's core Inverse problems and data assimilation: sn.pub/nvaaBV
© a U. v. Kusserow, b N. Schaeffer/ISTerre (creative common licence CC BY 4.0)

Dresden-Rossendorf im Rahmen eines als DRESDYN (DREsden Sodium facility for DYNamo and thermohydraulic studies) bezeichneten Forschungsprojekts untersucht, ob nicht auch die Präzessionsbewegung der Erdachse für die Generierung das Erdmagnetfelds mitverantwortlich sein könnte.

Der im linken Teil von Abb. 8.7a dargestellte Schnitt durch das Erdinnere veranschaulicht die Lage der Konvektionsrollen sowie die Strömungsverhältnisse in ihnen. Durch diese Rollen wird das Magnetfeld im äußeren Kernbereich des Erdinneren im turbulenten metallischen Fluid dynamogeneriert. Im rechten Teil von Abb. 8.7a wird gezeigt, wie, in diese elektrisch sehr gut leitfähigen Fluide wie eingefroren mitbewegt, sowohl poloidale in toroidale (oben) als toroidale in poloidale (unten) Feldkomponenten jeweils durch den α-Effekt wechselseitig unter dem Einfluss der Corioliskraft umgewandelt werden. Anders als im Fall der Sonne, deren Magnetfelder nach dem Funktionsprinzip eines α-Ω-Dynamos entscheidend auch unter dem Einfluss der differenziellen Rotation (Ω-Effekt) erzeugt werden, spielt diese bei der Erzeugung des Erdmagnetfelds nach dem Funktionsprinzip des sogenannten α^2-Dynamos keine so wichtige Rolle. Allein oberhalb und unterhalb des festen inneren Erdkerns, also innerhalb des diesen umschließenden, parallel zur Rotationsachse gerichteten Tangentialzylinders, könnten Scherströmungen neben der Turbulenz einen zusätzlichen, allerdings nur geringen Einfluss ausüben.

Die mithilfe leistungsfähiger Supercomputer erzielten Ergebnisse moderner Simulationsrechnungen ermöglichen den Wissenschaftlern heute einen tieferen Einblick in die sehr komplexen Prozesse in dem turbulenten, metallisch fluiden äußeren Erdkern (Abb. 8.7b). Hochaufgelöst können sie die dort ablaufenden komplexen Wechselwirkungen zwischen den Magnetfeldern und sie generierenden elektrischen Strömen und Flüssigkeitsströmungen erforschen, die sich durch elektromagnetische Induktionsprozesse und Lorentz-Kräfte gegenseitig bedingen. Auch wenn so manche der Parameter, z. B. die Druck- und Temperaturverhältnisse, die für die Vorgänge im Erdinneren charakteristisch sind, wegen des dafür erforderlichen allzu großen Rechenaufwands in heutigen Modellrechnungen nicht vollständig realistisch dargestellt werden können, so liefern diese Simulationsrechnungen doch beeindruckende Ergebnisse. Erstmals lässt sich in solchen Rechnungen z. B. die nachgewiesene Westdrift des Erdmagnetfelds reproduzieren. Die neuen Ergebnisse enthüllen die große Heterogenität des Magnetfelds, den recht starken dynamischen Kontrast zwischen dem Inneren und dem Äußeren des Tangentialzylinders. So ist das Magnetfeld im Inneren am stärksten. In Polnähe aufsteigend, können sich hier tornadoähnlich verdrillte Polarwirbel mit umgekehrter magnetischer Polarität ausbilden, die die an der Erdoberfläche immer wieder zu beobachtenden erdmagnetischen Störungen oder Exkursionen zu erklären helfen. Unterschiedliche Gleichgewichtszustände zwischen wirksamen Auftriebs-, magnetischen Lorentz- sowie Corioliskräften im rotierenden, turbulenten und konvektiven Fluid bestimmen die vielfältigen Entwicklungen, die auch vollständige Umpolungen des Erdmagnetfelds zur Folge haben können.

8.3.3 Exkursionen und Umpolungen des Erdmagnetfelds

Die Polaritäten des erdmagnetischen Felds haben sich im Verlauf der Erdgeschichte bereits Hunderte Male vertauscht (Abb. 8.8). Allein in den vergangenen 83 Mio. Jahren konnten 183 Umpolungen nachgewiesen werden. Abb. 8.8a veranschaulicht diesen Sachverhalt im oberen Teil in Form einer Schwarz-Weiß-Codierung entlang einer Zeitachse, die von heute bis vor 170 Mio. Jahren reicht. In einem schwarz dargestellten Zeitbereich stimmt die Nord-Süd-Ausrichtung der Magnetfeldachse mit der heutigen überein. In den weiß markierten Bereichen besaß das Erdmagnetfeld eine entgegengesetzte Ausrichtung, waren die magnetischen Nord- und Südpole vertauscht. Die Umpolungen des Erdmagnetfelds erfolgen offensichtlich weitgehend zufällig, statistisch ungeordnet. Durchschnittlich finden solche Umpolungen nach etwa 450 000 Jahren statt. Die Phasen der Umpolung in Form extrem ausgedehnter Polwanderungen dauern vermutlich bis zu etwa 7000 Jahren, könnten nach neueren Erkenntnissen aber auch deutlich länger sein. Die letzte Umpolung des Erdmagnetfelds fand vor 780 000 Jahren statt.

Auf erste Hinweise über mögliche Umpolungen stießen Forscher bereits in den 1920er-Jahren, als sie die Ausrichtung der Magnetisierung in großräumig verteiltem, in längst vergangener Zeit gebildetem Felsgestein nachwiesen, die eindeutig in entgegengesetzte Richtung im Vergleich zu der des aktuellen Erdmagnetfelds weist. Etwa 40 Jahre später, nach der Entdeckung der Kontinentalverschiebung, insbesondere auch der beidseitigen Ausbreitung des Meeresbodens im Bereich des Mittelatlantischen Rückens, konnte der unstrittige Nachweis für die wiederholte Umpolung des Erdmagnetfelds anhand paläomagnetischer Untersuchungen erbracht werden. Anhand von Abb. 8.8a, in der unten die Ausbreitung des Meeresbodens veranschaulicht wird, lässt sich die Nachweismethode für diese Umpolung gut erklären. Das in aufeinanderfolgenden Zeitabschnitten aus dem heißen Erdmantel aufsteigende flüssige, eisenhaltige Magma verfestigt sich bei Abkühlung im kalten Meereswasser und speichert dabei Informationen über die jeweils aktuelle Ausrichtung des Erdmagnetfelds an dieser Stelle. Wie in der Abbildung durch abwechselnd graue bzw. weißliche Einfärbung der Meeresoberfläche angedeutet, polte sich das Erdmagnetfeld vor etwa 780 000, 900 000 bzw. 1 060 000 Jahren um. Das auf beiden Seiten des Mittelatlantischen Meeresrückens am Meeresboden registrierbare „magnetische Streifenmuster" stellt also ein relativ verlässliches geologisches

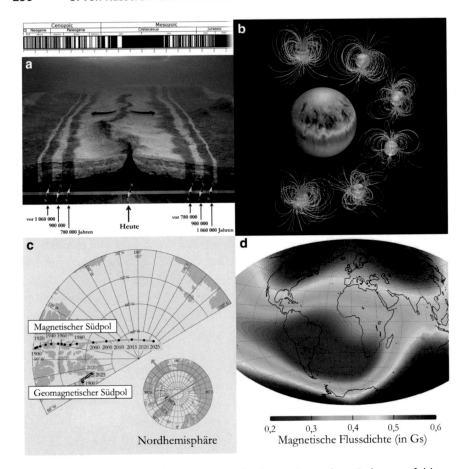

Abb. 8.8 Umpolungen, Exkursionen und Anomalien des Erdmagnetfelds. **a** Schematische Darstellung zur Erklärung des Nachweises von Umpolungen des Erdmagnetfelds anhand der Vermessung wechselnder magnetischer Polaritäten in unterschiedlichen Bereichen zweier auseinanderstrebender Lithosphärenplatten (unten). Die Abbildung darüber veranschaulicht schwarz-weiß-kodiert die Fülle der in den vergangenen 170 Mio. Jahre nachgewiesenen Umpolungen des Erdmagnetfelds. **b** Ergebnisse numerischer Simulationsrechnungen, in denen die Bedingungen für die Umpolung des Erdmagnetfelds analysiert wurden. **c** Darstellung der vergangenen und zukünftig zu erwartenden Wanderungen des magnetischen sowie des geomagnetischen Südpols, die jeweils die Stellen markieren, an denen in der Nordhemisphäre eine magnetische Kompassnadel senkrecht zur Erdoberfläche steht bzw. an denen die Achse eines im Zentrum der Erde hypothetisch gelagerten Stabmagneten die Erdoberfläche durchstößt. **d** Veranschaulichung der Abschwächung der Stärke des Erdmagnetfelds im Bereich der Südatlantischen Anomalie über Südamerika und Südafrika
Walter Pitman and the Smoking Gun of Plate Tectonics: sn.pub/bjg6Yn
Magnetic Striping and Seafloor Spreading: sn.pub/bdSE3X
Das Alter des Ozeanbodens farbcodiert dargestellt: sn.pub/lt1Tpd
The Earth's outer core surrounded by magnetic field lines during the modeled geomagnetic reversal: sn.pub/eD5woX
Why is Earth's magnetic north pole drifting so rapidly: sn.pub/Zcc1jk
South Atlantic Anomaly impact radiation: sn.pub/6iDm2a
© a ESA/AOES/Medialab/Wikiwand, b J. Favre/A. Sheyko, c World Data Analysis Center for Geomagnetism and Space Magnetism/Kyoto University, d ESA/DTU Space/Technical University of Denmark (Bearbeitung: U. v. Kusserow)

Aufzeichengerät dar, auch wenn dabei das jeweilige Zeitalter des Gesteins nicht genau bestimmbar ist.

Mithilfe umfangreicher Satellitendaten und anhand von Modell-rechnungen sowie numerischer Simulationen versuchen die Wissenschaftler, die Ursachen für die so relativ langzeitige Stabilität des Erdmagnetfelds, aber auch für die so relativ plötzlichen globalen Umpolungen besser zu verstehen. Abb. 8.8b zeigt bildhaft die Ergebnisse von Simulationsrechnungen mit extrem leistungsfähigen Supercomputern, die die Umpolung eines erdähnlichen Magnetfelds dokumentiert. Die sich zeitlich deutlich verändernden, nord-südlich-farbkodierten Magnetfeldstrukturen umgeben darin zu verschiedenen Zeitpunkten jeweils die Oberfläche des flüssigen Kerns. Auch wenn so manche Erdparameter in diesen hochauflösenden Simulationsrechnungen immer noch nicht ausreichend realistisch dargestellt werden können, so ergeben die Rechnungen immer wieder das Auftreten von Exkursionen und Umpolungen des Erddynamos, die, anders als im Fall der Sonne, in weitgehend stochastischer Weise, also zeitlich zufällig verteilt, erfolgen. Im äußeren Erdkern sporadisch auftretende besonders kraftvolle, globale Störungen sind offensichtlich für die Umpolungen des Erdmagnetfelds verantwortlich.

Die Stärke des Erdmagnetfelds hat sich in den letzten 150 Jahren um 10 % verringert, und zumindest der magnetische Südpol hat auch seine Position in den letzten Jahren stark verändert. Würde sich die Feldstärke in Zukunft kontinuierlich in gleichem Ausmaß verringern, so könnte das Erdmagnetfeld in etwa 1600 Jahren ganz verschwunden sein. Würde der in der Nordhemisphäre gelegene magnetische Südpol so stark und in gleicher Richtung weiterwandern, wie es die in Abb. 8.8c eingetragenen Daten suggerieren, dann wäre in den nächsten Tausenden von Jahren sogar eine Polumkehr zu erwarten. Während der magnetische Südpol, dessen Lage den Ort kennzeichnet, an dem eine magnetische Kompassnadel senkrecht zur Erdoberfläche steht, offensichtlich sehr schnell wandert, gilt dies allerdings nicht für den geomagnetischen Südpol. Hier würde sich der Durchstoßpunkt der Achse eines im Zentrum der Erde hypothetisch gelagerten Stabmagneten durch die Erdoberfläche befinden. Die mittlere Lage eines solchen fiktiven Magneten lässt sich durch Auswertung einer Vielzahl von Messdaten und mithilfe der damit möglichen Berechnung der Achsenlage des globalen Dipolanteils des Erdmagnetfelds ermitteln. Anhand detaillierter Messungen lässt sich nachweisen, dass dieses Feld darüber hinaus auch noch Quadrupol- und zunehmend schwächere höhere Multipolanteile besitzt, deren Existenz sich aber oberhalb der Erdoberfläche von wesentlich geringerer Bedeutung als der hier vorherrschende Dipolanteil erweist. Nach neuesten Erkenntnissen der Wissenschaft, die durch Auswertung aktueller Daten und dem Vergleich mit früheren erdmagnetischen Feldentwicklungen gewonnen wurden, sprechen die aktuellen Exkursionen des magnetischen Südpols wohl aber eher nicht für eine bevorstehende Umpolung des Erdmagnetfelds.

Schon um 1830 hatte Alexander von Humboldt bei seinen umfangreichen, weltweiten Messkampagnen eine auffallende Abschwächung des Erdmagnetfelds in einem sehr weit ausgedehnten Gebiet im südlichen Atlantik mit dem Zentralbereich vor der Küste Brasiliens entdeckt. Wie die anhand neuer Messdaten erstellte Abb. 8.8d zeigt, hat sich dieses Gebiet abgeschwächter geomagnetischer Feldstärke inzwischen merklich ausgeweitet und besitzt vor der Südspitze Afrikas einen weiteren Hotspot. Mit der Südatlantischen Anomalie wird in diesem Zusammenhang ein Bereich erhöhter Strahlungsaktivität bezeichnet, der sich genau hier aufgrund der recht starken Abschwächung um etwa 0,2 Gauß befindet.

Diese Abschwächung ließe sich, zumindest anschaulich, dadurch plausibel machen, dass die Dipolachse des Erdmagnetfelds nicht genau durch den Erdmittelpunkt verläuft, sondern um etwa 450 km entgegengesetzt zur geografischen Lage der Südatlantischen Anomalie verschoben ist. Die Van-Allen-Strahlungsgürtel, die die Erde in einem Abstand von mehreren Hundert Kilometern umgeben, liegen im Bereich der Südatlantischen Anomalie dadurch deutlich näher zur Erdoberfläche. Die Strahlenbelastung für niedrig fliegende Satelliten durch Protonen und Elektronen, gegebenenfalls auch für Astronauten und Flugpassagiere, ist in diesem Bereich folglich deutlich erhöht. Kein Wunder, dass hier häufig auch Ausfälle von Satellitenfunktionen registriert werden.

Die Erforschung der Ursachen für die Wanderungen und Umpolungen des Erdmagnetfelds ist für die Bewertung des Einflusses der Sonnenwindpartikel und Felder, allgemein des Weltraumwetters auf die Erdmagnetosphäre, auf die tieferliegenden Atmosphärenschichten und damit auch für die Entwicklung des Lebens auf der Erde von essenzieller Bedeutung. Die Erde besitzt mit ihrer Magnetosphäre neben der relativ dichten Atmosphäre einen zusätzlichen Schutzschirm, der sie vor dem Eindringen harter kosmischer Strahlung aus dem fernen Universum sowie hochenergetischer solarer Partikel wirkungsvoll bewahrt. Wenn sich die Stärke oder die Ausrichtung des Erdmagnetfelds relativ zur Rotationsachse der Erde und somit auch zum einströmenden magnetisierten Sonnenwind aber merklich verändern würde, so könnte dies unter Umständen sehr bedeutsame Auswirkungen haben. Wissenschaftler möchten u. a. auch deshalb die komplexen Dynamoprozesse genauer erforschen, um verlässliche Vorhersagen auch über derartige Auswirkungen machen zu können.

8.3.4   Strukturen und Stromsysteme der Erdmagnetosphäre

In Abb. 8.9 sind die charakteristischen Strukturen der Erdmagnetosphäre und der in ihr anzutreffen Stromsysteme schematisch dargestellt.

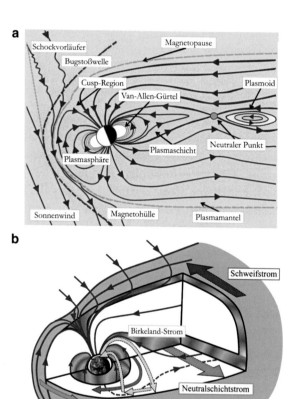

Abb. 8.9 Erdmagnetische Strukturen und Stromsysteme. **a** Auf der sonnen-zugewandten Seite bildet sich unter Einfluss des anströmenden Sonnenwinds eine Vorschock- und Bugstoßwelle aus. Der Sonnenwind staucht die Erdmagnetosphäre an ihrer Front zusammen, auf der sonnenabgewandten Seite sorgt er für die Ausbildung einer besonders lang gestreckten Schweifstruktur. Auch mit hochenergetischen elektrisch geladenen Teilchen gefüllt, lagert sich Plasmamaterie verstärkt in der Plasmasphäre bzw. schweifseitigen Plasmaschale an. **b** Komplexe Stromsysteme wie Magnetopausenströme, Ringströme, entlang des Magnetfelds ausgerichtete Birkeland-Ströme sowie schweifseitige Ströme in der neutralen Schicht und Magneto-pause bilden sich dabei in der Erdmagnetosphäre aus
Magnetosphere particle populations: sn.pub/kxcKB7
Effects of magnetosphere-ionosphere coupling in the polar ionosphere: sn.pub/RH8B94
© U. v. Kusserow, NASA

Die Struktur der die Erde umhüllende Magnetosphäre (Abb. 8.9a) wird im Wesentlichen durch das Magnetfeld der Erde und den einströmenden magnetisierten Sonnenwind bestimmt. Dieser drückt die Magnetosphäre je nach Stärke des solaren Teilchenstroms auf der sonnenzugewandten Seite auf zehn bis sechs Erdradien zusammen. Vor der Magnetopause, dem äußersten magnetosphärischen Grenzbereich, bildet sich aufgrund der hohen Sonnenwindgeschwindigkeit eine Bugstoßwelle aus, in welcher der Sonnenwind abgebremst und erhitzt wird und dann in der Magnetohülle an der Erde vorbeiströmt. Bei Stoßprozessen der an Bugstoßwelle reflektierten Teilchen mit den einströmenden Teilchen wird die Ausbreitung von Wellen angeregt, die im Sonnenwind, gemeinsam mit diesen Teilchen Störungsprozesse im Bereich des sogenannten Vorschocks auslösen.

Im Bereich der oberhalb der erdmagnetischen Polgebiete gelegenen Cusp-Region, die hinsichtlich der hier anzutreffenden magnetosphärischen Feldstrukturen trichterartig geformt ist, können Teilchen aus dem Sonnenwind leichter in die darunterliegenden Ionosphärenschichten der Erde vordringen. Sie füllen die im erdnahen, dort weitgehend dipolartigen Magnetfeld eingelagerte Plasmasphäre. In ihr befinden sich insbesondere auch die Van-Allen-Gürtel, in denen eine Vielzahl besonders hochenergetischer Elektronen, Protonen sowie massereichere Ionen im „Käfig" des Erdmagnetfelds gefangen sind.

Der an der Erde vorbeiströmende Sonnenwind versucht, sich nach Umströmen dieses Hindernisses hinter ihm wieder zu vereinigen. Er drückt dadurch das Erdmagnetfeld und die sich dabei verändernde Magnetosphäre auf der Nachtseite zusammen und zerrt so an den Magnetfeldlinien, dass sich hier ein besonders langgestreckter Magnetosphärenschweif mit einer Länge von Hunderten bis zu 1000 Erdradien ausbilden kann. Nach außen wird diese Schweifstruktur von einem Plasmamantel begrenzt. Im Bereich des Äquators dieses Magnetosphärenschweifs, zwischen den zusammengepressten Magnetfeldstrukturen entgegengesetzter magnetischer Polaritäten, lagert Plasmamaterie in der Plasmaschicht. Dort, wo diese Schweifmagnetfelder aufeinandertreffen und sich im Bereich eines neutralen Punkts gegenseitig auslöschen, können magnetische Rekonnexionsprozesse dafür sorgen, dass als Plasmoide bezeichnete magnetische Inseln mit in sich geschlossenen magnetischen Feldstrukturen schweifseitig aus der Erdmagnetosphäre herauskatapultiert werden.

Unter dem Einfluss schwankender Sonnenaktivität sowie den Dynamoprozessen im Erdinneren können sich die magnetischen Feldkomponenten der Erdmagnetosphäre auf kurzen bzw. eher langen Zeitskalen mehr oder weniger dynamisch entwickeln. Darüber hinaus verändert sich natürlich auch das Ausmaß des Eintrags elektrischer Ladungsträger in die Plasma-sphäre und die Van-Allen-Gürtel, in den Plasmamantel sowie die schweif-seitigen Plasmaschichten. Und letztlich variieren auch immer wieder die Stromstärken in den diversen magnetosphärischen Stromsystemen, die die in der nahen Umgebung der Erde weitgehend dipolaren dynamogenerierten Magnetfelder in komplexer Weise deutlich verändern.

Seit dem Bau erster empfindlicher Magnetometer im Jahr 1833 durch Carl Friedrich Gauß, dem nahezu gleichzeitig erfolgenden Nachweis zeit-licher Schwankungen des Erdmagnetfelds u. a. durch Alexander von Humboldt sowie aufgrund der etwa 30 Jahre später vertieften Erkenntnisse über das Ampèresche Gesetz war bekannt, dass Variationen in elektrischen Stromsystemen innerhalb des Erdmagnetfelds existieren müssen. Die sehr genau vermessbaren Schwankungen des Magnetfelds gehen nach diesem Gesetz stets mit entsprechenden Veränderungen der verursachenden Strom-stärke einher. Nachdem die grundlegende Struktur der Erdmagnetosphäre um 1984 entdeckt worden war, konnten auch die sie erzeugenden Strom-systeme um das Jahr 2000 identifiziert werden. Erst der Einsatz leistungs-fähiger Multi-Raumschiff-Missionen und numerischer Simulationen im vergangenen Jahrzehnt ermöglicht heute ein noch wesentlich tieferes Ver-ständnis der Strukturen und Entwicklungen auch der magnetosphärischen Stromsysteme (Abb. 8.9b).

Dort, wo in der Magnetopause die schwachen Magnetfelder im Sonnen-wind auf die wesentlich stärkeren geomagnetischen Felder der Erde treffen, sorgt die inhomogene Verteilung der Magnetfeldstärken für eine ladungs-abhängige Drift einströmender Sonnenwindpartikel in unterschiedliche Richtungen. Während positiv geladene Teilchen in einer Richtung um die Magnetosphäre gelenkt werden, driften negativ geladene Teilchen in ent-gegengesetzter Richtung um sie herum. Der dadurch entstehende Strom wird passend als Magnetopausenstrom bezeichnet. Dort, wo sich auf der sonnenabgewandten Seite der lang gestreckte Magnetosphärenschweif der Erde ausgebildet hat, bildet sich das aus zwei Anteilen bestehende Magnet-schweifstromsystem aus. Der als Neutralschichtstrom bezeichnete Anteil fließt im Äquatorbereich des Magnetosphärenschweifs zwischen Magnetfeld-strukturen mit unterschiedlicher Ausrichtung von der Morgen- zur Abend-seite. Der zweite Anteil besteht aus bogenartig geformten Schweifströmen, die sowohl oberhalb als auch unterhalb dieses Äquatorbereichs fließen.

Das magnetosphärische Plasma besteht im Wesentlichen aus Elektronen und Ionen, die sowohl aus dem Sonnenwind als auch aus der terrestrischen Ionosphäre stammen. Diese energetischen Teilchen gyrieren um die Magnet-feldlinien, bewegen sich polwärts hin und her entlang der Feldlinien und driften außerdem innerhalb von Stunden um die Erde herum. Die Westwärtsdrift positiv geladener Ionen sowie die Ostwärtsdrift negativ geladener Elektronen im Zusammenspiel mit Gyrationsbewegungen führen im Umfeld der Plasmasphäre zur Ausbildung eines Ringstroms. Schließlich existiert ein nach dem Polarlichtforscher Kristian Birkeland benanntes Stromsystem, das entlang der Magnetfelder verläuft und in dem im Wesentlichen Elektronen fließen. Es verbindet magnetosphärische Ströme mit ionosphärischen Strömen. Diese Birkeland-Ströme, deren Einfluss entscheidend für die Ausbildung der Polarlichter ist, schließen sich in einer Höhe von 100 bis 150 km über dem Erdboden als sogenannte Pedersen-Ströme.

8.3.5 Über die Entstehung der Polarlichter

In der Umgebung des geografischen Nord- und Südpols entstehen die Polarlichter innerhalb der Ionosphäre der Erde relativ regelmäßig in unterschiedlicher Höhe und Leuchtstärke, mit sehr charakteristischer Färbung und zeitlich variierender Struktur vorwiegend im Bereich der Polarlichtovale. Hochenergetische Partikel, die aus dem Sonnenwind bzw. aus der kosmischen Strahlung stammen, können während erdmagnetischer Stürme verstärkt in die Erdmagnetosphäre eindringen und füllen hier insbesondere auch die eingelagerten Strahlungsgürtel. Die darin um Magnetfelder gyrierenden Teilchen können durch unterschiedliche Prozesse zeitweise so stark beschleunigt werden, dass sie vor allem in den magnetischen Polregionen tiefer in die Ionosphäre vordringen und Atome, Moleküle und Ionen zum Leuchten in Gestalt der Aurora borealis bzw. Aurora australis anregen.

Im Bereich der Polarlichtovale besitzen diese oft eine grün-bläuliche, in Teilbereichen auch eine rötlich-violette Färbung. Die Farbgebung hängt dabei von der Höhe in der Ionosphäre ab, in der sie entstehen, von der Energie der sie erzeugenden Teilchen und vor allem von der Art der durch sie zum Leuchten angeregten Atome. Da die Erdatmosphäre hauptsächlich aus Stickstoff und Sauerstoff besteht, bestimmen diese Elemente auch die wesentliche Farbgebung vieler Polarlichterscheinungen. Grüne Polarlichter mit einer Wellenlänge von 557,7 nm werden hier vom atomaren Sauerstoff in einer Höhe zwischen 80 und 150 km über dem Erdboden erzeugt. Angeregte, auch ionisierte Stickstoffmoleküle senden in größerer, bis zu 600 km Höhe rötliches, violettes bis blaues Licht mit Wellenlängen typischerweise zwischen 427,8 nm bzw. 391,4 nm aus. In niedrigeren geografischen Breiten reicht die Energie der Teilchen, die in die Ionosphäre vordringen, nicht aus, um die Aussendung des grünen Polarlichts zu ermöglichen. Die hier extrem selten beobachteten Polarlichter, die nur in

Zeiten sehr starker Sonnenaktivität, spezieller Ausrichtung magnetischer Feldstrukturen im Sonnenwind sowie danach ausgelöster heftiger erdmagnetischer Stürme entstehen können, sind dann eher rötlich-gelb gefärbt.

Abb. 8.10 zeigt die charakteristischen Strukturen der meist weitgehend grünlich gefärbten Polarlichter in polnahen Gebieten (s. hierzu auch ent-

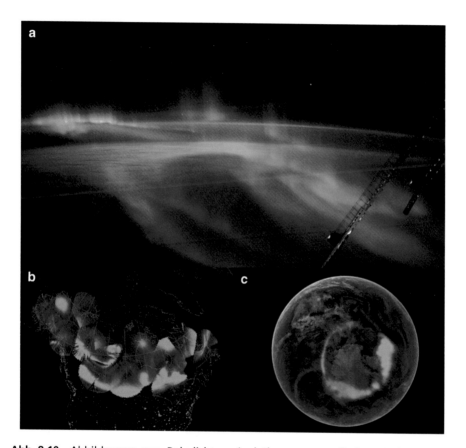

Abb. 8.10 Abbildungen von Polarlichtern in höheren geografischen Breiten **a** Die von der Internationalen Raumstation (ISS) erstellte Aufnahme zeigt die komplexen Strukturen weitgehend grüner Polarlichterscheinungen, die sich entlang erdmagnetischer Felder ausrichten. **b** Komposit der Aurora borealis (über einer Karte Nordamerikas), dessen einzelne Abbildungssegemnte im Rahmen der THEMIS-Mission der NASA von 20 Bodenstationen aufgenommen wurden. **c** Aufnahme der oberhalb der Antarktis gelegenen Aurora australis, die von der IMAGE-Raumsonde der NASA am 11. September 2005 gemacht und die dem Blue-Marble-Bild der Erde überlagert wurde Horizons mission time-lapse – The dancing aurora: sn.pub/5Ra7u6
THEMIS – All-Sky Imagers: sn.pub/lzQIIM
Spacecraft Pictures Aurora: sn.pub/3Z79Eb
© a A. Gerst/ESA/NASA, b NASA/GSFC/ Scientific Visualization Studio, c NASA

sprechende verlinkte Videosequenzen). In Abb. 8.10a, die von Bord der
Internationalen Raumstation (ISS) gemacht wurde, ist im Hintergrund in
größeren Höhen über dem Erdboden auch eine rötlich-violette Färbung der
Polarlichter zu erkennen, die vom Stickstoff ausgesandt wird. Diese Auf-
nahme zeigt die beeindruckende Strukturvielfalt der Polarlichter, die sich
entscheidend unter dem Einfluss der hier anzutreffenden Erdmagnetfelder
ausbildet. In Abb. 8.10b ist die zeitlich variable Verteilung der Polarlichterscheinungen, ausgedehnt über große Bereiche Nordamerikas, abgebildet.
Die einzelnen Abbildungssegmente wurden jeweils von insgesamt 20
Beobachtungsstationen vom Erdboden aus aufgenommen und in einem
Komposit zusammengestellt. Im Rahmen der Mission THEMIS (Time
History of Events and Macroscale Interactions during Substorms) der NASA
werden die Auswirkungen erdmagnetischen Teilstürme zusätzlich auch von
fünf kleineren Satelliten aus erforscht. Mit der NASA-Raumsonde IMAGE
(Imager for Magnetopause-to-Aurora Global Exploration) gelang die in
Abb. 8.10c dargestellte Aufnahme des Polarlichtovals über der Antarktis.

Anhand von Abb. 8.11 lässt sich erläutern, wie die geladenen Teilchen
in der Erdmagnetosphäre beschleunigt und wie die Polarlichter durch sie
erzeugt werden können.

In den Van-Allen-Strahlungsgürteln erfolgt der Transport elektrisch
geladener Elektronen und Protonen unter Magnetfeldeinfluss im Wesentlichen in drei charakteristischen Bewegungsmustern. Zum einen führen sie
Gyrationsbewegungen um die Magnetfeldlinien durch, zum anderen führen
sie Oszillationsbewegungen hin und her, von Pol zu Pol auf Spiralbahnen
entlang dieser Feldlinien durch. Aufgrund der Gradientendriftkraft, die
senkrecht zu den Magnetfeldlinien sowie zu der radialen Richtung einwirkt,
in der sich die Magnetfeldstärken merklich ändern, werden die negativ
geladenen Elektronen und die positiv geladenen Protonen in unterschiedlicher Richtung um das Erdmagnetfeld gelenkt (Abb. 8.11a).

Die innerhalb der Strahlungsgürtel „gebündelten" Magnetfeldstrukturen
verengen sich zu den magnetischen Polen hin. Da die magnetische Flussdichte in diesem Bereich kontinuierlich ansteigt, werden die hier auf
elliptischen Bahnen einströmenden Teilchen aufgrund der auf sie einwirkenden Lorentz-Kraft auf immer engere, zunehmend kreisförmiger
werdende Bahnen gezwungen. Schließlich erhalten sie einen Impuls,
der sie an diesem sogenannten magnetischen Spiegel in die entgegengesetzte Richtung zurückwirft. Gleiches passiert in der Nähe des anderen
Magnetpols. Wie in einer „magnetischen Flasche" mit zwei gegenüberliegenden verengten Öffnungen führen die geladenen Teilchen fortlaufend
Oszillationsbewegungen entlang der Magnetfeldstrukturen zwischen den
Nord- und Südpolgebieten durch. Da die Spiegelpunkte für die wesentlich

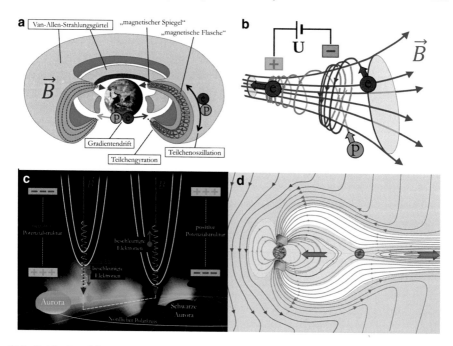

Abb. 8.11 Beschleunigung geladener Teilchen in der Erdmagnetosphäre und die Erzeugung von Polarlichtern. **a** Ladungsabhängige Teilchengyration, Teilchenoszillation sowie Teilchenbewegung basierend auf magnetischer Gradientendrift in den erdmagnetosphärischen Strahlungsgürteln. **b** Ausbildung einer Potenzialdifferenz in einem „magnetischen Spiegel". **c** Polarlichtentstehung durch Elektronen, die einer negativen bzw. positiven Potenzialstruktur nach unten bzw. oben beschleunigt werden. **d** Polarlichtentstehung in niedrigen geografischen Breiten nach magnetischen Rekonnexionsprozessen im Erdmagnetosphärenschweif
Radiation Belts & Plasmapause: sn.pub/6BVavz
Magnetic Confinement Concepts: sn.pub/ZdwglO
Cluster Quartet probes the Secrets of the Black Auroras: sn.pub/zMeipi
© a U. v. Kusserow, NASA, b U. v. Kusserow, c ESA Medialab, U. v. Kusserow, d U. v. Kusserow

massereicheren Protonen im Vergleich zu denen der Elektronen näher zu den Magnetpolen liegen, kann sich hier eine Potenzialdifferenz U und damit ein elektrisches Feld aufbauen (Abb. 8.11b).

Beschleunigt durch dieses elektrische Feld würden besonders hochenergetische Elektronen, die aufgrund ausreichend großer Bewegungsenergie die negative Ladungswolke im Bereich ihrer Spiegelfläche durchlaufen, tiefer in die Ionosphäre eindringen. Sie könnten dadurch unterschiedliche Gaspartikel zur Aussendung ihrer jeweilig charakteristischen Polarlichter anregen (Abb. 8.11c). Im Falle der Ausbildung einer entgegengesetzt orientierten „positiven" Potenzialstruktur würden nach außen beschleunigte Elektronen Polarlichter in größerer Höhe erzeugen, könnten Polarlichter auch durch Anregung durch beschleunigte Protonen entstehen. Als schwarze Aurorae werden in diesem Zusammenhang extrem dunkle Gebiete innerhalb einer hell leuchtenden Polarlichterscheinung bezeichnet. Sie bilden sich dann aus, wenn beschleunigte Elektronen zwar in Gebiete mit positiver Ladungskonzentration vorstoßen, danach aber nicht mehr genügend Energie zur Anregung der Atome, Moleküle und Ionen besitzen.

Die eher gelb-rötlich Polarlichter in Gebieten außerhalb des Polarlichtovals bei deutlich niedrigeren geografischen Breiten können nicht durch Beschleunigung von Partikeln entstehen, die sonnenseitig im trichterförmigen Cusp-Bereich in die Magnetosphäre eindringen. Sie bewegen sich in der Regel entlang von magnetischen Feldstrukturen, die näher am magnetischen Pol, also in höheren geografischen Breiten in der Erdoberfläche, verankert sind. Polarlichter sind in niedrigen Breiten nur in Zeiten besonders starker Sonnenaktivität zu sehen, wenn sonnenseitige und schweifseitige magnetische Rekonnexionsprozessen gemeinsam dafür sorgen, dass hochenergetische geladene Partikel von der sonnenabgewandten Seite in die Ionosphäre vordringen können. Während sich häufig wiederholender erdmagnetischer Teilstürme werden hochenergetische Teilchen entlang von magnetischen Feldstrukturen transportiert, die bei niedrigeren Breiten wesentlich flacher auf die Erdoberfläche treffen (Abb 8.11d).

8.3.6 Erdmagnetische Teilstürme

Sich in Stundenabständen wiederholende magnetische Teilstürme entstehen in der Magnetosphäre der Erde bevorzugt dann, wenn der Staudruck des Sonnenwinds besonders groß ist und die Magnetfelder des Sonnenwinds vor allem Komponenten aufweisen, die entgegengesetzt zum Erdmagnetfeld gerichtet sind. Dann wird der erdmagnetische Käfig auf der Sonnenseite zum einen besonders stark zusammengepresst, und zum anderen sorgen hier einsetzende magnetische Rekonnexionsprozesse dafür, dass bugschocknahe Magnetfeldlinien an der Erde vorbei fortlaufend in den Schweifbereich transportiert werden. Dabei drücken sie die lang gestreckten, auf beiden Seiten des Äquatorbereichs entgegengesetzt orientierten Magnetfeldstrukturen des Schweifs beidseitig zusammen. Dadurch kommt es in mehreren zehn Erdradien Entfernung von der Erde immer wieder zur Rekonnexion magnetischer Felder. Zum einen werden dabei Plasmamaterieballen mit eingelagerten geschlossenen Feldstrukturen, die als Plasmoide bezeichnet werden, schweifseitig aus der Erdmagnetosphäre hinausgeworfen, und zum anderen können hochenergetische Partikel, weil sie an die Magnetfeldstrukturen gebunden sind, die in Richtung Erde

zurückschnellen, bis in die Ionosphäre eindringen und die eher gelb-röt-
lichen Polarlichter erzeugen.

In Abb. 8.12 sind Standbilder aus einer Videosequenz (s. Links zum
Videomaterial in der Legende zu Abb. 8.12) dargestellt, die die eindrucksvollen Ergebnisse von Simulationsrechnungen zur Auslösung erdmagnetischer Stürme visualisieren. Abb. 8.12a und b zeigen die gewaltigen
Turbulenzen, die sich im Magnetosphärenschweif der Erde selbst in großer
Entfernung von ihr ausbilden können. Gleiches gilt für Abb. 8.12 c und
d, bei denen der Staudruck des Sonnenwinds allerdings so groß war, dass
sonnenseitige magnetische Rekonnexionsprozesse dafür gesorgt haben,

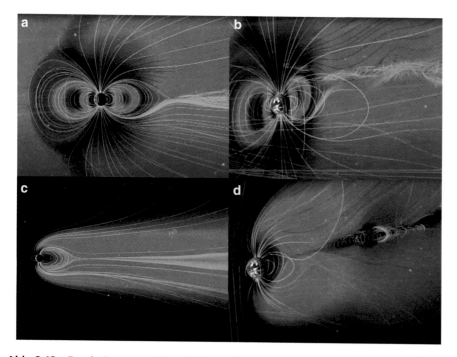

Abb. 8.12 Ergebnisse von Simulationsrechnungen zur Auslösung magnetischer
Stürme im Erdmagnetosphärenschweif. **a** und **b** Selbst in Zeiten nicht allzu starker
Sonnenaktivität, während dener der erdmagnetische Käfig sonnenseitig vom
Staudruck des Sonnenwinds nicht allzu stark zusammengepresst wird, können
magnetische Rekonnexionsprozesse im Magnetosphärenschweif gewaltige
Turbulenzen sowie den zur Erde gerichteten Transport hochenergetischer Partikel
auslösen. **c** und **d** Besonders starke erdmagnetosphärische Stürme können in der
gesamten Magnetosphäre ausgelöst werden, wenn der in Zeiten starker Sonnen-
aktivität besonders heftig anströmende Sonnenwind den sonnenseitigen Teil der
Erdmagnetosphäre extrem stark zusammenpresst
Modeling Earth's Magnetism: sn.pub/0aNTTu
Erdmagnetosphärische Stürme und Polarlichter: sn.pub/mhmGlq
© NASA/Scientific Visualization Studio

dass der vordere Magnetfeldkäfig der Erde weitgehend abgebaut und stark geschwächt wurde.

8.4   Magnetfeldeigenschaften anderer Planeten

Natürlich stellt die Magnetosphäre der Erde das bestens erforschte Hindernis im Sonnenwind dar. Die Erkenntnisse über die im Inneren dieses Planeten ablaufenden Dynamoprozesse sind sicherlich die fundiertesten. Mithilfe der 1973 bzw. 2004 gestarteten NASA-Raumsonden Mariner 10 und Messenger konnte aber auch das sehr schwache Magnetfeld des Merkurs vermessen werden, welches aufgrund seiner dipoldominierten globalen Struktur ebenfalls dynamogeneriert sein müsste. Die Eigenschaften der Magnetosphäre dieses Planeten, die besonders starken Sonnenwindströmen ausgesetzt ist, wird in den nächsten Jahren noch wesentlich intensiver mithilfe der im Oktober 2018 gestarteten BepiColombo-Raumsonde der ESA erforscht werden. Auch wenn auf der Venus wohl kein, wenn überhaupt ein nur extrem schwaches Magnetfeld existiert, so besitzt dieser hinsichtlich seiner Größe und Masse erdähnliche Planet immerhin eine induzierte Magnetosphäre. Sie bildet sich infolge des Staus der Magnetfelder im Sonnenwind sowie durch Ströme in der planetaren Ionosphäre aus. Mithilfe der Venus-Express-Raumsonde der ESA konnte in deren Schweifstrukturen 2006 sogar das Einsetzen magnetischer Rekonnexionsprozesse nachgewiesen werden. Da der Erdmond und der Mars seit mehreren Jahrzehnten regelmäßig durch bemannte oder unbemannte Raumsonden besucht und vor Ort mit Messgeräten erforscht wird, gibt es recht genaue Einsichten über die Verteilung der dort existierenden Krustenmagnetfelder, die möglicherweise bzw. im Fall des Mars sehr wahrscheinlich ursprünglich durch remanente Magnetisierung des Krustenmaterials in dynamogenerierten Feldern entstanden sind.

Nach neueren Erkenntnissen wird das im Vergleich zur Erde zehnfach stärkere Magnetfeld des Jupiters sehr wahrscheinlich durch zwei unterschiedliche, im Inneren bzw. Außenbereich des Jupiters wirksame Dynamoprozesse erzeugt. Unterschiedlich schnell relativ zueinander strömende helle und dunkle Wolkenbänder auf seiner Oberfläche sprechen dafür, dass zumindest im Außenbereich, anders als beim Geodynamo, nicht nur der α-Effekt, sondern auch der Ω-Effekt entscheidenden Einfluss auf die Erzeugung des jovianischen Magnetfelds nimmt. Mithilfe der 2016 in eine Umlaufbahn um den Jupiter eingeschwenkte Juno-Raumsonde der NASA konnte außerdem gezeigt werden, dass dessen Magnetfeld sich komplex entwickelt und zurzeit offensichtlich nicht nur zwei wohldefinierte magnetische

Pole wie bei der Erde besitzt. Das in seinem Umfeld auffallend dipolartige Magnetfeld des Saturns, das etwas schwächer ist als das der Erde, durchsetzt die ihn umkreisende, filigran strukturierte Ringstruktur. Es wird in diesem Zusammenhang vermutet, dass der Einfluss seines Magnetfelds auf die geladenen Partikel in den Saturnringen dafür sorgen könnte, dass diese im Lauf der Zeit kontinuierlich abgebaut werden. Leider haben bisher nur sehr wenige Missionen die so weit entfernt liegenden Planeten Uranus und Neptun besucht, sodass es den Wissenschaftlern an verlässlichen, grundlegenden Informationen über die Dynamoprozesse in deren Innerem sowie über die Dynamik der Magnetosphären dieser Eisplaneten als Hindernisse im Sonnenwind fehlt.

8.4.1 Merkurs Magnetfeld in großer Sonnennähe

Durch Auswertung der Daten, die an Bord der Raumsonden Mariner-10 und MESSENGER (Mercury Surface, Space Environment, Geochemistry and Ranging) der NASA ermittelt wurden, konnte nachgewiesen werden, dass der Merkur eine kleine Magnetosphäre besitzt (Abb. 8.13). In relativ großer Nähe zur Sonne beträgt ihr Volumen nur etwa 5 % des Volumens der Erdmagnetosphäre, und der Betrag des Merkurmagnetfelds ist auch nur ein Hundertstel von dem des Erdmagnetfelds. Der Winkel zwischen der Dipolachse seines Felds und der Rotationsachse des Planeten beträgt nach neueren Erkenntnissen möglicherweise sogar weniger als 1°. Die Magnetopause, also die äußere Grenze des Magnetfelds, reicht mit 1000 km vergleichsweise sehr nahe an die Planetenoberfläche heran. Dies liegt vor allem an dem hier besonders starken Staudruck des Sonnenwinds, dessen Partikel ohne die Ausbildung eines Strahlungsgürtels nahezu ungehindert bis auf die Oberfläche des Planeten vordringen können und daher bei einem CME die Magnetopause sogar bis auf die Oberfläche des Planeten heruntergedrückt werden kann.

Das Magnetfeld des Merkurs ist offensichtlich recht asymmetrisch strukturiert (Abb. 8.13a). Auf der Nordhalbkugel ist es stärker als auf der Südhalbkugel, und der magnetische Äquator liegt gegenüber dem geografischen Äquator etwa 500 km nördlicher. Wegen seines geringen Durchmessers, der nur etwa 40 % größer ist als der des Monds, sollte der Merkur in seinem Inneren seit seiner Entstehung schon längst abgekühlt sein. Ohne ein fluides Metall im inneren Kern könnten Dynamoprozesse heute eigentlich wohl kaum für die Erzeugung von Magnetfeldern verantwortlich sein, zumal sich der Planet mit einer Rotationsperiode von fast 59 Tagen nur sehr langsam um seine Achse dreht. Die schwankenden Rotationsbewegungen

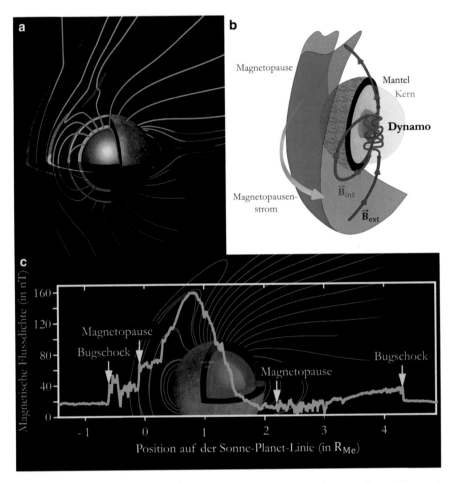

Abb. 8.13 Magnetosphäre und Dynamoprozesse des Merkurs. **a** Darstellung der Wechselwirkung des Sonnenwinds mit der Magnetosphäre des Planeten. **b** Mögliche Funktionsweise eines Rückkopplungsdynamos, der das planetare Magnetfeld unter starkem Einfluss der vom Sonnenwind im Bereich der Magnetopause erzeugten Ströme erzeugt. **c** Mit der MESSENGER-Sonde der NASA ermittelte Stärken des magnetosphärischen Magnetfelds des Merkurs
The Magnetic Field of Mercury: sn.pub/RdJRpZ
Mercury's Magnetic Field: sn.pub/M0DAj1
© a X. Jia u. a., b U. v. Kusserow (nach D. Heyner u. a./Science), c NASA/JHUAPL/ Carnegie Institution for Science

des Planeten sprechen jedoch dafür, dass sein sehr gut leitfähiger, massereicher, 80 % des Planeteninneren füllender Kernbereich, der vermutlich aus Eisen und Nickel besteht, zumindest in Teilen doch geschmolzen ist. Vielleicht können hier deshalb doch Dynamoprozesse wirksam werden, die selbst heute noch das Magnetfeld des Merkurs teilweise im Inneren neu erzeugen. Ergebnisse von Modellrechnungen lassen vermuten, dass solche im Planetenkern dynamogenerierten Felder $\vec{B}_i$ durch Magnetfelder $\vec{B}_a$, die durch das Fließen magnetosphärischer Ströme im Bereich der Magnetopause entstehen, möglicherweise in Form von wechselseitigen Rückkopplungsprozessen stark beeinflusst werden könnten (Abb. 8.13b).

In Abb. 8.13c sind die Messdaten für die magnetische Flussdichte dargestellt, die an verschiedenen Orten in der Magnetosphäre des Merkurs mithilfe von Magnetometern der MESSENGER-Sonde registriert wurden. Bereits an der sonnenseitigen Bugstoßwelle steigt die Stärke der im Sonnenwind gemessenen Felder an. Mit fast 160 nT erreicht sie in größerer Nähe zum Merkur ein Maximum, bevor sie im Schweifbereich stark fluktuierend auf vergleichsweise sehr geringe Werte wieder abfällt. Ab 2025 erwarten die Wissenschaftler neue, noch höher aufgelöste Daten aus der Magnetosphäre des Merkurs, wenn der japanische Mercury Magnetospheric Orbiter (MPO) im Rahmen der BepiColombo-Mission der ESA den Planeten auf unterschiedlichen Umlaufbahnen genauer erforschen wird.

8.4.2 Die induzierte Magnetosphäre der Venus

Da die Venus kein intrinsisches Magnetfeld besitzt (Abb. 8.14), ist ihre Atmosphäre nicht wirklich gut gegen den einströmenden magnetisierten Sonnenwind geschützt. Durch die im relativ sonnennahen Orbit dieses Planeten besonders intensive UV-Strahlung der Sonne werden die Teilchen in ihrer äußeren Atmosphäre stark ionisiert. Hier fließen elektrische Ströme, wodurch Magnetfelder erzeugt werden, die mit dem Magnetfeld im Sonnenwind interagieren. Dadurch induziert, bildet sich ein extrinsisches Magnetfeld als Hindernis für den Sonnenwind aus. Aber die Sonnenwindteilchen umströmen es weitgehend, und die in ihm wie eingefroren mitbewegten magnetischen Feldstrukturen werden schweifseitig um die Venus herum gefaltet. Je nach Stärke des vom Sonnenwind ausgeübten Staudrucks sowie der Stärke der ionosphärischen Ströme kann sich eine raumzeitlich variierende induzierte Venusmagnetosphäre mit einer mehr oder weniger lang gestreckten und verwirbelten magnetischen Schweifstruktur ausbilden (Abb. 8.14a).

Als die Raumsonde Venus Express der ESA am 15. Mai 2006 diesen induzierten Magnetschweif in einem Abstand von etwa 1,5 Venusradien durchquerte, konnten die Bordinstrumente für nur wenige Minuten eine rotierende, mit Plasma gefüllte, in sich geschlossene Magnetfeldstruktur mit einem Durchmesser von etwas mehr als 3000 km vermessen. Die Erkennt-

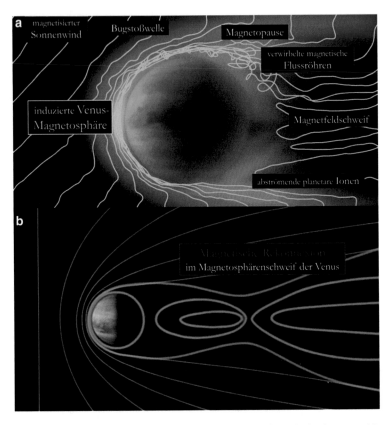

a magnetisierter Sonnenwind

Bugstoßwelle

Magnetopause

verwirbelte magnetische Flussröhren

induzierte Venus-Magnetosphäre

Magnetfeldschweif

abströmende planetare Ionen

b

Magnetische Rekonnexion im Magnetosphärenschweif der Venus

Abb. 8.14 Magnetische Rekonnexionsprozesse in der induzierten Magneto-sphäre der Venus. **a** Beim Auftreffen des Sonnenwinds auf die Ionosphäre bildet sich eine Bugstoßwelle vor der induzierten Magnetosphäre der Venus aus. In deren Magnetosphärenschweif werden magnetische Flussröhren verwirbelt, und die Randbereiche dieses Schweifs werden von planetaren Ionen umströmt. **b** Nach-gewiesene magnetischer Rekonnexionsprozesse im Magnetosphärenschweif der Venus
The Mysterious Holes in the Atmosphere on Venus: sn.pub/Cw6y9v
A Magnetic Surprise of Venus Express: sn.pub/3Hm0Dt
© a ESA/Y. Wei u. a., M. Fränz/MPS, b T. Zhang

nis, dass derartige, sonst im Umfeld der Erde, des Merkurs, des Jupiters und des Saturns häufig registrierten Auswürfe von Plasmoiden offensicht-lich auch bei Planeten ohne dynamogenerierte Magnetfelder schweifseitig aus der Magnetosphäre auftreten können, stellte eine große Überraschung dar. Offensichtlich finden auch in deren Schweifstrukturen magnetische Rekonnexionsprozesse statt. Abb. 8.14b (s. auch Videolink in der Legende) veranschaulicht den möglichen Ablauf dieser Prozesse in einer Animation.

8.4.3 Das Krustenmagnetfeld des Erdmonds

Es ist sehr wohl bekannt, dass zumindest heute im Inneren des Monds kein Magnetfeld durch Dynamoprozesse erzeugt wird. Er besitzt kein dipolartiges, global verteiltes Magnetfeld, sondern nur lokale, relativ schwache, räumlich variierende Magnetisierungen im nT-Bereich, die auf der Vorder- und Rückseite der Mondoberfläche mehr oder weniger zufällig verteilt erscheinen (Abb. 8.15) und sich vollständig im Bereich der Kruste des Monds befinden. Analysen der im Rahmen der Apollo-Mission der NASA eingesammelten Mondgesteine lassen allerdings darauf schließen, dass der Mond vor mehr als 4,25 Mrd. Jahren zumindest an einigen Stellen mit mehr als 110 µT ein recht starkes Magnetfeld besessen haben muss.

Aufgrund der nachgewiesenen relativ starken Krustenmagnetisierungen in der Nähe der Antipoden riesiger Einschlagsbecken auf der Gegenseite des Monds unterstützen manche Wissenschaftler die Hypothese, dass eine derartig starke, lokale Magnetisierung im Zusammenhang mit dem Einschlag von größeren Meteoroiden stehen müsste. Nach neueren Erkenntnissen könnten die bei solchen Aufprallereignissen im Plasma erzeugten Magnet-

Abb. 8.15 Darstellung der Verteilung und Stärke magnetischer Krustenfelder auf der Vorder- und Rückseite der Mondoberfläche. Die Daten wurden im Rahmen der Lunar-Prospector-Mission der NASA gewonnen, die den Mond von 1998 bis 1999 erforschte
Moon magnetic field existed longer than believed: sn.pub/GGCfHW
© M. A. Wieczorek

feldfelder allerdings nicht langlebig sein. Als Gegenhypothese wird häufiger auch die Wirkung von Induktionsprozessen unterstellt, die kurz nach Entstehung des Monds in dessen noch heißem und flüssigem Kernbereich ein dynamogeneriertes Magnetfeld erzeugt haben könnten.

Weil eine Atmosphäre nahezu fehlt, kann der Mond auch keine ausgedehnte Ionosphäre und damit keine induzierte Magnetosphäre besitzen. Dort, wo heute in einem engeren Umkreis noch eine stärkere Magnetisierung vorliegt, können sich allerdings kleine Minimagnetosphären ausbilden, die dort die Mondoberfläche lokal begrenzt vor dem Einstrom der Sonnenwindpartikel schützen.

8.4.4 Elektrische Ströme und Magnetfelder auf dem Mars

Der Mars besitzt heute kein dynamogeneriertes globales Magnetfeld (Abb. 8.16). Wegen der regelmäßigen Verteilung der auf seiner Oberfläche vermessenen Krustenmagnetfelder gehen die Wissenschaftler aber davon aus, dass Induktionsprozesse im fluiden Inneren dieses Planeten früher einmal großräumige Magnetfelder generiert haben müssen. Abb. 8.16a veranschaulicht die Kartierung des Marsmagnetfelds, das in einer Höhe zwischen 370 und 438 km über der Planetenoberfläche von der Raumsonde Mars Global Surveyor der NASA mit Methoden der Elektronenreflektometrie vermessen wurde. Die Quellen dieser Felder sind zum einen der Krustenmagnetismus, zum anderen externe Felder, die durch die Wechselwirkung der teilweise ionisierten Marsatmosphäre mit dem Sonnenwind erzeugt werden.

Die auf dieser räumlich hochaufgelösten Karte zu erkennenden systematischen unterschiedlichen Orientierungen des Magnetfelds, die mit zwei großen Verwerfungen in der Hochebene Terra Meridiani des Mars in Verbindung stehen, ähneln Transformationen, die im Fall der Erde im Bereich des Mittelozeanischen Rückens den Nachweis für die Umpolungen des Geomagnetfelds erbracht haben. Diese Erkenntnis stützt die Vermutung, dass es in der Frühzeit des Mars eine Phase gegeben haben könnte, in der die Entwicklungen in der Marskruste entscheidend auch durch Plattentektonik geprägt waren und in der magnetische Felder durch Dynamoprozesse erzeugt wurden. Im Gegensatz zur Erde besitzt der Mars aber keinen festen Zentralbereich, auf dessen Oberfläche Materie unter Freisetzung von Energie auskondensieren konnte. Die Konvektionsströmungen, die für die Erzeugung von Magnetfeldern erforderlich sind, stoppten im Inneren des vergleichsweise massearmen Mars vermutlich schon wenige Hundert Millionen Jahre nach dessen Entstehung wohl auch deshalb, weil nicht mehr

a

Krustenmagnetismus auf dem Mars

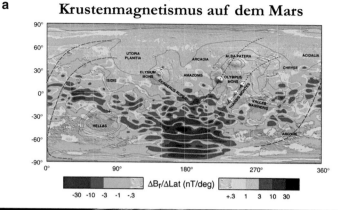

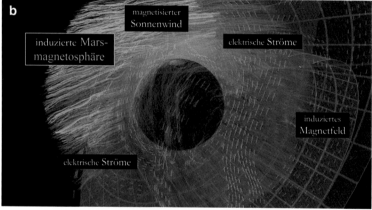

b

Abb. 8.16 Dynamogenerierte Krustenmagnetfelder und elektrische Ströme in der induzierten Magnetosphäre des Mars. **a** Karte des Krustenmagnetfelds, die mithilfe von Daten der NASA-Raumsonde Mars Global Surveyor in einer Höhe von 400 km über der Marsoberfläche erstellt wurde. **b** Durch Auswertung der mit der Raumsonde MAVEN gewonnenen Daten gelang erstmals die Kartierung atmosphärischer elektrischer Ströme in der induzierten Magnetosphäre des Mars
Mars Magnetic Map: sn.pub/kSBvCd
First Map of Mars Electric Currents: sn.pub/eCgOzp
© a NASA, b NASA/Goddard/MAVEN/CU Boulder/SVS/C. Starr

genügend Wärme aus der ursprünglichen Akkretion für deren Antrieb zur Verfügung stand.

Die Klärung der Frage, wie die Marskruste ihre strukturierte magnetische Prägung erhielt, ist darüber hinaus wichtig für ein Verständnis der zeitlichen topografischen, chemischen und thermischen Entwicklung im Marsinneren.

Mit den Daten, die von der NASA-Raumsonde MAVEN (Mars Atmosphere and Volatile Evolution) ermittelt wurden, konnten Karten erstellt werden, die den typischen Verlauf der in der Marsatmosphäre wirksamen elektrischen Stromsysteme veranschaulicht (Abb. 8.16b). Ohne ein schützendes globales Magnetfeld strömen die Partikel des Sonnenwinds nahezu ungehindert zumindest in die oberen Grenzbereiche der sehr dünnen Marsatmosphäre, umhüllen die in solchen Teilchenströmen erzeugten magnetischen Feldkomponenten den Planeten in Form einer Magnetosphäre. Abhängig von der Stärke der Sonnenaktivität zerren diese Felder an den geladenen Teilchen der Marsatmosphäre, wodurch elektrische Ströme und damit auch ergänzende Magnetfeldanteile erzeugt werden. Den Wissenschaftlern stellt sich in diesem Zusammenhang die Frage, inwieweit diese Stromsysteme und induzierten Felder auch das Klima auf dem Mars beeinflussen könnten.

8.4.5 Dynamoprozesse im Inneren des Jupiters

Seit 2016 erforscht die Juno-Mission der NASA den Planeten Jupiter auf einem polnahen Orbit. Neben dessen Zusammensetzung und Gravitationsfeld vermisst die Raumsonde das Magnetfeld, insbesondere auch die polare Magnetosphäre und erstellt hochaufgelöste Aufnahmen der Polarlichter dieses Planeten. Die dabei gewonnenen Erkenntnisse ermöglichen den Wissenschaftlern heute ein wesentlich tieferes Verständnis der Dynamoprozesse, die das starke und großräumig strukturierte Magnetfeld dieses Gasplaneten im Vergleich zu dem der Erde in wesentlich komplexerer Weise generieren. So besitzt Jupiter nicht nur einen Nord- und einen Südpol. Möglicherweise sind es sogar zwei Dynamos, die seine Magnetfelder erzeugen (Abb. 8.17). Anders als bei der Erde hat der Beobachter die Möglichkeit, die dafür teilweise verantwortlichen Strömungssysteme direkt in der Atmosphäre des Planeten zu verfolgen. Bekannterweise erfolgt die Bewegung der charakteristischen jovianischen Wolkenstrukturen dabei deutlich sichtbar als differenzielle Rotation weitgehend parallel zum jovianischen Äquator.

Abb. 8.17a veranschaulicht die unregelmäßige Verteilung der Stärke der magnetischen Flussdichte in diesen mit unterschiedlichen Geschwindigkeiten strömenden Atmosphärenschichten des Jupiters, die mit einem hochauflösenden Magnetometer an Bord der Juno-Raumsonde gemessen wurden. In der Nordpolregion weitgehend rot eingefärbte Bereiche markieren Gebiete, in denen die Magnetfeldorientierung aus der Oberfläche herausweist. Die Umgebung des Südpols ist demgegenüber durchgängig blau eingefärbt und kennzeichnet Gebiete, in denen der magnetische Feldvektor ins Innere des Planeten weist. Näher zum Äquator hin wechselt die Ausrichtung der Magnetfelder in beiden Hemisphären großräumig in signifikanter Weise.

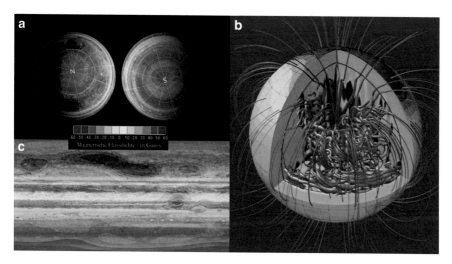

Abb. 8.17 Zur Erzeugung unterschiedlicher dynamogenerierter Magnetfeldanteile im Planeten Jupiter. **a** Verteilung der Stärke und Orientierung des magnetischen Flussdichtenvektors in den atmosphärischen Wolkenstrukturen. **b** Das aufgeschnittene Dynamomodell veranschaulicht die komplexen Magnetfeldstrukturen im Inneren des Jupiters, deren Ausrichtung und Verwobenheit mithilfe von Simulationsrechnungen ermittelt werden konnten. **c** Anhand der Ergebnisse der NASA-Raumsonde Juno konnte gezeigt werden, dass das Magnetfeld des Planeten nicht nur zwei isoliert und weit voneinander entfernt liegende Magnetpole besitzt
Jupiter's Dynamo: sn.pub/9X9sx6
Jupiter Magnetic Tour: sn.pub/LRKogA
Jupiter's Magnetic Field (Juno): sn.pub/yXr620
Jupiter's magnetic fields (Simulations): sn.pub/hXpJND
© a, b NASA/GSFC, c J. Wicht/MPS

Unter Leitung von Wissenschaftlern des Max-Planck-Instituts für Sonnensystemforschung in Göttingen ist es einem Forscherteam mithilfe aufwendiger Computersimulationen gelungen, den Ursprung des Magnetfelds des Planeten Jupiter genauer zu erklären (Abb. 8.17b). Diese neuen Erkenntnisse erlangten sie dadurch, dass sie zum ersten Mal eine Simulation durchführen konnten, die das gesamte Innere des Jupiters hochaufgelöst zeigt. Sie erkannten dabei, dass zwar der Großteil des Magnetfelds wie bei der Erde im tiefen Inneren dieses Gasriesen generiert wird. Neben diesem im leitenden metallischen Wasserstoff arbeitenden Dynamo ist aber offensichtlich noch ein zweiter, schwächerer und nach außen hin im Übergangsbereich zur metallischen Schicht aktiver Dynamo in der Äquatornähe wirksam. Ursache dafür könnten die differenziell rotierenden Winde sein, die man in den Atmosphärenschichten nahe der Jupiteroberfläche beobachten kann.

Abb. 8.17c sowie die in der Legende verlinkte Videosequenz zeigen, dass das Jupitermagnetfeld auch dadurch im Vergleich zur Erde wesentlicher komplexer ist und dass dessen Verlauf zumindest aktuell nicht allein durch die Existenz zweier magnetischer Pole charakterisiert ist, die streng getrennt voneinander in den Polargebieten des Planeten liegen. Rot bzw. blau eingefärbte Gebiete kennzeichnen in dieser Abbildung zwei magnetische Süd- und Nordpole, die relativ eng beieinanderliegen. Anhand des Verlaufs der magnetischen Feldlinien ist zu erkennen, dass darüber hinaus ein weiterer magnetischer Nordpol nahe dem Polargebiet im unteren Teil der Abbildung existieren muss. Diese mit Daten der Juno-Mission erstellte Abbildung lässt erkennen, dass das Magnetfeld des Jupiters neben seinem dominierenden Dipolanteil auch weitere Multipolanteile besitzt.

8.4.6 Einfluss von Magnetfeldern auf die Ringstrukturen des Saturns

Das weitgehend dipolartige Magnetfeld des Saturns (Abb. 8.18), dessen Symmetrieachse fast vollständig mit der Rotationsachse des Planeten übereinstimmt, ist trotz seiner im Vergleich zur Erde geringeren Stärke wesentlich ausgedehnter als das Magnetfeld der Erde. In sehr viel größerer Entfernung von der Sonne ist aber der Staudruck des Sonnenwinds sehr viel schwächer, so dass sich die magnetosphärischen Feldstrukturen wesentlich weiter in den interplanetaren Raum ausbreiten können. Daher ist es nicht verwunderlich, dass die im Inneren des Planeten in Dynamoprozessen erzeugten Magnetfeldstrukturen des Saturns die ihn umgebenden Ringe weitgehend durchdringen können (Abb. 8.18a).

Wissenschaftlern stellt sich die Frage, ob Saturn bereits bei seiner Entstehung von einem Ringsystem umgeben war, oder ob dieses erst dadurch gebildet wurde, dass z. B. Monde in der Umlaufbahn des Saturns miteinander kollidierten. Vielleicht waren die riesigen, heute nur noch extrem dünnen und lichtschwachen Ringe des Jupiters, des Uranus und des Neptuns ursprünglich auch einmal viel ausgeprägter und haben sich im Laufe der Zeit ausgedünnt und abgeschwächt. Neue Forschungsergebnisse der NASA weisen auf die Existenz leuchtender Bänder in der Nord- und Südhemisphäre hin, die in Bereichen entstehen, in denen die magnetischen Feldlinien, die die Ebene der Saturnringe durchlaufen, in den Planeten eindringen (Abb. 8.18b). Da dieses Ringsystem seit der Beobachtung durch die Voyager-Sonden in den 1980er-Jahren inzwischen nachweislich an Materie verloren hat, gehen die Forscher davon aus, dass Materie fortlaufend auf Spiralbahnen entlang der dipolartigen Magnetfeldstrukturen transportiert wurde und schließlich unter starkem gravitativem Einfluss in

Abb. 8.18 Auswirkung saturnischer magnetosphärischer Felder auf die Saturnringe. **a** Die im Inneren des Saturns in Dynamoprozessen erzeugten dipolartigen Magnetfeldstrukturen durchdringen auch die bekannten Ringstrukturen des Saturns. **b** Entlang der Feldlinien stürzen unter dem gravitativen Einfluss des Planeten geladene Partikel aus den Ringen des Saturns immer wieder auf die Oberfläche des Planeten. Dadurch könnten die Ringe innerhalb von etwa 100 Mio. Jahren vollständig abgebaut werden
Magnetic Field of Saturn (Michele Dougherty): sn.pub/9J7LCu
Saturn is Losing Its Rings at "Worst-Case-Scenario" Rate: sn.pub/fQESiJ
Frontiers in Planetary and Stellar Magnetism through High-Performance Computing: sn.pub/nPYEAx
© a NASA/JPL-Caltech, b NASA/GSFC/D. Ladd

die Saturnatmosphäre gestürzt ist. Nach Abschätzungen der Wissenschaftler könnte es sehr wohl möglich sein, dass der Saturn sein Ringsystem in gut 100 Mio. Jahren nahezu vollständig einbüßen wird.

8.5 Strahlungsgürtel und Polarlichter anderer Planeten

Als Strahlungsgürtel werden die Ansammlungen besonders energiereicher Teilchen bezeichnet, die innerhalb der Magnetosphäre eines astronomischen Objekts in meist torusförmigen Bereichen eingefangen sind. Die als Van-Allen-Gürtel bezeichneten Strahlungsgürtel der Erde sind bisher am besten untersucht. Aber auch andere Planeten des Sonnensystems, die ein ausreichend starkes und stabiles dipolartiges Magnetfeld besitzen, sind von einem oder mehreren Strahlungsgürteln umgeben. Die darin hin- und her- und herumschwirrenden Teilchen – wobei Elektronen Geschwindigkeiten bis hin zur Lichtgeschwindigkeit aufweisen – können Atome und Moleküle ionisieren sowie elektromagnetische Strahlung aussenden. Zusammen mit der Plasmasphäre, die im innersten Bereich dipolartiger Magnetosphären wesentlich kühleres Plasma enthält, können Strahlungsgürtel auch eine gewisse Schutzwirkung haben. Als eine Art Barriere behindern sie das Eindringen hochenergetischer Partikel in die tieferliegenden Planetenatmosphärenschichten.

Zusätzlich beschleunigte Teilchen können aber aus den Strahlungsgürteln in die Hochatmosphären der Planeten vordringen und die Aussendung von Polarlichtern in deren Ionosphären anregen. Neben der Erde weisen auch der Jupiter und Saturn sowie der Uranus und Neptun Strahlungsgürtel in jeweils unterschiedlicher Stärke und Ausprägung auf. Die Auffüllung dieser Gürtel erfolgt im Wesentlichen durch den Sonnenwind sowie mit hochenergetischen Teilchen auch aus der kosmischen Strahlung. Insbesondere im Fall der Gasplaneten kann dies aber auch entlang planetarer Magnetfeldstrukturen durch Teilcheneintrag aus den Ionosphären einiger ihrer Monde erfolgen. Die Form und Lage der beobachteten Polarlichterscheinungen können deshalb deutlich von denen der Erde abweichen. Auch der Jupitermond Ganymed besitzt einen Strahlungsgürtel, der allerdings hauptsächlich durch hochenergetische Teilchen aus der Jupitermagnetosphäre gespeist wird. In seiner Ionosphäre kann sogar die Existenz von Polarlichtern nachgewiesen werden.

8.5.1 Strahlungsgürtel und Polarlichter des Jupiters

Jupiter (Abb. 8.19) besitzt das mit Abstand stärkste planetare Magnetfeld im Sonnensystem. Seine Magnetosphäre hat die größte Ausdehnung, die sich weit über die Orbits seiner Monde hinaus erstreckt, ist durchschnittlich etwa

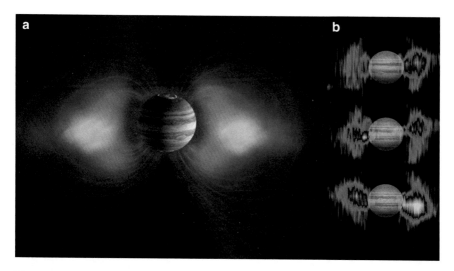

Abb. 8.19 Strahlungsgürtel in der Magnetosphäre des Jupiters. **a** Lage der Strahlungsgürtel im Bereich der dipolartigen jovianischen Magnetosphäre. **b** Die mit einem Radiometer von Bord der Cassini-Sonde der NASA ermittelten Positionen und farbcodierten Stärken der Strahlungsgürtel des Jupiters, die in Abhängigkeit von der Stärke des Sonnenwinds stark variieren können
Jupiter's Magnetosphere Radiation Belts: sn.pub/9Tm3CC
Jupiter's Radiation Belts: sn.pub/OCmMjj
© NASA/JPL

5,3 Mio. Kilometer breit und damit 150-mal ausgedehnter als der Durchmesser des Jupiters und fast 15-mal größer als der der Sonne (Abb. 8.19a). Seine Strahlungsgürtel repräsentieren die intensivste Strahlungsumgebung im Sonnensystem, deren Intensität die der Erde um das 1000-fache übersteigt. Wie in Abb. 8.19b eindrucksvoll veranschaulicht, bewegen sich die darin gefangenen hochenergetischen, geladenen Teilchen sehr nahe am Jupiter. Wie sich anhand der Messdaten der Cassini-Raumsonde der NASA ermitteln lässt, misst man die stärkste Strahlung im Umkreis von nur etwa 300.000 km um diesen Riesenplaneten. Hochenergetische Elektronen, die sich hier mit fast Lichtgeschwindigkeit auf Spiralbahnen um das Magnetfeld des Jupiters bewegen, strahlen Radiowellen in Form sogenannter Synchrotronstrahlung aus, die mit einer Antenne der Cassini-Sonde registriert werden konnten. Sie wurde schon weit vor dem Raumfahrtzeitalter in den 1950er-Jahren mit Radioteleskopen direkt auf der Erde gemessen und damals als erster Nachweis für ein Magnetfeld auf einem anderen Planeten interpretiert.

Abb. 8.20 veranschaulicht die Komplexität der Polarlichtstrukturen des Jupiters, die im ultravioletten und infraroten Licht des Hubble-Welt-

Abb. 8.20 Komplexe Polarlichterscheinungen in den Polregionen des Jupiters. **a** 1998 vom Hubble-Weltraumteleskop erstellte Ultraviolettaufnahme der Aurorae, deren besondere Formgebung und Intensität entscheidend durch geladene Teilchen beeinflusst werden, die von den Jupitermonden Io, Ganymed und Europa entlang magnetischer Feldlinien in die Polbereiche des Jupiters einströmen. **b** Position der Polarlichter im Bereich des jovianischen Nordpols. **c** Die Infrarotaufnahme, die 2016 im Rahmen der Juno-Mission der NASA gemacht wurde, zeigt hochaufgelöste Feinstrukturen der Aurorae im südlichen Polarbereich des Jupiters

NASA's Juno Reveals Dark Origins of One of Jupiter's Grand Light Shows: sn.pub/0C2OeG

Jupiter's Northern Lights: sn.pub/X5iNlw

Jupiter 'energy crisis' caused by auroras, scientists find in new study: sn.pub/5jN9Ge

A Tour of Jupiter's Auroras: sn.pub/GhtQtG

Jupiter's magnetic environment: sn.pub/dgwfBx

© a NASA/ESA/J. T. Clarke (Univ. of Michigan), b NASA/ESA/J. Nichols (Univ. of Leicester), c NASA/JPL-Caltech/SwRI/ASI/INAF/JIRAM raumteleskops bzw. der Juno-Raumsonde der NASA gemacht wurden. In Abb. 8.20a und b sind die typischen Erscheinungsformen der Aurorae im Bereich der Polargebiete auf der Nord-, in Abb. 8.20c auf der Südhalbkugel des Gasplaneten dargestellt. Anders als bei den Polarlichtern auf der Erde, die konzentriert vor allem im Bereich der Polarlichtovale anzutreffen sind, findet man beim Jupiter zusätzlich auch punktförmig verstärkte Polarlichterscheinungen nahe der Durchstoßpunkte der magnetischen Achse sowie weiter außerhalb der weitgehend kreisförmig erhellten Gebiete. Die Aussendung dieser Polarlichter wird durch hochenergetische Teilchen angeregt, die von den Jupitermonden Io, Ganymed und Europa entlang der dipolartigen jovianischen Magnetfelder in die Polarlichtregionen einströmen. So erzeugen die bei Vulkanausbrüchen auf Io freiwerdenden Teilchen die mit einem intensiv hellen Punkt endenden Streifen, die in Abb. 8.20a und b abseits, am weitesten entfernt vom Magnetpol des Jupiters auftreten. In Abb. 8.20a sind rechts, knapp unterhalb des kreisähnlichen, schmalen Polarlichtovals zwei Leuchtspuren in Form heller Tupfer zu erkennen, die durch Teilchen von Ganymed sowie von Europa erzeugt wurden.

8.5.2 Polarlichter des Saturns

Abb. 8.21 zeigt die Polarlichterscheinungen auf dem Saturn in Form zusammengestellter Falschfarbenaufnahmen, die jeweils vom Hubble-Weltraumteleskop im visuellen und ultravioletten bzw. von der Cassini-Raumsonde der NASA aus im visuellen und infraroten Licht gemacht wurden. Aufgrund der im Vergleich zur Erde völlig anderen chemischen Zusammensetzung ihrer Atmosphären lassen sich die Aurorae dieses Planeten wie auch die des Jupiters nicht im sichtbaren Licht beobachten. Die stark variierenden Polarlichterscheinungen des Saturns werden entscheidend durch den Sonnenwind, aber auch durch die schnelle Rotation des Saturns beeinflusst. Die Rotationsperiode dieses Planeten beträgt weniger als elf Stunden.

Abb. 8.21a und b zeigen Aufnahmen des Polarlichtovals über der Nordpolregion, die im ultravioletten bzw. infraroten Licht gemacht wurde, und Abb. 8.21c zeigt Aufnahmen über der Südpolregion im Visuellen und Infraroten. Mit dem Weltraumteleskop der NASA konnte der Nachweis erbracht werden, dass die Polarlichter, wie bei der Erde, gleichzeitig über beiden Polgebieten auftreten können. Sie entstehen in einer Höhe von etwa 1000 km und sind teilweise durch eine komplexe Vielfalt zeitlich oder auch lokal begrenzter Emissionsereignisse charakterisiert. Am hellsten leuchten sie zur Mittags- und zur Mitternachtszeit über einige Stunden. Auf-

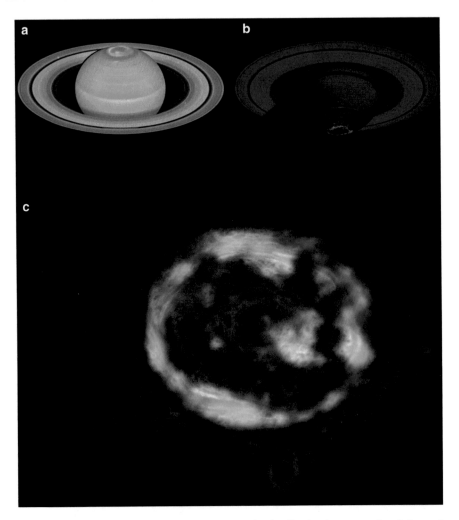

Abb. 8.21 Polarlichter des Saturns. **a** Komposit der Beobachtungen des Saturns im optischen sowie ultravioletten Licht, die vom Hubble-Weltraumteleskop beobachtet wurden, auf dem die Polarlichterscheinungen im Umfeld des magnetischen Nordpols zu erkennen sind. **b** Falschfarbenkomposit von Aufnahmen des Saturns, die im visuellen bzw. infraroten Licht von der Cassini-Raumsonde der NASA gemacht wurden und die Aurorae im südlichen Polargebiet zeigen. **c** Diese Kompositaufnahme der Cassini-Mission veranschaulicht die Ausprägung der nördlichen Aurora des Saturns sowie der darunterliegenden hexagonalen Strukturen in der Atmosphäre des Saturns

Saturn's northern auroras seen by Hubble: sn.pub/XIrpcx

Saturn's Polar Aurora: sn.pub/04E3KX

© a ESA/NASA/A. Simon (GSFC)/OPAL Team/J. DePasquale (STScI)/L. Lamy (Observatoire de Paris), b NASA/JPL /University of Leicester/University of Arizona, c NASA/JPL/University of Arizona fallend sind auch stärkere Aufhellungen innerhalb der nördlichen Aurora, die kurz vor Mitternacht zur Saturnsonnenwende sowie im Morgengrauen zu beobachten sind.

8.5.3 Strahlungsgürtel und Polarlichter durch bzw. auf Monden der Gasplaneten

Io ist der viertgrößte Mond des Sonnensystems und umkreist den Jupiter als innerster seiner vier großen Monde. Er stellt den mit Abstand vulkanisch aktivsten Körper im ganzen Sonnensystem dar. Im Verlauf heftiger Eruptionen steigt immer wieder heißes Magma aus dem Inneren dieses Monds auf, strömt Lava über dessen Oberfläche, erhitzt sich seine Atmosphäre, und ionisierte Materie wird dadurch in den interplanetaren Raum geschleudert. Der Mond erleidet dabei einen Masseverlust von unter Umständen mehreren Tonnen pro Sekunde. Io umrundet den Jupiter, wodurch die von ihm ausgeworfenen Ionen einen großräumigen Torus um den Jupiter ausbilden, der im infraroten Licht intensiv leuchtet. Da sich Io auf seinem Orbit zusätzlich auch durch das starke Magnetfeld des Jupiters bewegt (Abb. 8.22a), werden elektrische Ströme induziert sowie geladene Teilchen auf Spiralbahnen um die jovianischen Magnetfeldlinien in Richtung der Polargebiete des Jupiters gelenkt und beschleunigt. Wie in Abschn. 8.5.1 veranschaulicht, können sie hier auch entscheidenden Einfluss auf die Ausbildung der Polarlichter dieses Gasplaneten nehmen. Partikel, die durch Einwirkung eines verstärkten Sonnenwinds aus dem torusförmigen Strahlungsgürtel herausgerissen werden, könnten die magnetischen Felder mit sich reißen. Vielleicht könnte dieser Sachverhalt auch zur Ausbildung der so ausgedehnten Magnetosphäre des Jupiters beitragen.

Planeten und Monde sind nicht nur aufgrund ihrer wechselseitigen gravitativen Anziehung miteinander verbunden. Wie der Fall des Jupiters im Zusammenspiel mit seinem Mond Io zeigt, können darüber hinaus durch elektrische Ströme und Magnetfelder vermittelte Verbindungen wirksam sein. Dies gilt auch für eine elektrische Beziehung zwischen dem Saturn und seinem Mond Enceladus. Wie in Abb. 8.22b veranschaulicht, überbrückt ein Strahl elektrisch geladener Teilchen den etwa 240 000 km großen Abstand zwischen diesen beiden Himmelsobjekten entlang der sie verbindenden Magnetfeldlinien. Die Saturnsonde Cassini konnte bereits 2008 die Existenz eines Strahlungsgürtels in der Umgebung des Enceladus nachweisen, der mit energiereichen Ionen gefüllt ist, und der sich entlang der Magnetfeldlinien des Saturns ausrichtet. Offensichtlich sind es ent-

Abb. 8.22 Entstehung von Strahlungsgürteln durch Monde der Gasplaneten sowie von Polarlichtern auf dem Jupitermond Ganymed. **a** Schematische Darstellung, die den Plasmatorus des Jupitermonds Io in der Magnetosphäre des Jupiters zeigt und veranschaulicht, wie elektrische geladene Teilchen aus diesem Bereich gyrierend entlang magnetischer Feldlinien in die Polarlichtzonen dieses Planeten eindringen können. **b** Gespeist aus dem Strahlungsgürtel im Umfeld des Saturnmonds Enceladus, gelangen energiereiche geladene Teilchen entlang planetarer Magnetfeldlinien in die Polargebiete des Saturns. Sie tragen hier zur Ausbildung charakteristischer Polarlichterscheinungen bei. **c** Polarlichter auf dem Jupitermond Ganymed, die vom Hubble-Weltraumteleskop im ultravioletten Licht aufgenommen und in dieses schematische Kompositbild eingefügt wurden
Jupiter's Magnetosphere: sn.pub/QDefiZ
Ganymede Magnetic Field May Help Detect Exoplanets: sn.pub/WBDRYr
NASA's Stunning Discoveries on Jupiter's Largest Moon Ganymede: sn.pub/aDAcSX
The hunt for exo-aurora's: sn.pub/uBuLoj
© a J. Spencer, b NASA/JPL/JHUAPL/University of Colorado/Central Arizona College/ SSI, c NASA/ESA/G. Bacon/J. Sauer

lang dieser Felder beschleunigte Elektronen, die in den Polarregionen des Strahlungsgürtels auch des Saturns ihren „Fußabdruck" hinterlassen. Die durch Enceladus verursachten hellen Polarlichtflecken außerhalb des eigentlichen Polarlichtovals, die etwa die Größe Schwedens aufweisen, sind in Abb. 8.22 deutlich zu erkennen.

Der Jupitermond Ganymed ist ein besonders faszinierendes Himmelobjekt. Dieser größte und massereichste Mond unseres Sonnensystems, dessen Volumen sogar deutlich das des Planeten Merkur übertrifft, nimmt nicht nur Einfluss auf die topologische Ausprägung der Polarlichterscheinungen auf dem Jupiter (Abschn. 8.5.1). Ganymed ist darüber hinaus der einzige bekannte Mond, der ein angenähert dipolartiges, sehr wahrscheinlich sogar dynamogeneriertes Magnetfeld besitzt, und in dessen dünner Atmosphäre überraschenderweise sogar die Existenz von Polarlichtovalen nachgewiesen werden konnte. Abb. 8.22c zeigt die Verteilung dieser Leuchterscheinungen, aufgenommen vom Hubble-Weltraumteleskop im ultravioletten Licht. Über den möglichen Antrieb der im Inneren dieses Monds vermuteten Dynamoprozesse gibt es unterschiedliche Hypothesen, die im Rahmen numerischer Simulationen überprüft werden. Zum einen könnten es Gezeitenkräfte infolge resonanter Wechselwirkungen mit den benachbarten Galileischen Monden sein, die Bereiche des Mondinneren so stark erwärmen, dass ausreichend effektive Konvektionsströmungen die für die Magnetfelderzeugung erforderlichen Induktionsprozesse treiben. Zum anderen wird im Rahmen der Theorie des Eisenschneesystems vermutet, dass solche Strömungen durch das Absinken und Schmelzen flockenartiger Eisenkristalle oberhalb des festen metallischen Kerns des Ganymeds erzeugt werden könnten.

Die nachgewiesene Kompression der Minimagnetosphäre dieses Monds erfolgt sicherlich im Wesentlichen durch den auf sie auftreffenden Plasmafluss in der Magnetosphäre des Jupiters und nicht so sehr direkt durch den Sonnenwind. Da sie vor dessen Einfluss in der Magnetosphäre des Jupiters sehr geschützt eingelagert ist, bildet sich vor ihrer Magnetopause deshalb auch keine Bugstoßwelle aus. Die mit dem Hubble-Weltraumteleskop über längere Zeiträume beobachteten Polarlichterscheinungen, deren Aussendung durch Elektronen angeregt wird, die entlang jovianischer Feldlinien beschleunigt werden, erweisen sich als relativ stabil. Eigentlich würde man erwarten, dass die im sehr variablen Sonnenwind einsetzenden Störungen der Jupitermagnetosphäre dafür sorgen müssten, dass sich dann auch die zusammengepresste kleine Magnetosphäre des Ganymeds und damit auch dessen Polarlichter recht dynamisch entwickeln. Neue Erkenntnisse lassen vermuten, dass dies nicht der Fall ist, weil das Fließen elektrischer Ströme im ausgedehnten salzhaltigen Ozean unter der Mondoberfläche eine größere Stabilität der Polarlichterscheinungen gewährleistet. Die Erforschung der Magnetosphäre und der Polarlichter des Ganymeds ermöglicht den Wissenschaftlern damit tiefere Erkenntnisse über die Strukturen im Inneren dieses besonderen Monds. Mithilfe der Raumsonde Juice (Jupiter Icy Moons Explorer), die die Galileischen Monde etwa ab 2032 besuchen wird, will die NASA diese komplexen Zusammenhänge genauer erforschen.

8.5.4 Die Polarlichter der Eisplaneten

Vor dem Besuch des Uranus und Neptuns durch die Voyager-2-Raumsonden der NASA in den Jahren 1986 bzw. 1989 war nur wenig über die Magnetosphären und mögliche Polarlichter auf diesen Eisplaneten bekannt. Ein besonders überraschendes Ergebnis war die Entdeckung des sehr stark geneigten und um 0,3 Uranusradien versetzten Magnetfelds des Uranus. Im Umfeld der beiden Magnetpole wurde die Existenz von Polarlichtovalen auf diesem Planeten anhand von Messdaten nachgewiesen, die mit einem Ultraviolettspektrometer gewonnen werden konnten. Der Radius des nördlichen, sonnenzugewandten Polarlichtovals mit einer dort geringeren Stärke des polaren Magnetfelds erwies sich im Vergleich zum südlichen Polarlichtoval als wesentlich größer. Und die Intensität der Polarlichtstrahlung war hier vergleichsweise stärker. An der Oberfläche nachweisbar, besitzen beide Eisplaneten mehr als zwei Magnetpole. Beim Uranus liegt das daran, dass die Dipol-, Quadrupol- und Oktupolanteile seines Magnetfelds hier alle in etwa gleich stark sind.

Vor dem Besuch durch die Voyager-Sonde war bekannt, dass Neptun eine dichte Atmosphäre und ein beträchtliches Magnetfeld besitzt. Überraschenderweise stellte sich aber heraus, dass die Ionosphäre dieses Planeten damals nur eine relativ schwache Quelle für Polarlichtemissionen im UV- und Radiowellenlängen war. Dies könnte daran gelegen haben, dass die Teilchen im Sonnenwind aufgrund der sehr großen Entfernung dieses Eisplaneten von der Sonne generell nicht stark genug beschleunigt werden, um die Aussendung von Polarlichtern effektiv genug anzuregen. Vielleicht war die Ausrichtung der wie beim Uranus ungewöhnlichen magnetosphärischen Konfiguration dieses Planeten relativ zum einströmenden Sonnenwind im Jahr 1989 aber auch gerade ungeeignet dafür, deutlich stärkere Polarlichter zu erzeugen. Die Voyager-Sonde konnte nahe der Magnetfeldpole zwei verschiedene Arten von Polarlichtemissionen und nur recht schwache auf der Nachtseite registrieren.

Während die Polarlichter auf den Gasplaneten Jupiter und Saturn im letzten Jahrzehnt ausführlich studiert werden konnten, ist bis heute über die des Uranus noch wenig bekannt. Immerhin sind in Abb. 8.23 erste Aufnahmen der Aurora dieses Eisplaneten dargestellt. Abb. 8.23a zeigt zwei Aufnahmen, die aus Beobachtungsdaten der Voyager-2-Raumsonde sowie des Hubble-Teleskops zusammengesetzt wurden, die jeweils einen Ring sowie filigrane Polarlichterscheinungen zeigen. Seit langem versuchen die Astronomen, Polarlichter auch auf Infrarotaufnahmen des Uranus zu entdecken. Abb. 8.23b zeigt eine solche farbcodierte Aufnahme, die mit der Infrarotkamera des Weltraumteleskops Hubble gemacht wurde. Es gibt zwar auch auf dieser Aufnahme einige vielversprechende Hinweise für die Existenz einer Infrarotaurora. Auch wenn einige helle Lichtpunkte auf der darin abgebildeten Oberfläche des Planeten dafürsprechen könnten, lässt sich eine Sichtung dieser Polarlichter bisher nicht zufriedenstellend bestätigen. 2021 gelang der NASA aber der erste Nachweis von Polarlichterscheinungen im Röntgenlicht. In der mithilfe von Daten des Chandra-Röntgensatelliten erstellten Aufnahme in Abb. 8.23c ist deren räumliche Verteilung und Intensität in rötlichen Farbtönen codiert dargestellt. Aufgrund der besonderen Ausrichtung der Uranusmagnetosphäre relativ zum einströmenden Sonnenwind verteilen sich die Polarlichter eher im Äquatorbereich dieses Eisplaneten.

Schon heute müssen rechtzeitig Raumfahrtmissionen zu den Planeten Uranus und Neptun geplant werden, die in den nächsten Jahrzehnten neue Erkenntnisse über die Magnetosphären und Polarlichter der extrem weit von der Erde entfernten Planeten bringen könnten.

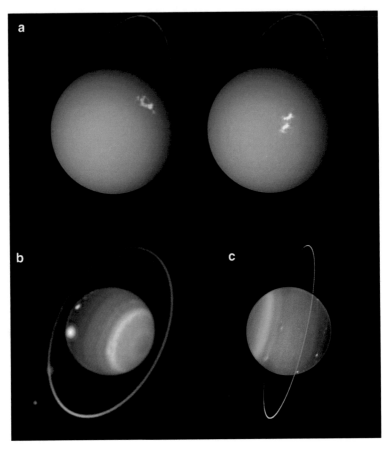

Abb. 8.23 Polarlichterscheinung auf dem Uranus. **a** Zwei Kompositaufnahmen, die zu verschiedenen Zeiten von der Galilei-Raumsonde und dem Hubble-Weltraumteleskop der NASA im Visuellen gemacht wurden, zeigen Polarlichterscheinungen und dünne Ringstrukturen um den Eisplaneten. **b** Auf dieser Aufnahme, die vom gleichen Teleskop im Infraroten erstellt wurde, repräsentieren die punktförmigen Aufhellungen auf der Oberfläche wohl eher Wolken als Polarlichter. **c** Mit dem Chandra-Teleskop der NASA konnten 2021 erstmals Polarlichter im Röntgenlicht beobachtet werden. Diese rötlich farbcodiert dargestellten Leuchterscheinungen befinden sich eher im Äquatorbereich des Uranus, was sich durch die ungewöhnliche Ausrichtung der Magnetfeldachse dieses Planeten erklären lässt
Old gas blob from Uranus found in vintage Voyager 2 data: sn.pub/0cKJwD
Hubble Spots Auroras on Uranus: sn.pub/8ww45i
First X-rays from Uranus Discovered: sn.pub/5DnukW
© a ESA/Hubble & NASA/L. Lamy / Observatoire de Paris, b NASA/E. Karkoschka u. a. (University of Arizona), c Röntgenstrahlung: NASA/CXO/University College London/W. Dunn u. a.; Optisch: W.M. Keck Observatory

8.6 Bedeutung der Erforschung planetarer Magnetosphären und Ionosphären

Wissenschaftler haben erkannt, welche große Bedeutung die Erforschung der Magnetosphären und Ionosphären auch für die Gewinnung eines tieferen Verständnisses der komplexen Prozesse hat, die im Inneren und in den Atmosphären der Planeten bzw. Monde ablaufen.

8.6.1 Warum die Magnetosphären erforscht werden

Es gibt eine Vielzahl von Argumenten, warum es wichtig ist, die magnetischen Umhüllungen der unterschiedlichsten Himmelsobjekte genauer zu untersuchen, innerhalb derer geladene Teilchen eingefangen sind und elektrische Ströme fließen. So können die Planetenforscher anhand der speziellen Erscheinungsformen dieser (sonnenseitig käfigartigen, sonnenabgewandt schweifartigen) Magnetfeldstrukturen wichtige Informationen über den Aufbau und die chemische Zusammensetzung des Inneren der Planeten oder des Monds Ganymed gewinnen, die sonst nicht so leicht zugänglich sind. Und magnetosphärische Studien ermöglichen den Astrophysikern, die Dynamoprozesse zur Erzeugung der Magnetfelder verlässlicher zu modellieren und die in diesen Objekten wirksamen Stromsysteme zu analysieren. Anhand der dabei gewonnenen Erkenntnisse lässt sich einiges über die thermische Entwicklungsgeschichte dieser Himmelobjekte erfahren, beispielsweise auch entscheiden, welche Bereiche eines Planeteninneren sich gerade im festen oder flüssigen Zustand befinden müssten.

Das im Sonnenwind anströmende Plasma kann in Teilbereiche der Magnetosphären eindringen und ohne ausreichenden Schutz durch diese einen effektiven Materieabtrag, im schlimmsten Fall sogar eine weitgehende Erosion der Planeten- bzw. Mondatmosphären bewirken. Dies gilt insbesondere für hochenergetische Teilchen, die sogar die Oberflächeneigenschaften der Himmelsobjekte merklich verändern können, die im Fall der frühen Erde sicherlich auch die präbiotische Chemie entscheidend mitbestimmt haben. Magnetische Schutzschirme reduzieren die in tiefere Atmosphärenschichten eindringenden Materieflüsse, indem sie einen mehr oder weniger großen Anteil der Teilchen in beträchtlichem Abstand von den Planeten um diese herum ablenken. In den sonnenzugewandten, und bei entgegengesetzt orientierten Sonnenwindfeldern, verstärkt in den sonnenabgewandten Magnetosphärenbereichen, können magnetische Rekonnexionsprozesse dafür sorgen, dass magnetische Stürme auch in den untersten Erdatmosphärenschichten wirksam werden. Ein ausreichend starkes magnetosphärisches Schutzschild hat zum Glück dafür gesorgt, dass sich Leben auf der Erde bereits vor einigen Milliarden Jahre hat entwickeln können.

Magnetosphären stellen besonders großräumige, natürliche Forschungslaboratorien dar, in denen elektrodynamische Phänomene, magnetische Wechselwirkungs- und Beschleunigungsprozesse in elektrischen Feldern in nahezu kollisionsfreien, extrem dünnen und magnetisierten Plasmen auf ganz unterschiedlichen Längen- und Zeitskalen exemplarisch erforscht werden können. Dies gelingt mithilfe der Datengewinnung durch Fern- oder Vor-Ort-Beobachtung von leistungsfähigen Satelliten aus, mithilfe von Modellrechnungen und anhand der Ergebnisse numerischer Simulationsrechnungen. Nur begrenzt können diese Forschungsarbeiten von der Durchführung von Experimenten in vergleichsweise kleinen Laboratorien in Instituten auf der Erde unterstützt werden. Es gibt die verschiedenartigsten Magnetosphären außerhalb der unterschiedlich dichten Atmosphären, in unterschiedlicher Entfernung von der Sonne und mit einem dort jeweils unterschiedlich starken Sonnenwind. Die über sie gewonnenen Erkenntnisse ermöglichen es den Forschern heute, verlässlichere Aussagen auch über Phänomene und Wechselwirkungsprozesse von Plasmen und Magnetfeldern in weit entfernten extrasolaren und extragalaktischen Systemen zu machen. Nicht nur in unserem Sonnensystem erweisen sich die auf geladene Partikel einwirkenden elektrischen und magnetischen Kräfte neben den Gravitations- und Kernkräften dabei immer wieder als physikalisch sehr bedeutsam.

8.6.2 Über die Bedeutung der Ionosphären

Die Ionosphären beherbergen geladene Teilchen und sind die äußeren Schichten der Atmosphären der Planeten und Monde nicht nur unseres Sonnensystems. Unter dem Einfluss ionisierender elektromagnetischer Sonnenstrahlung sowie hochenergetischer Teilchen insbesondere auch aus dem Sonnenwind, die in die Magnetosphären eindringen können, verlieren dort die Atome ein bzw. mehrere Elektronen. Sie werden also ionisiert, besitzen danach in der Regel eine positive Ladung. Die Ionosphären, die wie im Fall der Erde mit sehr großen Anteilen ungeladener Materie und Staubpartikeln durchsetzt sein können, stellen die Atmosphärenschichten dar, die zwischen der möglicherweise weitgehend ungeladenen unteren Atmosphäre und dem fast vollständigen Vakuum des Weltraums liegen.

Speziell die Ionosphäre der Erde beginnt oberhalb einer sogenannten Mesosphäre (Kap. 10) in einer Höhe von etwa 80 km über dem Erdboden. Sie liegt größtenteils in der als Thermosphäre bezeichneten Atmosphärenschicht, die von hochenergetischer Sonnenstrahlung im UV-, EUV- und Röntgenbereich stark aufgeheizt wird. In 300 km Höhe ist die Materie dabei am stärksten aufgeladen. An die Ionosphäre, die nach oben nicht scharf begrenzt ist, schließt sich die Plasmasphäre an, in der nahezu alle Teilchen ionisiert sind. Danach erfolgt in einer Höhe von etwa 1000 km der Übergang in den interplanetaren Raum.

Die planetaren Ionosphären geben sich ständig durch auffallende Leuchterscheinungen zu erkennen. Im Fall der Erde sind es vor allem das sogenannte Lichtglühen sowie die in Abschn. 8.5 beschriebenen Polarlichter, deren Untersuchung die Gewinnung wichtiger Erkenntnisse über die spezielle Zusammensetzung, die Strömungsverhältnisse sowie Anregungsbedingungen der Atome, Ionen und Moleküle in ganz unterschiedlichen Höhen in der Ionosphäre ermöglicht. Sogenannte Eves, Sprites und blaue Jetstrukturen (Kap. 10) gehören zu den faszinierenden, kurzzeitigen Lichterscheinungen, die wesentlich tiefer gelegen, oberhalb von Hurrikans und Gewittersystemen, ebenfalls durch Eintrag hochenergetischer Partikel und das Fließen elektrischer Ströme erzeugt werden.

Die Ionosphären der Planeten und Monde verändern sich ständig, manchmal auch unvorhersehbar. Die sie enthaltenen Teilchen werden entscheidend durch die Strahlung und Teilchenströme von der Sonne ionisiert. Daher ist es verständlich, dass der Ionisationsgrad auf der sonnenzugewandten Tagseite wesentlich höher als auf der Nachtseite ist. Auf der sonnenabgewandten Seite rekombinieren die Teilchen durch den Einfang von Elektronen und sind danach häufiger ungeladen. Die Ionosphäre ist hier außerdem dünner. Da überraschende ionosphärische Veränderungen auch durch Prozesse in den unteren Atmosphärenschichten oder durch hochenergetische Teilchen der kosmischen Strahlung aus dem fernen Universum ausgelöst werden können, sind verlässliche Vorhersagen über das ionosphärische Wetter zu einem bestimmten Zeitpunkt in der Regel nicht möglich. Dies wäre aber vor allem im Fall der Erde sehr wünschenswert, weil hier viele Satelliten, insbesondere auch die Internationale Raumstation (ISS), auf ihren Orbits im Bereich der Ionosphäre umlaufen. Wenn sie auf starke Ladungskonzentrationen treffen, dann könnte die Funktionstüchtigkeit ihrer Instrumente beeinträchtigt werden. Eine dadurch bedingte Erhöhung des Luftwiderstands würde die Satelliten abbremsen, wodurch sie ungewollt auf eine tieferliegende Umlaufbahn gezwungen werden.

Plötzliche Veränderungen der Eigenschaften der Ionosphäre der Erde könnten auch zu Störungen der Kommunikations- und Navigationssysteme führen, die in unserer hochtechnisierten Gesellschaft auf der Erde unter Umständen sehr unangenehme Behinderungen auslösen würden. Wenn sich die Materiedichten, Temperaturen und Zusammensetzungen der Ionosphäre allzu drastisch ändern, dann werden Funk- und GPS-Signale verfälscht, was gegebenenfalls verheerende Auswirkungen zur Folge haben könnte. Da die Ionosphäre elektrische Ladungen enthält, reagiert sie empfindlich auf die sich immer wieder ändernden elektrischen und magnetischen Bedingungen innerhalb unseres Sonnensystems sowie des angrenzenden Weltraums: Deswegen wird in Zukunft die Erforschung des Weltraumwetters im direkten Umfeld des Planeten Erde, des Erdmonds sowie des Nachbarplaneten Mars im Zeitalter der bemannten Raumfahrt eine wichtige Rolle spielen.

Weiterführende Literatur

Galtier S (2016) Introduction to modern magnetohydrodynamics. Cambridge University Press, Cambridge

Huang C et al (Hrsg) (2011) Space physics and aeronomy collection: Volume 3: Ionosphere dynamics and applications. Wiley-VCH, Weinheim

Keiling A u a (Hrsg) (2012) Auroral phenomenology and magnetospheric processes: Earth and other planets. American Geophysical Union, Washington

Lühr H et al (Hrsg) (2018) Magnetic fields in the solar system: Planets, Moons and Solar Wind Interactions. Springer International Publishing AG, Cham

Maggiolo R et al (Hrsg) (2021) Space physics and aeronomy collection, Volume 2: Magnetospheres in the solar system. Wiley-VCH, Weinheim

Alanna Mitchell (2018) The spinning magnet: The electromagnetic force that created the Modern world. Dutton, Penguin Random House

Lissauer JJ, de Pater I (2019) Fundamental planetary science – Physics, Chemistry and Habitability. Cambridge University Press, Cambridge

Pfoser A, Eklund T (2013) Polarlichter – Feuerwerk am Himmel. Oculum-Verlag, Erlangen

Prölss G (2003) Physik des erdnahen Weltraums: Eine Einführung. Springer, Berlin Heidelberg

Schlegel B, Schlegel K (2011) Polarlichter zwischen Wunder und Wirklichkeit: Kulturgeschichte und Physik einer Himmelserscheinung. Spektrum Akademischer Verlag, Heidelberg

Wilde A (2019) Unsichtbar und überall – Den Geheimnissen des Erdmagnetfelds auf der Spur. Franckh-Kosmos Verlags-GmbH & Co KG, Stuttgart

9

Erforschung des Weltraumwetters

Inhaltsverzeichnis

© Springer-Verlag GmbH Deutschland, ein Teil von Springer Nature 2023
U. von Kusserow und E. Marsch, *Magnetisches Sonnensystem,*
https://doi.org/10.1007/978-3-662-65401-9_9

9.1   Weltraumwetter in der Heliosphäre und Umgebung der Erde

9.1.1 Wetter und Klima im Weltraum und auf der Erde

Der Begriff „Weltraumwetter" ist in Analogie zum irdischen atmosphärischen Wetter geprägt worden und beschreibt den Zustand und die Veränderungen der Heliosphäre und des interplanetaren Mediums sowie der Magnetosphären, Ionosphären, Thermosphären und Exosphären von Planeten. Für die Menschheit ist das Weltraumwetter in der nahen Umgebung der Erde und ihrer Magnetosphäre bis etwa 50 000 km Abstand zur Erde besonders wichtig. Hauptsächliche Ursachen für das Weltraumwetter sind solare magnetische Eruptionen, Strahlungsausbrüche (Flares), die Schwankungen im stetig strömenden Sonnenwind und die galaktische kosmische Strahlung aus der Milchstraße. Durch das Weltraumwetter werden z. B. die Prozesse im Van-Allen-Strahlungsgürtel der Erde gestört, und in unregelmäßigen Abständen gelangen verstärkte Flüsse von energiereichen Teilchen und harter Strahlung in das Umfeld der Erde und beeinflussen so die irdische Magnetosphäre, Ionosphäre und obere Troposphäre.

Aufgrund seiner umfassenden Auswirkungen auf die Heliosphäre, aber auch auf die Raumfahrt und das irdische Leben stellt das Weltraumwetter heute ein wichtiges Forschungsgebiet dar. Ziel ist es dabei, die zugrunde liegenden physikalischen Mechanismen und Plasmaprozesse auf der Sonne und in der Heliosphäre zu verstehen. Darüber hinaus ist es die Zielsetzung der Wissenschaftler, derartige Ereignisse vorherzusagen oder zumindest rechtzeitig zu erkennen, sodass gegebenenfalls geeignete Schutzmaßnahmen getroffen werden können.

Auf der Erde bezeichnet man das Wetter als den für uns Menschen täglich spürbaren Zustand der Atmosphäre an einem bestimmten Ort. Die Wetterverhältnisse treten für uns z. B. in Form von Sonnenschein, Regen,

Hitze oder Kälte in Erscheinung. Die Meteorologie klassifiziert das örtliche Wetter zu einer bestimmten Zeit anhand verschiedener Phänomene in der Troposphäre, dem unteren, bis in etwa 12 km Höhe reichenden Teil der Atmosphäre. Den Verlauf des Wetters bestimmt hauptsächlich die Sonnenstrahlung und die von regionalen Energieeinträgen geprägten atmosphärischen Winde und Zyklone, die sich mit der Drehung der Erde zeitlich recht schnell ändern können. Physikalisch lässt sich das Wetter durch thermodynamische Zustandsgrößen wie Druck, Temperatur und Dichte beschreiben.

Das Klima steht als Begriff für die Gesamtheit aller meteorologischen Vorgänge, die über Zeiträume von Jahrzehnten gemittelt regelmäßig wiederkehren und für die die durchschnittlichen Zustände der Erdatmosphäre an einem Ort verantwortlich sind. Klima bezeichnet also die Gesamtheit aller an einem Ort möglichen Wetterzustände, einschließlich ihrer typischen Aufeinanderfolge sowie ihrer tages- und jahreszeitlichen Schwankungen. Das Klima wird jedoch nicht nur von Prozessen innerhalb der Atmosphäre geprägt, sondern vielmehr durch das Wechselspiel aller Sphären der Erde (Kontinente, Ozeane und Atmosphäre) sowie von der Sonnenaktivität und anderen Einflüssen, z. B. der langzeitigen Variationen von Parametern der Erdbahn. Der Begriff „Weltraumklima" ist noch nicht allgemein anerkannt oder in Gebrauch. In Analogie zum Klima auf der Erde soll er die Weltraumwetterverhältnisse in Abhängigkeit vom jeweiligen Ort in der Heliosphäre gemittelt über lange Zeiträume von mehreren Jahrzehnten beschreiben.

9.1.2 Das Weltraumwetter bestimmende Faktoren

Das Weltraumwetter in der Heliosphäre und der Umgebung der Erde wird vor allem durch die Strahlung und den Magnetismus der Sonne, durch den Sonnenwind und dessen Einfluss auf den Einstrom galaktischer kosmischer Strahlung bestimmt. Da gibt es die regelmäßig emittierte, dominante elektromagnetische Strahlung in Form des sichtbaren sowie des infraroten und ultravioletten Sonnenlichts. In lichtblitzartig, sporadisch aufleuchtenden solaren Flares wird intensive, harte Röntgenstrahlung freigesetzt. Heftige Eruptionen großer, von Magnetfeldern gestützter Protuberanzen können gewaltige koronale Masseauswürfe (CMEs) zur Folge haben und gehen oft mit stark erhöhtem Fluss von hochenergetischen Partikeln einher. Wie ein „Schneepflug" erzeugen CMEs vor sich interplanetare Schockfronten in dem sie umgebenden Sonnenwind. Beim Auftreffen auf das Erdsystem induzieren

CMEs komplexe Plasmaprozesse in dessen Magnetosphäre und Ionosphäre. Durch die unterschiedlichen Erdatmosphärenschichten hindurch können somit Störungen bis hinunter in die das Wetter- und Klimageschehen bestimmende Troposphäre erzeugt werden. In ähnlicher Weise bestimmen auch die Teilchen der sehr energiereichen kosmischen Strahlung, die aus dem lokalen interstellaren Medium in die Heliosphäre einströmen, das Weltraumwetter.

Die Erforschung des Weltraumwetters hat sich in den vergangenen Jahrzehnten als Teil der Weltraumforschung besonders intensiv entwickelt. Wichtiges Ziel dieser Forschungsarbeiten ist es, den Herausforderungen zu begegnen, die sich im Zeitalter zunehmender Technisierung aus der verstärkten Nutzung auch des erdnahen und entfernteren Weltraums durch die Menschheit ergeben. Auswirkungen des Weltraumwetters auf unsere empfindlichen elektrotechnischen Geräte sind schon seit Mitte des 19. Jahrhunderts bekannt. Dazu gehören beispielsweise die durch geomagnetische Aktivität induzierten Ströme auf frühe Telegrafensysteme. Lange Zeit blieben die Ursachen für das natürliche Auftreten der Nordlichter (Abb. 9.1b) ungeklärt. Unser wissenschaftliches Verständnis des Weltraumwetters hat sich aber erst durch das tiefere Verständnis der Weltraumplasmaphysik entwickeln können, wie sie in Kap. 3 und 4 beschrieben wurden. Dabei spielt der Prozess der magnetischen Rekonnexion eine besondere Rolle, der es erlaubt, die Topologie von Magnetfeldern, z. B. der Sonne, ihres Winds sowie der Planeten, durch Plasmaprozesse neu zu arrangieren. Wie im Folgenden dargestellt, erweist sich der Prozess des Trennens und Neuverbindens magnetischer Feldlinien im Bereich des Erdsystems als besonders wichtig – mit spektakulären Konsequenzen.

Neben der Registrierung des Weltraumwetters wird es auch immer wichtiger, kleine Körper in Erdnähe zu beobachten und ihren Kurs zu verfolgen, da sie möglicherweise auf ihren Orbits im inneren Sonnensystem die Erde treffen könnten – mit desaströsen Folgen für die Situation der Menschheit auf dem Planeten Erde. Dieses Thema wird mit dem englischen Begriff „Space Situational Awareness" (SSA) bezeichnet, welches das Wissen um den aktuellen Zustand der erdnahen Weltraumumgebung bedeutet, der nicht nur durch die Sonne selbst, sondern auch von den sie umlaufenden kleinen, jedoch massiven Körpern bestimmt ist. Dieses Wissen ist aus vielerlei Gründen unerlässlich, wie später noch erläutert wird. Abb. 9.1a zeigt einen gefährlichen Meteor in der unteren Erdatmosphäre, der als eine lange Spur am Himmel von Chelyabinsk in Russland am 15. Februar 2013 gesichtet wurde. Die von diesem Meteor getriebene Stoßwelle zerstörte mehrere Gebäude und verletzte sehr viele Menschen am Erdboden.

Abb. 9.1 Zwei spektakuläre Ereignisse in der Erdatmosphäre. **a** Spur am Himmel des 12 000 t schweren Meteors von Chelyabinsk in Russland am 15. Februar 2013, dessen Stoßwelle Gebäude zerstörte und etwa 1500 Menschen verletzte. **b** Sehr helle Aurora als Ergebnis eines starken Weltraumwetterereignisses
Meteor Strikes Russia, Over 1000 Believed Injured: sn.pub/jAwfyB
Real time video of aurora borealis corona: sn.pub/IiZfiA
© a A. Alishevskikh, b Crey – CC BY 2.0 (ESA)

9.2 Vorstellung exemplarischer Weltraumwetterereignisse

9.2.1 Koronale Masseauswürfe

In Kap. 3 wurde die magnetisch aktive Sonne mit ihren solaren Eruptionen und koronalen Masseauswürfen (CMEs) schon ausführlicher vorgestellt. In Aktivitätsgebieten im Umfeld von Fleckengruppen können blitzartig oder kontinuierlich aufleuchtende Flares, bei denen große Mengen an magnetischer Energie freigesetzt werden, die Eruption einer solaren Gaswolke ankündigen. Wie die Beobachtungen zeigen, gibt sich allerdings nicht jede eruptive Protuberanz als ein CME in der Sonnenkorona und weiter außen als ICME im interplanetaren Raum zu erkennen. Offensichtlich reicht die bei manchen Eruptionen freigesetzte Energie nicht aus, und die magnetischen Feldstrukturen sind zu stark, sodass ein Großteil der hinausgeworfenen Materie unter Einwirkung der Gravitationskraft der Sonne als koronaler Regen wieder in Richtung zur Sonnenoberfläche zurückfällt.

Ein Großteil der koronalen Masseauswürfe (Abb. 9.2) ist allerdings nicht unbedingt mit starken Flares assoziiert und erfolgt vor allem auch außerhalb von Aktivitätsgebieten in der Regel aus Bereichen, über denen helmförmige Wimpelstrukturen („helmet streamers") in die Korona aufragen. Die mit starken eruptiven Protuberanzen und Flares assoziierten CMEs sind durch eine wesentlich größere Masse, eine höhere Auswurfgeschwindigkeit und größere Breite des Winkels ausgezeichnet, innerhalb dessen sie sich, manchmal auch in Richtung Erde in den interplanetaren Raum hinausbewegen. Einige Parameter, die die typischen Eigenschaften solcher koronalen Masseauswürfe charakterisieren, sind in Tab. 9.1 aufgeführt.

In Abb. 9.2a wird ein besonders eindrucksvolles Beispiel eines CME gezeigt, welches durch Zusammensetzung der Bilder von verschiedenen Instrumenten auf SOHO erzeugt wurde und einen Abstandsbereich von einigen Sonnenradien überdeckt. Sehr schön zu erkennen sind das dichtere ausgeworfene Material an seiner größeren Helligkeit und die vom eruptiven Magnetfeld ausgebildete Front, welche den Rand der magnetischen Blase markiert.

Erfolgt ein koronaler Masseauswurf direkt in Richtung der Erde, dann trifft das Plasma dort nach typischerweise etwa zwei bis drei Tagen ein. Aufgrund seiner im Vergleich zum mitströmenden Sonnenwind höheren Geschwindigkeit und seines stärkeren Magnetfelds überträgt dieses Plasma

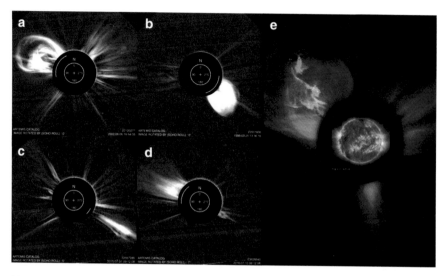

Abb. 9.2 Charakteristische Beispiele von morphologisch gut ausgeprägten CMEs: magnetische Flussröhre (**a**), diffuse Schleife (**b**), gerichteter Jet (**c**) und unstrukturierter Auswurf (**d**). Der koronale Massenauswurf (**e**), der in diesem zusammengesetzten Bild deutlich bis zu einigen Sonnenradien sichtbar ist, wurde aufgenommen mit den Instrumenten C2 LASCO (Sonnenkorona) und EIT (Sonnenscheibe) auf der Sonnensonde SOHO
Powerful solar x-flare blasts coronal mass ejection toward Earth: sn.pub/JdKuHE
Side-by-side solar eruptions: sn.pub/DuzvQX
© NASA/ESA

Tab. 9.1 Wichtige statistische Parameter von CMEs

Mittlere Häufigkeit des Auftretens	3,5 Ereignisse pro Tag im solaren Maximum
	0,2 Ereignisse pro Tag im solaren Minimum
Ausbreitungsgeschwindigkeit	$20-1500\,\text{km/s}$
Masse des Materieauswurfs	$5 \cdot 10^5 - 5 \cdot 10^{12}\,\text{kg}$
Energieinhalt	$2 \cdot 10^{23} - 5 \cdot 10^{25}\,\text{J}$
Laufzeit zur Erde	Viele Stunden bis zu einigen Tagen

zusätzlich größere Mengen an Energie und Impuls auf die Magnetosphäre, die dadurch stark gestört wird, was zu magnetischen Stürmen führen kann. In Abb. 9.2a werden einige der vielen morphologisch unterschiedlichen Typen von CMEs dargestellt.

9.2.2 Solare energiereiche Teilchen

Mit den magnetisch vermittelten Eruptionen auf der Sonne gehen sehr häufig Ereignisse einher, bei denen besonders energiereiche, als SEPs („solar energetic particles") bezeichnete solare Teilchen wie Elektronen, Protonen und schwere Ionen erzeugt werden. Vor den sich „schnee-pflugartig" ausbreitenden CMEs wurden sie von den mit ihnen assoziierten koronalen Stoßwellen beschleunigt.

Ein solches SEP-Ereignis vom 1. Januar 2016 ist in Abb. 9.3 gezeigt. Bilddaten von den Instrumenten LASCO auf SOHO (rot), dem Korona-grafen (blau) des Mauna Loa Solar Observatory auf Hawaii sowie eines Tele-skops der Raumsonde Solar Dynamics Observatory der NASA wurden in einem Bildkomposit zusammengestellt. Ein schnelles CME erschien am süd-westlichen Rand der Sonne und breitete sich als wachsende magnetische Blase aus. Assoziiert damit wurde im Erdorbit zeitlich verzögert ein Schwall energiereicher Elektronen und Protonen von den Instrumenten auf SOHO beobachtet. Mit der Antenne auf der amerikanischen WIND-Raumsonde der NASA konnte die damit verbundene intensive Radioemission vermessen werden, und das Satellitensystem GOES (Geostationary Operational Environ-mental Satellite), das routinemäßig auch solare Flare-Ereignisse überwacht, registrierte die ausgesandte Röntgenstrahlung. Die Datenanalyse dieses Ereig-nisses zeigt, dass ein an der Erde positionierter Koronagraf, der die Sonnen-scheibe verdeckt und den Blick in die Sonnenkorona und teilweise auch in die sie umgebende Heliosphäre ermöglicht, rechtzeitig Warnungen für das Ein-treffen dieses Teilchenschwarms geben könnte. Das unterstützt die Ambitionen der Wissenschaftler, das Weltraumwetter zuverlässig vorherzusagen.

Im unteren Teil von Abb. 9.3 lässt sich die exemplarische Abfolge der von der Sonne ausgehenden elektromagnetischen und korpuskularen Strahlungen deutlich erkennen. Die Röntgenemission (oberes Panel) erscheint schon um 22.30 Uhr, zusammen mit dem zeitlich abfallenden Radiosignal (zweites Panel). Die Röntgenemission erreicht nahe der Erde um 23.48 Uhr ihren Höhepunkt, an dem auch die Anzahl der schnellen Elektronen zunimmt und damit einhergehend ein zweites starkes Radio-signal registriert werden kann. Gegen 0.00 Uhr erscheinen zuletzt die langsamen (weil schweren) Protonen, deren Fluss bei kleineren Energien, erkennbar an der gelb-roten Färbung, mit der Zeit stark zunimmt. Die nebenstehenden Farbbalken geben dabei die Skalierung der von der Raum-sonde SOHO registrierten Teilchenintensität der Elektronen und Protonen jeweils codiert als Farbe an.

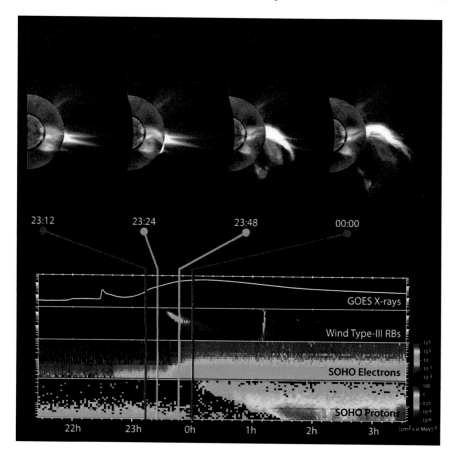

Abb. 9.3 Koronaler Masseauswurf (CME) mit magnetischer Blase und assoziierter Strahlung der Sonne in Form von Röntgen- und Radiostrahlung und von korpuskularer Strahlung von Elektronen und Protonen. Man beachte die zeitliche Abfolge der Strahlung zusammen mit der räumlichen Entwicklung des CME
Spectacular Coronal Mass Ejection (07.06.2011): sn.pub/pV7ppx
How A Solar Storm Sounds – Particle Sonification Video: sn.pub/lShzLi
© NASA/ESA/AGU/St. Cyr

Abb. 9.4 zeigt den typischen Zeitverlauf der von der magnetisch aktiven Sonne ausgehenden Strahlungsintensitäten im Zusammenhang mit einem Halo CME, welcher häufig eine starke Stoßwelle in der Korona vor sich hertreibt. Das ganze Ereignis dauerte einige zehn Minuten. Die Darstellung entspricht dem Verlauf der gemessenen Flüsse von Photonen und Teilchen bei vielen In-situ-Beobachtungen. Die Intensitäten klingen innerhalb etwa einer halben oder ganzen Stunde ab. Im mittleren Bild ist das Höhenprofil

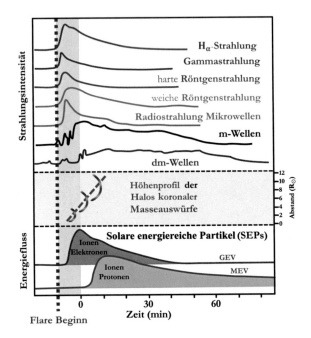

Abb. 9.4 Intensitäten der bei unterschiedlichsten Wellenlängen von der magnetisch aktiven Sonne im Zusammenhang mit einem Halo CME ausgesandten elektromagnetischen Strahlung sowie der emittierten Teilchenstrahlung. Ein Koronaler Masseauswurf treibt häufig eine starke Stoßwelle vor sich her.
© U. v. Kusserow/E. Marsch (nach A. Anastasiadis u. a. 2019)

des CME gezeigt, der in etwa 10 min schon zehn Sonnenradien über der Sonnenoberfläche erreicht hat.

In Abb. 9.5 werden weitere exemplarische Beispiele von gemessenen Teilchenflüssen für zwei Weltraumwetterereignisse gezeigt. Eine solare magnetische Eruption hat die Erzeugung energiereicher Teilchen zur Folge, wobei man graduelle und impulsive Ereignisse (Abb. 9.5a) nach der Form ihrer Energiespektren (Abb. 9.5b) unterscheidet. Bei der ersten erfolgt die Beschleunigung durch eine breite Stoßwelle vor dem CME in der höheren Korona, bei der zweiten jedoch in der unteren Korona in eher lokaler Weise.

9.2.3 Kosmische Strahlung in der Heliosphäre

Die Sonne ist ein potenter Teilchenbeschleuniger, wobei die Beschleunigung ganz wesentlich von den koronalen Stoßwellen bei eruptiven Magnetfeldern (oft mit CMEs als Folge) und von lokalen elektrischen Feldern in solaren Flares verursacht wird. Beispiele dafür wurden schon in Abb. 9.4 und 9.5

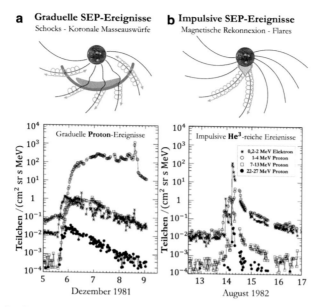

Abb. 9.5 Graduelles (**a**) und impulsives (**b**) SEP-Ereignis in der Korona mit assoziierter Parker-Spirale und dem verursachenden CME in der Sonnenkorona. In **a** gibt es eine Schockwelle, welche die Teilchen stetig beschleunigt, und in **b** passiert das abrupt und lokal in der unteren Sonnenkorona. Entsprechend unterschiedlich fallen auch die Intensitäten der verschiedenen Teilchen aus. Ihre Zeitprofile sind steil andauernd (**a**) und spitzförmig abfallend (**b**)
© M. Desai/J. Giacalone, Living Rev. Sol. Phys. 13, 3 (2016) (http://creativecommons. org/licenses/by/4.0/); Bearbeitung: U. v. Kusserow
Desai, M., Giacalone, J. Large gradual solar energetic particle events. Living Rev. Sol. Phys. 13, 3 (2016). https://doi.org/10.1007/s41116-016-0002-5

diskutiert. Dazu kommt aus der Milchstraße die noch energiereichere kosmische Strahlung (KS) mit typischen Energien oberhalb von 100 MeV. In den frühen 1970 Jahren wurde eine weitere unerwartete Komponente der Teilchenstrahlung bei In-situ-Messungen in der Heliosphäre entdeckt, die sogenannte anomale KS. Deren Energie reicht von etwa 10–100 MeV pro Nukleon des jeweiligen Ions (zum Vergleich: Ein Sonnenwind Proton hat nur einige Kiloelektronenvolt an kinetischer Energie).

Ihren Ursprung fand man aber bald heraus. Als Ort der Entstehung der Teilchenstrahlung wurde der Terminationsschock (TS) der Heliosphäre bei etwa 100 AE identifiziert. Als ursprünglich neutrale Teilchen aus dem lokalen interstellaren Medium werden sie beim Eindringen in die Heliosphäre durch die solare ultraviolette Strahlung einfach ionisiert. Dann werden sie vom Sonnenwind durch die Lorentz-Kraft aufgepickt und zum TS transportiert, wo sie stark beschleunigt werden. Typische gemessene Energiespektren werden in Abb. 9.6 gezeigt.

Die Abb. 9.7 illustriert den 11- bzw. 22-jährigen Zyklus der KS, der am Kieler Neutronenmonitor den Jahren 1957–2016 vermessen wurde. Der magnetische Zyklus der Sonne spiegelt sich also in der Variation der KS (hier bei etwa 10 GeV) wider. Die KS-Teilchen unterliegen einer komplizierten diffusen großräumigen Driftbewegung in der Heliosphäre, die von ihrer Ladung, Masse und Energie abhängt. Die auf der Erde gemessenen Flüsse der Teilchen oszillieren im Rhythmus der magnetischen Aktivität der Sonne mit einer beträchtlichen Amplitude. Diese Variationen der KS haben erhebliche Auswirkungen auf den Zustand der irdischen Atmosphäre, denn die KS spielt bei der Wolkenbildung eine wichtige Rolle und beeinflusst auch die Aerosolbildung. Da es sich um ein Langzeitverhalten handelt, kann man davon ausgehen, dass es auch auf das Erdklima Einfluss nehmen kann.

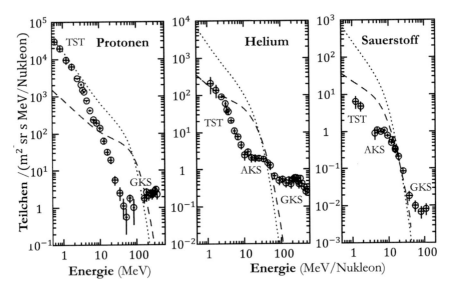

Abb. 9.6 Drei Arten der energiereichen Teilchenstrahlung in der Heliosphäre, die nicht von der Sonne stammen. Die drei Spektren beziehen sich auf Protonen und meist einfach ionisierte Helium- und Sauerstoffionen. Die Komponenten der Strahlung sind die Teilchen vom Terminationsschock (TSP) bei relativ kleinen, die anomale kosmische Strahlung (ACR) bei mittleren und die galaktische kosmische Strahlung (GCR) bei hohen Energien. Die üblichen Einheiten für die Intensität sind Teilchen pro Quadratmeter, Sekunde, Steradiant (Raumwinkel, sr) und Energie-Bin in MeV pro Nukleon des Atomkerns
Potgieter, M.S. Solar Modulation of Cosmic Rays. Living Rev. Sol. Phys. 10, 3 (2013). https://doi.org/10.12942/lrsp-2013-3

9.3 Weltraumwetter und Erdmagnetosphäre

Der stetige Sonnenwind (Kap. 4 und 5), solare Eruptionen (Abschn. 3.7 und 9.2.1) und kosmische Teilchenstrahlung (Abschn. 9.2.3) bestimmen das heliosphärische Weltraumwetter und eine Vielzahl dynamischer Prozesse in der uns Menschen schützenden Erdmagnetosphäre (Abschn. 8.3). Die einströmenden Teilchen und Felder füllen die Strahlungsgürtel und ionosphärischen Stromsysteme der Erde (Abschn. 8.3.4), lösen erdmagnetische Stürme und Teilstürme (Abschn. 8.3.6) aus und erzeugen Polarlichter (Abschn. 8.3.5).

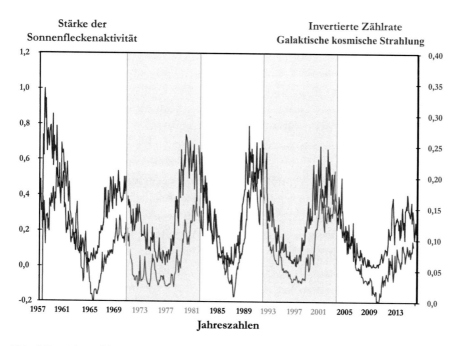

Abb. 9.7 Zeitprofile der kosmischen Strahlung (rot), bestimmt aus den monatlichen invertierten Zählraten von Neutronen am Kieler Neutronenmonitor und dazu die Sonnenfleckenrelativzahl (blau). Die blau hinterlegten Flächen zeigen aufeinanderfolgende elfjährige Perioden der magnetischen Sonnaktivität an. Die kleinen kurzzeitigen Variationen entsprechen der Rotationsperiode der Sonne (siderisch 25 Tage, von der Erde aus 27 Tage). Der offensichtliche 22-Jahres- Zyklus entspricht einer vollen Periode der magnetischen Polarität der Sonne
© Iskra, K. et al., Sol. Phys. 294, 115 (2019) (http://creativecommons.org/licenses/by/4.0/) Bearbeitung: U. v. Kusserow
Iskra, K., Siluszyk, M., Alania, M. et al. Experimental Investigation of the Delay Time in Galactic Cosmic Ray Flux in Different Epochs of Solar Magnetic Cycles: 1959–2014. Sol Phys 294, 115 (2019). https://doi.org/10.1007/s11207-019-1509-4

9.3.1 Erdmagnetische Stürme

Die oft stark variierende magnetische Aktivität der Sonne bewirkt immer wieder, dass die Verhältnisse in der Magnetosphäre der Erde von langen ruhigen Phasen in vorübergehend gestörte Zustände übergehen, die sich an der Oberfläche der Erde durch stärkere Schwankungen der unterschiedlichen Magnetfeldkomponenten des Felds zu erkennen geben. Starke Störungen des Erdmagnetfelds werden von Schockwellenfronten des Sonnenwinds ausgelöst, die durch Sonneneruptionen, koronale Masseauswürfe und Interaktionen unterschiedlich schneller Sonnenwindströme entstehen. In Abhängigkeit von der Störungsursache auf der Sonne kann es für hochenergetische Teilchen unter Umständen weniger als 1 h, aber 24–36 h oder sogar länger für koronale Masseauswürfe dauern, bis die solaren Ereignisse an der Erde unterschiedlich starke magnetische Stürme auslösen. Während eines solchen Sturms wird oft eine Verstärkung des Ringstroms in den Van-Allen-Gürteln beobachtet. Das Auftreffen der Schockfront auf die Magnetosphäre führt in der Regel zu einer Abschwächung des Erdmagnetfelds, das häufig erst nach etwa 12 h sein Minimum erreicht.

Die grobe geografische Orientierung des vom magnetischen Nord- zum magnetischen Südpol gerichteten Erdmagnetfelds bleibt bekanntlich über Jahrhunderttausende unverändert (Abschn. 8.3.3). Demgegenüber verändert sich die Orientierung des Magnetfelds im Sonnenwind immer wieder auf ganz unterschiedlichen Zeitskalen. Sie wechselt langfristig aufgrund der Umkehrungen der magnetischen Polaritätsverhältnisse auf der Sonne im Verlauf ihres etwa 22-jährigen magnetischen Aktivitätszyklus (Abschn. 3.3.4). Auf deutlich kürzeren Zeitskalen kann sich die Orientierung auch umkehren, wenn große interplanetare koronale Masseauswürfe oder starke Alfvén-Wellen die magnetischen Verhältnisse im Sonnenwind verändern. Immer dann, wenn einander entgegengesetzt orientierte Feldkomponenten des Sonnenwind- und Erdmagnetfelds aufeinandertreffen, kann es sowohl auf der sonnenzugewandten Seite als auch in den Schweifstrukturen des Erdmagnetosphäre zu Rekonnexionsprozessen kommen (Abschn. 8.3.6).

Diese Prozesse sorgen für das „Zerschneiden" und „Neuverbinden" magnetischer Feldlinien, also für drastische Änderungen der magnetischen Topologie, wodurch geladene Teilchen beschleunigt werden sowie Protonen und Elektronen aus dem Sonnenwind leichter Zugang in die Erdmagnetosphäre bekommen und tief in sie eindringen können. In Zeiten, in denen die Orientierungen des Sonnenwindmagnetfelds weitgehend mit der des Erdmagnetfelds übereinstimmt, beschränken sich die störenden

Auswirkungen auf Bereiche der nördlichen und südlichen Polarlichtovale, im Wesentlichen also auf hohe geomagnetische Breiten. Wenn die Magnetfelder jedoch starke entgegengesetzt orientierte Feldkomponenten aufweisen, dann werden die Magnetfeldlinien der Magnetosphäre auf der sonnenzugewandten Seite zerschnitten und konvektiv in den Schweifbereich des Erdmagnetfelds transportiert. Im Verlauf eines tagelangen starken erdmagnetischen Sturms kann wiederholt einsetzende Rekonnexion für einen im Abstand von Stunden intermittierend erfolgenden Teilchen- und Feldtransport von der sonnenabgewandten Seite in Richtung Erde sorgen. Die dabei im Erdmagnetfeld registrierbaren starken Störungen werden dann als Teilstürme bezeichnet, in deren Verlauf Polarlichter auch bei niedrigeren geografischen Breiten beobachtet werden können.

Das gekoppelte Magnetosphäre-Ionosphäre-System der Erde (Abschn. 8.3.4) reagiert auf den einströmenden Sonnenwind also in komplexer Weise. Dessen Energie und Impuls werden dabei teilweise an der Magnetopause oder im Magnetschweif in die Magnetosphäre eingespeist, in ihrem Inneren weiter transportiert und Energie in ihrem Magnetfeld gespeichert. Schließlich wird diese durch Plasmaströmung aus dem Schweif durch Rekonnexion aber auch wieder freigesetzt, wobei die Bewegung des Plasmas zum einen vor allem in Richtung der polnäheren Ionosphäre und zum anderen im Verlauf des Abrisses des äußeren Schweifs auch wieder hinaus in den abströmenden Sonnenwind erfolgt. Missionen wie z. B. Cluster und Themis haben gezeigt, dass die plasmaphysikalischen Prozesse dabei in komplexer und hochgradig nichtlinearer Weise ablaufen. Die Plasmaströmung und der damit assoziierte Transport des magnetischen Flusses finden oft sporadisch, ausbruchartig und entlang schmaler Filamente statt. Diese Strömungen dringen in die polare Ionosphäre ein und produzieren dort starke, u. a. auch feldparallele elektrische Ströme.

Magnetische Energie kann dabei sogar für Stunden gespeichert werden, um dann plötzlich das Fließen intensiver geomagnetischer Ströme zu bewirken. Die Auswirkungen all dieser Prozesse hängen empfindlich sowohl von dem Zustand des Magnetosphäre-Ionosphäre-Systems bereits vor dem Einsetzen des erdmagnetischen Sturms als auch von den Bedingungen im Sonnenwind selbst ab, wie z. B. seiner Turbulenz oder dem Gehalt an intensiven Alfvén-Wellen. Auch die Ionisationszustände des Sonnenwinds mit seinen wenigen schweren und stark geladenen Ionen und der Magnetosphäre mit einfach geladenem Sauerstoff spielen dabei eine Rolle, denn sie können verschiedene Plasmainstabilitäten beeinflussen und die elektrische Leitfähigkeit der hohen polaren Ionosphäre modifizieren.

9.3.2 Strahlenbelastung in den Van-Allen-Gürteln

In Abschn. 8.3.4 und 8.3.5 wurde bereits erläutert, wie die unterschiedlich geladenen, hochenergetischen Teilchen aus dem Sonnenwind und der kosmischen Strahlung in den Van-Allen-Strahlungsgürteln der Erde (Abb. 9.8) eingelagert werden und mit welchen typischen Bewegungsmustern sie darin strömen. Im Jahr 2013 konnte mithilfe der Van-Allen-Sonden der NASA eine zumindest zeitweilige Existenz von insgesamt sogar drei unterschiedlichen Strahlungsgürteln nachgewiesen werden (Abb. 9.8a). In dem 700–6000 km über der Erdoberfläche gelegenen Strahlungsgürtel bewegen sich hauptsächlich hochenergetische Protonen. Im äußeren Bereich in etwa 16 000–58 000 km Höhe befinden sich dagegen vorwiegend Elektronen. Der dazwischenliegende Strahlungsgürtel ist nur nach heftigeren Sonneneruptionen mit hochenergetischen Teilchen gefüllt.

Neue überraschende Ergebnisse von den Sonden Van Allen A und Van Allen B lassen vermuten, dass ein Großteil der Teilchen im Gürtel sogar selbst entsteht, indem dort Atome durch Teilchen, die in elektromagnetischen Feldern stärker beschleunigt werden, ionisiert und dadurch Elektronen aus den Atomhüllen herausgelöst werden. Mithilfe numerischer Simulationen konnte gezeigt werden, dass die energiereichen, relativistischen Elektronen, deren spiralförmige Flugbahnen im Wesentlichen entlang der Feldlinien des Erdmagnetfelds (Abb. 9.8b) verlaufen, besonders in Gebieten mit auffallend geringer Teilchendichte beschleunigt werden. In den durch starke Turbulenzen und Wellen geprägten Van-Allen-Gürteln sind die sie erforschenden Satelliten, deren Orbits in dieser Abbildung durch konzentrische kreisförmige Linien veranschaulicht sind, mit Sicherheit einer besonders hohen Strahlenbelastung ausgesetzt. Gleiches gilt natürlich auch für alle unbemannten und in Zukunft wohl häufiger auch bemannten Raumsonden, die diese Strahlungsgürtel wegen der damit verbundenen Gefahren möglichst schnell durchfliegen sollten.

Solarzellen, integrierte Schaltkreise und Sensoren können durch allzu hohe Strahlenbelastung beschädigt werden. Und für Astronauten kann die Intensität der Strahlung innerhalb des Van-Allen-Gürtels zumindest räumlich und zeitlich begrenzt gesundheitsgefährdende Werte erreichen. Daher spielen Aspekte des Strahlenschutzes für technische Einrichtungen und vor allem für die Astronauten bei bemannten Raumfahrtmissionen nicht nur im Erdorbit eine sehr wichtige Rolle.

Die Internationale Raumstation (ISS) und die Chinesische Raumstation sowie das Hubble-Weltraumteleskop umkreisen die Erde in etwa 400 km bzw. 500 km Höhe. Da die innere Strahlungszone erst bei etwa 700 km über

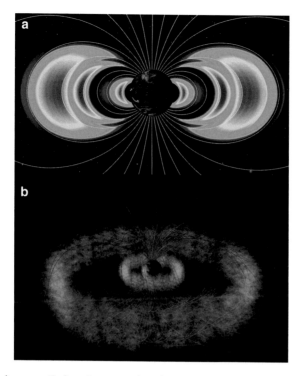

Abb. 9.8 Hochenergetische Prozesse in den Van-Allen-Gürteln. **a** Mithilfe der Van-Allen-Sonden der NASA konnte die zeitweilige Existenz von insgesamt drei Strahlungsgürteln in der Magnetosphäre der Erde nachgewiesen werden. **b** Dreidimensionale Veranschaulichung der Lage der Van-Allen-Gürtel, die von Feldlinien des durch den Sonnenwind verformten Erdmagnetfelds durchsetzt sind, entlang derer sich geladene Partikel auf Spiralbahnen hin- und herbewegen und beschleunigt werden
What Are The Radiation Belts? sn.pub/qkubgX
Leaky Radiation Belts: sn.pub/ReWgAT
NASA's Van Allen Probes Catch Rare Glimpse of Supercharged Radiation Belt: sn.pub/wRSJZz
© a NASA/GSFC/JHUAPL, b NASA

dem Erdboden beginnt, erfahren die Astronauten und technischen Geräte hier keine allzu hohe kontinuierliche Strahlenbelastung. Bisher durchquerten allein die Astronauten der Apollo-Missionen zum Mond die für sie gefährlichen Van-Allen-Strahlungsgürtel. Um sie keinem allzu starken Bombardement von Teilchen auszusetzen, wurden dabei jeweils polnähere Flugbahnen gewählt, die den inneren Strahlungsgürtel kaum berührten und den äußeren Strahlungsgürtel nur im schwächer strahlenden Randbereich durchflogen. Beim Durchflug im Bereich des geomagnetischen Äquators wäre die Strahlenbelastung dagegen mehr als 10 000-fach so stark, also für sie möglicherweise sogar tödlich gewesen.

9.4   Auswirkungen des Weltraumwetters

9.4.1 Auswirkungen auf das Erdsystem

Letztendlich ist die Sonne für das Weltraumwetter verantwortlich. Über den Sonnenwind, dessen Staudruck gegenüber dem Gasdruck des umgebenden interstellaren Mediums zunächst recht stark ist, erzeugt sie die Heliosphäre in Form einer großen magnetischen Blase (Kap. 2). Die im elfjährigen Zyklus sehr variable magnetische Aktivität der Sonne führt zu entsprechenden Veränderungen auch der Eigenschaften des Sonnenwinds. In extremen Situationen sind es heftige solare magnetische Eruptionen, die vorübergehend intensive Störungen des Sonnenwinds und der Heliosphäre auslösen können und die sich im Umfeld der Planeten und kleinerer Körper des Sonnensystems in sehr dynamischen Entwicklungen des Weltraumwetters auswirken. Der Magnetismus der Sonne ist ganz offensichtlich der Hauptverursacher des Weltraumwetters.

Insbesondere in Kap. 3 und 4 wurden die Eigenschaften der magnetisch aktiven Sonne mit ihren solaren Eruptionen und dem von ihr abströmenden Sonnenwind ausführlich diskutiert. In Kap. 6 bis 8 ging es um die Auswirkungen des Weltraumwetters auf die unterschiedlichen Hindernisse im Sonnensystem, vor allem auf die Kometen. Dessen mögliche Auswirkungen speziell im Umfeld der Erde werden in Abb. 9.9 veranschaulicht.

Es ist für uns alle offensichtlich, dass die moderne Zivilisation sehr stark von der Elektrotechnik und Elektronik bestimmt wird. Diese Bereiche, z. B. Telekommunikation, Stromleitungen, Computer und elektronische Bauteile, sind besonders empfindlich für elektromagnetische Induktion, d. h. elektromagnetische Wechselfelder, wie sie bei magnetischen Stürmen auf der Erde und im erdnahen Weltraum als Resultat des Weltraumwetters erzeugt werden können. Das hat verschiedenste Konsequenzen (Tab. 9.2) für unsere technische Umwelt.

9.4.2 Konsequenzen des Weltraumwetters für unsere technische Umwelt

Für den Transport von Öl und Gas auf der Erde werden bekanntlich Pipelines aus Eisen und Metalllegierungen eingesetzt, die aber durch Korrosion einer Beeinträchtigung der Funktion dieser Bauteile unterliegen. Sie ist bedingt durch die chemische Reaktion von Wasser mit Metall, was die Ablösung von Elektronen aus dem Metall und ihre Ableitung in den Erdboden zur Folge hat. Das vermeidet man jedoch dadurch, dass man die Pipeline mit einem schlecht leitenden Material umhüllt und so ein negatives Potenzial von etwa 1 V anlegt, das die Elektronen dann bindet. Magnetische Stürme induzieren jedoch Ströme im Boden und führen zu positiver Spannung von einigen Volt an der Pipeline, was zum Abfluss der Elektronen und damit verstärkter Korrosion führen kann.

Die Produktion und Verteilung von elektrischem Strom in unseren weltweiten Stromnetzen kann durch die Sonnenaktivität ebenfalls stark beeinträchtigt werden. Stromleitungen, Antennen, Schienen oder Transformatoren können miteinander vernetzt und damit anfällig gegen elektromagnetische Induktion sein. Besonders wichtig ist das elektrische Feld an der Oberfläche der Erde, das mit Strömen in der Ionosphäre und Magnetosphäre verbunden ist und über diese empfindlich auf solare Störungen reagiert. Induzierte Fremdspannungen an Transformatoren, für die sie nicht ausgelegt sind, können diese stark überhitzen und zerstören, was durch historische Ereignisse mehrfach belegt ist.

Die vielfältigen Einrichtungen der Telekommunikation (Leitungen, Verkabelungen und Antennen) reagieren äußerst empfindlich auf Störungen im Elektroneninhalt in der Ionosphäre, die wiederum mit dem Weltraumwetter variiert (noch stärker allerdings regelmäßig im Tag-Nacht-Wechsel der solaren Ultraviolettstrahlung). Sehr wichtig ist heutzutage das GPS (Global Positioning System) für die genaue geografische Positionierung auf der Erde, was wir ja alle täglich benutzen. Die Signallaufzeiten vom Boden zu den zahlreichen Satelliten rund um den Globus sind extrem empfindlich vom Elektroneninhalt der Ionosphäre und damit auch vom Weltraumwetter abhängig.

Raketen, Satelliten und Raumsonden werden teilweise direkt dem Weltraumwetter ausgesetzt, und es ist daher nicht verwunderlich, dass dieses im Zusammenhang mit Weltraumprojekten eine kritische Rolle spielen kann. Die Abfolge von Prozessen beim Raketenstart können leicht durch elektromagnetische Wechselfelder von außen gestört werden, womit das Risiko für ein Fehlverhalten technischer Geräte gesteigert wird und sogar Abstürze der Raketen verursacht werden können. Kommunikationsprobleme mit Sonden im Orbit können zu unerwünschten Änderungen ihrer Bahnen und eventuell durch erhöhte atmosphärische Reibung zu ihrem Absturz führen. Das Weltraumwetter kann sogar vorübergehende künstliche Strahlungsgürtel nahe der Erde erzeugen, was durch die resultierende energiereiche

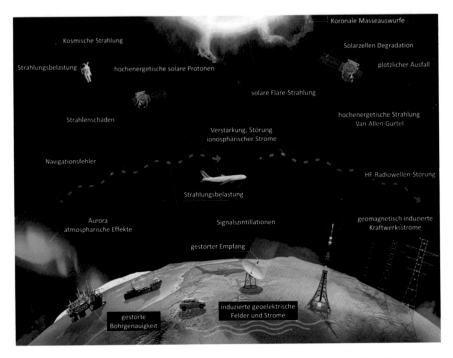

Abb. 9.9 Auswirkungen des magnetisierten Sonnenwinds, solarer Eruptionen sowie der galaktischen kosmischen Strahlung im Umfeld der Erde. Hochenergetische Teilchen sowie Röntgen- und UV-Strahlung von der Sonne und aus dem interstellaren Medium können Strahlenschäden an Raumsonden und hohe Strahlenbelastungen für Astronauten und Flugpassagiere zur Folge haben. Sie beeinflussen atmosphärische Vorgänge, regen z. B. die Aussendung von Polarlichtern an, können Navigationsfehler auslösen und die Ausbreitung von Radiowellen stören. Durch erdmagnetische Stürme werden geoelektrische Felder und Ströme induziert. Nahe der Erdoberfläche kann es dadurch zu Ausfällen in Kraftwerken, Störungen anderer technischer Einrichtungen, z. B. von GPS-Signalen, sowie zu Korrosionsschäden kommen
What is space weather? sn.pub/P4rPDb
Space Weather Events Linked to Human Activity: sn.pub/4EWNLk
Gefahr für die Erde: Sonnenstürme und Weltraumwetter: sn.pub/Hyr0lR
Weltraumwetter: sn.pub/eL3alC
Scientists Answer Top Space Weather Questions: sn.pub/odyT7f
© ESA/Science Office, CC BY-SA 3.0 IGO, Text: U. v. Kusserow

Teilchenbestrahlung zum Ausfall von Komponenten oder ganzer Teile von Satelliten führen kann.

Die Minimierung der Reibung mit der restlichen hohen Erdatmosphäre durch genaue Justierung der Orbits von Raumfahrzeugen ist eine delikate technische Aufgabe, die durch das variable Weltraumwetter sehr erschwert

Tab. 9.2 Einflüsse des Weltraumwetters auf das Erdsystem

Strahlenbelastung für den Menschen	Personen im Flugverkehr und auf der ISS, Astronauten auf dem Mond
Strahlenbelastung für weltraumtechnische Systeme	Beeinträchtigung oder Zerstörung von Satellitensystemen und Raumsonden
Strahlenbelastung erdgebundener elektrischer Systeme	Induzierte geoelektrische Felder und Ströme
	Gestörte Energieversorgung und verminderte Bohrgenauigkeit
Störungen der Nachrichten- und Navigationssysteme	Radiostörungen
	GPS
Atmosphärische Beeinflussungen	Ionosphärische Ströme und Klimabeeinflussung

werden kann. Seine aktuelle Kenntnis ist hier also dringend notwendig. Insbesondere beim Wiedereintritt einer Sonde in die Erdatmosphäre spielt das eine wichtige Rolle, und für bemannte Fahrzeuge z. B. von oder zu der ISS ist das sogar lebenswichtig. Darüber hinaus möchte man die Orbits von kleinen Resten und Teilen des Weltraumschrotts („space debris") genau verfolgen können, um ihre Zusammenstöße mit anderen aktuellen Raumfahrzeugen zu vermeiden und das Risiko dafür zu minimieren.

Die Auswirkungen der Einstrahlung der Sonne in die Erdatmosphäre in Form von geladenen Teilchen und elektromagnetischer Strahlung sind von vielfältiger Natur, was in Abb. 9.10 dargestellt ist. Das Licht der Sonne dringt je nach Wellenlänge unterschiedlich tief in die verschiedenen Schichten der Erdatmosphäre ein und beeinflusst dort das tägliche Wetter und über lange Zeiträume das Klima. Die geladenen Teilchen (Sonnenwind und schwere Ionen) dringen unterschiedlich tief in die Magnetosphäre der Erde ein, und die galaktische kosmische Strahlung mit Energien von mehr als 1 GeV kann bis auf die Erdoberfläche vordringen.

9.4.3 Direkte Konsequenzen des Weltraumwetters für uns Menschen

Die harte Strahlung von der Sonne im UV-, Röntgen- und Gammastrahlenbereich kann, wenn sie Lebewesen unmittelbar trifft, beträchtliche, ja sogar tödliche biologische Auswirkungen haben, wogegen sich Menschen im Weltraum, teilweise aber sogar nahe der Erdoberfläche gegebenenfalls unbedingt schützen müssen. Auf der Erde helfen den Menschen dabei die weit hinausreichende Magnetosphäre sowie der innere dipolartige magnetische Schutzkäfig des Magnetfelds unseres Planeten und seine dichte

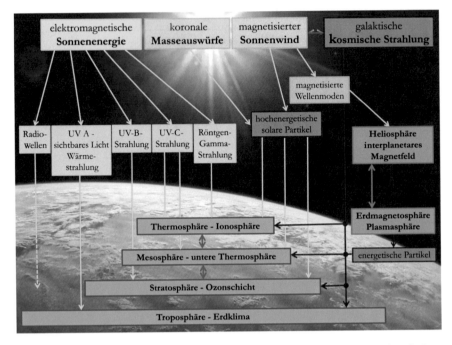

Abb. 9.10 Eindringen der Sonnenstrahlung in Form von Photonen und geladenen Teilchen sowie der kosmischen Strahlung in verschiedene Schichten der Erdatmosphäre. Das interplanetare Magnetfeld, die Erdmagnetosphäre sowie die sich darin befindliche Plasmasphäre beeinflussen vielfältige Wechselwirkungsprozesse Earth's Energy Budget Animations: Global View and Budget Breakout: sn.pub/XpE0xG Space weather and its impact on our technology-dependent: sn.pub/Dfj5at
© NASA, U. v. Kusserow

Atmosphäre. Laborexperimente u. a. auch auf der ISS haben gezeigt, dass die harte Bestrahlung organischer Materie (Sporen, Bakterien, Samen) und tierischer Zellen mit schweren Ionen und energiereichen Photonen zu Mikroläsionen von Weichteilgeweben führt und damit auch Zellen zerstören kann.

Viele Daten und Erfahrungen über den Einfluss des Weltraumwetters wurden bei Raumflügen und durch ungewollte Exposition insbesondere auch bei Unfällen mit radioaktivem Material auf der Erde gesammelt. Dabei können bei Menschen schon nach wenigen Minuten kurzzeitige Effekte wie Hautverätzungen, Übelkeit und Kopfschmerzen, aber auch Langzeiteffekte wie Krebserkrankungen verschiedener Art, organische Schäden und irreversible genetische Veränderungen auftreten, die deren Lebenszeit unter Umständen verkürzen. All diese Probleme können nicht einfach mit der willkürlichen Festsetzung noch tolerierbarer Grenzwerte der Strahlenbelastung gelöst oder relativiert werden. Bisher wurden allerdings keine schweren Strahlenschäden von Astronauten, die dem Weltraumwetter schon ausgesetzt waren, öffentlich bekannt gemacht. Aber auch bei wiederholten Langzeitflügen durch die Polarregionen der Erde in großen Höhen nahe der Tropopause kann vor allem das Flugpersonal beträchtliche Strahlendosen, besonders in Zeiten starker Sonnenaktivität, abbekommen.

9.5 Aufgaben und konkrete Arbeiten der Weltraumwetter-Vorhersagezentren

9.5.1 Vorhersagen zur Entwicklung des Weltraumwetters

Man ist sich heute einig darüber, dass gründliche und aktuelle Erkenntnisse über die Stärke und die Entwicklung des in etwa elfjährigen solaren Aktivitätszyklus unbedingt erforderlich sind, wenn man das Weltraumwetter verlässlich vorhersagen möchte. Dafür sind tiefe Einsichten in die Physik und den möglichen Verlauf plötzlicher oder auch saisonaler, monatelanger solarer Aktivitätsentwicklungen notwendig. Dafür müssten verlässliche Vorhersagen über den jeder Zeit möglichen Aufstieg von starkem magnetischem Fluss durch die Sonnenoberfläche auch in die Sonnenkorona hinein gemacht werden. Man würde die Entwicklung komplexer Fleckengruppen, die Freisetzung von elektromagnetischer Strahlung und energetischer Partikel bei Flares sowie die Eruption von Protuberanzen gerne rechtzeitig vorhersagen können.

Vorankündigungen solarer Eruptionen und koronaler Masseauswürfe und der damit einhergehenden Ausbreitung solarer energetischer Partikel müssten in Zukunft schneller erfolgen. Auch Vorhersagen zur Entwicklung von starken interplanetaren Schockfronten, welche sich in den Wechselwirkungszonen (Kap. 4), die mit der Sonne mitrotieren, beim Aufeinandertreffen schneller und langsamer Sonnenwindströme ausbilden, wären sehr wünschenswert. Die Ausbreitungsrichtung und Geschwindigkeit sowie die Materiedichte und magnetischen Polaritätsverhältnisse von interplanetaren koronalen Masseauswürfen müssen rechtzeitig ermittelt werden, um über das in Erdnähe zu erwartende Weltraumwetter informiert zu sein.

Auch zuverlässige Messdaten von solaren Radioausbrüchen sollten in diesem Zusammenhang kontinuierlich erhoben und analysiert werden. Gründlichere Kenntnisse über die Verteilung magnetischer Topologien im interplanetaren Raum müssen gewonnen werden, um damit die Auftreffzeiten interplanetarer Störungen auf die Außenbereiche planetarer Magnetosphären möglichst präzise vorhersagen zu können. Im Bereich planetarer Schockfronten sollte auch die Ausrichtungen magnetischer Feldstrukturen im Sonnenwind relativ zu denen der planetaren Magnetosphären bestimmt werden, um rechtzeitig abschätzen zu können, wo und wie stark Rekonnexionsprozesse auftreten und planetare magnetische Stürme auslösen werden. Um die Auswirkungen des Weltraumwetters wirklich verlässlich vorhersagen zu können, ist schließlich auch die kontinuierliche Gewinnung präziser Daten über die Intensität und Zusammensetzung der hochenergetischen kosmischen Strahlung erforderlich, die aus dem umgebenden interstellaren Raum in die Heliosphäre eindringt.

9.5.2 Bewusstmachung des Zustands unserer Weltraumumgebung

Das Wissen um den aktuellen Zustand der erdnahen Umgebung des Weltraums (Space Situational Awareness) ist für unsere ganze technische Zivilisation von großer und wachsender Bedeutung. Die Erde ist nicht von Vakuum umgeben, sondern es gibt eine Vielzahl von natürlichen Objekten und Feldern sowie zahlreiche von uns Menschen eingebrachte künstliche Objekte (Abb. 9.11). Die führenden ökonomischen und militärischen Mächte der Welt sind besonders daran interessiert, die Sicherheit auf der Erde vor Gefahren verschiedenster Art aus dem Weltraum zu erkennen, sich dagegen zu wappnen und, wenn möglich, diese auch abzuwehren. Die rivalisierenden globalen Militärmächte zeigen leider manchmal ein beunruhigendes Interesse daran, auch den erdnahen Weltraum nur für ihre eigenen Ziele zu benutzen.

Natürliche Gefahren wie auf die Erde zuschießende große Meteore, Asteroiden oder Kometen sind immer wieder auch populäre Themen von Spielfilmen gewesen. Die Weltraumagenturen ESA und NASA beschäftigen sich mit dieser realen Gefahr und haben Aktivitäten entwickelt, um sich vor deren Auswirkungen zu schützen. Wachsender Weltraummüll ist ein sehr dringendes Problem, das die friedliche Nutzung des Weltraums ernsthaft infrage stellen könnte, denn selbst kleinste Reste von Raketen, Sonden und Satelliten wirken in der Umlaufbahn wegen ihrer hohen Geschwindigkeiten dort als bedrohliche Geschosse, die auch die Sicherheit z. B. auf der ISS gefährden können. Schäden an kommerziellen Objekten durch „space debris" im Weltraum können enorm ausfallen, die globale Kommunikation gefährden und Weltraummissionen extrem verteuern.

Die kontinuierliche Beobachtung der Erde von diversen Satelliten aus, z. B. im Rahmen des Copernicus-Programms der ESA, um die Lebensbedingungen auf der Erde zu monitoren und den Klimawandel mit seinen Auswirkungen zu erforschen, wird immer wichtiger. Diese globalen Daten können nur von weltraumgestützten Kameras und Spektrometern gewonnen werden. Genaue Kenntnisse über das Weltraumwetter und speziell die Situation im erdnahen Weltraum sind also unerlässlich. Das berühmte (oder besser berüchtigte) Carrington-Ereignis im Jahr 1859 mit seinen sehr starken solaren Eruptionen und erdmagnetischen Stürmen hätte, geschähe es heute, desaströse Folgen für unsere moderne Zivilisation mit seinen empfindlichen elektrotechnischen Systemen.

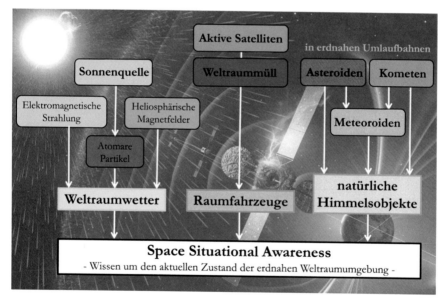

Abb. 9.11 Die Space Situational Awareness, das Wissen um den aktuellen Zustand der erdnahen Weltraumumgebung, erweist sich, wie im Text erläutert, aus vielerlei Gründen von großer Bedeutung
Operations in Space Surveillance and Tracking: sn.pub/lvQ8KV
Safer Space for All~Space Situational Awareness (SSA): sn.pub/9X9gyJ
© ESA-P. Carril, Textbearbeitung: U. v. Kusserow

In den vergangenen Jahrzehnten haben die nationalen Weltraumagenturen, z. B. die ESA, die NASA und die japanische JAXA-Weltraumagentur, Zentren zur Beobachtung und Vorhersage des Weltraumwetters eingerichtet. Abb. 9.12 vermittelt Eindrücke aus den Weltraumwetter-Vorhersagezentren der National Oceanic and Atmospheric Administration (NOAA; Abb. 9.12a) und der ESA (Abb. 9.12b), in denen die von Satelliten und Sonden ermittelten Daten gesammelt und verarbeitet sowie von dort aus von interessierten Instituten und anderen Organisationen abgerufen werden können. Davon profitieren alle Nutzer, die Informationen über das aktuelle Weltraumwetter aus den verschiedensten strategischen oder auch militärischen Gründen unbedingt benötigen, um Einrichtungen auf der Erde, Satelliten im Orbit oder Raumfahrtmissionen zu schützen.

Am 12. April 2022 wurde in Darmstadt das neue ESA-Zentrum für Weltraumsicherheit eingeweiht. Es soll Weltraumwetterdienste bereitstellen und der Öffentlichkeitsarbeit zu ESA-Aktivitäten in Bezug auf Herausforderungen durch Sonnenaktivität, Asteroiden und Weltraumrückstände dienen.

Das neue Zentrum dient zur täglichen Datenüberwachung von Satelliteninstrumenten, die das Weltraumwetter aufzeichnen, sowie der zukünftigen ESA-Mission Vigil („Wache"; Start Mitte der 2020er-Jahre), die aus einem einzigartigen Blickwinkel im Weltraum vor potenziell gefährlicher Sonnenaktivität warnen wird. Außerdem werden hier wichtige Dienste angeboten, die die Sicherheit unserer ESA-Missionen gewährleisten, z. B. die Vorhersage des Weltraumwetters. Junge Ingenieur*innen werden hier auch Raum für ihre Schulung und Arbeit mit diesen Diensten finden.

Das Zentrum ist mit interaktivem Bildmaterial und Anzeigen mit Echtzeitdaten ausgestattet, die die Bestrebungen der ESA verdeutlichen, Satelliten im All sowie kritische Infrastrukturen – wie Stromnetze – am Boden vor den Gefahren durch Sonnenenergie, Asteroiden und Weltraumrückstände zu schützen. Es wird auch als Schlüsselelement für die kommenden ESA-geführten Tätigkeiten im Zusammenhang mit Weltraumverkehrsmanagement, der Entwicklung automatischer Kollisionswarntechnologien und anderen Initiativen für die Sicherheit im Weltraum dienen.

9.5.3 Numerische Simulationen des Weltraumwetters

In den vergangenen Jahrzehnten hat sich die Möglichkeit, das Weltraumwetter vorauszusagen, erheblich verbessert. Dies wurde sowohl durch die Fortschritte in der Weltraumplasmaphysik und ihrer numerischen

Abb. 9.12 Vorhersagezentren für das Weltraumwetter. **a** Das Space Weather Prediction Center der US-amerikanischen National Oceanic and Atmospheric Administration (NOAA). **b** Das Space Weather Coordination Centre (SSCC) der ESA in Brüssel
NOAA: What happens at the sun doesn't stay at the sun: sn.pub/75JMmN
SMOS satellite detects space weather: sn.pub/XqDvWw
Ask a space weather researcher: sn.pub/ivs70L
© a NOAA, b ESA/Observatoire Royal de Belgique

Anwendung in Simulationen als auch durch die immer umfangreicheren und kontinuierlichen Beobachtungen der magnetischen Sonne sowie die heliosphärischen In-situ-Plasmamessungen mithilfe zahlreicher Raumsonden ermöglicht. Das alles erlaubt es heutzutage, die Ergebnisse der aufwendigen numerischen Ergebnisse zum Weltraumwetter mit detaillierten Beobachtungen zu vergleichen und zu validieren. Abb. 9.13 zeigt die Ergebnisse solcher Simulationsrechnungen, die mithilfe des mächtigen magnetohydrodynamischen Codes ENLIL gewonnen wurden. Diese aufwendigen Rechnungen werden im amerikanischen Space Weather Prediction Center in Boulder, Colorado, in den USA durchgeführt.

Solche numerischen Simulationen werden in Zukunft unverzichtbare Hilfsmittel sein, um das Weltraumwetter nicht nur an der Erde, sondern auch im Umfeld des Monds oder Mars oder irgendwo sonst in der Heliosphäre vorauszusagen, sodass man sich gegebenenfalls auch dort auf dessen Auswirkungen vorbereiten und dagegen schützen kann. Die Eröffnung solcher Möglichkeiten ist ein beeindruckender praktischer Erfolg der modernen Weltraumforschung.

9.5.4 Einige Schutzvorkehrungen gegen Auswirkungen des Weltraumwetters

Um Schutzvorkehrungen gegen die Auswirkungen des Weltraumwetters auf Menschen und technische Einrichtungen treffen zu können, bedarf es gründlicher Kenntnisse über Ursachen und Entwicklungen des Weltraumwetters an der Sonne und in der Heliosphäre, besonders natürlich im erdnahen Weltraum. Die Wissenschaftler haben in den letzten Jahrzehnten schon viel über die Physik dieser Phänomene und über die Möglichkeiten der Vorhersage ihrer Entwicklung durch den Einsatz von Raumsonden im All und Observatorien auf der Erde gelernt. In Zukunft wird es aber darum gehen, das Weltraumwetter noch aktueller und verlässlicher routinemäßig zu ermitteln, so wie wir das heute mit dem irdischen Wetter täglich machen, um große Risiken zu vermeiden und Auswirkungen zu mäßigen und zu mindern.

Sehr wichtig ist es zukünftig, vorbeugend widerstandsfähige und resiliente technische Systeme zu entwickeln und einzusetzen. Elektrische Einrichtungen und Geräte (Kraftwerke, Netze, Transformatoren, Kommunikationssysteme, Satelliten) sind besonders anfällig und müssen durch geeignete Bauweise im Notfall auch möglichst schnell durch Sicherheitsabschaltungen geschützt werden. Der solaren Teilchenstrahlung ausgesetzte metallische Oberflächen können sich durch Ablösen von Photo-

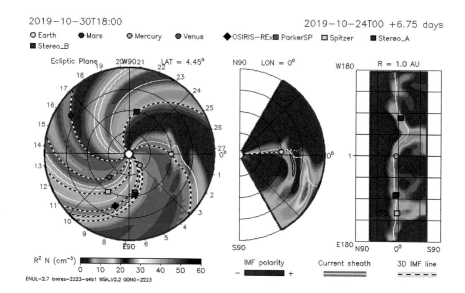

Abb. 9.13 Numerische Simulation des Weltraumwetters in der Gestalt des interplanetaren Magnetfelds und der Plasmadichte (farbcodiert und normiert auf 1 AE). Links: Parker-Spirale in der Ebene der Ekliptik mit rotierenden Kompressionszonen. Mitte: Schnitt senkrecht dazu orientiert in Richtung Erde. Rechts: Zweidimensionale Karte der Dichtevariation. Die magnetische Orientierung der Spirale ist rot (auswärts) und blau (einwärts) farbcodiert dargestellt. Die Markierungen für die Positionen von Planeten und Sonden findet man in der Legende. Treffen solche Kompressionszonen (in Feldstärke und Dichte) auf die ruhige Erdmagnetosphäre, so erzeugen sie dort starke Störungen, magnetische Stürme und Polarlichter als direkte Auswirkungen des Weltraumwetters (s. auch Links zu den Videos)
NOAA Space Weather Prediction Center forecast model run, Jan 23, 2012: sn.pub/Sty51K
© NASA/GSFC Space Weather Lab

elektronen aufladen, was dort unter Umständen zerstörerische Spannungen erzeugt. Bei Satelliten entgegnet man dem dadurch, dass alle exponierten und beschienenen Flächen elektrisch mit der ganzen Spacecraft-Struktur verbunden sind, um so starke Entladungen zu vermeiden. Die Gefahren durch solare Teilchenstrahlung und kosmische Strahlung in Flugzeugen wachsen mit zunehmender Höhe. Die Stärke der aufgenommenen Strahlungsintensität sollte daher routinemäßig durch Detektoren registriert werden. Geeignete Schutzmaßnahmen müssten gegebenenfalls auch für die Passagiere vorgesehen werden.

9.6   Bemannte Raumfahrt und die Auswirkungen des Weltraumwetters auf Mond und Mars

9.6.1 Schutzvorkehrungen für Astronauten auf Raumflügen

Zur Realisierung ihrer Raumfahrtprojekte und Forschungsvorhaben bemühen sich die Weltraumbehörden heute sehr darum, auch die Gesundheit der Astronauten auf ihren gefahrvollen Reisen zum Mond, zum Mars oder sogar zu anderen Himmelsobjekten wie z. B. Asteroiden zu sichern. Anhand der von Messinstrumenten auf Mond- und Marssonden gewonnenen Daten sowie mithilfe von Modellrechnungen erforschen sie den orts- und zeitabhängigen Einfluss des Weltraumwetters in der inneren Heliosphäre im Detail. Sie schätzen so das Gefährdungspotenzial für die unterschiedlichsten Weltraummissionen möglichst zuverlässig ab. In den Weltraumwetter-Forschungszentren der NASA, ESA und anderer nationaler Weltraumagenturen werden die von den mannigfaltigen Sonnen-, Erd-, Mond- sowie Marsmissionen und anderen Satelliten oder von Messinstrumenten auf Mond und Mars jeweils aktuell gemessenen Daten gesammelt und gründlich ausgewertet. Erst dadurch können die Wissenschaftler möglichst zeitnah verlässliche Vorhersagen für das aktuelle Weltraumwetter an den verschiedensten Orten im Sonnensystem machen.

Dabei ist aber zu bedenken, dass z. B. eruptive Prozesse in der Sonnenatmosphäre nur schwer vorherzusagen sind. Deren Auswirkungen im Sonnenwind und in den Magnetosphären oder Ionosphären der Planeten können daher nicht so genau bestimmt werden. Ohne rechtzeitige Vorwarnungen könnten Astronauten auf ihren Flügen zum Mond und Mars aber in prekäre Situationen kommen. Für solche Fälle planen die Weltraumagenturen Schutzvorkehrungen, die Menschen und von ihnen benutzte technische Apparaturen in Zukunft möglichst effektiv vor den Auswirkungen des Weltraumwetters schützen sollen.

Die Astronauten aller Apollo-Mondlandemissionen hatten großes Glück, dass sie den Mond in Zeiten schwacher Sonnenaktivität besuchten und sie deshalb nicht die negativen Auswirkungen einer großen solaren Eruption erleben mussten. Sie wären damals in ihren Raumschiffen, Mondfähren und Raumanzügen aufgrund unzureichender wissenschaftlicher Erkenntnisse kaum gegen die unter Umständen tödliche kosmische Strahlung geschützt gewesen. Die Raumfahrtagenturen haben erst in Zeiten des Zusammenbaus der riesigen ISS wirklich erkannt, welche großen Gesundheitsrisiken generell mit der bemannten Raumfahrt verbunden sind. So existiert auf der ISS ein spezieller, besonders dickwandiger Schutzraum, in den sich die Astronauten im Notfall unbedingt zurückziehen müssen. Notfälle entstehen dabei nicht nur, wenn die Strahlenbelastung plötzlich stark ansteigen sollte, sondern im Extremfall auch, wenn die Entstehung von Löchern in den Wänden des Raumschiffs zu befürchten ist. Immer wieder kann es nämlich zu Einschlägen von Weltraummüllteilen kommen.

Um die Sicherheit der Astronauten im Rahmen der zukünftigen Artemis-Missionen zum Mond und Mars zu verbessern, plant die NASA in den Orion-Kapseln zusätzlich zu anderen Schutzvorkehrungen den Einsatz von Stausäcken zur Abschwächung der hochenergetischen Strahlung, der die Raumschiffe nach solaren Eruptionen plötzlich ausgesetzt sein könnten. Je mehr dichte Materie sich in dem außen nicht ausreichend geschützten Raumschiff zwischen den eindringenden kosmischen Partikeln und den menschlichen Körpern befindet, desto wahrscheinlicher lagern die Teilchen ihre Energie in dieser Materie ab. Das Konzept dieses Plans besteht also darin, abschirmende Masse aus sowieso bereits an Bord vorhandenen Materialien in größeren Behältern zu sammeln. Die Astronauten könnten sich so im Ernstfall relativ schnell durch Bedeckung mit diesen Stausäcken als temporärem Schild schützen.

Der Einsatz von Stausäcken kann natürlich nur eine vorübergehende und begrenzt wirksame Schutzmaßnahme darstellen. Wenn die Astronauten sich z. B. monatelang auf dem Mond aufhalten sollen, so erfordert dies wesentlich effektivere Schutzmaßnahmen vor den gefährlichen Auswirkungen hochenergetischer kosmischer Strahlung. Sie könnten z. B. sehr wahrscheinlich auch über längere Zeit ausreichend geschützt in ausgebauten tiefergelegenen Höhlen im Mondboden wohnen. Zur Durchführung zeitlich begrenzter Forschungsarbeiten außerhalb eines solchen Schutzraums auf der Mondoberfläche ist die Entwicklung neuer sicherer Raumanzüge und ausreichend geschützter Fahrzeuge unbedingt erforderlich. Um langfristig eine größere Mondbasis zu errichten, müsste dazu allerdings umfangreiches Baumaterial mit einer Vielzahl von Raumtransportern auch von der Erde zum Mond gebracht werden.

Wenn man aber bedenkt, dass der Transport von 1 kg Nutzlast zur ISS in die so relativ nahe Erdumlaufbahn bereits einige Zehntausend Euro kostet, dass zur Verwirklichung solcher utopischen Projekte zunächst teure Raketen und sehr große Raumschiffe gebaut werden müssten und dass dies alles einen exorbitanten Energieaufwand erfordern würde, dann müsste jeder vernünftig denkende Mensch derartige Unternehmungen eigentlich als unrealistisch teuer einschätzen. Nach den Plänen der ESA könnte es sich als wesentlich kostengünstiger erweisen, direkt die vor Ort auf der Mondoberfläche frei zur Verfügung stehenden Materialien zu nutzen.

9.6.2 Gefahren durch das Weltraumwetter auf dem Mond

Mögliche Gefahren durch das Weltraumwetter auf dem Mond sind in Abb. 9.14 illustriert. Der Schweif der Erdmagnetosphäre erstreckt sich je nach Stärke des Sonnenwinds bis zu etwa 100 Erdradien, d. h., der Erdmond geht auf seiner Bahn zeitweilig auch durch diesen Schweif. In ihm halten sich viele energiereiche Teilchen auf, welche den Menschen, die sich dort befinden, gefährlich werden können.

Schematisch zeigt Abb. 9.14a eine solare Eruption mit einem koronalen Massenauswurf und einer magnetisch geformten Blasenstruktur, die auf die Erde zuläuft und deren Magnetosphäre erheblich stören und verformen kann. Auf seinem rund 28 Tage dauernden Umlauf um die Erde durchquert der Mond etwa fünf Tage lang auch die Schweifstrukturen der Erdmagnetosphäre und kann dabei verstärkt den Auswirkungen schweifseitiger erdmagnetischer Stürme ausgesetzt sein. Die hier im Verlauf magnetischer Rekonnexionsprozesse stark beschleunigten Teilchen könnten dann immer wieder auch auf die Mondoberfläche treffen. Dort kurzzeitig lebende Astronauten würden dadurch sicherlich stark bestrahlt werden, sodass sie schwer oder sogar tödlich erkranken könnten. Zum Glück durchquerte der Mond bei keiner der bemannten Apollo-Missionen der NASA zwischen 1961 und 1972 den Magnetosphärenschweif der Erde.

Relativ maßstabsgetreu veranschaulicht Abb. 9.14b noch einmal das Erde-Mond-System sowie die komplexen Strukturen der teilweise stark verwirbelten magnetischen Felder in der Erdmagnetosphäre sowie im Umfeld des Monds. Die dynamischen Plasmaströmungen im Schweif der Magnetosphäre können für Menschen auf der Mondoberfläche eine große Gefahr bedeuten, was bei zukünftigen bemannten Mondmissionen unbedingt beachtet werden muss.

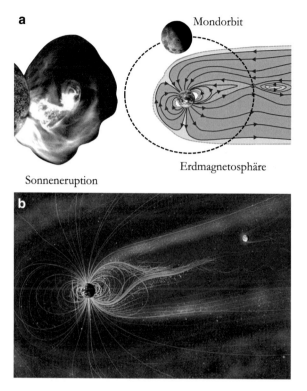

Abb. 9.14 Auswirkungen solarer Eruptionen auf den Mond im Schweif der Erdmagnetosphäre **a** Künstlerische Illustration der Situation, bei der ein CME auf die Erde und ihre Magnetosphäre trifft, wobei der Mond auf seinem Orbit innerhalb von etwa fünf Tagen den Schweif der Magnetosphäre durchläuft. **b** Maßstabsgetreue Darstellung von Mond, Erde und Magnetosphäre mit eingezeichneten, teilweise stark verwirbelten Magnetfeldlinien
How NASA Will Protect Astronauts From Space Radiation at the Moon: sn.pub/GOUFnM
NASA proposes building artificial magnetic field to restore Mars' atmosphere: sn.pub/0o4VmQ
© a U. v. Kusserow, NASA, b NASA

9.7 Heliobiologie – Über den möglichen Einfluss des Weltraumwetters auf die menschliche Gesundheit

Vor allem im fortgeschrittenen Alter klagen einige Menschen über eine gewisse „Wetterfühligkeit". Eine solche Überempfindlichkeit gegenüber Witterungserscheinungen tritt häufig aufgrund stärkerer Luftdruckschwankungen und bei Hitzewellen, großer Luftfeuchtigkeit und Kälte oder bei Gewittern auf. Sie wirkt sich auf das Allgemeinbefinden, die Stimmung und die Leistungsfähigkeit aus, könnte im schlimmsten Fall aber auch mit vorübergehenden Herzbeschwerden und Beklemmungen einhergehen. Mögliche naturwissenschaftliche Hintergründe für Wetterfühligkeit, die im Rahmen der sogenannten Meteorotrapie als Wissenschaft der Reaktionen biologischer System auf Wettereinflüsse erforscht wird, können bisher nur mithilfe von statistischen Untersuchungen untersucht werden. Dieses subjektive Empfinden wird dabei nicht als Ausdruck einer Krankheit angesehen. Auch bei Wetteränderungen muss sich jeder gesunde Organismus kurzfristig oder längerfristig optimal und energiesparend auf die Veränderungen in seiner Umgebung anpassen. „Wetterstress" in Form der Wetterfühligkeit entsteht nur dann, wenn der Körper eine verminderte Anpassungsfähigkeit oder das Nervensystem eine zu niedrige kritische Reizschwellen besitzt. Im Gegensatz dazu spricht man von einer „Wetterempfindlichkeit", wenn Wetteränderungen zur Verschlimmerung bereits bestehender Krankeiten, chronischer Beschwerden oder Schmerzen führen.

Während wetterfühlige Menschen die Ursachen ihres Unwohlseins direkt mit der aktuellen Wetterlage assoziieren können, gilt dies nicht für Astronauten im Weltall, die dem Weltraumwetter ausgesetzt sind. Sie können die auf sie einströmenden schnellen Teilchen, Magnetfelder und hochenergetischen Photonen der elektromagnetischen Strahlung weder sehen noch spüren. Nur wenn die Strahlenbelastung für sie sehr hoch und lang andauernd war, können sie dadurch ausgelöste körperliche Symptome in Form einer Strahlenkrankheit erst verzögert wahrnehmen. Es gibt auf der Erde lebende Menschen, die behaupten, dass ihr Wohlbefinden auch vom Weltraumwetter abhängt. Systematisch verfolgen sie deshalb regelmäßig sowohl die Entwicklung der Fleckengruppen und Flares auf der Sonnenoberfläche, der Eruptionen von Protuberanzen sowie den Durchlauf koronaler Masseauswürfe durch den interplanetaren Raum als auch die dazu mehr oder weniger zeitversetzt auftretende Entwicklung ihres Wohlbefindens. Angeblich finden sie dabei manchmal auffällige Korrelationen.

In den 1920er-Jahren war es der sowjetische Biophysiker Alexander Leonidovich Chizhevsky (1897–1964) der im Rahmen seiner Studien zum Einfluss der Sonne auf die Biologie den Begriff der „Heliobiologie" einführte. In seinem Labor erforschte er in diesem Zusammenhang u. a. die physiologische Wirkung negativer und positiver Ionen in der Luft auf lebende Organismen. Er fand dabei heraus, dass die Emission der Sonne sowohl für Menschen im Weltraum als auch auf der Erde gefährlich sind. Chizhevsky erstellte umfangreiche Statistiken über biosphärische Prozesse und deren Zusammenhang mit Zyklen der Sonnenaktivität. Später argumentierte er, dass magnetische Stürme, die nach Sonneneruptionen im Erdmagnetfeld auftreten, nicht nur den Stromverbrauch, Flugzeugabstürze, Epidemien und Heuschreckenplagen, sondern auch das geistige Leben und die Aktivität des Menschen beeinflussen könnten. Seiner Meinung nach müsste eine erhöhte negative Ionisierung der Atmosphäre auch eine erhöhte menschliche Erregbarkeit zur Folge haben. Seit etwa 25 Jahren werden die möglichen Auswirkungen des Weltraumwetters, der Sonnenaktivität, der heliosphärischen und geomagnetischen Prozesse auf biologische Systeme, Zellen, Populationen und Ökosysteme mit einigem Erfolg im Rahmen der Heliobiologie intensiv erforscht.

Wissenschaftler aus ganz unterschiedlichen Disziplinen haben anhand zahlreicher Studien herausgefunden, dass das Weltraumwetter tatsächlich eine Vielzahl nachteiliger Auswirkungen auf die menschliche Gesundheit haben kann. Zum einen werden diese offensichtlich direkt durch die variable Sonnenaktivität, zum anderen indirekt durch die induzierten Schwankungen des Erdmagnetfelds hervorgerufen. Die Auswirkungen des Weltraumwetters auf die menschliche Gesundheit lassen sich qualitativ und quantitativ mithilfe zweier unterschiedlicher Methoden, anhand direkter und indirekter Indikatoren, erforschen. Direkt lassen sich physiologische Parameter wie z. B. die Herzfrequenz und der Blutdruck in Abhängigkeit von unterschiedlichen Indikatoren des Weltraumwetters direkt am Probanden oder mithilfe der Labordiagnostik im Gewebe vermessen. Indirekt werden mögliche Beziehungen zwischen dem Weltraumwetter und der Gesundheit des Menschen mithilfe zweier unterschiedlicher statistischer Ansätze ermittelt.

Zum einen werden Korrelationsanalysen für die Zeitreihen der Daten diverser Variablen des Weltraumwetters und medizinischer Daten und zum anderen Untersuchungen mit geeigneten analytischen Methoden durchgeführt, die auf deren gemeinsame Periodizitäten über größere Frequenzbereiche schließen lassen. Wenn Frequenzen in den variablen Weltraumwetterdaten mit denen bei speziellen Vorgängen im menschlichen Körper in Resonanz stehen, so könnte dies auf einen möglichen Zusammenhang zwischen den Weltraum- und medizinischen Daten hinweisen. Wenn die Hypothese stimmt, dass Variationen des Erdmagnetfelds mit Frequenzen bis zu 300 Hz als entwicklungsgeschichtlich bedingter Synchronisierer des biologischen Rhythmus wirksam werden, dann könnten geomagnetische Stürme tatsächlich Störungen dieses Rhythmus bewirken.

In der Heliobiologie war die Suche nach geeigneten biochemisch-physikalischen Mechanismen für die Auswirkung des Weltraumwetters auf die menschliche Gesundheit und Physiologie noch weitgehend erfolglos. Bisher wurden im Wesentlichen zwei mögliche Mechanismen vorgeschlagen, die solche Zusammenhänge erklären könnten: Zum einen ist bekannt, dass alle biologischen Systeme immer wieder inneren und äußeren, elektrischen und magnetischen Feldern ausgesetzt sind. Wenn die Frequenzen der schwankenden externen Felder, die in der Erdmagnetosphäre und Ionosphäre bei erdmagnetischen Stürmen angeregt werden und denen spezieller Schwankungen in den inneren Organe des Menschen entsprechen, dann könnte dies in resonanter Weise auf die Lebensvorgänge einwirken. Die grundlegenden Schwierigkeiten bestehen allerdings darin, dass solche Effekte nicht einfach nachzuweisen sind. Die externen Störfelder sind im Vergleich zu den vom Menschen selbst erzeugten technischen Feldern (Elektrosmog) sehr klein und nur schwer zu identifizieren. Zum anderen wird die Veränderung der Konzentration des Melatonins, des in der Zwirbeldrüse im Zwischenhirn gebildeten Hormons, das den Tag- und Nachtzyklus des menschlichen Körpers steuert, als eine Erklärung für die Assoziation zwischen den solaren und geomagnetischen Störungen und auffallendem menschlichem Verhalten angesehen.

Nach den Erkenntnissen der Heliobiologie wird in Zeiten starker Sonnenaktivität häufiger ein Anstieg des Blutdrucks sowohl beim Zusammenziehen als auch Erschlaffen des Herzmuskels registriert. Oft werden mehr Herzgefäßerkrankungen und Herzinfarkte sowie epileptische Anfälle diagnostiziert. Die Viskosität des Bluts steigt in diesen Zeiten angeblich stark an, wodurch das Risiko einer Erkrankung des Herz-Kreislauf-Systems wächst. Die normalen Stoffwechselprozesse können sich verändern, und das menschliche Verhalten kann ungewöhnliche Auffälligkeiten zeigen. Verstärkte Sonnenaktivität wird von manchen Heliobiologen als möglicher Auslöser für die Verschlimmerung nervöser und psychischer Störungen, der Schizophrenie, Alzheimer-Krankheit und Multiplen Sklerose betrachtet. Statistisch wurde eine überraschende Beziehung zwischen der Sonnenaktivität und dem Auftreten angeborener Anomalien wie z. B. des Down-Syndroms festgestellt. Die Sonnenaktivität nimmt möglicherweise sogar Einfluss auf die Anzahl der Geburten und Frühgeburten, auf das Gewicht und die Größe der neugeborenen Kinder sowie auf Krankheitsbilder im Zusammenhang mit Veränderungen der Chromosomen und der Hormonproduktion. Sonnenstürme sind angeblich mit deutlicher Zunahme von Krankenhauseinweisungen aufgrund von Suizidversuchen und Verkehrsunfällen assoziiert.

Starke oder plötzliche Variationen der Sonnenaktivität und der Aktivitäten im geomagnetischen Feld können anscheinend als Stressfaktoren wirksam werden, die regulatorische Prozesse wie z. B. die Atmung und Fortpflanzung beeinträchtigen. Sie werden sogar als mögliche Verursacher zusätzlicher Todesfälle angesehen. Auch verstärkte geomagnetische Aktivität beeinträchtigt angeblich das Herz-Kreislauf-System und nimmt insbesondere Einfluss auf den Pulsschlag. Einige Studien zeigen, dass Störungen im Erdmagnetfeld den Melatoninspiegel im menschlichen Körper deutlich verringern. Positive Korrelationen wurden auch im Zusammenhang mit neurologischen Erkrankungen, z. B. mit Depressionen, und anderen psychischen Erkrankungen gefunden. Man muss aber zusammenfassend feststellen, dass die Heliobiologie eine relativ junge und recht umstrittene Forschungsdisziplin ist. Verbesserte Methoden und gezielte Experimente könnten in Zukunft vielleicht neue überraschende Zusammenhänge ans Tageslicht bringen.

Weiterführende Literatur

Bothmer V, Daglis IA (2021) Space weather: physics and effects. Springer, Heidelberg, Deutschland

Cander LR (2018) Ionospheric space weather. Springer, Heidelberg, Deutschland

Dethloff K, Spänkuch D (Hrsg) (2022) Zur Kopplung von Erd- und Weltraumwetter. Sitzungsberichte der Leibniz-Sozietät der Wissenschaften Band 148/2021, trafo Wissenschaftsverlag, Berlin-Kaulsdorf

Hanslmeier A (2000) Gefahr von der Sonne. BLV Verlagsgesellschaft mbH, München

Hanslmeier A (2021) Die Sonne als Stern und das Wetter im Weltraum. Bookboon, sn.pub/vanMAF

Howard T (2013) Space weather and coronal mass ejections. Springer, New York

Jordanova VK, Ilie RW, Chen MW (Hrsg) (2020) Ring current investigations: the quest for space weather prediction. Elsevier, Amsterdam

Kamide Y, Chian ACL (Hrsg) (2010) Handbook of the solar-terrestrial environment. Springer, Berlin Heidelberg

Khazanov GV (2019) Space weather fundamentals. Taylor & Francis Ltd, London

Kirstein W (2020) Klimawandel – Realität, Irrtum oder Lüge?: Menschen zwischen Wissen und Glauben. OSIRIS, Schweiz

Lilensten J, Bornarel J (2006) Space weather, environment and societies. Springer, Dordrecht

Lübken F-J (2012) Climate and Weather of the Sun-Earth System (CAWSES) – highlights from a priority program. Springer, New York

Mandea M et al (Hrsg) (2020) Geomagnetism, aeronomy and space weather – a journey from the Earth's core to the Sun. Cambridge University Press, Cambridge

Moldwin M (2008) An introduction to space weather paperback. Cambridge University Press, Cambridge

Odenwald S (2001) The 23rd cycle – learning to live with a stormy star. Columbia University Press, New York

Odenwald S (2015) Solar storms: 2000 years of human calamity. Sten Odenwald, CreateSpace, Independent Publishing Platform, South Carolina

Odenwald S (2021) The history of space weather: from Babylon to the 21st century. Independently published

Raouafi NE u. a. (Hrsg, 2021) Space Physics and Aeronomy, Volume 1, Solar Physics and Solar Wind. American Geophysical Union, Washington D. C.

Reichert U et al (2009) Unsere Sonne – Motor des Weltraumwetters. Komplett-Media (Audio CD)

Rozelot J-P (2006) Solar and Heliospheric origins of space weather phenomena. Springer-Verlag, Berlin Heidelberg

Scheppach J (2001) Am Himmel ist die Hölle los – Wie die Sonne unser Leben beeinflußt. Insel Verlag, Frankfurt a. M.

Schrijver K, Schrijver I (2015) Living with the stars – how the human body is connected to the life cycles of the Earth, the planets, and the stars. Oxford University Press, Oxford

Schrijver CJ, Siscoe GL (Hrsg) (2012) Heliophysics – space storms and radiation: causes and effects. Cambridge University Press, Cambridge

Sigel F (2013) Schuld ist die Sonne: Das Fachbuch zu einer vergessenen Wissenschaft. New Trinity Media Ltd, Leipzig

Troshichev O, Janzhura A (2014) Space weather monitoring by ground-based means. Springer-Verlag, Berlin Heidelberg

Waheed MA, Khan PA (2017) Space weather phenomena affecting Geo-space: the effects of Sun and solar phenomena on the space environment of Earth; a cause-effect relationship. Lambert Academic Publishing, Republik Moldau

Wang W, Zhang Y, Paxton LJ (Hrsg) (2021) Space physics and aeronomy collection. Upper atmosphere dynamics and energetics, Bd 4. Wiley-VCH, Weinheim

Yigit E (2018) Atmospheric and space sciences: ionospheres and plasma environments, Bd 2. Springer Cham, New York

10

Mögliche Auswirkungen des Weltraumwetters auf das Erdklima

Inhaltsverzeichnis

Die Sonne ist der Motor des Erdklimas. Die von ihr über den gesamten Spektralbereich ausgesandte elektromagnetische Strahlung nimmt sehr starken Einfluss auf die vielfältigen und komplexen klimarelevanten Wechselwirkungsprozesse, die in den unterschiedlichen Atmosphären-schichten unseres Planeten wirksam sind. Die als Troposphäre (griechisch für „rotierende Sphäre") bezeichnete unterste Atmosphärenschicht, in der die Materie durch die Erdrotation turbulent durchmischt wird, und in der sich das Wetter- und auf längeren Zeitskalen auch das Klimageschehen abspielt, wird dabei nur in geringem Maße auf direktem Weg durch die Infrarotstrahlung der Sonne erwärmt. In den darüberliegenden, meist wesentlich stabiler geschichteten Atmosphärenbereichen der Stratosphäre, Mesosphäre, Thermo- bzw. Ionosphäre wird die von der Sonne in Richtung Erde ausgesandte kurzwellige UV- und Röntgenstrahlung absorbiert und reemittiert. Nicht nur hier finden Aufheizungs- und chemische Prozesse statt. Materieströmungen und das Fließen elektrischer Ströme kann dabei in Form zyklischer Kreisläufe erfolgen.

Ein Großteil der langwelligen optischen, infraroten und Radiostrahlung erreicht aber den Erdboden. Sie wird hier in Teilen direkt reflektiert, ansonsten absorbiert bzw. nach Umwandlung in Infrarotstrahlung in die Troposphäre zurückemittiert. Unterschiedliche Treibhausgase, die diese Strahlung in jeweils speziellen Frequenzbändern absorbieren, können daher für die Erwärmung der Atmosphäre sorgen. Tieferliegende dunkle Wolken behindern dagegen die Einstrahlung des Sonnenlichts auf den Erdboden und bewirken folglich eine Abkühlung. Elektrisch aufgeladene Gewitterwolken beeinflussen die elektrischen Stromsysteme in der Erdatmosphäre. Die in unterschiedlichen Atmosphärenschichten wirksamen physikalischen Prozesse interagieren gekoppelt über die Schichtgrenzen hinweg. Häufig wird davon ausgegangen, dass sich das Klimasystem der Erde, das aus der Atmosphäre, dem Erdboden und den darin erfolgenden Vulkanausbrüchen, den Wasserflächen der Ozeane, Seen und Flüsse sowie der Biosphäre besteht, vollständig im Strahlungsgleichgewicht befindet. Die von der Sonne eingestrahlte Energie wird nach Durchlaufen einer Vielzahl nichtlinearer Wechselwirkungsprozesse wieder teilweise ins Weltall zurückgestrahlt.

Außer elektromagnetischer Strahlung in Form von Photonen mit sehr unterschiedlichen Wellenlängen sendet die Sonne mit dem Sonnenwind zusätzlich eine Vielzahl von Elektronen und Protonen sowie anteilsmäßig in wesentlich geringerem Umfang auch schwerere Ionen mit unterschiedlichen Energien aus. Außerdem moderieren die Magnetfelder des Sonnenwinds den Einstrom hochenergetischer Partikel der kosmischen Strahlung, der deshalb in Zeiten starker Sonnenaktivität um 20 % reduziert werden kann. Auch wenn die Energieeinträge in das Erdsystem durch die Teilchen und Magnetfelder im Sonnenwind sowie die Teilchen der kosmischen Strahlung insgesamt nur etwa 1 % des Eintrags der Strahlungsenergie ausmachen, so stellt sich Wissenschaftlern doch die Frage, ob und in welchem Ausmaß durch sie klimarelevante Prozesse beeinflusst werden können. Inwieweit ist auch das Weltraumwetter im engeren Sinne für die Entwicklung des Erdklimas mitverantwortlich? Welche besondere Bedeutung könnte in diesem Zusammenhang die auf sehr unterschiedlichen Zeitskalen stark schwankende magnetische Sonnenaktivität haben?

10.1 Treibhausgase und der Klimawandel

Das Klima auf unserem Planeten, welches die über einen längeren Zeitraum beobachteten durchschnittlichen Eigenschaften und dynamischen Entwicklungen der Vorgänge in der Atmosphäre zusammenfassend beschreibt, hat sich in der 4,5 Mrd. langen Erdgeschichte meist langsam, manchmal angenähert periodisch oder auch abrupt immer wieder verändert. Dafür verantwortlich gemacht werden heute insbesondere auch die Treibhausgase. Diese atmosphärischen Spurengase besitzen die Fähigkeit, einen Teil des vom Erdboden aufgenommenen und in Form langwelliger infraroter Wärmestrahlung reemittierten Sonnenlichts zu absorbieren und wieder in die tieferen Atmosphärenschichten zurückzusenden. Als Treibhauseffekt bezeichnet, bewirkt diese zusätzliche Aufnahme von Wärmeenergie einen Anstieg der Temperatur der Troposphäre, in der sich das kurzeitige Wetter- und das langzeitige Klimageschehen abspielen.

Zu den relevanten Treibhausgasen werden vor allem der Wasserdampf, Kohlendioxid, Methan und das Lachgas Distickstoffmonoxid, Schwefelhexafluorid, Fluorchlorkohlenwasserstoffe sowie Ozon gezählt. Die gemeinsame Eigenschaft all dieser Moleküle ist die in ihnen vorhandene Asymmetrie der Ladungsverteilungen, wodurch sie von infraroten elektromagnetischen Wechselfeldern in Rotations- und Schwingungszustände versetzt werden und dadurch Energie sehr effizient aufnehmen können. Im Jahr 2020 entfiel die stärkste Aufheizungswirkung nach Ansicht der Klimaforscher auf das Kohlendioxid mit etwa 66,1 %, gefolgt von Methan mit 16,4 %, Lachgas mit 6,4 % und die halogenierten Treibhausgase mit 11 %. Unklar bleibt in diesem Zusammenhang allerdings die genaue Rolle des Wasserdampfs als sehr bedeutsames Treibhausgas. Die Wissenschaftler bewerten dessen Einfluss im Wesentlichen als Folgeeffekt, der dadurch wirksam wird, dass die Erwärmung der Erdatmosphäre durch die aufgeführten anderen Treibhausgase zur Verdampfung des Meerwassers und verstärkter Wolkenbildung führt, wodurch die Atmosphäre unter den Wolken stärker erwärmt werden könnte.

Wie Abb. 10.1 zeigt, haben sich die in der Antarktis ermittelten Oberflächentemperaturen in den letzten 800 000 Jahren relativ regelmäßig, nahezu periodisch schwankend um teilweise mehr als 10 °C stark verändert. In solchen als Eiszeitalter bezeichneten Zeiten waren zumindest die Pole der Erde stets mit Eis bedeckt. Die im Durchschnitt etwa 80 000 Jahre andauernden Kaltzeiten wurden in diesem Zeitraum immer wieder von etwa 20 000 Jahre andauernden Warmzeiten unterbrochen, sodass man in

Kohlendioxid und
die Erdtemperatur

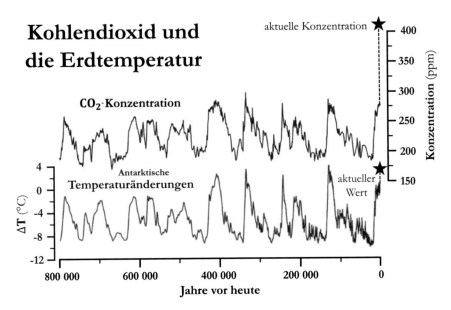

Abb. 10.1 Zeitliche Entwicklungen der vergangenen 800 000 Jahre der in Eisbohrkernen ermittelten Konzentrationen des Treibhausgases Kohlendioxid sowie der in der Antarktis relativ zu einem Ausgangswert gemessenen Temperaturver-änderungen. Sie und die CO_2-Konzentration verändern sich dabei auffallend überein-stimmend miteinander nahezu periodisch mit einer mittleren Periodenlänge von etwa 100.000 Jahren, abwechselnd jeweils zwischen relativ langen Kaltzeiten und kürzeren Warmzeiten des Erdklimas. In den letzten Jahrzehnten sind aber sowohl die Konzentration des Kohlendioxids als auch die mittlere Temperatur plötzlich über-raschend stark angestiegen
New super HD view of carbon dioxide: sn.pub/XcrMVF
Global Warming from 1880 to 2020:: sn.pub/bfjb7M
© D. Lüthi u. a. (Bearbeitung, Aktualisierung: U. v. Kusserow)

diesem Zusammenhang insgesamt von einer durchschnittlichen Zykluslänge von etwa 100 000 Jahren sprechen kann, auf der sich die Temperaturen in systematischer Weise verändert haben. Wie die Abbildung zeigt, hat sich, weitgehend parallel dazu, auch die in Eisbohrkernen ermittelte Konzentration des Treibhausgases CO_2 stark variierend zwischen etwa 150 ppm (Kohlendioxidmolekülen unter insgesamt 1 Mio. Molekülen) und 300 ppm verändert.

In den letzten Jahrzehnten, in Zeiten starken Bevölkerungs- und Wirt-schaftswachstums, einhergehend mit dem gewaltigen Abbau von Bio-masse als fossilem Brennstoff, drastischem Energieverbrauch, zunehmender Globalisierung, Industrialisierung und Digitalisierung hat sich die Konzentration des Kohlendioxids in den letzten Jahrzehnten überraschend schnell auf etwa 400 ppm aller Luftmoleküle fast verdoppelt. Einhergehend damit sind auch die mittleren Temperaturen stark angestiegen. Nicht nur ein Großteil der Klimaforscher geht schon seit Ende des letzten Jahrhunderts davon aus, dass der vom Menschen verursachte anthropogene, durch die starke Verbrennung von Kohlenstoff bewirkte Treibhauseffekt seit der Industrialisierung entscheidend oder sogar ausschließlich für die starke Erwärmung der Erde und den damit einhergehenden Klimawandel verantwortlich sein muss. Wie lässt sich aber erklären, warum sich in den vorangehenden Jahrhunderttausenden ohne menschliche Einwirkung die Stärke der Kohlendioxidkonzentration in offensichtlich sehr enger Korrelation mit der Temperatur in nahezu periodischer Weise variierend immer wieder stark verändert hat?

10.2 Temperaturschwankungen im Rhythmus der Milanković-Zyklen

Der serbische Mathematiker und Geowissenschaftler Milutin Milanković (1879–1958) entwickelte 1920 eine Theorie, in deren Rahmen er einen Zusammenhang zwischen dem Strahlungshaushalt der Erde und der in der Vergangenheit aufgetretenen Eiszeiten herstellte (Abb. 10.2). Basierend auf der Grundidee, dass die Sonneneinstrahlung in der Nordhemisphäre, die das Wachstum polarer Eiskappen in Kaltzeiten sowie deren Abschmelzen in Warmzeiten bedingt, im Wesentlichen aufgrund astronomischer Einflussfaktoren zeitlich variiert, erstellte er ein heute weitgehend akzeptiertes Erklärungsmodell für die Ursachen der zyklisch auftretenden Vereisungsprozesse der letzten 2,5 Mio. Jahre. Durch quasiperiodische Veränderungen der Elliptizität der Erdbahn, der Neigung der Erdachse sowie aufgrund der Präzessionsbewegung ändern sich die Stärke und der Einfallswinkel der Sonneneinstrahlung. Dies geschieht auf unterschiedlichen, typischen Zeitskalen, insbesondere durch die regelmäßigen Veränderungen der Planetenkonstellationen im gesamten Sonnensystem, und bewirkt starke Temperaturveränderungen (Abb. 10.2a) und einen natürlichen Klimawandel

Die durch Veränderungen der Planetenkonstellationen verursachten Variationen der Erdbahnparameter sowie die typischen Zeitskalen, auf denen sie in systematischer Weise die solare Einstrahlung auf die Erdoberfläche beeinflussen, sind in Abb. 10.2a dargestellt. Durch die nahezu periodischen Veränderungen der Abweichung der elliptischen Erdbahn von der einer Kreisbahn, deren typische Periodendauern rund 100 000 bzw. 413 000 Jahre betragen, ändert sich an der Erde die Solarkonstante nur um etwa

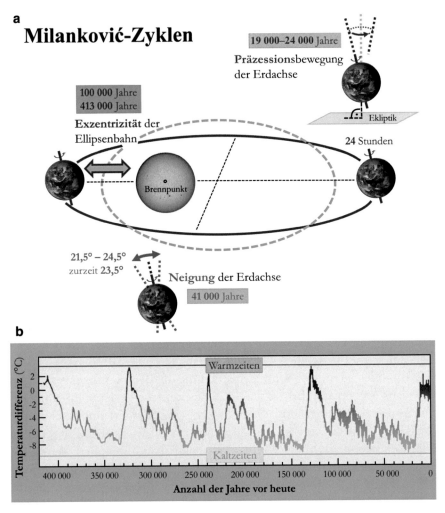

Abb. 10.2 Temperaturveränderungen aufgrund der Variationen der Erdbahn-parameter im Rahmen der Milanković-Zyklen. **a** Auf jeweils typischen Zeitskalen variiern die Exzentrizität der elliptischen Umlaufbahn der Erde um die Sonne in einem der Brennpunkte dieser Ellipsenbahn sowie die Neigung der Erdachse gegen die Erdbahnebene (Ekliptik). Änderungen der Sonneneinstrahlung auf unterschiedliche Bereiche der Erdoberfläche erfolgen außerdem aufgrund der kreiselartigen Präzessionsbewegung der Erdachse um die Achse, die senkrecht zur Ekliptik steht. **b** Temperaturveränderungen im Verlauf der Kalt- und Warmzeiten in den vergangenen 400 000 Jahren
Milankovitch cycles: Natural causes of climate change: sn.pub/d1Hq4y
Sonneneinstrahlung und Erdumlaufbahn: sn.pub/GYxeTX
© a NASA/GSFC, b Wikipedia gemeinfrei (Bearbeitung: U. v. Kusserow)

$2,4$ W/m². Die auf Zeitskalen von 41 000 Jahren um bis zu 3° veränderte Neigung der Erdachse hat, allerdings nur in höheren Breiten, mit bis zu 20 W/m² einen wesentlich größeren Einfluss auf die eingestrahlte Leistung pro Quadratmeter. Die Präzessionsbewegung lässt die Jahreszeiten entlang der Erdbahn um die Sonne auf Zeitskalen von 19 000 bis 24 000 Jahren variieren, wodurch sich auch die Solarkonstante um 70 bis sogar 100 W/m² verändert. Diese drei unterschiedlichen Milanković-Zyklen, deren Einflüsse sich in komplexer Weise überlagern, können die Abfolge der in Abb. 10.2b dargestellten Warm- und Kaltzeiten des aktuellen Eiszeitalters plausibel erklären.

Die Lage des als Baryzentrum bezeichneten Massenmittelpunkts unseres Sonnensystems hängt insbesondere von der relativen Stellung des Jupiters und des Saturns zueinander ab. Je nach Planetenkonstellation variiert sie quasi-periodisch relativ zum Sonnenmittelpunkt und kann von diesem maximal sogar bis zu mehr als zwei Sonnenradien entfernt liegen. Wenn viele Planeten in Konjunktion, d. h. auf einer Seite der Sonne in einer Linie stehen, dann wird dies sicherlich Einfluss auf den Abstand der Sonne zur Erdoberfläche haben und damit die Einstrahlung und langfristig die Klimaverhältnisse auf der Erde merklich ändern. Der dominierende gravitative Einfluss auf die Bewegung der Sonne um das Baryzentrum geht dabei vom 19,86-jährigen synodischen Zyklus des Jupiters und Saturns aus. Durch die Bahnbewegungen des Uranus und Neptun wird ergänzend eine recht komplizierte Bewegung der Sonne um das Baryzentrum mit einer Periodenlänge von 171 Jahren induziert. Besonders interessant ist in diesem Zusammenhang der Gezeitenantrieb durch das Venus-Erde-Jupiter-System, dessen Periodenlänge von 11,07 Jahren auffallend gut mit der Periode des im Mittel elfjährigen Schwabe-Zyklus der Sonnenfleckenhäufigkeit übereinstimmt. Möglicherweise könnte die wechselnde Planetenkonstellation dieser drei Planeten ein Taktgeber für die zyklisch wechselnde Sonnenaktivität sein, obwohl der gravitative Einfluss dieser Planeten dafür auf den ersten Blick zu klein erscheint.

10.3 Sonne und Erde im Strahlungsgleichgewicht

Die Sonne sendet Energie über den gesamten Spektralbereich der elektromagnetischen Strahlung in alle Richtungen aus. Die gesamte Strahlungsleistung pro Fläche der in etwa 20 km Höhe über dem Erdboden eingestrahlten Energie, die als Solarkonstante bezeichnet wird, beträgt im Mittel $S = 1367$ W/m² und veränderte sich im Verlaufe des solaren

Aktivitätszyklus in den letzten Jahrzehnten nach Messungen im Weltraum nur um etwa 0,1 %. Der Einfluss dieser geringen Schwankungen auf die Veränderung zumindest der globalen atmosphärischen Temperatur in der Troposphäre der Erde wird deshalb meistens als irrelevant angesehen. Der überwiegende Energieeintrag in das Erdsystem erfolgt zwar zu etwa 90 % im Visuellen und Infraroten. Nach Ansicht einer größeren Anzahl von Wissenschaftlern dürften sich allerdings die zyklusabhängigen starken Schwankungen des Energieeintrags im Ultravioletten um bis zu 60 % sowie im Röntgenbereich um mehr als 100 % klimarelevant auswirken und vor allem in den höheren Atmosphärenschichten der Erde merklichen Einfluss auf das Klima nehmen.

Die Einstrahlung der Sonne in die Erdatmosphäre erfolgt tagseitig auf die kreisförmige Erdscheibe mit der Fläche $A = \pi R^2$, wobei R den Radius der Erde bezeichnet. Die eingestrahlte Energie verteilt sich im Laufe der Zeit aber auf die gesamte, im Vergleich dazu viermal größere Erdoberfläche $O_E = 4\pi R^2$, sodass die Leistung der pro Quadratmeter eingestrahlten Sonnenenergie nur etwa ein Viertel der Solarkonstante beträgt. In Abb. 10.3 wird der Energiehaushalt der Erde im Strahlungsgleichgewicht veranschaulicht. Es wird davon ausgegangen, dass die Leistung der Sonneneinstrahlung pro Quadratmeter in diesem Modell der NASA etwa 340,4 W/m² beträgt. Im Gleichgewicht muss diese mit der der Rückstrahlung ins Weltall übereinstimmen, die sich als Summe der in der Atmosphäre und an Wolken (77,0 W/m²) sowie an der Erdoberfläche (22,9 W/m²) reflektierten Sonnenstrahlung und der gesamten Abstrahlung im Infraroten (239,9 W/m²) ergibt. Das als Albedo bezeichnete Rückstrahlungsvermögen, insbesondere der hellen Flächen auf der Erdoberfläche und von Schnee und Eis, ist dabei in diesem Zusammenhang sehr entscheidend für die Klimaentwicklung. Insgesamt 240,4 W/m² der Sonneneinstrahlung werden in der Atmosphäre, der Erdoberfläche und den Ozeanen absorbiert und erwärmen diese.

Die gesamte Infrarotemission von der Erdoberfläche (398,2 W/m²) setzt sich zusammen aus der in Wärme umgewandelten Sonnenenergie sowie der Wärme, die von der gemittelt etwa 15 °C warmen Erdoberfläche selbst abgestrahlt wird. Darüber hinaus gelangt die Erdwärme aber auch durch atmosphärische Konvektionsströmungen und durch Wärmeleitung in die Atmosphäre. Durch Verdunstung des Meerwassers steigt Wasserdampf auf, kühlt sich dabei ab und führt, unterstützt durch Aerosole als Kondensationskeime, zur Ausbildung von Wolken. Diese bewirken die Absorption und Emission der Infrarotstrahlung in teilweise noch nicht vollständig verstandenen komplexen Prozessen. Wolken, Aerosole sowie natürliche und in den letzten

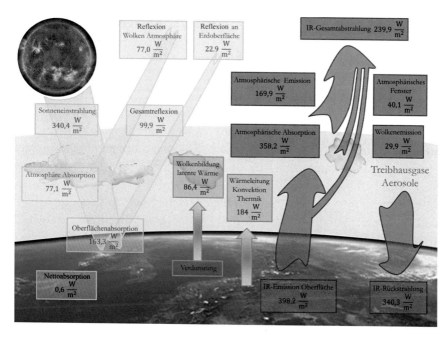

Abb. 10.3 Schematische Darstellung der Einflussnahme der Sonne auf den Energie-haushalt der Erde im Strahlungsgleichgewicht. Die Strahlung der Sonne trifft auf die Atmosphäre und die Oberfläche der Erde. Hier wird sie absorbiert und emittiert, reflektiert und in Wärme (IR-Strahlung) umgewandelt. Durch Wärme-leitung und Konvektionsströmungen gelangt Energie vom Erdboden in die Atmosphäre. Erwärmtes Meerwasser verdampft, steigt als Wasserdampf auf und erzeugt freiwerdende „latente" Wärme bei der Auskondensation von Wolken. Als Kondensationskeime für die Ausbildung dieser Wolken spielen Aerosole eine zentrale Rolle. Treibhausgase sorgen durch Rückstrahlung für eine verstärkte Erwärmung der Atmosphäre. Im Strahlungsgleichgewicht wird die von der Sonne eingestrahlte Energie nach einer Vielzahl von Energieumwandlungs- und Transportprozessen wieder vollständig zurück ins Weltall abgestrahlt. Die in Watt pro Quadratmeter angegebenen Zahlen für die Strahlungs- und Transportprozesse repräsentieren jeweils 10-Jahres-Durchschnittswerte, die von der NASA ermittelt wurden
Strahlungshaushalt der Erde (Strahlungsbilanz): sn.pub/yf5M8p
Einstrahlung der Sonne – Ausstrahlung der Erde (Strahlungshaushalt): sn.pub/CkgG58
How does the climate system work? sn.pub/97fmtR
© U. v. Kusserow, NASA/GSFC

Jahrzehnten verstärkt vom Menschen erzeugte Treibhausgase unterstützen die Infrarotrückstrahlung zur Erde, was eine verstärkte Aufheizung der Tropo-sphäre zur Folge hat.

10.4 Über die Vielfalt der Klimafaktoren

Mithilfe dieses weitgehend eindimensionalen Bilds des Energiehaushalts der Erde lassen sich die Langzeitentwicklungen des Erdklimas sicherlich nicht hinreichend erklären, denn zusammen mit ihrer Atmosphäre und Magnetosphäre stellen die Erde und ihre Umgebung ein rotierendes dreidimensionales System dar, in dem eine riesige Anzahl unterschiedlichster Systemelemente in Form nichtlinearer Rückkopplungen in komplexer Weise, regelmäßig oder plötzlich und weitgehend unvorhersagbar interagieren (Abb. 10.4).

Die Atmosphäre besteht aus mehreren Schichten mit deutlich voneinander abweichenden Eigenschaften (Abb. 10.4a), in denen materielle und auch elektrische Ströme fließen. Die zwischen diesen Schichten unter dem Einfluss von Sonnenstrahlung mit unterschiedlichen Frequenzen ablaufenden Wechselwirkungsprozesse sind nicht alle in den heutigen

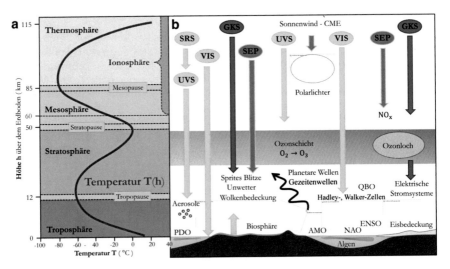

Abb. 10.4 Schematische Darstellung des durch elektromagnetische Sonneneinstrahlung (VIS = visuelle) und infrarote, ultraviolette (UVS), solare Röntgenstrahlung (SRS) und solare energiereiche Partikel (SEP) sowie galaktische kosmische Strahlung (GKS) vermittelten Klimaeinflusses im Erdsystem. **a** Über das Jahr gemittelte Darstellung der Temperaturen in den unterschiedlichen Schichten der Erdatmosphäre. **b** Illustration der vielfältigen auf das Klima einwirkenden Mechanismen Erdatmosphäre – Bestandteile, Aufbau, Schichten & Zusammensetzung einfach erklärt: sn.pub/Qaa0Ol
Precious Ozone – The Size of it: sn.pub/EXteNN
© U. v. Kusserow

Klimamodellen berücksichtigt oder gar nicht wirklich verstanden. Wie genau die unterschiedlichen Typen der Wolken entstehen und wie sie das Erdklima im Detail bestimmen, das ist längst nicht zufriedenstellend geklärt. Auch die klimarelevante Bedeutung der Entwicklung der stratosphärischen Ozonschicht unter dem Einfluss der UV-Strahlung der Sonne, möglicherweise auch der kosmischen Strahlung, müsste genauer erforscht werden. Und inwieweit welche Aerosole neben Treibhausgasen für die Erwärmung der Erdatmosphäre mitverantwortlich sein könnten, sollte ebenfalls intensiv untersucht werden.

Die Erdoberfläche, bestehend aus dem Festland und den Ozeanen, veränderte sich im Laufe der Erdgeschichte vor allem aufgrund der Kontinentalverschiebungen, der sich ändernden Verteilung der Landmassen, Eisbedeckungen und der Weltmeere, durch vulkanische Aktivitäten und die variable Sonneneinstrahlung immer wieder gravierend. Auch die Entstehung und Entwicklung der Biosphäre haben nachweislich starken Einfluss auf die Veränderungen des Erdklimas genommen. Auf ganz unterschiedlichen Zeitskalen variierten die Temperaturen und die Konzentrationen der unterschiedlichen Treibhausgase, auch wenn diese Veränderungen nicht unbedingt immer in eindeutiger Korrelation zueinander erfolgten. Im Verlauf von 500 Mio. Jahren wurden hier durch Sonneneinstrahlung, basierend auf der Existenz von Kohlendioxid und Wasser, gewaltige Mengen an Biomasse durch Fotosynthese erzeugt. Bereits innerhalb eines Jahrhunderts verwendete die Menschheit aber große Teile davon als Brennstoff in Form von Braun- und Steinkohle, Erdöl und Erdgas. Restprodukte dieser Verbrennung wurden dabei in Form anthropogener Treibhausgase in letzter Zeit immer umfangreicher in die Atmosphäre entsorgt, wodurch sich das Erdklima und im Detail auch der Energiehaushalt des Erdsystems menschengemacht stark verändert haben.

Die von der aktiven Sonne eingestrahlte Energie treibt und variiert die komplexen Windströme in der Erdatmosphäre. Sie ist verantwortlich für die Erwärmung und Verwitterung des Erdbodens und der Gesteine, für das Pflanzenwachstum durch Photosynthese sowie für die Lebensentwicklung der Tiere und Menschen. Sie bewirkt die Aufheizung der Weltmeere, in denen, im Vergleich zur Atmosphäre, wesentlich größere Energiemengen über längere Zeiträume gespeichert werden können, weil die Wärmekapazität des Wassers im Vergleich zu der von Gasen wesentlich höher ist. Die Sonne treibt die ozeanischen Meeresströmungen, die unter solarem Einfluss einen Großteil der Klimavariabilität auf multidekadischen oder kürzeren Zeitskalen in Form zyklischer Zirkulationsschwankungen steuern. Starke Sonneneinstrahlung vor allem im Äquatorbereich bewirkt eine besonders intensive Verdampfung des Meereswassers. Dies sorgt dafür, dass die atmosphärische Materie und die in ihr gespeicherte Energie in den Hadley-, Ferrel- und polaren Zellen in Form konvektiver Strömungsmuster polwärts transportiert werden. Im Äquatorbereich sind es die sogenannten Walker-Zellen, die als Konvektionszellen für den Energietransport um die Erde herum und in diesem Zusammenhang auch für das bekannte El Niño/Südliche Oszillation (ENSO) Wetterphänomen sorgen, das sogar das globale Wettergeschehen stark beeinflussen kann. Aus der Troposphäre aufsteigende planetare Materiewellen, die in solchen Zirkulationsystemen durch Gezeitenkräfte ausgelöst werden, können klimarelevante Prozesse auch in der darüber liegenden Stratosphäre antreiben. Die etwa quasi-biennale Oszillation QBO bezeichnet einen hier registrierbaren Schwingungsprozess der zonalen Winde mit einer Periodenlänge von etwa zwei Jahren.

Abb. 10.4b illustriert die Vielzahl der Mechanismen, die auf das Klima der Erde einwirken. Da gibt es von oben einfallend die hochenergetische Sonnenstrahlung sowie solare und kosmische Teilchenstrahlung, die u. a. die Aufheizung und Ausdehnung oberer Schichten der Erdatmosphäre, die Ausbildung und Entwicklung der stratosphärischen Ozonschicht, elektrischer Stromsysteme und troposphärischer Wolken bewirken (Top-down-Klimaeinflüsse; Abb. 10.4b, oben). Entladungsprozesse erzeugen Blitze zwischen den Wolken sowie zwischen den Wolken und der Erdoberfläche, aber auch sogenannte Sprites, die senkrecht über den Wolken nach oben aufsteigen.

Die auf die Erdoberfläche, die Ozeane, die Eiskappen, das Festland und die Biosphäre treffende Sonnenstrahlung im infraroten, sichtbaren und ultravioletten Wellenlängenbereich kann von unten nach oben in vielfältiger Weise Einfluss auf das Erdklima nehmen (Bottom-up-Klimaeinflüsse; Abb. 10.4b, unten). Durch diesen Energieeintrag erwärmt sich das Meer, wachsen die Algen darin und werden großräumige, periodisch oszillierende Meeresströmungen angetrieben, z. B. Pazifische Dekaden-Oszillationen (PDO), Atlantische Multidekaden-Oszillationen (AMO) und Nordatlantische Oszillationen (NAO) angetrieben. In der Biosphäre ermöglicht diese Strahlung u. a. das Pflanzenwachstum durch Fotosynthese, die Entstehung von Biomasse und die Entwicklung auch höherentwickelten Lebens.

In sehr direkter, aber auch indirekter Weise nimmt also die Sonne vielfältigen Einfluss auf das Klimageschehen im Erdsystem. Es ist nicht nur die elektromagnetische Strahlung im Röntgen-, ultravioletten und vor allem im sichtbaren und infraroten Wellenlängenbereich, die die Entwicklung des Erdklimas durch ganz unterschiedliche Mechanismen, sowohl „von oben nach unten" als auch „von unten nach oben" einwirkend, bestimmt. Mitverantwortlich sind auch der Sonnenwind, die aus den solaren Aktivitätsgebieten ausströmenden energiereichen Partikel sowie die Magnetfelder im Sonnenwind, die den Einstrom der galaktischen Kosmischen Strahlung moderieren.

In Zeiten des Aktivitätsmaximums bewirkt die von der Sonne ausgesandte hochenergetische Teilchenstrahlung, deren Intensität im Verlauf des Sonnenzyklus stark schwankt, dass sich die sehr dünne Thermosphäre als äußerste Erdatmosphärenschicht fern vom thermodynamischen Gleichgewicht in dem Sinne intensiv aufheizt (Abb. 10.4a), dass die Luftteilchen dort im Mittel eine im Vergleich zur darunterliegenden Mesosphäre sehr große Geschwindigkeit aufweisen. Hier entstehen die Polarlichter. Die Thermosphäre dehnt sich in diesen Zeiten sehr stark in Richtung Weltall nach oben und in Richtung Mesosphäre nach unten aus. In 15–50 km Höhe über dem Erdboden befindet sich die stratosphärische Ozonschicht. Die besonders energiereiche UV-C-Strahlung der Sonne spaltet in diesem Bereich die O_2-Sauerstoffmoleküle. Die dabei entstandenen O-Radikale sind sehr reaktionsfreudig und verbinden sich mit den O_2-Molekülen zu den O_3-Ozonmolekülen. Die nicht so energiereiche UV-B-Strahlung bewirkt umgekehrt den Abbau des Ozons. Wenn sich diese Bildungs- und Abbauprozesse im Gleichgewicht befinden, dann schützt die sich ausbildende Ozonschicht die Lebensentwicklung auf der Erde besonders effektiv vor allzu starker UV-Strahlung.

Wenn die Röntgenstrahlung und UV-Strahlung im höherenergetischen Bereich zu intensiv sind, dann kann es zu einem Abbau der Ozonschicht kommen. Gleiches gilt auch, wenn solare energiereiche Partikel (SEPs) durch Wechselwirkung mit den Stickstoff- und Sauerstoffmolekülen allzu viele NO_x-Stickoxide erzeugen, die mit O_3-Molekülen interagieren, wodurch wieder O_2-Moleküle gebildet werden. Durch Freisetzung von Fluorkohlenwasserstoffen hat auch der menschliche Einfluss in den vergangenen Jahrzehnten zu einem verstärkten stratosphärischen Ozonabbau vor allem in den Winterzeiten oberhalb der Polargebiete geführt. Nach neueren Erkenntnissen könnten Ozonlöcher nicht nur durch fotochemische Prozesse, sondern auch durch verstärkten Einstrom galaktischer kosmischer Strahlung (GKS) erzeugt werden. Ein durch freigesetzte Elektronen wirksamer Mechanismus könnte dann erklären, warum der nachgewiesene Ozonabbau in Zeiten schwacher Sonnenaktivität durch intensivere kosmische Teilchenstrahlung stärker ausfällt.

In Zeiten stärkerer Sonnenaktvität bewirkt die erhöhte Ozonbildung eine Erwärmung und damit die Ausdehnung der Stratosphäre. Dadurch müsste sich auch der Druck auf die Troposphäre erhöhen. Damit ließe sich dann erklären, warum die atmosphärischen Hadley-Zellen in solchen Zeiten offensichtlich bis in höhere geografische Breiten reichen, und dass sich auch die äquatornahen Walker-Zellen verändern. Vielleicht finden die Klimaforscher hier in Zukunft bessere Erklärungsansätze für die Änderungen der so starken troposphärischen Jetstream-Windströme, die in Abhängigkeit von der Sonnenaktivität besonders klimawirksam im oberen Bereich zwischen den Hadley- und Ferrel-Zellen verlaufen. SEPs und kosmische Strahlung können auch die stratosphärischen und troposphärischen Stromsysteme beeinflussen, die bei Unwettern eine wichtige Rolle spielen. Während eines starken Gewitters steigen manchmal kurzzeitig lang gestreckte blaue Jets oberhalb der Wolken in die Stratosphäre auf, erreichen die roten flammenartigen Sprites in der Ionosphäre (Abb. 10.4a) sogar Höhen von über 100 km über dem Erdboden.

Die langwelligere UV-A-, die visuelle und infrarote Strahlung erreicht die Erdoberfläche im klaren Himmel ohne Wolken weitgehend ungehindert. Nur an Treibhausgasen und Aerosolen kann sie in der Troposphäre teilweise absorbiert und reemittiert, gestreut oder reflektiert werden. In Zeiten schwacher Sonnenaktivität, wenn die atmosphärischen Teilchen in Folge stärkerer Intensität der eindringenden kosmischen Partikel auch zahlreicher ionisiert sind, können sich vermutlich mehr Aerosole ausbilden, sodass die Einstrahlung am Erdboden etwas geringer ausfallen müsste. Die Strahlung der Sonne erwärmt die Erdoberfläche und treibt die periodisch veränderlichen Meeresströmungen, die im komplexen Zusammenspiel mit den Konvektionsströmungen der Atmosphäre das Klimageschehen im Erdsystem von unten nach oben steuern. Durch die Wellenbewegungen in den Ozeanen, durch die Gezeitenkräfte, durch Erdbeben und Vulkanausbrüche sowie gewaltige atmosphärische Stürme wird die Ausbreitung planetarer Wellen auch in höhere Atmosphärenschichten angeregt, wo sie mit anderen klimarelevanten Prozessen interagieren (Abb. 10.4b).

Die Wetter- und Klimaverhältnisse hängen von einer Vielzahl sehr unterschiedlicher Faktoren ab, die sich im Laufe der Erdgeschichte immer wieder gewandelt haben. Zu nennen sind in diesem Zusammenhang z. B. die Verteilung der Landmassen, wechselnde vulkanische Aktivitäten und veränderte Mengen an eingestrahlter Sonnenenergie, etwa infolge von Schwankungen bei der Umlaufbahn der Erde um die Sonne und der Neigung der Erdachse. Das heißt, das Klima verändert sich nicht nur zurzeit, sondern hat sich auch in der Vergangenheit immer wieder stark natürlich verändert. Der Ausdruck "Klimaschutz" kann jedoch dazu verleiten, das Klima als unveränderlich anzusehen, weshalb es geschützt werden müsse. Dies ist allerdings nur begrenzt möglich, denn der menschliche Faktor ist nur einer aus einer ganzen Reihe von Klimaeinflussfaktoren. Unbestreitbar ist jedoch, wie in Abb. 10.1 gezeigt, dass der starke Anstieg der CO_2-Konzentration im industriellen Zeitalter seit Mitte des 19. Jahrhunderts mit einem starken Anstieg auch der mittleren Temperaturen einherging. Wie andere Daten zur historischen Entwicklung des Erdklimas zeigen, können umgekehrt aber auch Temperaturerhöhungen die Erhöhungen der Kohlendioxidkonzentrationen zur Folge haben, sodass sich eine eindeutige Korrelation zwischen diesen beiden Messgrößen nicht immer als gesichert erweist.

10.5 Kosmische Klimaeinflussfaktoren

Schon seit Langem versuchen Wissenschaftler aus unterschiedlichen Fachgebieten, ein scheinbares Paradoxon zu enträtseln, das im Englischen als Faint Young Sun Paradox bezeichnet wird. Da die Strahlungsleistung der Sonne vor 4,4 Mrd. Jahren nach Erkenntnissen der Forscher, die die historische Entwicklung der Sonne modellieren, um bis zu 30 % geringer als heute gewesen ist, müsste die mit Wasser bedeckte Erdoberfläche damals vereist gewesen sein. Tatsächlich konnte die Existenz von flüssigem Wasser an der Erdoberfläche aber bereits in der frühesten Erdgeschichte nachgewiesen werden. Und die Entwicklung erster Lebensspuren, die ohne flüssiges Wasser in ausreichend mildem Klima nicht möglich gewesen wäre, erfolgte vermutlich auch bereits vor etwa 3,8 Mrd. Jahren. Wie könnte man diesen offensichtlichen Widerspruch zwischen der anfangs so leuchtschwachen Sonne und einer überraschend warmen Erde auflösen?

Vielleicht war die Sonne zu Beginn noch wesentlich massereicher und hatte der zunächst wesentlich stärkere Sonnenwind deshalb größere Materiemengen in den interplanetaren Raum abtransportiert. Dann wäre die Leuchtkraft der Sonne aufgrund der bekannten Masse-Leuchtkraft-Beziehung, gemäß der die Leuchtkraft von Sternen stets proportional zur der Sternmasse hoch 3,5 ist, anfangs in Wirklichkeit doch wesentlich stärker als angenommen gewesen. Nach gesicherten Erkenntnissen anhand von Modellrechnungen war die magnetisch vermittelte Sonnenaktivität zu Beginn zudem wesentlich stärker als heute. Dadurch muss der Sonnenwind wesentlich intensiver und die Solarkonstante deutlich größer gewesen sein. Der Mond umlief die Erde damals auf einem engeren Orbit, sodass die Erdoberfläche zusätzlich aufgrund stärkerer Gezeitenreibung geheizt worden sein könnte. Die junge Erde hatte früher wohl keine Kontinente, sondern war ganz von Wasser bedeckt, sodass sie wegen der geringeren Albedo möglicherweise weniger Sonnenlicht zurück in das Weltall reflektierte und sich dadurch stärker erwärmen konnte.

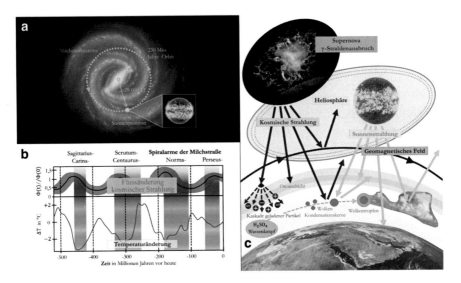

Abb. 10.5 Einfluss kosmischer Strahlung auf Wolkenbildungsprozesse und das Erdklima (Kosmoklimatologie). **a** Durchlauf der Sonne durch die Milchstraße und ihre Spiralarme. **b** Darstellung der Antikorrelation zwischen der zeitlichen Variation der Intensität $\Phi(t)$ im Verhältnis zu einem Normwert $\Phi(0)$ und den Veränderungen ΔT von Temperaturen auf der Erde beim Durchlauf der Sonne durch die Milchstraße. **c** Mögliche Einflüsse der kosmischen Strahlung und der Sonnenstrahlung auf die Wolkenbildung in der Troposphäre

Solar Variability and Climate (Joanna D. Haigh): sn.pub/mUFbiy

The sun and the climate: sn.pub/JwXMdc

Jasper Kirkby: The CLOUD experiment at CERN: sn.pub/QGlxiV

CLOUD Experiment: How it works: sn.pub/rrZU3C

Klimawandel: Das Geheimnis der Wolken – arte Dokumentation: sn.pub/ZoMDxg

Auf der Internetseite sn.pub/hebmF6 findet der Leser eine Auflistung weiterer interessanter Videolinks, die einen umfassenden Einblick in die aktuelle Klimadiskussion ermöglichen

© a NASA/JPL-Caltech/R. Hurt (SSC/Caltech)/U. v. Kusserow, b N. J. Shaviv/J. Veizer/U. v. Kusserow, c U. v. Kusserow, NASA/GSFC/NASA/CXC/SAO/F.Seward/NASA/ESA/ASU/J. Hester & A.Loll/NASA/JPL-Caltech/Univ. Minn./R.Gehrz

Die amerikanische Astronom Carl Sagan (1934–1996) und der Chemiker George Mullen hatten bereits 1972 vorgeschlagen, dass astrophysikalische Einflüsse, Veränderungen der planetaren Albedo, aber auch Treibhauseffekte als Erklärungen für die Auflösung des Paradoxons der jungen, leuchtschwachen Sonne infrage kommen. Spezielle geologische Entwicklungen sowie die anfangs wesentlich häufigeren Zerfallsprozesse von Kalium-40, Uran-235 und Uran-238 haben in der Erdkruste die Ausgasung von Treibhausgasen und damit die Erwärmung der Erdoberfläche sicherlich durch

Ausbildung stärkerer thermischer Gradienten gefördert. Ohne Biosphäre gab es damals keine Pollen als mögliche Kondensationskeime für die Ausbildung von Wolken, sodass die Sonneneinstrahlung durch diese auch weniger als heute behindert werden konnte. Wissenschaftler gehen heute davon aus, dass auch der Einstrom geladener Partikel der kosmischen Strahlung als Kondensationskeime für die Ausbildung von Wolken verantwortlich sein kann. Der zu Beginn der Entstehung des Sonnensystems noch besonders heftige Sonnenwind bietet in diesem Zusammenhang einen merklichen Schutz vor allzu starker Einwirkung der kosmischen Strahlung auf die Heliosphäre, was in diesen Zeiten eine geringere Wolkenbedeckung und damit auch eine stärkere Erwärmung der Erde zur Folge gehabt haben müsste.

Mögliche kosmische Einflussfaktoren auf das Erdklima lassen sich anhand von Abb. 10.5 erläutern. In Abb. 10.5a wird der nahezu kreisförmige Orbit der Sonne im Abstand von etwa 28 000 Lichtjahren Entfernung vom galaktischen Zentrum der Milchstraße veranschaulicht. Beim wiederholten Durchlauf durch die Spiralarme, innerhalb derer dynamische Prozesse in Sternentstehungsgebieten und am Ende des Sternenlebens bei Supernovaexplosionen ablaufen, müsste die Intensität der auf das Sonnensystem einströmenden Kosmischen Strahlung und damit auch die Wolkenbildung sehr stark ansteigen. Dies würde eine deutliche Abkühlung des Erdklimas zur Folge haben. In Abb. 10.5b lässt sich dieser Zusammenhang anhand der ermittelten Daten für die Flussänderungen der kosmischen Strahlung und der dazu antikorrelierten Temperaturänderungen bestätigen. Wiederholt etwa im Abstand von 100 Mio. Jahren reduziert sich die im Erdsystem gemessene Temperatur deutlich verstärkt beim Durchlauf durch einen der Spiralarme der Milchstraßengalaxie.

Der direkte Einfluss der kosmischen Strahlung auf Wolkenbildungsprozesse in der Erdatmosphäre und damit auch auf die Wetterverhältnisse und das Erdklima ist gegenwärtig immer noch Gegenstand sowohl intensiver experimenteller Forschung als auch kontroverser Diskussionen in der wissenschaftlichen Gemeinde. Am Europäischen Kernforschungszentrum CERN in Genf läuft das Experiment CLOUD, um den Einfluss hochenergetischer Strahlung auf die Bildung von Aerosolen und Kondensationskeimen zur Wolkenbildung in einer großen Experimentierkammer zu erforschen. Eine dänische Forschergruppe untersucht gegenwärtig mit Satellitenexperimenten die Auswirkungen der kosmischen Strahlung auf die hohe Atmosphäre der Erde und ihren Ionisationszustand, der wiederum Auswirkungen auf die Wolkenbildung und die Strahlungsbilanz der Erde hat.

Die einzelnen Phasen der Wolkenentstehung durch den Einstrom kosmischer Strahlung sind in Abb. 10.5c dargestellt. Wenn die von einer Supernova oder nach einem Gammastrahlenausbruch im fernen Universum erzeugten sehr energiereichen Partikel in die höheren Atmosphärenschichten der Erde eindringen, wird hier beim Zusammenstoßen mit Atmosphärenpartikeln eine Kaskade mikroskopischer geladener Teilchen erzeugt. Im Zusammenspiel mit Wasser- und Schwefelsäurepartikeln bilden sich kleine geladene Materieansammlungen, die schließlich zu größeren Kondensationskernen verklumpen. Um solche, teilweise geladenen Aerosole lagern sich Wassermoleküle an, wodurch sich Wolkentropfen ausbilden, deren Verdichtung die Wolkenbildung unter geeigneten Druck- und Temperaturbedingungen ermöglichen.

Der magnetisierte Sonnenwind moderiert dabei den Einstrom der kosmischen Partikel in Abhängigkeit von der Stärke der Sonnenaktivität. In Zeiten nahe des Aktivitätsmaximums kann sich der kosmische Strahlungsfluss um bis zu 20 % abschwächen, was eine Abnahme der Wolkenbedeckung und eine Erhöhung der Temperaturen auf der Erde zur Folge haben müsste. Im Minimum sind die Magnetfelder im Sonnenwind schwächer, wodurch kosmische Partikel leichter in die Erdatmosphäre eindringen können, wodurch die Wolkenbedeckung zunimmt und die Temperaturen verringert werden. Von 1980 bis 2005 konnte tatsächlich eine starke Antikorrelation zwischen dem Einstrom der kosmischen Strahlung, der periodisch mit der Sonnenaktivität variiert, und dem Grad der Wolkenbedeckung festgestellt werde. Nach 2005 konnte dieser Zusammenhang allerdings nicht mehr bestätigt werden.

Die Wirkungsweisen der unterschiedlichen physikalisch-biochemischen Prozesse, die für die Wolkenbildung verantwortlich sind, sind allerdings noch nicht ausreichend verstanden. Aufgrund der Komplexität ihrer Wechselwirkungsprozesse ist es sehr wohl möglich, dass lange Zeit bestehende enge Korrelationen, wie etwa der Stärke der Wolkenbildung mit der Einstrahlung galaktischer kosmischer Partikel, plötzlich nicht mehr nachzuweisen sind. In den letzten Jahren konnte gezeigt werden, dass die Tendenz zur Ausbildung von Wolken nach sogenannten Forbush-Ereignissen kurzfristig merklich abnimmt. Der nach dem US-amerikanischen Geophysiker Scott Ellsworth Forbush (1904–1984) benannte Effekt bezeichnet den beobachteten plötzlichen Abfall des Einstroms kosmischer Strahlung nach einem heftigen koronalen Masseauswurf. Das dadurch im Sonnenwind verstärkte Magnetfeld hält dann hochenergetische Teilchen von der Erde fern, wodurch die Wolkenbildung aufgrund fehlender Kondensationskeime behindert werden könnte.

Wie in Abb. 10.5c angedeutet, können Partikel der kosmischen Strahlung auch die Bildung von Ozon in der Ozonschicht unterstützen. Sie können am Erdmagnetfeld und an Wolkenkondensationskernen reflektiert werden. Selbst bei wolkenfreiem Himmel kann auch die Einstrahlung des Sonnenlichts auf die Erdoberfläche in Zeiten starken Einstroms kosmischer Partikel durch Reflexion an diesen Aerosolen deutlich verringert werden.

Die große Vielfalt der Einflussfaktoren auf das Erdklima, die kosmischen Ursprungs sind, lässt sich anhand von Abb. 10.6 veranschaulichen. Die durch Kernfusionsprozesse im Zentralbereich des Sonneninneren erzeugte Energie bewirkt zum einen die Emission von Photonen über den gesamten Frequenzbereich der elektromagnetischen Strahlung. In Dynamoprozessen werden die solaren Magnetfelder erzeugt, die sich in der Sonnenatmosphäre als offene oder geschlossene Feldstrukturen zu erkennen geben. Magnetfelder in der Konvektionszone und im Bereich dunkler Sonnenflecken können zwar den Strahlungstransport behindern. Diese Strahlungsverluste werden aber in der Regel durch die verstärkte Ausstrahlung der Sonne in den Fackelgebieten mehr als kompensiert. Zum anderen strömt der magnetisierte Sonnenwind aus offenen und geschlossenen magnetischen Feldstrukturen in den interplanetaren Raum. Höherenergetische solare Partikel (SEPs) werden bei solaren Eruptionen erzeugt.

Schon lange Zeit waren die meisten Sonnenphysiker davon ausgegangen, dass die speziellen Eigenschaften und Parameter im Sonneninneren entscheidend dafür verantwortlich sind, dass die solaren Magnetfelder, im Rhythmus des im Mittel elfjährigen Aktivitätszyklus periodisch variierend, durch Dynamoprozesse erzeugt werden. Da überraschenderweise aber auch die Planeten Venus, Erde und Jupiter etwa alle 11,07 Jahre nahezu auf einer Linie liegen und sich die Gezeitenwirkungen dieser drei Planeten zu diesen speziellen Zeitpunkten gemeinsam verstärkend auswirken, nahmen schon früher einige Forscher an, dass auch das Auftreten dieser besonderen Planetenkonstellation ein möglicher Taktgeber für die periodischen Schwankungen der Sonnenaktivität sein könnte. In diesem Zusammenhang könnten auch spezielle Interaktionen zwischen Jupiter, Saturn und der Sonne mit Periodizitäten zwischen zehn und zwölf Jahren eine besondere Rolle spielen. Konjunktionen, bei denen Jupiter und Saturn gemeinsam auf einer gerade Linie durch die Sonne liegen, wiederholen sich regelmäßig nach 19,86 Jahren.

Bisher wurde ein möglicher Einfluss der planetaren Gezeitenkräfte auf Dynamoprozesse im Sonneninneren weitgehend als allzu unrealistisch verworfen, da die dabei auftretenden Beschleunigungen in der Größenordnung von etwa 10^{-10} m/s^2 als viel zu klein angesehen wurden. Die dadurch

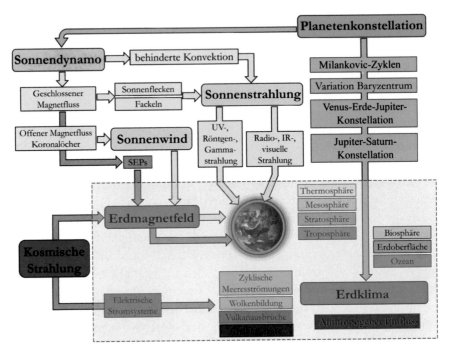

Abb. 10.6 Vielfalt der Möglichkeiten des Einflusses solarer Prozesse, planetarer Konstellationen und der kosmischen Strahlung auf das Erdklima.
© U. v. Kusserow/E. Marsch, NASA

induzierten Gezeitenhöhen würden dadurch nur etwa 1 mm betragen. Seit 2010 haben einzelne Wissenschaftler aber Ideen entwickelt, wie diese schwachen Kräfte dennoch Einfluss auf die Magnetfelderzeugung in der Sonne nehmen könnten. Es ist zwar sehr spekulativ anzunehmen, dass veränderte Planetenkonstellationen periodische Variationen der nuklearen Verbrennungsrate im Zentralbereich der Sonne bewirken sollten, und dass dadurch ausgelöste kleinste Veränderungen in den konvektiven Strömungen (α-Effekt) im Außenbereich der Sonne die periodischen Variationen der solaren Magnetfelder verursachen könnten. Vielleicht verändert sich dadurch jedoch das Strömungsmuster der differenziellen Rotation (Ω-Effekt), das in der Konvektionszone für die Dynamoprozesse so wichtig ist, weil Veränderungen der Planetenkonstellationen die Lageveränderungen des Baryzentrums und damit auch des Bahndrehimpulses sowie des Eigendrehimpulses der Sonne zur Folge haben.

Erst vor Kurzem haben Frank Stefani und Mitarbeiter am Helmholtz-Zentrum in Dresden-Rossendorf (HZDR) eine neue Idee entwickelt und diese anhand der Ergebnisse von Modellrechnungen als durchaus plausibel erkannt. Sie haben gezeigt, dass kleine periodische Variationen beim Zusammenspiel verschiedener spezieller planetarer Konstellationen tatsächlich periodisch auftretende Magnetfeldveränderungen zur Folge haben können. Kleinste rhythmische Störungen der Tachokline, in der die magnetischen Flussröhren am Boden der Konvektionszone aufgewickelt, gespeichert und im Laufe des Aktivitätszyklus äquatorwärts transportiert werden, könnten den Zeitpunkt des Aufstiegs der magnetischen Fluss-röhren steuern. Mithilfe von Computersimulationen konnte gezeigt werden, dass die sehr schwachen, periodisch variierenden planetaren Gezeitenkräfte sehr wohl ausreichen, um dazu synchrone Schwingungen der sogenannten Tayler-Instabilität anzuregen. Diese stromgetriebene magnetische Instabili-tät, die nach dem britischen Astrophysiker Roger John Tayler (1929–1997) benannt wurde, löst periodische Variationen der Helizität, der rechts-händigen und linkshändigen Verschraubungsrichtung magnetischer Felder aus. Ein kleiner Energieschub reicht offensichtlich bereits aus, um die Umpolung der solaren Magnetfelder auszulösen.

Möglicherweise sind neben dem besonders prägnanten Schwabe-Zyklus auch die meisten längerperiodischen Aktivitätsschwankungen der Sonne durch die rhythmisch variierenden Anziehungskräfte der Planeten getaktet. Da die Stärke der magnetischen Sonnenaktivität sowohl die Variationen im Erdmagnetfeld als auch die Stärke des Einstroms kosmischer Strahlung in die Erdatmosphäre moderierend beeinflusst, könnten die Planetenkonstellationen Variationen des Erdklimas nicht nur durch Änderung der Erdbahnparameter, sondern auch über die Steuerung der solaren Dynamoprozesse verursachen.

Weiterführende Literatur

Benestad RE (2006) Solar Activity and Earth's Climate. Springer, Berlin
Calisesi Y et al (Hrsg, 2010) Solar Variability and Planetary Climates. Springer, Dordrecht
Dudok de Wit T et al. (Hrsg) (2015) Earth's climate response to a changing Sun. OAPEN Online Library, sn.pub/liPEem
Easterbrook D J (2019) The Solar magnetic Cause of Climate Changes and Origin of the Ice Ages. Independently published
Friis-Christensen E et al. (Hrsg, 2012) Solar Variability and Climate. Springer
Haigh JG, Lockwood M, Giampapa MS (2005) The Sun, Solar Analogs and the Climate. Springer, Berlin

Haigh JG, Cargill P (2015) The Sun's Influence on Climate. Princeton University Press, Princeton

IPCC (2021) Climate Change 2021 – Full Report, sn.pub/fXHLrc

Landscheidt T (1989) Sun-Earth-Man a Mesh of Cosmic Oscillations – How Planets Regulate Solar Eruptions, Geomagnetic Storms, Conditions of Life and Economic Cycles. Urania Trust, London

Pap J M et al. (Hrsg, 2004) Solar Variability and Its Effects on Climate. John Wiley & Sons, Hoboken

Roy I (2018) Climate Variability and Sunspot Activity: Analysis of the Solar Influence on Climate. Springer, International Publishing AG

Schrijver C J, Siscoe G L (Hrsg) (2010) Heliophysics – Evolving Solar Activity and the Climates of Space and Earth. Cambridge University Press, Cambridge

Vahrenholt F, Lüning S. (2020) Unerwünschte Wahrheiten - Was Sie über den Klimawandel wissen sollten. Langenmüller Verlag GmbH, München

Auf der Internetseite sn.pub/hebmF6 findet der Leser eine Auflistung weiterer interessanter Buchtitel, die einen umfassenden Einblick auch in die aktuelle Klimadiskussion ermöglichen

Epilog

„Studenten, die astrophysikalische Lehrbücher verwenden, wissen im Wesentlichen nichts von der Existenz von Plasmakonzepten, obwohl einige von ihnen seit einem halben Jahrhundert bekannt sind. Die Schlussfolgerung ist, dass die Astrophysik zu wichtig ist, um sie in die Hände von Astrophysikern zu geben, die ihr Hauptwissen aus diesen Lehrbüchern gewonnen haben. Erdgebundene und Weltraumteleskopdaten müssen von Wissenschaftlern verarbeitet werden, die mit Labor- und Magnetosphärenphysik, Schaltungstheorie und natürlich mit moderner Plasmatheorie vertraut sind.

Um die Phänomene in einem bestimmten Plasmabereich zu verstehen, müssen nicht nur das magnetische, sondern auch das elektrische Feld und die elektrischen Ströme abgebildet werden. Der Raum ist mit einem Netz von Strömen gefüllt, die Energie und Impuls über große oder sehr große Entfernungen übertragen. Die Ströme verengen sich häufig zu Filament- oder Oberflächenströmen. Letztere dürften dem Raum ebenso wie dem interstellaren und intergalaktischen Raum eine zelluläre Struktur verleihen.“

Hannes Alfvén (1909–1995), schwedischer Physiker, der 1970 den Nobelpreis „für seine grundlegenden Leistungen und Entdeckungen in der Magnetohydrodynamik mit fruchtbaren Anwendungen in verschiedenen Teilen der Plasmaphysik“ erhielt.

Ziel dieses Buchs war es, Sie als interessierten Leser über das heutige Verständnis des magnetischen Sonnensystems möglichst umfassend zu informieren. Dabei wurde über die Magnetfelder der Sonne und vieler Planeten berichtet, über Dynamos, die sie erzeugen, über die gewaltigen magnetischen Eruptionen und Stürme auf der Sonne, über die Eigenschaften und den Einfluss des dynamischen Sonnenwinds in der Heliosphäre, über seine Wechselwirkung mit Hindernissen wie Magnetosphären

© Springer-Verlag GmbH Deutschland, ein Teil von Springer Nature 2023
U. von Kusserow und E. Marsch, *Magnetisches Sonnensystem*,
https://doi.org/10.1007/978-3-662-65401-9

sowie über die komplexen Phänomene des Weltraumwetters und seines möglichen Einflusses auf das Klima der Erde. Durch die Verwendung vieler Bilder und Schemazeichnungen wurde eine große Anschaulichkeit für den Leser angestrebt. Darüber hinaus war es auch ein wichtiges Ziel, die generelle Bedeutung der Auswirkung magnetischer Prozesse in den hochionisierten Plasmen und metallischen Fluiden im Sonnensystem aufzuzeigen und möglichst verständlich zu erklären.

Heute bieten sich den Plasma- und Sonnenphysikern völlig neue Möglichkeiten, die wichtigen Strahlungs- und Plasmaprozesse zu beobachten und zu analysieren, die für die Erzeugung kosmischer Magnetfelder, für die Aufheizung von Materie in stellaren Atmosphären sowie die effektive Beschleunigung von Partikeln in Astrosphären von entscheidender Bedeutung sind. In der Heliosphäre, diesem uns so nahe gelegenen Weltraumlabor, lässt sich heute umfangreiches Datenmaterial in kurzen Zeitabständen und mit hoher räumlicher Auflösung sowohl durch Fernbeobachtung mithilfe von Teleskopen als auch durch In-situ-Messungen von Satelliten aus gewinnen. Die Aussagen von Theorien, die Gültigkeit von Modellvorstellungen sowie die Ergebnisse numerischer Simulationsrechnungen und von Laborexperimenten lassen sich hier an den unterschiedlichsten Himmelsobjekten zeitnah überprüfen. Wir können den Ablauf solarer Eruptionen mithilfe von Teleskopen und Messinstrumenten direkt verfolgen, die Entwicklung lang gestreckter Kometenschweife und farbenprächtiger Polarlichter sogar mit bloßem Auge beobachten. Ja sogar Weitwinkelaufnahmen der gesamten inneren Heliosphäre mit den terrestrischen Planeten sind von Raumsonden aus möglich geworden. Mithilfe wissenschaftlicher Erkenntnisse erlangen wir ein tieferes Verständnis der physikalischen Vorgänge im Sonnensystem „direkt vor unserer Haustür". Durch ihre Übertragung auf andere weit entfernte astrophysikalische Systeme (Abb. E.1) können wir auch die darin ablaufenden Prozesse wesentlich besser verstehen.

Man kann nachträglich nicht mit vollständiger Sicherheit und im Detail verlässlich rekonstruieren, wie genau die Sonne zu Beginn ihres Lebens vor etwa 4,6 Mrd. Jahren aus einer Molekül- und Staubwolke entstanden ist, wie sich die Planeten und andere Kleinkörper unseres Sonnensystems in der die Sonne umkreisenden Akkretionsscheibe über viele Millionen Jahre hinweg aus Gas-, Staub- und Eispartikeln gebildet und entwickelt haben. Inzwischen entdeckten die Astronomen und Planetenforscher aber bereits mehr als 4000 andere Sternsysteme und wiesen nach, dass diese Sterne, ähnlich wie in unserem Sonnensystem, manchmal sogar von mehreren Planeten auf ganz unterschiedlichen Orbits umkreist werden. Die Vorgänge in all

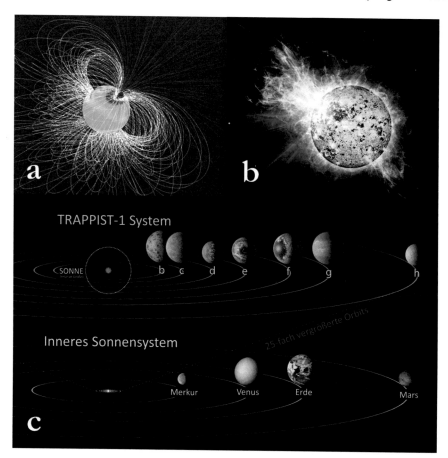

Abb. E.1 Extrasolare Planetensysteme um magnetisch aktive Sterne. **a** Berechneter Verlauf magnetischer Feldstrukturen des aktiven Sterns II Pegasi. **b** Vergleich des Trappist-1-Systems mit dem inneren Sonnensystem. **c** Künstlerische Darstellung einer Explosion auf dem aktiven Flare-Stern EV Lacertae
Yes, the Sun Is an Ordinary, Solar-Type Star After All: sn.pub/MRsbeF
TRAPPIST-1 Planet Animation: sn.pub/Yk65l2
NASA & TRAPPIST-1: A Treasure Trove of Planets Found: sn.pub/nheUj8
The Give and Take of Stellar Mega-Flares: sn.pub/9dXaG2
© a K. G. Strassmeier/AIP, b NASA/JPL-Caltech, c Casey Reed/NASA

diesen Planetensystemen werden nicht nur durch Gravitationskräfte und die in rotierenden Systemen wirkenden Zentrifugal- und Corioliskräfte bestimmt, sondern auch durch intensive Strahlungsprozesse und Stöße zwischen den Teilchen.

Die Entwicklungen hochionisierter metallischer Flüssigkeiten im Inneren der Exoplaneten, der elektrisch geladenen Plasmen im Inneren der Sterne und in deren Atmosphären sowie in den von ihnen ausgehenden Sternwinden werden darüber hinaus vor allem auch durch magnetische Prozesse beeinflusst. Daher tragen Erkenntnisse, die in der Sonnenatmosphäre, im heliosphärischen Sonnenwind sowie in den Magnetosphären und Ionosphären der Planeten unseres Sonnensystems gewonnen werden, entscheidend dazu bei, dass auch die in entfernten extrasolaren Stern- und Planetensystemen ablaufenden Prozesse heute zunehmend besser verstanden werden.

So manche der bisher erforschten jungen, sonnenähnlichen Sterne besitzen offensichtlich ebenfalls Magnetfelder, die im Vergleich zur Sonne relativ stark sein können. Es ist sehr wahrscheinlich, dass auch diese wie im Fall der Sonne in Dynamoprozessen regeneriert werden. Mit hochentwickelten neuen Instrumenten können die Wissenschaftler heute die Existenz riesiger Sternflecken nachweisen, die sich in jungen und schnell rotierenden Sternen wesentlich näher zu den Polgebieten beim Durchstoß starker magnetischer Flussröhren durch die Sternoberfläche ausbilden. Mithilfe numerischer Simulationsrechnungen, deren Verlässlichkeit bei Anwendung auf die Sonne gezeigt wurde, lässt sich sogar der vermutliche Verlauf der magnetischen Feldstrukturen in solchen Sternkoronen ermitteln (Abb. E.1a). Die Eigenschaften extrasolarer Sternsysteme können sich wesentlich von denen unseres Sonnensystems unterscheiden. So handelt es sich beispielsweise bei dem Zentralstern des Trappist-1-Systems, das von unserem Sonnensystem etwa 40 Lichtjahre entfernt liegt, um einen im Vergleich zur Sonne relativ massearmen, sehr kleinen und leuchtschwachen roten Zwergstern. Eine größere Anzahl vermutlich erdähnlicher Planeten umkreist diesen Zentralstern auf relativ engen Umlaufbahnen, die in unserem Sonnensystem deutlich innerhalb der Merkurbahn liegen würden (Abb. E.1b). Auch wenn diese sich dabei strahlungsbezogen möglicherweise theoretisch in der sogenannten Habitabilitätszone dieses sehr leuchtschwachen Sterns befinden sollten, in der aufgrund geeigneter Temperaturen flüssiges Wasser existieren könnte, so kann diese Tatsache hier nicht als Grundlage für die Entwicklung von Leben angesehen werden.

So nahe an ihrem Zentralstern werden manche dieser Exoplaneten vermutlich eine gebundene Rotation aufweisen, bei der der Zwergstern stets nur eine Hälfte der Planetenoberfläche bestrahlt und erwärmt. Aufgrund der andauernden Temperaturunterschiede zwischen der Tag- und Nachtseite in gleichen Regionen der Planetenoberflächen würden einsetzende starke Winde in der Atmosphäre für ein sehr lebensfeindliches Klima sorgen. Darüber hinaus besitzen solche jungen, schnell rotierenden Zwergsterne nach Erkenntnissen der Astrophysiker ein im Vergleich zur Sonne auch wesentlich stärkeres Magnetfeld. Die Auswirkungen starker Sternwinde und ein damit einhergehendes extremes Weltraumwetter würden die Entwicklung von Leben im Umfeld eines solchen Sterns noch unmöglicher machen. Wie bei dem aktiven Flare-Stern EV Lacertae (Abb. E.1c) sollten stellare Explosionen häufiger starke Flares, Eruptionen großer Protuberanzen und koronale Masseauswürfe auslösen, und dabei intensive Schauer hochenergetischer Partikel beschleunigen.

Die in diesem Buch kurz beschriebenen realistischen Bedrohungen der Astronauten durch das Weltraumwetter können verdeutlichen, dass bereits der bemannte Flug zum Erdmond und erst recht der zum Planeten Mars ein wirklich lebensgefährliches Abenteuer darstellen. Die Besatzungen der Raumschiffe werden auf ihrem etwa halbjährigen Flug zum Mars und erst recht während ihres vermutlich längeren Aufenthalts auf diesem staubigen und trockenen Planeten wohl zunächst einmal weitgehend ungeschützt sein, wenn es auf der Sonne vor allem in Zeiten nahe des solaren Aktivitätsmaximums zu heftigen Eruptionen kommen sollte. Bei gewaltigen Strahlungsausbrüchen in Form von Flares, bei koronalen Masseauswürfen und bei starkem Einstrom besonders energiereicher solarer oder galaktischer Partikel müssten sich die Astronauten dann – tief verschanzt in Felshöhlen, im Marsboden oder im Inneren künstlicher magnetischer Käfige mit ziemlich starken Feldern – vor den Auswirkungen des Weltraumwetters schützen. Was könnten sie in einer derart feindseligen und lebensbedrohenden Umgebung unternehmen, wenn sie beispielsweise an den verheerenden Folgen der gefährlichen Strahlenkrankheit leiden würden?

Die Forschungsergebnisse über die magnetischen Prozesse in der Heliosphäre, dem „natürlichen Plasmalabor" unseres Sonnensystems, helfen den Astrophysikern, auch tiefere Einsichten in viele magnetische Prozesse der Strukturbildung und Entwicklung in den wesentlich weiter von uns entfernten Sternen und Galaxien des Universums zu erlangen. Die Sonnen- und Plasmaphysiker sowie die Planetenforscher können heute selbst mikroskopische physikalische Vorgänge innerhalb des Sonnensystems durch hochauflösende Fernerkundung sowie detaillierte In-situ-Messungen immer genauer beobachten und analysieren. Ihre dabei gewonnenen grundlegenden Erkenntnisse lassen sich zur Gewinnung auch eines tieferen Verständnisses so mancher stellarer und galaktischer Prozesse verwenden, die aufgrund der sehr großen Entfernung dieser Himmelsobjekte auch in Zukunft für den Theoretiker niemals zufriedenstellend hoch aufgelöst beobachtet werden können.

A Zur Geschichte der Entdeckung solarer und heliosphärischer Prozesse

A.1 Die Entdeckung des Sonnensystems

Um etwa 270 v. Chr. hatte der griechische Astronom und Mathematiker Aristarchos von Samos in seinem Werk Über die *Größen und Abstände von Sonne und Mond* wohl erstmals die Hypothese eines astrozentrischen Weltbilds aufgestellt. Er ging davon aus, dass sowohl die Fixsterne als auch die Sonne in der Himmelssphäre unbeweglich seien, dass sich die selbst rotierende Erde aber auf einer Kreisbahn um die wesentlich größere Sonne im Mittelpunkt des „Universums" bewegen müsste. Um etwa 190 v. Chr. soll der ebenfalls griechische Astronom Seleukos von Seleukia als Einziger das heliozentrische Weltbild des Aristarchos von Samos verteidigt haben, der aufgrund inzwischen besserer Beobachtungsdaten sowie trigonometrischer Kenntnisse dies angeblich anhand theoretischer Überlegung sogar „beweisen" konnte.

Erst etwa 1800 Jahre später, im Jahr 1543, setzte der polnische Astronom und Arzt Nikolaus Kopernikus (1473–1543) seinem Werk *De revolutionibus orbium coelestium* die Sonne wieder ins Zentrum des Universums. In der Zwischenzeit war das schon von Aristoteles (384–322 v. Chr.) entwickelte und später von Claudius Ptolemäus (ca. 100–160 n. Chr.) in seinem Werk *Mathematices syntaxeos biblia XIII* detailliert ausgearbeitete geozentrische Weltbild allgemein anerkannt. Die Erde wird darin als im Zentrum des Universums ruhend angesehen und wurde vom Mond, den damals bereits entdeckten inneren Planeten Merkur und Venus, der Sonne und den äußeren Planeten Jupiter und Saturn auf komplizierten Bahnkurven umkreist. Diese

© Springer-Verlag GmbH Deutschland, ein Teil von Springer Nature 2023
U. von Kusserow und E. Marsch, *Magnetisches Sonnensystem*,
https://doi.org/10.1007/978-3-662-65401-9

Modellvorstellung passte allerdings nicht wirklich zu den Vorstellungen des Aristoteles über die Wirkung einer Art Schwerkraft, wonach alles Schwere eigentlich zum Mittelpunkt des Universums als seinem natürlichen Ort zustreben und sich die Himmelsobjekte mit konstanter Geschwindigkeit auf Kreisbahnen nur um die Erde bewegen sollten. Demgegenüber ging Kopernikus in seinem heliozentrischen Weltbild davon aus, dass sich die Erde und die anderen Planeten jeweils um sich selbst drehend auf Kreisbahnen um die Sonne bewegen müssten. Ebenfalls noch ohne Vorstellungen über den Einfluss der Gravitationskraft unterstützte der deutsche Astronom Johannes Kepler (1571–1630) das kopernikanische Weltbild, ging aber davon aus, dass alle Planeten gemäß der nach ihm benannten keplerschen Gesetzes auf elliptischen Bahnen mit der Sonne in einem der beiden Brennpunkte umlaufen. In seinen Werken *Astronomia nova* und *Harmonices mundi libri V* veröffentlichte er 1609 bzw. 1619 diese Gesetze, in dem er das Sonnensystem als ein dynamisches System betrachte, in dem die Sonne durch Fernwirkung die Planeten auf ihren Bahnen hält.

Erst Isaac Newton (1642–1727) formulierte 1687 in seinem Werk *Philosophiae Naturalis Principia Mathematica* die entscheidenden Grundlagen der klassischen Mechanik. Basierend auf dem universell geltenden Gravitationsgesetz und dessen Fernwirkung, mit dem Konzept von absoluter Zeit und absolutem Raum, konnte er die Gültigkeit der drei keplerschen Grundgesetze der Bewegung beweisen und so die Bewegungen der Himmelsobjekte im Sonnensystem erklären.

A.2 Über die Eigenschaften der Magnete

Schon vor Christi Geburt machten die Menschen erste Erfahrungen mit den Eigenschaften von Magneten. Thales von Milet (etwa 624–546 v. Chr.) soll Magnetsteine und Bernstein als Beispiele für die Beseeltheit scheinbar toter Dinge angesehen haben. Der im alten Griechenland auch als Mathematiker, Astronom und Ingenieur angesehene Naturphilosoph entdeckte offenbar nicht nur die Elektrizität, die elektrostatische Aufladung durch Reiben von Bernstein an einem Tierfell. Ihm wird darüber hinaus auch die Entdeckung der Anziehungskraft des Magnetits in der thessalischen Landschaft Magnesia nachgesagt. Dieses Eisenoxid Fe_3O_4 zählt zu den stärksten (ferri)magnetischen Mineralen, die sich unterhalb der sogenannten Curie-Temperatur von 578 °C in Richtung des Erdmagnetfelds ausrichten.

Auch in chinesischen Quellen aus dem dritten vorchristlichen Jahrhundert werden die anziehenden Eigenschaften von Magnetsteinen erwähnt.

In natürlicher Weise sich ausrichtende „Magnetitlöffel" wurden damals als eine Art Naturkompass vermutlich eher für Weissagungen, insbesondere auch zur „geeigneten" Ausrichtung von Gebäuden im Rahmen daoistischer Harmonielehren benutzt. Die ersten gesicherten Hinweise auf die Möglichkeit der Ausnutzung der magnetischen Richtungskraft zur Navigation stammen von Schen Kuo (1031–1095 n. Chr.). Erst sehr viel später, Ende des 12. Jh. nach Christi Geburt, wurde der gewinnbringende Einsatz eines magnetischen Kompasses durch den englischen Mönch Alexander Neckam (1157–1217) in der europäischen Literatur erwähnt. Seeleute benutzten offensichtlich bereits damals drehbar gelagerte magnetisierte Nadeln, die sich (natürlich unabhängig von störender Bewölkung) in etwa zum Polarstern im Sternbild des Kleinen Bären, angenähert zum geografischen Nordpol hin ausrichten.

Der Kreuzritter und Militäringenieur Pierre Pèlerin de Maricourt, über dessen Lebenslauf es ansonsten keine verlässlichen Informationen gibt, hinterließ einen bemerkenswerten, mehr als 35 Seiten langen Brief, den er am 8. August 1269 im Feldlager während der Belagerung einer italienischen Stadt an einen Freund geschrieben hat. In diesem Brief fasste er seine praktischen und theoretischen Erkenntnisse über die geheime Kraft des Magnetismus zusammen. Als Petrus Peregrinus beschrieb er in dieser ersten als wissenschaftlich anzusehenden Abhandlung über die Lehre des Magnetismus mit dem Titel *Epistola de Magnete* seine drei sehr wesentlichen Entdeckungen über die Eigenschaften der Magnetpole. Sehr wahrscheinlich bemerkte er als Erster, dass jeder Magnet zwei unterschiedliche Pole aufweist, und erforschte mithilfe von Eisennadeln, wo diese senkrecht zur Oberfläche eines kugelförmigen Magnetsteins angezogen werden. Er fand heraus, dass sich ungleichartige Magnetpole sowohl der Naturmagnete als auch magnetisierten Eisens anziehen und gleichartige abstoßen. Schließlich erkannte er die Unzerstörbarkeit des Dipolcharakters der Magnete. Die zwei Teile eines zerbrochenen Magneten weisen wiederum jeweils einen sogenannten Nord- und Südpol auf. Aus Sicht eines Technikers beschrieb er unterschiedliche Schwimm- und Trockenkompasse, teilte den Messkreis für die Bestimmung der Ausrichtung der Magnetkraft bereits damals in 360 Teile und hatte die Idee, dass sich ein rotierender Motor, basierend auf dem Prinzip der magnetischen Anziehung und Abstoßung, realisieren lassen müsste.

Peregrinus ging damals davon aus, dass der Kosmos selbst zwei Magnetpole besitzen müsste, von denen die Magnetnadeln angezogen werden. In seinem 1440 erschienenen Hauptwerk postulierte Nikolaus von Kues (1401–1464), dass sich die Erde mit der Sonne um solche Pole des Weltalls dreht. In seiner späteren Abhandlung über statische Experimente äußerte dieser humanistische Denker bereits die Idee, dass sich die Magnetkräfte mithilfe von Gewichten messen lassen müssten. Nach Meinung des Arztes und Ordensmitglieds Marsilio Ficino (1433–1499) erhalten Magneten ihre Kraft direkt von den Sternen des Kleinen Bären, weshalb sich die Magnetnadeln in Richtung zum Polarstern ausrichten müssten. Selbst Leonardo da Vinci (1452–1519) war dieser Überzeugung. Der Arzt und Magier Agrippa von Nettelsheim (1486–1535) glaubte dagegen, dass Magnetsteine ihre Kraft vom Mars erhielten und dass Magnetnadeln vom Schwanz des großen Bären angezogen werden würden. Der als Paracelsus berühmt gewordene Arzt, Chemiker und Philosoph Theophrast von Hohenheim (1493–1541), der die Geschehnisse auf der Welt immer auch aus kosmischer Perspektive betrachtete, war überzeugt davon, dass die Sterne und sogar der Mond magnetisch seien, was Auswirkungen auf die Gesundheit des Menschen haben müsste und u. a. auch die Mondsucht erklären könnte.

Auch der Mathematiker Girolamo Cardano (1501–1576) ging noch davon aus, dass Kompassnadeln durch Magnetsterne angezogen werden. 1551 war es dann jedoch Martin Cortes (1507–1582), der Sohn des Eroberers des Aztekenreichs, der nicht mehr an die Anziehungskraft der Sterne glaubte und schon damals darauf hinwies, dass der geografische Nordpol der Erde möglicherweise nicht mit dem erdmagnetischen Pol übereinstimmt. 1598 schließlich schlug Johannes Kepler (1571–1630) ein Experiment vor, in dem durch Messung der magnetischen Neigung der Kompassnadeln überprüft werden könnte, ob die Magnete eher zum Polarstern oder aber zu „Bergen unter dem Pol" weisen. Bereits 1546 hatte der flämische Geograf Gerhard Mercator (1512–1594) in diesem Zusammenhang die sogenannte Magnetberghypothese unterstützt, wonach der Erdmagnetpol möglicherweise in einem magnetischen Gebirge auf der russischen Insel Nowaja Semlja zu finden sei.

A.3 Historisches über das „magnetische Sonnensystem"

Erst drei Jahre vor seinem Tod veröffentlichte William Gilbert (1544–1603) (Abb. A.1) im Jahr 1600 sein epochales Werk *De magnete* („Vom Magneten, von den magnetischen Kräften und dem großen Magneten Erde"), in dem er die völlig neue Hypothese aufstellte, dass die Erde selbst als Ganzes ein großer Magnet sei. Dieses beeindruckende Werk des praktizierenden englischen Arztes stellt das erste wissenschaftliche Buch der Neuzeit über den Magnetismus dar. Anstelle von Spekulationen ent-

Abb. A.1 Bekannte Naturforscher und Wissenschaftler erkennen den Einfluss kosmischer Magnetfelder im Sonnensystem in der Vergangenheit
© gemeinfrei, NASA, Image courtesy of the Observatories of the Carnegie Institution for Science Collection at the Huntington Library, San Marino, California

wickelte Gilbert erstmals eine solidere Theorie über den Erdmagnetismus. Er führte eine Vielzahl sehr konkreter Experimente mit einem kugelförmigen, als Terrella bezeichneten Magnetstein durch, der die Erde modellhaft repräsentieren sollte. Er ermittelte die breitenabgängige Neigung (Inklination) von Magnetnadeln, die er an die Terrella hielt, und verglich seine Erkenntnisse mit den damals schon gewonnenen erdmagnetischen Messergebnissen.

Wie es in einem naturwissenschaftlichen Werk heute üblich ist, prüfte und bewertete Gilbert schon damals auch die Ergebnisse der Werke von Hunderten anderer Autoren. Nach seinen Schlussfolgerungen müsste die Magnetkraft etwas Immaterielles darstellen und der Magnetismus zu den wichtigsten kosmischen Kräften gehören. Ohne Kenntnisse über die Gravitationskraft glaubte er wie Kepler daran, dass diese magische Kraft sowohl die Erde als auch das gesamte Sonnensystem bewegen könnte. Im Rahmen seiner „magnetischen Philosophie" sah er die „Ursache aller Himmelsbewegungen in magnetischen Kräften". Die Magnetkraft der

Sonne wurde von ihm und vielen anderen auch für die Planetenbewegungen verantwortlich gemacht. Selbst Galileo Galilei (1564–1642) war ein Anhänger dieser Theorie von William Gilbert, auch wenn er gründlichere mathematische Abhandlungen und bessere geometrische Veranschaulichungen in dessen Arbeiten vermisste. 1616 war es William Barlow (1544–1625), der das Wort „Magnetismus" erstmals nachweisbar in seinen *Magnetical Advertisements* („Magnetische Bekanntmachungen") benutzte.

„Der Leib der Sonne ist magnetisch und dreht sich am Orte" ist die Überschrift eines Kapitels des 1609 von Johannes Kepler veröffentlichten Werks *Astronomia Nova, eine neue, auf wahren Ursachen gegründete Sternkunde.* Fast 600 Jahre früher hatte u. a. der Ägypter Ali ben Ridwan (980–1052) die in der Zwischenzeit aufgrund von Beobachtungergebnissen anerkannte Ansicht vertreten, dass von jedem Magneten faserartige Strukturen als Merkmal der von ihm vermittelten gerichteten Kraft herausströmen. So müssten nach Keplers Meinung magnetische Fasern auch von der rotierenden, magnetischen Sonne abströmen und die Zwischenräume der von diesen mitgerissenen Planeten durchfluten. Er benutzte damals offensichtlich eine frühe Form des wesentlich später von dem berühmten Naturforscher Michael Faraday (1791–1867) (Abb. A.1) um 1846 entwickelten Modells magnetischer Kraftlinien, um die Dynamik der Bewegungen der Himmelsobjekte im Sonnensystem sowie die Ausbreitung magnetischer Felder darin ganz ohne die Wirkung von Gravitationskräften zu erklären. 1620 zeichnete der englische Staatsmann Francis Bacon (1561–1626) erstmals magnetische Feldlinien und spekulierte über den Ursprung der magnetischen Fernkraftwirkung.

Basierend vor allem auch auf den Erkenntnissen von Michael Faraday, Carl Friedrich Gauß (1777–1855) und André-Marie Ampère (1775–1836) entwickelte James Clerk Maxwell (1831–1879) (Abb. A.1) zwischen 1861 und 1864 die nach ihm benannten Gleichungen, die die entscheidenden Grundlagen zur Beschreibung der Phänomene des Elektromagnetismus und zur Modellierung magnetischer Prozesse nicht nur in unserem Sonnesystem darstellen.

A.4 Die Entdeckung der Sonnenflecken

Der griechische Philosoph und Naturforscher Theophrastos von Eresos (371–287 v. Chr.) hatte einen dunklen Fleck auf der hellen Sonne als ein „Wetterzeichen" interpretiert. Und in chinesischen Aufzeichnungen aus Zeiten der Han-Dynastie findet man erste Hinweise auf die Beobachtung solcher Flecken in den Jahren 165 sowie 28 v. Chr. Insbesondere größere

Sonnenflecken oder Sonnenfleckengruppen konnten sicherlich bei Sonnenaufgängen und Sonnenuntergängen oder bei etwas dunstigem Wetter aufgrund atmosphärischer Dämpfung des allzu grellen Sonnenlichts gut beobachtet werden. Der persische Naturforscher Aviacella (vor 980–1037) berichtete darüber, dass ein Fleck sogar über acht Tage zu sehen gewesen sei. Basierend auf der über Jahrtausende akzeptierten Vorstellung einer als „makellos, ohne einen Fleck" angesehenen Sonne ging auch der englische Mönch und Chronist Johannes von Worcester noch im Jahr 1128 davon aus, dass die beobachteten dunklen Objekte sicherlich unentdeckte Planeten, Monde oder Wolken seien, die zwischen der Erde und der Sonne liegen müssten. Immer wieder tauchten andererseits aber auch Vorstellungen auf, dass es sich bei den Sonnenflecken um dunkle Löcher, schwimmende Schlacken oder kühlere Stellen auf der Sonne oder aber um Erscheinungen in der Erdatmosphäre handeln müsste.

Um nicht mit bloßem Auge in die allzu helle Sonne blicken zu müssen, beobachtete der englische Naturphilosoph Roger Bacon (um 1220 bis nach 1292) erstmals Sonnenflecken mithilfe einer sogenannten Camera obscura. Durch ein kleines Loch in der Wand eines dunklen Raums können darin eintretende Sonnenstrahlen ein höhen- und seitenverkehrtes Abbild des jeweils betrachteten Fleckenobjekts auf der gegenüberliegenden Wand erzeugen. 1607 hielt Johannes Kepler (1571–1630) einen mit einer solchen Lochkamera beobachteten Sonnenfleck noch für den Planeten Merkur.

Nach der Erfindung des Teleskops im Jahr 1607 u. a. durch den deutsch-niederländischen Brillenmacher Hans Lipperhey (1570–1619) konnten Sonnenflecken dann aber eindeutiger identifiziert werden. 1610 fertigte der englische Astronom Thomas Harriot (1560–1621) erste, noch private Aufzeichnungen von Sonnenfleckbeobachtungen mithilfe eines Teleskops an. Und 1611 publizierte der deutsche Astronom Johann Fabricius (1587–1617) erstmals öffentlich die Ergebnisse von derartigen Beobachtungen. Wie der österreichische Astronom Christoph Scheiner (1573–1650) begann auch Galileo Galilei (1564–1642) 1610 mit der Langzeitbeobachtung und Anfertigung von Zeichnungen von Sonnenflecken und anderer Strukturen auf der Sonnenoberfläche. Während Scheiner noch annahm, dass sich diese dunklen Flecken nicht auf der „reinen Sonne" befinden könnten, ging Galilei nach seiner Entdeckung der etwa 28-tägigen Sonnenrotation anhand der Fleckenwanderung sicherlich davon aus, dass sich diese auf der Sonne befinden müssten.

Der schottische Astronom und Mathematiker Alexander Wilson (1714–1786) stellte 1769 die Einsenkung der Sonnenflecken zum Sonnenrand hin fest. Dieser nach ihm benannte Effekt wurde auch von dem deutschen

Amateurastronomen Johann Hieronymus Schroeter (1745–1816), dem Leiter einer der damals weltweit bedeutendsten Sternwarten, von Lilienthal bei Bremen aus über 15 Jahre hinweg intensiv beobachtet und beschrieben. Die Sonne mit ihren Flecken sowie den nur am Sonnenrand auftretenden hellen punktförmigen Fackeln erschienen ihm von daher als eine Kugel. Das Aussehen randnaher Flecken- und Fackelgebiete interpretierte er in diesem Zusammenhang als das Erscheinungsbild gebirgiger Kraterlandschaften, die sich ähnlich einem Wettergeschehen ständig verändern würden. Die damals schon als Umbra bezeichneten dunklen Fleckenkerne seien teilweise von Lichtadern (heute Lichtbrücken genannt) durchsetzt und von mattgrauen, nach außen hin unscharf begrenzten, streifenartigen Lichtnebeln (heute Penumbra genannt) umgeben. Schroeter stellte fest, dass sich die gehäuft in der Nähe des Sonnenäquators umlaufenden Flecken und Fackeln sehr rasch verändern können, dass die gesamte Oberfläche in deren Umfeld nicht einheitlich hell, sondern eher „marmoriert" erscheint (heute als Granulation bezeichnet). Wie vieler seiner Zeitgenossen ging auch Schroeter damals davon aus, dass die Sonne im Inneren ein dunkler Körper sei, der von lichtaussendender Atmosphäre umgeben ist. Sonnenflecken werden danach durch die Schichtung dieser „Lichtatmosphäre" gebildet. Im Fleckenbereich blickt der Beobachter danach ins Dunkle des Sonneninneren.

A.5 Die Entdeckung des magnetischen Sonnenzyklus

Erstmals 1775 vermutete der dänische Arzt und Astronom Christian Pedersen Horrebow (1718–1776) eine Periodizität in der Häufigkeit des Auftretens der Sonnenflecken. Aber erst 1844 stellte Samuel Heinrich Schwabe (1789–1875) (Abb. A.1) anhand der Auswertung umfangreichen Datenmaterials die Zyklizität der Sonnenfleckentätigkeit mit einer Periode von etwa zehn Jahren gesichert fest. Beginnend 1862 erkannte der ebenfalls deutsche Astronom Friederich Wilhelm Gustav Spörer (1822–1895) bei der systematischen Erforschung der Bewegung der Sonnenflecken nicht nur, dass die heliografischen Breitenbereiche, in denen Sonnenflecken auf der Nord- bzw. Südhalbkugel immer wieder gehäuft auftreten, sich gemäß dem später nach ihm benannten Gesetz im Verlauf des Sonnenzyklus in systematischer Weise verändern, sondern fand darüber hinaus erstmals Hinweise auf die Existenz von Zeiträumen, in denen die mit der Fleckenhäufigkeit assoziierte Sonnenaktivität deutlich verringert ist. Der englische Edward Walter Maunder (1851–1928) wies schließlich 1893 nach, dass es eine – später nach ihm als Maunder-Minimum bezeichnete – Phase zwischen den Jahren 1645 und 1715 mit drastisch verringerter Flecken-häufigkeit tatsächlich gegeben hat.

Im Jahr 1908 hatte der US-amerikanischer Astronom George Ellery Hale (1868–1938) (Abb. A.1) nachweisen können, dass Sonnenflecken auffallend stark magnetisiert sind. Der Nachweis gelang ihm mithilfe des sogenannten Zeeman-Effekts, der nach dem niederländischen Physiker Pieter Zeeman (1865–1943) benannt ist. Dieser bezeichnet den Sachver-halt, dass in Magnetfeldern entstandene Spektrallinien in charakteristischer Weise in mehrere Komponenten aufgespalten werden. Die Tatsache, Art und Stärke der Aufspaltung sowie der Polarisationsart der einzelnen Spektral-linien ermöglichten so den Nachweis der Existenz sowie die Bestimmung der Stärke und Ausrichtung der magnetischen Flussdichte in dem jeweils betrachteten Medium.

Der englische Chemiker William Hyde Wollaston (1766–1828) sowie der Münchener Optiker und Physiker Joseph von Fraunhofer (1787–1826) hatten bereits 1802 bzw. 1814 unabhängig voneinander die Existenz Hunderter dunkler, sogenannter Fraunhoferlinien im Sonnenspektrum nachgewiesen. Solche von dunklen Absorptionslinien durchsetzten Spektren sowie aus hell leuchtenden Linien bestehende Emissionsspektren entstehen dadurch, dass man das zu analysierende Licht nach Durchlaufen eines schmalen Spalts und mithilfe eines brechenden Mediums in einem Spektro-meter in seine Komponenten mit verschiedenen Wellenlängen zerlegen kann. Erst um 1860 gelang dem deutschen Physiker Gustav Robert Kirch-hoff (1834–1887) sowie dem Chemiker Robert Wilhelm Bunsen (1811–1899) die genaue wissenschaftliche Analyse derartiger Spektren.

Hale hatte den Spalt seines Spektrografen so orientiert, dass er durch die Mitte eines Sonnenflecks lief. Er konnte nachweisen, dass einzelne Fraunhoferlinien jeweils oberhalb sowie unterhalb des Sonnenflecks kaum verbreitert waren, jedoch im Bereich des Sonnenflecks und verstärkt zu dessen Zentrum hin aufgrund der Wirkung des Zeeman-Effekts deut-lich aufgeweitet erschienen. Aus der Stärke dieser Verbreiterung konnte er auf die dazu proportionale Stärke des Magnetfelds schließen. Der lineare oder zirkulare Polarisationszustand ermöglichte ihm Aussagen über die Orientierung des Magnetfelds. Er fand heraus, dass die vorangehenden und benachbarten nachfolgenden Flecken einer Fleckengruppe in der Regel jeweils unterschiedliche magnetische Polaritäten aufweisen. Anhand der Ergebnisse umfangreicher Messreihen konnte er 1909 nachweisen, dass die magnetischen Polaritätsverhältnisse in Sonnenfleckengruppen im Ver-lauf des elfjährigen Sonnenfleckenzyklus zwar konstant bleiben, dass sie dabei allerdings in den beiden Hemisphären entgegengesetzt orientiert sind.

Zehn Jahre später fand er dann heraus, dass sich diese zu Beginn eines neuen Aktivitätszyklus offensichtlich vollständig umkehren. Der magnetische Aktivitätszyklus der Sonne besitzt somit eine im Durchschnitt 22-jährige Periode.

Harold Delos Babcock (1882–1968) (Abb. A.1) und sein Sohn Horace Welcome Babcock (1912–2003) waren zwei bedeutende amerikanische Astronomen, die sich auf die Sonnenspektroskopie und die präzise Vermessung der Verteilung der magnetischen Felder auf der Sonnenoberfläche spezialisiert hatten. Sie entwickelten und verwendeten dazu besonders leistungsfähige Messinstrumente. Mithilfe des um 1953 gebauten Magnetometers konnten sie sogar die Existenz eines nur relativ schwachen, von Pol zu Pol reichenden globalen solaren Dipolfelds und dessen zyklische Umpolung im Verlauf eines jedes Fleckenzyklus nachweisen. Darüber hinaus entwickelte Babcock 1961 zusammen mit dem amerikanischen Experimentalphysiker Robert Benjamin Leighton (1919–1997) auch ein qualitatives Modell für die Solardynamik, mit dem die Entwicklung des mit einer Periode von 22 Jahren oszillierenden Magnetfelds der Sonne im Großen und Ganzen erklärt werden könnte.

A.6 Sonnenfinsternisse, die Entdeckung der Sonnenkorona und solarer Gaswolken

Schon immer waren Menschen verständlicherweise tief beeindruckt, in frühen Zeiten meist auch voller Angst oder zumindest großer Ehrfurcht, wenn sie eine totale Sonnenfinsternis bei der Verdeckung der Sonnenscheibe durch den Mond erlebten. Es gibt die Legende, zwei chinesische Astrologen seien enthauptet worden, weil sie die „plötzliche Abwesenheit der Sonne" am 22. Oktober 2134 v. Chr. nicht präzise vorherberechnet hatten. In der menschlichen Geschichte war dies offensichtlich der erste aufgezeichnete Bericht einer Sonnenfinsternis. Sie wurde früher oft als Ursache von Tod und Zerstörung angesehen. Im alten China waren daher in solchen Momenten die Gesundheit und der Erfolg des Kaisers gefährdet. Davon gingen auch die Babylonier aus, die u. a. die Sonnenfinsternis des 3. Mai 1375 v. Chr. nachweislich sehr präzise vorhersagten. So konnten sie jeweils vorher noch rechtzeitig einen vorübergehenden Ersatzkönig einsetzen, der anstelle des eigentlichen Königs dem Zorn der Götter ausgesetzt wurde. Der griechische Universalgelehrte Aristoteles (384 v. Chr.–322 v. Chr.) soll 322 v. Chr. vorgeschlagen haben, dass die Sonne eine Kugel reinen Feuers sein müsste. Und um 20 v. Chr. könnte es der chinesische Astronom

Liu Hsiang gewesen sein, der die Verdunklung der Sonne durch den direkten Vorbeizug des etwa gleich groß erscheinenden Monds erklärte und so die Ursache für die Entstehung einer Sonnenfinsternis aufdeckte.

Jedem Menschen, der mit bloßem Auge eine totale Sonnenfinsternis beobachtet, müsste eigentlich der hell leuchtende, mehr oder weniger geordnete Strahlenkranz aufgefallen sein, der die durch den Mond vollständig verdeckte Sonne umhüllt. Vermutlich hat der byzantinische Historiker Leo Diaconus (etwa 950–994) zum ersten Mal ausdrücklich erwähnt, dass eine heute als Korona bezeichnete äußere Atmosphäre der Sonne existiert. Am 22. Dezember 968 hatte er sie von Konstantinopel aus als schmales, strahlendes Band erkannt, das den Rand der vom Mond verdunkelten Sonnenscheibe umgibt.

Auch wenn Johannes Kepler persönlich niemals eine totale Sonnenfinsternis beobachtet hat, so machte er sich mehr als 600 Jahre später doch erstmals ernsthafte wissenschaftliche Gedanken über den Ursprung dieses Phänomens. Er schlug vor, dass das Sonnenlicht an der die Sonnen umgebenden Materie reflektiert werden könnte. 1724 ging der französisch-italienische Astronom Giacomo Filippo Maraldi (1665–1729) davon aus, dass die Korona ein Teil der Sonne sein müsste. Diese Ansicht unterstützte 1806 auch der spanisch-baskische Astronom José Joaquín de Ferrer (1763–1818), der nach Beobachtung einer Sonnenfinsternis dieser dünnen äußeren Atmosphäre dann auch den Namen „Korona" gab.

In den Jahren 1871 und 1878 verglich der französische Astronom Pierre Jules César Janssen (1824–1907) das Erscheinungsbild der Sonnenkorona während zweier Sonnenfinsternisse spektroskopisch. Er stellte zum einen fest, dass sie sowohl aus heißem Gas als auch aus kalter Materie zusammengesetzt sein müsste, und zum anderen, dass sie in Zeiten nahe dem Sonnenfleckenmaximum (1871) runder und gleichmäßiger um die verdeckte Sonnenscheibe verteilt und nahe dem Minimum hin (1878) eher zum Sonnenäquator hin konzentriert zu sein scheint. Die US-amerikanischen Astronomen Samuel Pierpont Langley (1834–1906) und Cleveland Abbe (1838–1916) konnten bei der Sonnenfinsternis am 29. Juli 1878 feststellen, dass dabei in Äquatornähe helm- und wimpelförmige Aufhellungen bis zu 6° von der Sonnenoberfläche entfernt in die Ekliptik hinausreichten. Erst 1932 konnten der südafrikanische theoretische Physiker Gabriël Gideon Cillié (1910–2000) sowie der amerikanische Astronom Donald Howard Menzel (1901–1976) anhand spektroskopischer Untersuchungen während einer Sonnenfinsternis zeigen, dass die Temperaturen in der Sonnenkorona wesentlich höher als in der darunterliegenden Photosphäre sind und dass sich die Teilchen in diesem dünneren Medium daher mit viel größeren Geschwindigkeiten bewegen sollten.

Die Inschrift „Drei plötzlich platzende Feuer fressen einen Teil der Sonne" auf einem chinesischen Schildkrötenpanzer aus dem Jahr 1307 v. Chr. lässt möglicherweise darauf schließen, dass bei einer Sonnenfinsternis rötlich leuchtende Strukturen oberhalb des verdeckten Sonnenrands zu beobachten waren. Während der ringförmigen Sonnenfinsternis am 17. Juli 334, bei der der Mond die Sonne am Rand nicht ganz vollständig verdeckte, beobachtete der römische Senator und Astrologe Iulius Firmicus Maternus offensichtlich Gaswolken am Sonnenrand, die heute als Protuberanzen bezeichnet werden würden. „Es wurde sehr dunkel und Sterne konnten gesehen werden. Die Sonne sah dem Mond ähnlich, und aus ihren Hörnern kam so etwas wie lebende Glut heraus" war die erste eindeutige Beschreibung solcher Gaswolken, die in einer russischen Chronik über die Beschreibung der Sonnenfinsternis vom 1. Mai 1185 zu finden ist: Ein englischer Schiffskapitän hat bei einer Sonnenfinsternis 1707 rötliche Streifen oberhalb des Sonnenrands beobachtet. Es spricht einiges dafür, dass er Strukturen, möglicherweise aufragende kühle Protuberanzen in der rötlich leuchtenden Chromosphäre zwischen der Photosphäre und der Korona beobachtet hat.

Der englische Astronom Edmond Halley (1656–1741) (Abb. A.1), der Entdecker des bekannten und nach ihm benannten, periodisch alle 74 bis 79 Jahre wiederkehrenden Kometen, entdeckte bei der Sonnenfinsternis am 3. Mai 1715 nicht nur die Asymmetrie der Sonnenkorona, sondern beobachtete auch helle rote Protuberanzen. Erstmals von der Sonnenfinsternis am 28. Juli 1851 wurde eine astronomische Fotografie mithilfe des Daguerreotypie-Verfahrens auf einer spiegelglatt polierten Metalloberfläche gemacht. Unter anderem der schottische Astronom Robert Grant (1814–1892) erkannte dabei während des Vorbeizugs des Monds vor der Sonne, dass Protuberanzen wohl Teile der Sonne sein müssten. George Biddell Airy (1801–1892) war danach der Erste, der das von Protuberanzen geschaffene gezackte Erscheinungsbild der Chromosphäre der Sonne detaillierter beschrieb.

Im Jahr 1868 schließlich gab der ebenfalls englische Astronom Joseph Norman Lockyer (1836–1920) dieser Atmosphärenschicht aufgrund ihrer auffallenden (rötlichen) Färbung diesen Namen. Und bei der Sonnenfinsternis am 18. August dieses Jahres wurden Protuberanzen erstmals auch spektroskopisch untersucht. Verschiedene Astronomen konnten dabei feststellen, dass diese in erster Linie hauptsächlich aus dem Element Wasserstoff bestehen. Schließlich entwickelten die amerikanischen bzw. französischen

Astronomen George Ellery Hale (1868–1938) und Henri-Alexandre Deslandres (1853–1948) in den Jahren 1893 bzw. 1894 sogenannte Spektroheliografen, mit denen man die Chromosphäre, Protuberanzen sowie solare Flares jederzeit auch ohne das Warten auf eine Sonnenfinsternis beobachten konnte.

A.7 Über Solare Eruptionen und koronale Masseauswürfe

Möglicherweise haben bereits chinesische Beobachter mit bloßem Auge 1111 v. Chr. erstmals eine als Flare bezeichnete blitzartig auftretende, sehr starke Aufhellung auf der Sonnenscheibe gesehen. Mit Sicherheit entdeckten der Amateurastronom Richard Hodgson (1804–1872) sowie der englische Sonnenfleckenforscher Richard Christopher Carrington (1826–1875) (Abb. A.1) solche Flares am 1. September 1859. In der damals von Carrington angefertigten Zeichnung einer großen Sonnenfleckengruppe sind auch vier Aufhellungen zwischen den dunklen, die Flecken darstellenden Strukturen eingetragen. Diese dokumentieren die genauen Positionen besonders dynamischer Flare-Ereignisse, bei denen damals gewaltige Mengen an magnetischer Energie freigesetzt worden sein müssen. Nachdem George Ellery Hale 1893 den Spektroheliografen entwickelt hatte, ließen sich solare Flares als bedeutsame Phänomene solarer Eruptionen auch spektroskopisch beobachten und genauer analysieren. Erstmals 1937 wurde der Flare-Begriff in einer Ausgabe der Zeitschrift *Washington Post* verwendet. 20 Jahre später, im Jahr 1957, beschrieb der 1927 geborene US-amerikanische Astrophysiker Eugene Newman Parker mit der magnetischen Rekonnexion einen physikalischen Prozess, der eine plötzliche Freisetzung sehr großer Energiemengen durch die Verschmelzung magnetischer Feldstrukturen ermöglicht. 1963 modellierte er diesen Prozess schließlich für Flares.

Nachdem Joseph Lockyer und Jules Janssen 1868 gezeigt hatten, dass Protuberanzen zu jeder Zeit mithilfe eines Spektroskops sichtbar gemacht werden konnten, wuchs die Kenntnis über die Eigenschaften, das Aussehen und die Entwicklung dieser solaren Gaswolken recht schnell an. 1871 klassifizierte der italienische Physiker und Astronom Angelo Secchi (1818–1878) diese häufig über den Sonnenrand herausragenden „Prominences", die er in seinem 1875 erschienenen Buch *Le Soleil* auch als „gigantische rosa oder Pfirsichblüten-farbige Flammen" beschrieb. Er unterteilte sie in ruhige und aktive Protuberanzen. Um 1892 war es bereits verbreitetes Allgemeinwissen unter interessierten Sonnenforschern, dass diese Gaswolken als Eruptionen mit Geschwindigkeiten von mehr als 100 km/s in der Atmosphäre der Sonne aufsteigen können.

Nach der Entwicklung des Spektroheliografen durch Hale und Deslandres in den 1890er Jahren war die hochaufgelöste Beobachtung der Chromosphäre der Sonne insbesondere im Licht der roten H-alpha-Linie des Wasserstoffs möglich. Die vorher nur über dem Sonnenrand gesehenen Protuberanzen waren dadurch auch in Form dunkler, oft recht lang gestreckter Filamente auf der Sonnenscheibe zu beobachten. Im Bereich einer Fleckengruppe gelang George Ellery Hale am 2. Mai 1909 eine besonders spektakuläre Aufnahme einer gewaltigen Filamenteruption, bei der große Mengen an magnetischer Energie in Flare-Prozessen freigesetzt und gleichzeitig gewaltige Materiemengen hinausgestoßen wurden.

Der 1929 geborene H. Lawrence Helfer gehörte zu den Physikern, die in den 1950er-Jahren die Theorie von Schockwellen entwickelt hatten. 1953 betrachtete er in einer Arbeit die Möglichkeit, dass solche aufgesteilten Stoßwellen auch vor eruptiven solaren Protuberanzen in den interplanetaren Raum hinauslaufen könnten. Etwas später, im Jahr 1957, hatte Eugene Newman Parker Details über die Physik großräumiger ionisierter Gaswolken mit darin verwickelt eingelagerten Magnetfeldern herausgearbeitet, die als sogenannte magnetische Wolken von der Sonne ausgeworfen werden könnten. Bis zum 1. März 1969 blieb allerdings unklar, ob die Plasmamaterie innerhalb dieser Wolken wegen der starken Gravitationskraft der Sonne nicht immer wieder auf die Sonnenoberfläche zurückfallen würde. Anhand der Abbildungen, die mithilfe eines australischen solaren Radiospektrografen in zeitlicher Abfolge erstellt werden konnten, ließ sich an diesem Tag erstmals zeigen, dass dies offensichtlich nicht immer der Fall ist.

Die ersten optischen Aufnahmen eines Materieauswurfs aus der Sonnenkorona gelangen am 13. und 14. Dezember 1971 mithilfe des Weltraumkoronografen OSO-7 der NASA. Ebenfalls durch künstliche Verdeckung der Sonnenscheibe erstellten die US-Amerikaner von Bord ihrer Weltraumstation Skylab Aufnahmen solarer Eruptionen mit deutlich besserer Qualität über längere Beobachtungszeiten. Sie erkannten, dass diese mit Flare-Ereignissen assoziiert waren und immer dann erfolgten, wenn Protuberanzen in Höhen von mehr als 0,3 Sonnenradien aufstiegen, manchmal aber auch wieder zurückfielen. Bei oft bogenförmigen koronalen Masseauswürfen konnten Plasmawolken die Gravitationskraft der Sonne ohne Rückfall größerer Materiemengen überwinden und weiträumig in die Heliosphäre entweichen. Die typische dreiteilige Struktur dieser Masseauswürfe, bestehend aus einer voranlaufenden Schockfront, einem nachfolgenden Hohlraum mit reduzierter Teilchendichte sowie einem hellen, mit Protuberanzenmaterial gefüllten Kern, konnte erstmals am 18. August 1980 mithilfe der amerikanischen Solar-Maximum-Mission identifiziert werden. Knapp ein Jahr vorher war ein sogenannter Halo-Materieauswurf beobachtet worden, bei dem sich ein helles Emissionsband oberhalb der gesamten verdeckten Sonnenscheibe hinaus in die Heliosphäre bewegt.

A.8 Über Kometen, die heiße Sonnenkorona und den Sonnenwind

Dass geladene Teilchen in Form von Elektronen von der Sonne insbesondere auch in Richtung Erde gesendet werden, davon ging der norwegische Physiker Kristian Olaf Bernhard Birkeland (1867–1917) bereits 1898 aus. Als Erforscher der Polarlichter ging er in seiner Theorie davon aus, dass diese das Gasgemisch der oberen Erdatmosphäre zum Leuchten anregen müssten. 1909 konnte er diese Möglichkeit in seinem Terella-Experiment plausibel machen, indem er die polnahe gasförmige Umgebung einer kleinen, die Erde repräsentierende magnetisierte Modellkugel in einer Vakuumkammer durch Beschuss mit negativ geladener Kathodenstrahlung tatsächlich zum Leuchten brachte. Dass die Sonne geladene Partikel nicht nur sporadisch bei koronalen Masseauswürfen, sondern auch in Form eines stetig von ihrer Korona in die Heliosphäre abströmenden Partikelwinds aussendet, das vermutete der deutsche Physiker Ludwig Franz Benedikt Biermann (1907–1986) in seinen Überlegungen zur Ausrichtung der lang gestreckten Schweife der Kometen und der Strömung der Teilchen darin.

Die seltenen, dann aber plötzlich und unerwartet erscheinenden, mit bloßem Auge sichtbaren Kometen mit ihren in Sonnennähe bis zu Millionen Kilometer langen Schweifen waren früher für viele Menschen Himmelsobjekte, vor denen man sich fürchten musste. So assoziierte Homer, der bekannte früheste Dichter des Abendlands, etwa 800 v. Chr. Krankheit, Pest und Krieg mit dem „flammenden Haar" der Kometen. Der besonders leuchtstarke und langlebige Komet Halley wurde dafür verantwortlich gemacht, dass König Harold 1066 in der Schlacht von Hastings von Wilhelm dem Eroberer besiegt worden war. Ein Papst hielt ihn 1456 für einen Vertreter des Teufels, dessen langer Schweif die Form eines Drachens oder Schwerts besaß. Und der Große Komet aus dem Jahr 1811 zog die Aufmerksamkeit des Kaisers Napoleon Bonaparte auf sich, der ihn als Weissagung für die Rechtfertigung der Invasion Russlands im Jahr 1812 ansah.

Während die frühen griechischen Astronomen zur Zeit des Aristoteles (384 v. Chr.–322 v. Chr.) Kometen als ein Himmelsobjekt in der Erdatmosphäre ansahen, stellte der berühmte dänische Astronom Tycho Brahe (1546–1601) anhand von Parallaxenentfernungsmessungen fest, dass der Große Komet des Jahres 1577 tatsächlich wesentlich weiter entfernt als der Mond von der Erde war. Es war schließlich Edward Halley, der unterstützt durch seinen Freund Isaac Newton (1643–1727), basierend auf den Grundlagen der Gravitationstheorie, ein erstes physikalisches Verständnis über die Natur der Kometen entwickelte. Er sagte (relativ korrekt) voraus, dass der nach ihm benannte Komet auf seiner Umlaufbahn um die Sonne von etwa 76 Jahren nach 1682 erst wieder 1759 (in Wirklichkeit bereits im Januar 1758) zu sehen sein würde.

Um das Jahr 1950 existierten zwei unterschiedliche Theorien über die Zusammensetzung des Kometenkerns. Nach dem Sandbank-Modell des britischen Astrophysikers Raymond Arthur Lyttleton (1911–1995) müsste er aus einer lockeren Ansammlung von Eis und Staub bestehen, der sich bei Annäherung an die Sonne zunehmend stärker erhitzt. Um den Kern herum würde sich dadurch eine als Koma bezeichnete Kometenatmosphäre sowie davon ausgehend ein charakteristischer Kometenschweif ausbilden. Der amerikanische Astronom Fred Lawrence Whipple (1906–2004) glaubte in seinem Schmutziger-Schneeball-Modell eher an die Existenz eines festen Kerns aus Wassereis, Felsbrocken und eingelagertem Staub. Die Richtigkeit dieser Theorie konnte erst 1986 bei der Annäherung mehrerer Weltraumsonden an den Kometen Halley bestätigt werden.

Deutlich erkennbar schon für frühe Beobachter großer Kometen, besteht deren Schweif, der sich erst in einem Abstand von etwa 2 AE von der Sonne ausbildet, in der Regel aus zwei unterschiedlichen Anteilen. Die Ausbildung des gekrümmten, diffus strukturierten und relativ stark aufgefächerten Staubschweifs ließe sich recht gut allein durch die Einwirkung des Drucks der von der Sonne ausgehenden elektromagnetischen Strahlung erklären. Für die Ausbildung des oft auffällig lang gestreckten und von der Sonne wegweisenden Gasschweifs sowie die Beschleunigung der geladenen Teilchen darin vermutete Ludwig Biermann 1951 aber zusätzlich auch den Einfluss einer von der Sonne kontinuierlich emittierten Partikelströmung. Deren Wechselwirkung mit den ionisierten Teilchen aus dem Kometenhalo und möglicherweise auch in der solaren Teilchenstrahlung mitgeführte Magnetfelder könnten so für die Ausbildung des gebündelten Plasmaschweifs eine wichtige Rolle spielen.

Dass eine stark aufgeheizte Sonnenkorona für die Beschleunigung eines regelmäßig aus der Sonnenatmosphäre abströmenden Teilchenwinds verantwortlich sein könnte, dafür gab es bis zum Jahr 1943 nur wenige Indizien. Wie sollte es angesichts einer nur etwa 5500 °C warmen Photosphäre der Sonne überhaupt möglich sein, dass von weiter außen gelegenen Atmosphärenschichten der Sonne stetig Teilchen- sowie UV- und sogar Röntgenstrahlung ausgesandt werden sollten? Einigen Aufschluss hätte darüber eine damals noch nicht identifizierbare grüne Koronalinie geben können, die während einer Sonnenfinsternis im Jahr 1869 entdeckt worden war. Die Wellenlänge dieser Emissionslinie eines damals hypothetisch noch als Coronium bezeichneten Atoms konnte erst rund 20 Jahre später mit $\lambda = 530,3$ nm spektroskopisch bestimmt werden. Erst wesentlich später, im Jahr 1931, postulierte der deutsche Astrophysiker und Spektroskopiker Walter Robert Wilhelm Grotrian (1890–1954), dass die beobachteten Verbreiterungen von Absorptionslinien im Sonnenspektrum mithilfe der Streuung an freien Elektronen zu erklären seien, die in einer heißen Korona zur Verfügung stehen müssten. Deren Freisetzung aus Atomen würde aber unbedingt die lokale Einwirkung von UV- und Röntgenstrahlung oder auch hochenergetischer neutraler Teilchenstrahlung erfordern. 1938 konnte sich der US-amerikanische Geophysiker Edward Olson Hulburt (1890–1982) auch die nachgewiesene Teilchenionisation in der E-Schicht der Erdionosphäre nur durch solche von der Sonne ausgesandten harten Strahlung erklären. Am 10. Oktober 1946 konnte die Emission ultravioletter Strahlung von der Sonne erstmals mit amerikanischen Instrumenten geflogen auf einer erbeuteten deutschen V2-Rakete nachgewiesen werden.

1939 postulierte Grotrian (1939), dass die grüne Linie des Coroniums in Wirklichkeit eine Linie des 13-fach ionisierten Eisens sein müsste, was der schwedische Astrophysiker Bengt Edlén (1906–1993) im Jahr 1943 auch beweisen konnte. Beide Wissenschaftler identifizierten weitere Spektrallinien besonders hochionisierter Atome, u. a. die rote Linie des neunfach ionisierten Eisenatoms Fe X bei $\lambda = 637,4$ nm. Während Grotrian damals nur von hohen Ionisationsgraden, aber noch nicht direkt von hohen Temperaturen sprach, ging Edlén bereits 1941 davon aus, dass der hohe Ionisationsgrad vieler Atome für typische Temperaturen von mehreren Hunderttausend Grad Celisus in der Sonnenkorona sprechen würde. In seinem ersten Artikel über die Heizung der Korona im selben Jahr schlussfolgerte der spätere schwedische Nobelpreisträger Hannes Gösta Alfvén (1908–1995) anhand einer Vielzahl von Argumenten ebenfalls, dass in der Korona extrem hohe Temperaturen anzutreffen sind. 1947 beschrieb er die dazu erforderliche Heizung der Korona durch magnetohydrodynamische Wellen, und 1950 ging er aufgrund der Identifikation der Koronalinien hochionisierter Atome durch Bengt Edlén davon aus, dass die Temperaturen in der Korona 600000 °C betragen müssten. Basierend auf ersten Einsichten von Grotrian sowie dem Nachweis durch Edlén, waren es also wichtige physikalische Erkenntnisse von Alfvén, die die Existenz einer – heute sogar als 1 Mio. Grad Celsius heiß erkannten – Sonnenkorona bestätigen konnten.

Ludwig Biermann behauptete, dass von der so heißen Sonnenkorona ein stetiger Strom geladener Plasmapartikel, möglicherweise durchsetzt auch von Magnetfeldern, ausgesandt wird, der in größerer Sonnennähe für die Ausbildung der lang gestreckten Plasmaschweife der Kometen sorgt. Eugene Newman Parker konnte 1958 in einem anfangs umstrittenen Artikel zeigen, dass Biermann recht hatte. Seine Berechnungen gingen davon aus, dass die Sonnenkorona aufgrund ihrer hohen Temperatur nicht etwa als statisch angesehen werden darf, sondern eher als sehr dynamisch behandelt werden muss. Den von ihr ausströmenden überschallschnellen Teilchenwind, für dessen Beschreibung er eine erste magnetohydrodynamische Theorie entwickelte, bezeichnete er mit dem Begriff „Solar Wind". Ausgehend von einer mehr als 1 Mio. Grad heißen Atmosphäre berechnete er die Geschwindigkeit der radialen Expansion der Sonnenkorona nach außen sowie die zu erwartende Dichte des Sonnenwindgases am Orbit der Erde.

Dieses ionisierte, elektrisch sehr gut leitfähige, als Plasma bezeichnete Gas müsste die Feldlinien des dipolartigen globalen Magnetfelds der Sonne wie eingefroren mit sich tragen. Bereits 1928 hatte der amerikanische Chemiker und Physiker Irving Langmuir (1881–1957) den Plasmabegriff als vierten Zustand der Materie neben fest, flüssig und gasförmig eingeführt. In seiner 1959 veröffentlichten Arbeit stellte Parker heraus, dass die interplanetaren Magnetfeldstrukturen aufgrund der Rotation der Sonne, zumindest in größer Entfernung von ihr, deshalb in Form einer archimedischen Spirale aufgewickelt sein müssten. Auf eine mögliche Spiralstruktur heliosphärischer Magnetfelder, die heute mit dem Begriff „Parker-Spirale" bezeichnet wird, hatte 1957 auch schon Hannes Alfvén im Zusammenhang mit der Entwicklung seiner Theorie der Kometenschweife hingewiesen.

Der erste Nachweis eines Ionenflusses im interplanetaren Medium außerhalb der Erdmagnetosphäre gelang 1959 von Bord sowjetischer Luna-Missionen. Obwohl die genauen Geschwindigkeiten und Richtungen der strömenden Protonen nicht ermittelt werden konnten, gingen die Wissenschaftler damals davon aus, dass diese Teilchen von der Sonne ausgesandt sein müssten. Plasmaströme von der Sonne mit mittleren Geschwindigkeiten von 300 km/s und Temperaturen von 500000 °C konnten erstmals 1962 von der amerikanischen Explorer-10-Mission nachgewiesen werden. Eindeutige Indizien für die Existenz eines kontinuierlich von Sonne abströmenden Teilchenwinds konnten aber erst mit Daten von Bord der im selben Jahr gestarteten Mariner-2-Mission der Amerikaner zur Venus gewonnen werden. Über 104 Tage hinweg wurde ein stetiger Plasmafluss mit wechselnden Geschwindigkeiten zwischen 400 und 1250 km/s nachgewiesen, der von der Sonne weggerichtet war und in dem sich neben den Protonen auch ein kleinerer Prozentsatz an schweren Heliumkernen befand.

In seiner frühen Arbeit von 1958 ging Parker davon aus, dass die Ausdehnung der Korona durch den Gradienten des Drucks der so heißen Elektronen getrieben wird. Aufgrund des zu schnellen Abfalls der Elektronentemperaturen mit dem Abstand von der Sonne vermutete er allerdings bereits 1965, dass die Sonnenkorona noch weit außen zusätzlich durch die Dissipation von Wellenenergien geheizt werden müsste. In einem Zweikomponentenmodell versuchten die amerikanischen Astrophysiker R. E. Hartle und Peter E. Sturrock 1968, neben den Elektronen auch die Rolle der Protonen im Sonnenwind zu berücksichtigen. Da ihre Modellrechnungen viel zu geringe Geschwindigkeiten und Temperaturen für die Sonnenwindpartikel ermittelten, schlossen sie darauf, dass deren Heizung zusätzlich noch durch sogenannte nichtthermische Energien erfolgen müsste.

Bereits 1942 hatte Hannes Alfvén die Existenz später nach ihm benannter magnetohydrodynamischer Wellen vorgeschlagen. Er ging davon aus, dass derartige Wellen auch Energie aus der Photosphäre hinauf in höhere Atmosphärenschichten transportieren und so auch die Korona und sogar den Sonnenwind erwärmen könnten. 1971 konnten die amerikanischen Astronomen John Winston Belcher und Leverett Davis erstmals die allgegenwärtige Existenz solcher Alfvén-Wellen im Sonnenwind nachweisen. Später wurden weitere magnetische Wellentypen entdeckt, die für die Beschleunigung und Heizung des Sonnenwinds verantwortlich sein könnten. Philip A. Isenberg, Joseph V. Hollweg, Eckart Marsch und andere Forscher entwickelten von 1982 an eine Theorie der Heizung des Sonnenwinds durch Ionenzyklotronwellen. Ausgehend von der Sonnenkorona könnten solche Wellen nach erfolgter Dämpfung auch für die bevorzugte Heizung und Beschleunigung besonders von schweren Ionen im Sonnenwind verantwortlich sein.

A.9 Historisches über Variationen im Erdmagnetfeld

Erkenntnisse darüber, dass sich geeignet gelagerte Bruchstücke von Magneteisenstein ungefähr in geografischer Nord-Süd-Richtung ausrichten, gab es in China vermutlich seit etwa 200 v. Chr., möglicherweise auch bereits im antiken Griechenland. Die ersten gesicherten Hinweise für die Ausnutzung der magnetischen Richtungskraft auch zur Navigation stammen von dem chinesischen Naturwissenschaftler Schen Kuo (1031–1095 n. Chr.). Erst am Ende des 12. Jahrhundert wurde der gewinnbringende Einsatz eines magnetischen Kompasses durch den englischen Mönch Alexander Neckam (1157–1217) in der europäischen Literatur erwähnt. Seeleute benutzten offensichtlich bereits damals drehbar gelagerte magnetisierte Nadeln, die sich unabhängig von störender Bewölkung zum Polarstern im Sternbild des Kleinen Bären angenähert in Richtung zum geografischen Nordpol ausrichteten. Der italienische Seefahrer Christoph Kolumbus (1446–1461) entdeckte 1492 auf seinen Schiffsreisen ortsabhängige Veränderungen der Ausrichtung horizontal gelagerter magnetischer Kompassnadeln. Die sogenannte Deklination gibt in diesem Zusammenhang den zu messenden lokalen Winkel zwischen der Ausrichtung der Horizontalkomponente des Erdmagnetfelds und der geografischen Nordrichtung an. Auf dem Festland begann der Instrumentenmacher Georg Hartmann (1489–1564) mit den Messungen dieser Deklination.

Zufällig bemerkte er bereits 1510, dass eine geeignet aufgehängte Kompassnadel einen bestimmten Neigungswinkel zur Horizontalen einnimmt, „dass sie abwärts zieht". Die Tatsache, dass ein solcher – heute als Inklination bezeichneter – Winkel von Bedeutung ist, wurde aber erst durch den englischen Seefahrer, Kompasshersteller und Wissenschaftler Robert Norman (vor 1560 bis nach 1596) wirklich bekannt gemacht. 1575 hatte er herausgefunden, dass sich eine in Richtung Norden weisende Magnetnadel in London leicht zur Erde neigt. Erst nachdem der praktizierende Arzt William Gilbert (1544–1603) im Jahr 1600 seine Hypothese aufgestellt hatte, dass die Erde als Ganzes ein großer Magnet sei, konnte er erklären, warum sich die auf der Erdoberfläche gemessene Inklination als so stark ortsabhängig erweisen musste. Gilbert experimentierte mit einem kugelförmigen Magnetstein, die als sogenannte Terella die Erde symbolisieren sollte. Er konnte zeigen, dass sich Kompassnadeln am Terella-Äquator mit einer Inklination von 0° horizontal zur Kugeloberfläche, an den beiden Polen mit dem Inklinationswinkel 90° senkrecht, dazwischen aber tatsächlich schräg zur Kugeloberfläche ausrichten.

Der englische Pfarrer und Astronomie-Professor Henry Gellibrand (1597–1636) stellte 1635 die These auf, dass sich das gesamte Magnetfeld der Erde mit der Zeit verändert. Durch Vergleich von Messdaten konnte er zeigen, dass sich der Deklinationswinkel in London innerhalb von 50 Jahren um mehr als 7° verändert hatte. Während der deutsche Astronom Johannes Hevelius (1611–1687) die Unregelmäßigkeiten des Erdmagnetfelds mit der Unregelmäßigkeit der Erdbewegung zu erklären versuchte, meinte der Navigationslehrer Henry Bond (1600–1678) im Jahr 1673, dass die erdmagnetischen Pole wie von selbst wandern würden. Und der Kometenforscher Edmond Halley entwickelte dafür 1691 eine Theorie, wonach im Erdinneren zwei verschiedene Magnete rotieren. Er war der Leiter einer ersten globalen magnetischen Vermessungskampagne (1698–1700), erstellte danach 1701 und 1702 Karten, die bereits recht detailliert die Verteilung der magnetischen Deklinationen über den Atlantik bzw. die ganze Welt zeigen. 1716 betonte er auch den möglichen Zusammenhang des Erdmagnetismus mit den Polarlichterscheinungen. Er war der Erste, der vorschlug, dass man neben der Deklination und Inklination auch die Kraft des Erdmagnetfelds mit Kompassnadeln vermessen sollte.

Der berühmte Forschungsreisende Friedrich Wilhelm Heinrich Alexander von Humboldt (1769–1859) (Abb. A.1) veröffentlichte 1798 in Paris mit anderen Wissenschaftlern die Ergebnisse der mit Kompassen durchgeführten Deklinationsmessungen. Zusammen mit dem französischen Mathematiker und Seemann Jean-Charles de Borda (1733–1799) machte er dort im selben Jahr auch erste Inklinationsmessungen. Bereits ein Jahr später ermittelte er sogar die relativen Stärken des Erdmagnetfelds an verschiedenen Orten in Spanien und Frankreich mithilfe eines saussureschen Magnetometers. Der Genfer Geologe, Meteorologe und Physiker Horace Bénédict de Saussure (1740–1799) hatte dieses Messgerät entwickelt, bei dem ein Stabmagnet, der an einem Drahtseil horizontal gelagert aufgehängt ist, durch angelegte äußere Magnetfelder in Schwingungen versetzt wird. Für ein solches Schwingungssystem gilt, dass das Verhältnis T_2/T_1 zweier Schwingungsdauern stets gleich dem der Wurzel aus dem Kehrwert des Verhältnisses B_2/B_1 zweier magnetischer Flussdichten ist. Durch Messung der unterschiedlichen Schwingungsdauern T_1 und T_2 an zwei verschiedenen Orten konnte Humboldt so mithilfe dieses Messgeräts und der Gleichung $B_2/B_1 = (T_2/T_1)^2$ zumindest die Stärken der Magnetfelder an verschiedenen Orten relativ zueinander ermitteln.

Auf seiner Süd- und Mittelamerikareise führte er 1799 bis 1804 regelmäßig detaillierte Vermessungen des Erdmagnetfelds in sehr unterschiedlichen geografischen Breiten und unterschiedlichen Höhen über dem

Meeresspiegel durch. So wies er nach, dass die Intensität des terrestrischen Magnetfelds sowie dessen Inklinationswinkel zu den Polen hin deutlich zunehmen und dass die magnetische Stärke in den Gebirgen mit der Höhe abnimmt. Er ermittelte dort auch den ungefähren Verlauf des sogenannten magnetischen Äquators, einer Linie, die die Orte verbindet, an dem das Erdmagnetfeld horizontal zur Erdoberfläche verläuft. 1804 wurden seine Reiseergebnisse durch den französischen Physiker und Mathematiker Jean-Baptiste Biot (1774–1862) veröffentlicht, der den Verlauf des magnetischen Äquators danach noch genauer analysierte. 1808 definierte er zusammen mit dem französischen Chemiker und Physiker Joseph Louis Gay-Lussac (1778–1850) die magnetische Kraft über die Zahl horizontaler Schwingungen von Kompassnadeln pro Zeitraum.

Von 1805 bis 1807 führte Humboldt umfangreiche erdmagnetische Beobachtungen in Berlin durch. Am 20. Dezember 1806 beobachte er hier intensive Polarlichterscheinungen, die er mit großer Begeisterung besonders anschaulich beschrieb. Allerdings war er weniger an einer physikalischen Erklärung dieser von ihm als „Erdlichter" bezeichneten Phänomene interessiert als vielmehr am „Einfluss dieses Lichtmeteors auf die Magnetnadel". Schon wenige Tage vorher hatte er die von ihm „magnetische Ungewitter" genannten stärkeren Schwankungen des Erdmagnetfelds zusammen mit dem Bremer Arzt und Astronomen Heinrich Wilhelm Matthias Olbers (1758–1840) beobachtet, der ihn in Berlin besucht hatte. Olbers war es auch, der den Kontakt von Humboldt mit dem deutschen Mathematiker, Statistiker, Astronomen, Geodäten und Physiker Johann Carl Friedrich Gauß (1777–1855) vermittelte. Dieser war sehr an der umfangreichen erdmagnetischen Datensammlung Humboldts interessiert. 1812 sprach Humboldt mit Olbers in Paris über erdmagnetische Beobachtungen und die Veränderungen der Magnetnadelausrichtungen, 1826 führte er Inklinationsbestimmungen mit Carl Friedrich Gauß am Hainberg in Göttingen durch, der ihn zwei Jahre später auch in Berlin besuchte. 1823 hatte er den Bau eines ersten magnetischen Observatoriums aus Holz in Paris mit veranlasst. 1836 begann er seine systematischen magnetischen Beobachtungen und Forschungsarbeiten im magnetischen Observatorium in Berlin. Hier hielt er eine Vielzahl von beeindruckenden Vorträgen, in denen er eine Gesamtschau über die wissenschaftliche Welterforschung über die Sonne und ihre Flecken, über erdmagnetische Variationen und Polarlichter gegeben hat. Die Inhalte dieser Vorträge veröffentlichte er zwischen 1845 und 1862 in fünf Bänden unter dem Titel *Kosmos – Entwurf einer physischen Weltbeschreibung*.

Zusammen mit dem Physiker Wilhelm Eduard Weber (1804–1891) arbeitete Carl Friedrich Gauß in der Sternwarte Göttingen ab 1831 verstärkt über den Magnetismus. 1833 wurde hier ein Magnetisches Observatorium fertig gestellt. Zusammen mit Weber entwickelte Gauß ein Magnetometer zur direkten Messung magnetischer Feldstärken. Entlang der weltweit ersten Telegrafenverbindung tauschte er zwischen der Sternwarte und dem Physikalischen Institut Nachrichten über elektromagnetisch beeinflusste Kompassnadeln aus. 1839 entwickelte Gauß seine mathematische Potenzialtheorie, mit der es erstmals möglich war, Struktur und Stärke des globalen Erdmagnetfelds mithilfe einer nicht allzu großen Datenmenge für jeden Ort im Erdumfeld zu bestimmen. Anhand seiner Berechnungen stellte er dabei fest, dass der Hauptanteil des Magnetfelds zu ca. 95 % aus dem Erdinneren stammen müsste. Der Restanteil müsste außerhalb der Erde entstehen. Seine Allgemeine Theorie des Erdmagnetfelds wurde in Humboldts *Kosmos* später als „unsterbliches Werk" bezeichnet.

Die Tatsache, dass sich die Stärke und Ausrichtung des Erdmagnetfelds in Form sogenannter Säkularvariationen räumlich und zeitlich merklich variiert, hatten viele Naturforscher des 18. Jahrhunderts bereits erkannt. Umfangreiche Datensammlungen wurden von ihnen danach auch kartografiert und wissenschaftlich ausgewertet. Dass darüber hinaus die magnetischen Pole der Erde aber immer wieder weiträumige Exkursionen durchführen, zeitweise sogar mehr als zwei Pole existieren können und sich das Erdmagnetfeld in der Vergangenheit obendrein häufiger vollständig umgepolt hat, das entdeckten Wissenschaftler erst im 19. Jahrhundert. Bernhard Brunhes (1867–1911), französischer Geophysiker und einer der Pioniere des Paläomagnetismus, entdeckte 1906 die entgegengesetzte Ausrichtung der Magnetisierung von vulkanischen Gesteinsproben. Er schloss daraus, dass sich das Erdmagnetfeld im Laufe der Erdgeschichte umgepolt haben muss.

Im Jahr 1963 interpretierten der kanadische Geophysiker Lawrence Whitaker Morley (1920–2013) sowie unabhängig von ihm der 1939 geborene britische Geophysiker Frederick John Vine und der Meeresgeologe Drummond Hoyle Matthews (1931–1997) das Auftreten der sich abwechselnden magnetischen Polarisierung auf beiden Seiten des Mittelatlantischen Meeresrückens im gleichen Sinne. In ihren Theorien vereinigten sie schlüssig die Konzepte der vom deutschen Geowissenschaftler Alfred Lothar Wegener (1880–1930 auf Grönland) entdeckten Kontinentaldrift, der Ausbreitung des Meeresbodens in diesem Bereich sowie der wiederholten globalen Umpolung des Erdmagnetfelds. 1964 veröffentlichten der US-amerikanische Allan Verne Cox (1926–1987) und seine Mitarbeiter schließlich ihr wegweisendes Papier mit dem Titel „Reversals of the Earth Magnetic Field", indem sie weitere Beweise der gleichzeitigen Umpolung des

Erdmagnetfelds an verschiedensten Orten dokumentierten. Die letzte von ihnen nachgewiesene Umpolung datierten sie für die Zeit vor etwa 750 000 Jahren.

Schon 1919 hatte Joseph Larmor (1857–1942) erstmals die Wirkung selbsterregter Dynamoprozesse für die Erklärung des Ursprungs kosmischer Magnetfelder ins Spiel gebracht. Aber erst 1942 entwickelte Hannes Alfvén die Theorie der Magnetohydrodynamik, mit der die Entwicklungen solcher in der Sonne oder Erde wirksamen Dynamoprozesse berechnet werden konnten. Der deutsch-amerikanische Geophysiker Walter Elsasser (1904–1991) wird als Vater der Dynamotheorie bezeichnet. 1939 hatte er die grundlegenden Differenzialgleichungen für den Geodynamo aufgestellt und postulierte, dass das Erdmagnetfeld durch Wirbelströme innerhalb des flüssigen Erdkerns aufrechterhalten wird. 1950 entwickelte der britische Geophysiker Edward Crisp Bullard (1907–1980) die Theorie des Geodynamos weiter. Fünf Jahre später führte Eugene Parker mit dem magnetischen Auftrieb, der zyklonischen Konvektion in rotierenden Fluiden sowie der magnetischen Rekonnexion drei wichtige Konzepte ein, die sich für die Erklärung kosmischer Dynamoprozesse als sehr bedeutsam erwiesen haben.

A.10 Zur Geschichte der Polarlichter

Chinesische Höhlenmalereien aus der Zeit um 30 000 v. Chr. könnten als die Darstellung einer Aurora am Sternenhimmel interpretiert werden. Chinesische Inschriften, die etwa 2600 v. Chr. verfasst wurden, beschreiben plötzliche starke Aufhellungen, die sich am Sternenhimmel bewegen. Und in der Nacht vom 12. auf den 13. März 567 v. Chr. erlebten babylonische Astronomen, die für ihre besonders sorgfältigen astronomischen Aufzeichnungen bekannt waren, ein ungewöhnliches rotes Leuchten, das den wohl frühesten zuverlässigen, auf einer Tontafel dokumentierten Hinweis für die Beobachtung von Polarlichtern darstellt. Dies geschah in einer Zeit, als Babylon noch mehr als 13° näher am zeitlich bekanntlich wandernden magnetischen Pol der Erde lag. Der griechische Philosoph Aristoteles beschrieb 344 v. Chr. Nordlichter als Flammen von heiligen unterirdischen Lampen, die den Himmel überqueren. Während die Nordlichter seit dem 17. Jahrhundert n. Chr. bereits gründlicher erforscht wurden, gab es zumindest für Europäer kaum frühe Hinweise für die mögliche Existenz von Südlichtern. Der spanische Gelehrte Antonio de Ulloa (1716–1795) berichtete 1745 erstmals von deren Entdeckung während seiner

Umsegelung von Kap Horn. 1770 sah dann auch die Mannschaft des britischen Seefahrers James Cook (1728–1779) auf ihrer Entdeckungsreise nach Australien Südlichter, die in ihrem Erscheinungsbild denen der bekannten Nordlichter auffallend ähnelten.

Schon vor Beginn solcher Aufzeichnungen haben die Menschen die nördlichen und südlichen Polarlichter in höheren geografischen, also arktischen und antarktischen Breiten regelmäßig beobachtet. In den unterschiedlichsten Kulturen schufen sie dafür schon früh Legenden und Mythen. So kämpften für die Chinesen gute und böse Drachen am Himmel miteinander. Sie glaubten, dass Kinder, die während einer Polarlichterscheinung gezeugt wurden, sehr intelligent, attraktiv und glücklich sein müssten. In der Bibel wurden die Leuchterscheinungen als Fegefeuer, Menschen- oder Tiergestalten angesehen. Römer betrachteten sie als atmosphärische Feuer, und in mittelalterlichen Texten wurden sie als ein brennender Himmel angesehen. Julius Caesar soll angeblich Truppen ausgesandt haben, um eine Aurora, die er für einen Brand in einer Stadt hielt, zu löschen. Die Griechen glaubten, dass das Nordlicht von Aurora, der Schwester des Sonnengotts Helios erschaffen wurde, die über den Himmel rast. In Nordamerika stellten die Polarlichter z. B. Geister verstorbener Vorfahren dar. Isländer assoziierten bei deren Anblick Ungutes für Schwangerschaften oder die Darstellung der Seelen verstorbener Babys. Die Wikinger erkannten in ihnen u. a. Spiegelbilder der Rüstungen und Schilde weiblicher Krieger oder Brücken ins Reich der Götter. Von Völkern, die in niedrigen geografischen Breiten nur sehr selten Polarlichterscheinungen erleben konnten, wurden diese aber auch oft als Vorboten von Kriegen, Katastrophen, Seuchen und massivem Leid angesehen.

Der französische Naturwissenschaftler Pierre Gassendi (1592–1655) begann mit der wissenschaftlichen Erforschung der nördlichen Polarlichter. Er bezeichnete diese 1621 erstmals mit dem Begriff „Aurora borealis", wobei Aurora die römische Göttin der Morgenröte ist und Boreas im Griechischen für den Nordwind steht. „Aurora australis" benennt heute die Lichterscheinungen auf der südlichen Halbkugel der Erde. Wegen der Befürchtungen der Bevölkerung, welche die 1716 beobachteten gewaltigen Polarlichter in Frankreich ausgelöst hatten, beauftragte die Royal Academy of Sciences den französischen Geophysiker Jean-Jacques Dortous de Mairan (1678–1771), eine rationale Erklärung dieser Naturphänomene zu finden. Er war der Erste, der deren Entstehung mit der Sonne und ihrer wechselnden Fleckenaktivität und nicht mit atmosphärischen Spiegelungen in Zusammenhang brachte. Mithilfe der von Edmond Halley entwickelten Triangulationsmethode führte er 1726 erstmals Messungen der Höhe der

Aurora borealis über dem Erdboden durch. Und 1733 veröffentlichte er das erste Lehrbuch mit dem Titel *Traité Physique et Historique de l'Aurore Boréale*. Kurz vor seinem Tod schlug er 1770 vor, dass die Aurorae durch das in die Erde eindringende Zodiakallicht entstehen könnten, das sich jedoch aus heutiger Sicht durch Reflexion und Streuung von Sonnenlicht an Partikeln der interplanetaren Staub- und Gaswolke ausbildet.

Galileo Galilei war 1619 davon ausgegangen, dass die Polarlichter durch Brechung des Sonnenlichts am Himmel entstehen. Nach intensiver Beobachtung der gewaltigen Aurorae von 1716 brachte Edward Halley die Form der sich entwickelnden Aurora-Lichtbögen in engen Zusammenhang mit der Geometrie der erdmagnetischen Felder und glaubte, dass die Lichtquelle für die Leuchterscheinungen aus der Erde stammen müsste. Der englische Astronom Henry Cavendish (1731–1810) beobachtete Polarlichter über viele Jahre, erkannte wie vor ihm Jean-Jacques Mairan, dass sie in der höheren Atmosphäre entstehen, und ermittelte mit 100–130 km einen auch heute recht anerkannten Wert für deren Höhenlage über der Erdoberfläche.

Der dänische Nordlichtforscher Sophus Tromholt (1851–1896) organisierte ein ganz Skandinavien umfassendes Beobachtungsnetz für Nordlichter. Anhand der ihm zur Verfügung stehenden Daten aus den Jahren 1780 bis 1880, die er 1880 veröffentlichte, konnte er aufzeigen, dass die Häufigkeit des Auftretens von Auroren mit der von Sonnenflecken auf der Sonne deutlich korrelierte. Auch der amerikanische Physiker, Astronom und Polarlichtbeobachter Denison Olmsted (1791–1859) kam 1856 zu der Erkenntnis, dass die Entstehung der Polarlichter von Ereignissen außerhalb der Erde verursacht sein müsste. 1852 erkannte auch der irische Astronom Edward Sabine (1788–1883), dass die Aurora-Erscheinungen eng mit dem Sonnenfleckenzyklus zusammenhängen.

1860 konnte der Meteorologe und Astronom Elias Loomis (1811–1889) anhand einer von ihm erstellten Karte über die geografische Verteilung der Nordlichter aufzeigen, dass diese besonders häufig in einem unregelmäßigen Polarlichtoval anzutreffen sind, das den geografischen Nordpol umgibt, aber gegenüber diesem merklich verschoben ist. 1867 untersuchte der schwedische Astrospektroskopiker Anders Jonas Ångström (1814–1874) Polarlichter erstmals spektroskopisch. Er erkannte und vermaß die charakteristischen hellen Linien im gelbgrünen Bereich. Erst 1923 wurde u. a. von Harold Babcock erkannt, dass die grüne Aurora-Spektrallinie von Sauerstoffatomen ausgesandt wird. 1885 fotografierte Sophus Tromholt erstmals Aurorae. Major Albert Veeder (1848–1915) entdeckte 1889, dass besonders starke Polarlichter wiederholt nach 27 Tage auftraten, also einem Zeitraum, der der typischen Umlaufzeit von Sonnenflecken entspricht. Der amerikanische Mediziner, der 1895 einen Artikel zum Thema „Magnetic Storms and Sunspots" veröffentlichte, war sehr an den Beziehungen zwischen aktiven Prozessen auf der Sonne und der Erde, insbesondere an denen zwischen der „solaren und terrestrischen Meteorologie", interessiert.

Während der Aurora vom 17. November 1848 wurden elektromagnetische Telegrafenverbindungen weltweit gestört. Auch der der finnische Geophysiker Karl Selim Lemström (1838–1904) ging davon aus, dass die Aurora borealis ein elektrisches Phänomen darstellt. Er formulierte eine Theorie über dessen Entstehung basierend auf experimentellen Arbeiten und entwickelte 1875 ein erstes Gerät, in dem er mithilfe von Kathodenstrahlen Aurorae im Labor künstlich zu erzeugen versuchte. Diese hatte 1858 bereits der deutsche Physiker Julius Plücker (1801–1868) als Elektronenstrahlen, die von einer negativ geladenen Kathode ausgehen, entdeckt. 1882 schlug der schottische Physiker und Meteorologe Balfour Stewart (1828–1887) vor, dass in der höheren Atmosphäre polarlichterzeugende Ströme fließen müssten.

1898 machte Kristian Birkeland (1867–1917) (Abb. A.1) von der Sonne kommende elektrische Strahlen für die Polarlichtentstehung verantwortlich. Erst elf Jahre später, im Jahr 1909, gelang ihm die Erzeugung von Aurorae ähnelnden Leuchterscheinungen im berühmten Terella-Experiment. Anhand der Reflexion von Radiowellen entdeckten die englischen bzw. neuseeländischen Physiker Edward Victor Appleton (1892–1965) und Miles Aylmer Fulton Barnett (1901–1979) im Jahr 1925 die Ionosphäre die mit geladenen Partikeln und elektrischen Strömen gefüllte Erdatmosphärenschicht in Höhen oberhalb von etwa 80 km über dem Erdboden. Hauptreiber der Aurora-Emissionen in der Ionosphäre sind die Elektronen. An bestimmten Orten und zu bestimmten Zeiten, z. B. am Rand des abendlichen Polarlichtovals, können aber auch einströmende Protonen als Hauptenergiequelle fungieren. Erstmals 1939 wurde eine derartige Protonenaurora von dem norwegischen Physiker Lars Vegard (1880–1963) entdeckt.

A.11 Solarterrestrische Beziehungen und das Weltraumwetter

1716 schlug Edmond Halley erstmals eine Verbindung zwischen dem Auftreten von Polarlichtern und magnetischen Stürmen, den plötzlichen Änderungen im Erdmagnetfeld, vor. 1741 bestätigten Olav Peter Hiorter (1696–1750) und sein Professor Anders Celsius (1701–1744) anhand umfangreicher Beobachtungen diese auffällige Korrelation. Immer wieder stellten dies auch andere Naturforscher fest, insbesondere Alexander von Humboldt, der die dynamischen Entwicklungen der Aurorae und damit einhergehende Schwankungen im Erdmagnetfeld 1806 von Berlin aus fasziniert beobachtete. Natürlich sprach er darüber auch in seinen späteren Vorlesungen und schrieb darüber in seinem berühmten Buch *Kosmos*. Im dritten, 1850 erschienenen Band dieses umfangreichen Werks berichtete er ausführlich über die damaligen Erkenntnisse zur großen Bedeutung der Sonne als Licht- und Wärmequelle für die Entwicklung des Lebens auf der Erde sowie über die damals schon erkannten Eigenschaften der Sonnenflecken. Am Ende seines Buchabschnitts über die „Physische Constitution unseres Zentralkörpers" lässt er den Amateur-Sonnenforscher Samuel Heinrich Schwabe zu Wort kommen, der ihm Folgendes mitgeteilt hatte: „Die in der nachfolgenden Tabelle enthaltenen Zahlen lassen wohl keinen Zweifel übrig, daß wenigstens vom Jahre 1826 bis 1850 eine *Periode der Sonnenflecken* von ohngefähr 10 Jahren in der Art stattgefunden hat: daß ihr Maximum in den Jahren 1828, 1837 und 1848; ihr Minimum in die Jahre 1833 und 1843 gefallen ist."

Edward Sabine (1788–1883) (Abb. A.1) hatte 1839 das Magnetic and Meteorological Observatory in Toronto gegründet. Als Direktor des internationalen Magnetic-Crusade-Projekts interessierte er sich von diesem Zeitpunkt an für die weltweite Erfassung umfangreicher Messdaten des Erdmagnetfelds. Dabei stellte er fest, dass sich die magnetischen Variationen in Form eines regelmäßigeren Tageszyklus sowie eines unregelmäßig strukturierten, aber über eine Vielzahl von Jahren hinweg sich wiederholenden Zyklus darstellen lassen. Als seine Frau den Auftrag erhielt, den Text von Humboldts *Kosmos* ins Englische zu übersetzen, erfuhr er durch sie über die Existenz von Schwabes periodischem, etwa zehnjährigem Sonnenzyklus. Dabei entdeckte er im Jahr 1852, dass dessen Zykluslänge überraschend genau mit denen der langjährigen Schwankungen im Erdmagnetfeld und denen der Polarlichterscheinungen übereinstimmt und dass offensichtlich ein enger Zusammenhang zwischen den magnetischen Prozessen auf der Sonne und auf der Erde bestehen müsste. 1858 bzw. 1874 veröffentlichte der schottische Geophysiker John Allan Broun (1817–1879) (Abb. A.1) eine Vielzahl weiterer bemerkenswerter und wegweisender Ideen über mögliche Solarterrestrische Beziehungen.

In den Jahren zwischen 1820 und 1830 hatten die Physiker Hans Christian Ørsted (1777–1851) bzw. André-Marie Ampère (1775–1836) bereits nachweisen können, dass stationäre elektrische Ströme ein Magnetfeld und stromdurchflossene Spulen im Außenraum ein dipolartiges

Magnetfeld erzeugen. Und Michael Faraday (1791–1867) erkannte die Wirkung der magnetischen Induktion, wonach bewegte Magneten in einer Spule dynamogeneriert elektrische Ströme erzeugen können. Broun ging danach davon aus, dass Magnetfelder auch in der Sonne in Form von Elektromagneten existieren könnten und dass diese von Strömen in der Sonnenatmosphäre getrieben würden. Er fragte sich 1858, ob die Sonnenflecken durch gestörte Ströme unter dem Einfluss unterschiedlicher Planetenpositionen entstehen könnten. Wenn die Sonne wie ein Magnet agiert, dann wäre es analog zur Erde möglich, dass deren magnetische Achse auch nicht mit ihrer Rotationsachse übereinstimmt. Nachdem John Frederick William Herschel bereits vorgeschlagen hatte, dass Elektrizität die Kometenschweife ausrichtet, fragte er sich, ob dies nicht auch durch magnetische Gase geschehen könnte. Wenn die Sonne in solcher Weise auf die Gase der Kometen einwirkt, könnte sie dies dann nicht auch auf die Gase unserer Atmosphäre? Und würde die Atmosphäre der Erde aufgrund der Induktion auf den terrestrischen Magneten dann nicht eine ellipsoidale Form annehmen? Broun modellierte in Ansätzen bereits eine mögliche Interaktion ausgedehnter solarer Magnetfelder mit dem Erdmagnetfeld, vermittelt über das interplanetare Medium dazwischen. Er konnte sich vorstellen, dass die erdmagnetischen Störungen während der Entstehung der Flecken auf der Sonne durch Entladungen der elektrischen Sonnenatmosphäre entstehen und dass dies eine Abschwächung der magnetischen Kräfte zur Folge haben könnte. 1874 schlug er einen thermodynamischen Mechanismus vor, durch den die Korona expandiert und dadurch den Ausfluss des Sonnenwinds bewirkt.

John Frederick William Herschel (1792–1871) verwendete in Analogie zur terrestrischen Meteorologie den Begriff „solare Meteorologie", als er 1847 über die Beobachtung der zeitlich sich deutlich verändernden Sonnenfleckengruppen schrieb. Gebräuchlich waren danach häufiger auch Bezeichnungen wie „solares Wetter" oder „das Wetter auf der Sonne", wenn es um die Sonnenaktivität oder die Bedingungen in der Sonnenatmosphäre ging. Auch der englische Astronom und Namensgeber der „Chromosphäre" Joseph Norman Lockyer (1836–1920) fand es 1871 sehr erforderlich, den Wissensstand über die solare Meteorologie zu verbessern, um die Entwicklungen in den von ihm beobachteten Protuberanzen leichter erklären zu können. 1850 hatte der britische Geologe John Phillips (1800–1874) stattdessen erstmals den Begriff „magnetisches Wetter" benutzt. Er betonte die Notwendigkeit, tiefere Erkenntnisse darüber zu gewinnen, um die Ursachen der so variablen erdmagnetischen Felder besser zu verstehen.

Der schottische Physiker Balfour Stewart (1828–1887) publizierte 1882 den Artikel „Über die Ähnlichkeiten des magnetischen und meteorologischen Wetters". Aufgrund der häufig sehr schnellen Änderungen erdmagnetischer Feldkomponenten sprach er davon, dass es so scheint, als ob das „magnetische Wetter schneller reist als das meteorologische Wetter". In der Ausgabe der *Britischen Enzyklopädie* von 1884 wurde der „terrestrische Magnetismus" in einem Unterabschnitt des Kapitels „Meteorologie" behandelt, und 1894 erschien ein Bericht über magnetische Stürme in einem amerikanischen Meteorologie-Journal. Wesentlich später, etwa ab 1955, wurde schließlich auch noch der Begriff „elektrisches Wetter" populär, der die dynamischen Entwicklungen in der elektrisch geladenen Erdionosphäre charakterisieren sollte, die durch Störungen im Erdmagnetfeld hervorgerufen werden.

Die „solare Meteorologie" und das „magnetische Wetter" ließen sich so lange nicht als miteinander zusammenhängend erkennen, bis Edward Sabine 1852 die Beziehung zwischen den Aktivitäten im Sonnenfleckenzyklus und erdmagnetischen Störungen erkannte und Carrington 1858 besonders intensive Polarlichterscheinung kurze Zeit nach dem Auftreten gewaltiger Flares auf der Sonne beobachtet hatte. Der italienische Astronom Giovanni Donati (1826–1873) verwendete danach den Begriff „kosmische Meteorologie" in einem Artikel über das beeindruckende Aurora-Ereignis im Februar 1872, um deutlich zu machen, dass dafür kosmische anstelle meteorologischer Quellen verantwortlich waren. Er diskutierte in diesem Zusammenhang auch die Möglichkeit, dass elektromagnetische Ströme zwischen der Sonne und der Erde die Entstehung der Polarlichter bewirken könnten. Der französische Astronomen Hervé Auguste Étienne Albans Faye (1814–1902) benutzte den Begriff „kosmische Meteorologie" nach 1874, um damit den Einfluss der Sonne, aber auch des Monds, der Planeten und sogar anderer Sterne auf das terrestrische Wetter zu bezeichnen. Anfang 1900 verlor die Verwendung dieser Begriffe aber zunehmend an Bedeutung, weil es zu sehr den nichtirdischen Einfluss auf das atmosphärische Wetter betonte.

„Würde das Erdklima für extraterrestrische Lebewesen überhaupt erträglich sein, wo sie doch an das Weltraumwetter im All gewohnt sind?" Dies ist eine ernsthafte Frage, die sich Außerirdische wohl stellen müssten, wenn sie die Erde besuchen wollten. In einem Geographie-Journal veröffentlichte Artikel aus dem Jahr 1953 ließ der Mittelschullehrer Fred Hague 1953 Aliens darüber diskutieren. Erstmals wurde darin nachweislich der Weltraumwetterbegriff verwendet. 1957 benutzte dann der amerikanische Physiker Lyman Spitzer (1914–1997) das Wort „Space Weather" in einem

Artikel als Umschreibung des von ihm ein Jahr vorher bereits verwendeten Begriffs „interstellare Meteorologie". Damit wollte er allerdings nur die Gesamtheit der im interstellaren, also extrasolaren Raum ablaufenden Vorgänge und Gesetzmäßigkeiten bezeichnen. „Chart Space Weather" war die Überschrift eines 1959 erschienenen Artikels, in dem die Messergebnisse des US-amerikanischen Explorer-6-Satelliten ausgewertet wurden. Sie gaben damals Auskunft über die Eigenschaften energiereicher geladener Teilchen, die in den Van-Allen-Strahlungsgürteln der Erdmagnetosphären eingefangen sind.

1964 wurde über ein Team von Wissenschaftlern berichtet, das die Einrichtung eines Weltraumwetterbüros vorschlug, von dem aus Astronauten im Voraus vor Sonnenstürmen gewarnt werden könnten. Die Bedeutung verlässlicher Weltraumwettervorhersagen hatte William Ellis wohl schon 1879 erkannt, als er die Gemeinschaft der Telegrafie-Ingenieure und -Elektriker darüber informierte, dass das Auftreten von Sonnenflecken mit starker Aurora- und magnetischer Aktivität einhergehen würde. Er warnte sie rechtzeitig vor dem für das Jahr 1882 zu erwartenden solaren Aktivitätsmaximum und bat sie nachzuprüfen, ob ihre neuen, höherentwickelten elektrischen Apparaturen möglicherweise allzu empfindlich sein und zerstört werden könnten. Der australische Sonnenphysiker Ronald Gordon Giovanelli (1915–1984) veröffentlichte 1939 einen Artikel über die Beziehung zwischen solaren Eruptionen und Sonnenflecken, wertete darin einen umfangreiche Datensammlung über die Entwicklung solarer Flares statistisch aus und entwickelte eine erste quantitative Vorhersagemethode für deren Auftreten.

Kometenschweife, vor allem aber die so farbenprächtigen und sich zeitweise extrem dynamisch entwickelnden Polarlichter geben uns Menschen die einzig direkten, dabei sehr beeindruckenden Hinweise auf die Existenz und die Auswirkungen des Weltraumwetters in unserem Sonnensystem. Deutlichen Einfluss nimmt der von Magnetfeldern durchsetzte Sonnenwind aber natürlich nicht nur im Erde-Sonne-System in Form solarterrestrischer Beziehungen. Auch andere Planeten und kleinere Himmelsobjekte wie Monde, Asteroiden und Kometen sind von Magnetosphären oder zumindest Ionosphären umgeben, in denen Aurorae durch den Einsatz technischer Hilfsmittel direkt beobachtet oder vermessen werden können. Bekanntlich bezeichnet das Weltraumwetter ja nicht nur die Zustände und Veränderungen der Plasmen im Umfeld der Erde und in der Sonnenatmosphäre. Umfassend umschreibt es vielmehr alle im ionisierten und magnetisierten Medium innerhalb der gesamten Heliosphäre ablaufenden Prozesse. Das Weltraumwetter kann nicht nur Einfluss auf unser irdisches

Leben nehmen. Es bewirkt entscheidende und beeindruckende Vorgänge auch im wesentlich entfernteren interplanetaren Raum.

Der Nachweis ihrer von Dynamos generierten Magnetfelder sowie die Vermessung der Magneto- und Ionosphären der riesigen Gasplaneten Jupiter und Saturn gelangen erstmals in den 1980er-Jahren mithilfe der amerikanischen Raumsonden Pioneer 10 und Voyager. Nach erstmaliger Durchquerung des Asteroidengürtels von einer Sonde im Februar durchflog Pioneer 10 dann am 26. November die Bugstoßwelle der Magnetosphäre des Jupiters und erreichte am 3. Dezember 1973 den kleinsten Abstand zu diesem Planeten. Voyager 1 gelangte im März 1979 zum Jupiter, im November 1980 auch zum Saturn. Nach dem Vorbeiflug am Jupiter im Juli 1979 untersuchte Voyager 2 insbesondere auch die neu entdeckten Ringe dieses Planeten. Nach einem Swing-by-Manöver um den Saturn begann die Voyager-1-Sonde im Rahmen der Voyager Interstellar Mission ihre Reise direkt zu den äußeren Bereichen des Sonnensystems. 2004 durchlief sie das Gebiet des Terminationsschocks, trat in die Heliohülle ein und erreichte etwa sechs Jahre später auch die Heliopause. 2012 verließ sie die Heliosphäre und bewegt sich seitdem durch das interstellare Medium.

Korrekturmanöver am Orbit von Voyager 2 führten dazu, dass diese Raumsonde nach einer Passage des Planeten Uranus Anfang des Jahres 1986 dann im August 1986 auch den Neptun erreichte. Mithilfe von Magnetometern wurden bei diesen beiden Planeten jeweils die Stärken der Magnetfelder sowie die im Vergleich zu Jupiter und Saturn allerdings nicht dipolaren, sondern auffallend multipolaren und vor allem nicht achsensymmetrischen Strukturen ihrer Magnetfelder vermessen. Bereits 1975 konnten Wissenschaftler mithilfe der Raumsonde Mariner 10 erstmals auch das erdähnliche, dipolartige Magnetfeld des Planeten Merkur ausführlicher analysieren, welches eine Stärke von nur etwa 1 % des Erdmagnetfelds aufweist. Die Galileio-Sonde konnte in den Jahren 1995 bis 2000 bei sechs engen Vorbeiflügen am größten Mond des Jupiters nachweisen, dass sogar Ganymed ein offensichtlich intern generiertes Magnetfeld besitzt. Messungen von Bord der Mars-Global-Surveyor-Raumsonde ergaben 1997, dass Teile der planetaren Kruste des Mars nebeneinanderliegend unterschiedlich orientierte magnetische Restfelder aufweisen. Dies spricht dafür, dass der Mars früher auch einmal ein dipolgeneriertes Magnetfeld besessen haben könnte. Vielleicht besaß auch der Erdmond früher einmal ein dauerhaftes Magnetfeld. Zumindest fanden die Apollo-17-Astronauten 1972 auf dem Mond einen Felsbrocken, der charakteristisch magnetisiert war.

Dass der Jupiter Polarlichter besitzt, wurde bereits 1979 von Voyager 1 entdeckt. Aber erst mithilfe der UV-Kamera des Hubble-Weltraumteleskops sowie mithilfe von Röntgenaufnahmen konnte in den 1990er-Jahren gezeigt werden, dass diese 1000-mal intensiver sind als die in der Erdionosphäre zu beobachtenden Aurorae. 1996 wurde dabei zusätzlich die Existenz von Polarlichtern auf dem Jupitermond Ganymed nachgewiesen. 2015 gelang deren Abbildung in Form zweier Aurora-Gürtel. Bereits 1979 entdeckten die Wissenschaftler der Pioneer-11-Mission an den Saturnpolen deutliche Aufhellungen im extrem ultravioletten Licht. 2008 gelang auch hier eine spektakuläre Aufnahme mit dem Hubble-Weltraumteleskop. Die ersten Abbildungen der Polarlichter des Uranus aus dem Jahr 2011 verdeutlichen, dass diese eher diffus strukturiert sind und aufgrund der asymmetrischen Form des Magnetfelds dieses Planeten auch nicht polnah und in ovaler Form auftreten. Auch beim Neptun und sogar auf seinem Mond Triton haben die Wissenschaftler der Voyager-2-Mission im Jahr 1989 erstmals Anzeichen von Leuchterscheinungen gefunden, die den Polarlichtern der Erde ähneln. Und die ESA-Mission Mars Express entdeckte 2015 kurzlebige Spuren von Polarlichtern auf dem Mars, die Rosetta-Mission 2020 ebenfalls im ultravioletten Licht auf dem Kometen Tschurjumow-Gerassimenko. Historisches zur Entwicklung des Begriffs des Weltraumwetters sowie zur Entdeckung wichtiger solarer und heliosphärischer Prozesse ist in Tab A.1 noch einmal kompakt zusammengefasst aufgelistet.

A.12 Zum Erdklima und kosmischen Wettergeschehen

Im Gegensatz zum Weltraumwetter erleben wir Menschen das meteorologische Wettergeschehen auf der Erde im Alltag sehr persönlich, beobachten es und wünschen uns verlässliche Vorhersagen über seine Entwicklung. Es nimmt massiven Einfluss auf unser Leben, und in Grenzen können wir es selbst beeinflussen. Versuche, das lokale Wetter oder sogar dessen als Klima bezeichnete langzeitige und globalere Entwicklung tiefer zu verstehen, die gemessenen Wetterdaten sorgfältig aufzuzeichnen und die Entwicklungsvorgänge des Wettergeschehens längerfristig vorherzusagen, hat es schon in vielen alten Kulturen gegeben. In seiner *Meteorologica* widmete sich Aristoteles der philosophischen Erklärung und den Ursachen der Wetterphänomene. Er erläuterte seine Ansichten darüber, was Luft und Wasser gemeinsam haben. Im Rahmen seiner geografischen und geologischen Überlegung analysierte er, aus welchen Teilen die Erde besteht und wie diese in welcher Art miteinander wechselwirken. Er berichtete über die Wasserverdunstung, über Erdbeben und die charakteristischen Wetterphänomene. In der Antike wurde das Wettergeschehen im Rahmen der Astrometeorologie astrologisch vorhergesagt. Die Konstellation der Planeten

Tab. A.1   Historisches zur Entwicklung des Begriffs des Weltraumwetters

Jahr	Begründer	Einführung des Begriffs	Ideen/Entdeckung/ Zusammenhänge
1716	Edward Halley		Ausrichtung der Polarlichtbögen am Erdmagnetfeld Gleichzeitiges Auftreten von Polarlichtern und erdmagnetischen Stürmen
1847	John Herschel	Solare Meteorologie	Entwicklung der Sonnenflecken und solarer Aktivitäten
1852	Edward Sabine		Auftreten der Aurorae hängt mit dem Sonnenfleckenzyklus zusammen
1858	John A. Broun		Vergleich solarer und erdmagnetischer Felder Interaktionen über interplanetares Medium Einwirkung der Sonne auf die Kometengase
1858	Richard C. Carrington		Starke Polarlichter nach sichtbaren solaren Flares
1872	Giovanni Donati	Kosmische Meteorologie	Kosmische statt meteorologischer Quellen der Polarlichter
1874	Hervé A. Faye	Kosmische Meteorologie	Einfluss der Sonne und der Planeten auf das Erdwetter
1879	William Ellis		Notwendigkeit der Vorhersagen über Entwicklung erdmagnetischer Stürme anhand eines zu erwartenden Maximums der Sonnenfleckenaktivität
1880	Sophus Tromholt		Korrelation der Häufigkeit von Sonnenflecken mit Polarlichtern
1880er	Alexander von Humboldt		Solare Wende in der Klimaforschung

(Fortsetzung)

Tab. A.1 (Fortsetzung)

Jahr	Begründer	Einführung des Begriffs	Ideen/Entdeckung/ Zusammenhänge
1882	Balfour Stewart		Ähnlichkeit des meteorologischen und des magnetischen Wetters
1895	Major A. Veeder	Solare und terrestrische Meteorologie	Beziehung zwischen aktiven Prozessen auf der Sonne und auf der Erde
1898	Kristian Birkeland		Polarlichtentstehung durch elektrische Strahlen von der Sonne
1939	Ronald G. Giovanelli		Entwicklung einer Vorhersagemethode für solare Flares
1951	Ludwig Biermann		Ausrichtung der Kometenschweife durch den Sonnenwind
1953	Fred Hague	Weltraumwetter	… daran gewöhnte Aliens … (in einem Buch)
1955		Elektrisches Wetter	Veränderungen in der Ionosphäre durch Störungen im Erdmagnetfeld
1957	Lyman Spitzer	Weltraumwetter	Umschreibung der „interstellaren Meteorologie", der Prozesse im interstellaren Raum
1959		„Wetter" im Weltraum	Artikel über Messergebnisse der Explorer-6-Sonde

wurde damals als bestimmend für dessen Entwicklung angesehen. Basierend auf langzeitigen Erfahrungen wurden ergänzend dazu aber auch Bauernregeln aufgestellt.

Ähnlich wie die Erforschung des Weltraumwetters entwickelte sich die Meteorologie erst spät ab 1850 zu einer wissenschaftlichen Disziplin. Vorher gingen die sogenannten Semiotiker davon aus, dass das Wettergeschehen durch eine Aneinanderreihung natürlicher Ereignisse vorherbestimmt sei. Die eigentlichen Ursachen der Wetterphänomene brauchte man daher nicht zu kennen. Deren zukünftige Entwicklung könnte man aber mithilfe der Deutung geeigneter Wetterzeichen prognostizieren. Für die Organiker standen die Vorgänge in der Atmosphäre als zusammenhängender Teil des Ganzen in enger Wechselwirkung mit allen möglichen anderen Vorgängen. So sollten neben meteorologischen auch botanische und human- sowie veterinärmedizinische Beobachtungen durchgeführt und könnten Krankheiten sehr wohl durch auffällige Wetterlagen hervorgerufen werden. Schließlich waren da noch die Physiker, die die zugrunde liegenden Naturgesetze finden sowie komplexe Zusammenhänge in der Atmosphäre verstehen und quantifizieren wollten. Den Einsatz von Messinstrumenten bei den Wetterbeobachtungen sahen sie als unbedingt erforderlich an, aber ihre Aufgabe zunächst nur darin, die zugrunde liegenden Gesetze für die Wetterereignisse aufzustellen. Wie von Historikern keine Prognosen für zukünftige Entwicklungen menschlicher Gesellschaften verlangt wurden, so wollten auch sie anfangs keine Wettervorhersagen machen.

Alexander von Humboldt (1769–1859) war neben der botanischen und erdmagnetischen Forschung insbesondere auch an der Erforschung des Wettergeschehens auf der Erde interessiert. Er gehörte zu den Naturforschern, die nicht mehr an den Einfluss der Planetenkonstellationen und des Monds auf das Wetter glaubten, sondern die Sonnenstrahlung als entscheidenden Verursacher für dessen Veränderungen sahen. Nach dieser „solaren Wende" begann in den 1880er-Jahren schließlich auch die Entwicklung der klassischen Klimaforschung. Meteorologische Institute führten umfangreiche Wetterbeobachtungen durch, erstellten Wetterkarten und veröffentlichten erst einmal zumindest regionale Wettervorhersagen. Die Forscher interessierten sich nicht nur für die mittleren, sondern auch für die jeweils aktuellen Zustände in der Erdatmosphäre und interpretierten deren Veränderungen anhand bekannter thermodynamischer und hydrodynamischer Gesetzmäßigkeiten. Der globale Klimawandel wurde zunehmend auch durch die Wechselwirkungen zwischen den terrestrischen Ökosystemen zu erklären versucht.

Der schottische Naturforscher James Croll (1821–1890) veröffentlichte 1864 seine Ideen darüber, dass das wiederholte Auftreten von Eiszeiten mit den periodischen zeitlichen Veränderungen des Deformationsgrads der elliptischen Erdumlaufbahn zusammenhängen könnte. Über Jahrzehnte hinweg entwickelte der jugoslawische Mathematiker und Geologe Milutin Milanković (1879–1958) daran anknüpfend seine Theorie des Einflusses der nach ihm benannten Zyklen auf das Erdklima, die er unter dem Titel *Kanon der Erdbestrahlung und seine Anwendung auf das Eiszeitenproblem* erst 1941 publizierte. Nach dieser Theorie sorgen die auf unterschiedlichen Zeitskalen ablaufenden periodischen Veränderungen nicht nur der Elliptizität

der Erdbahn, sondern auch der Neigung der Erdachse sowie die Präzessionsbewegung dieser rotierenden Achse für klimarelevante Änderungen der
Sonneneinstrahlung. Damit kann erklärt werden, warum sich die Warm-
und Kaltzeiten im aktuellen Eiszeitalter auf der Erde in den letzten mehr als
1 Mio. Jahren immer wieder in einem Zeitraum von etwa 100 000 Jahren
so regelmäßig abwechseln. Mathematisch verifiziert, lassen sich die
Schwankungen der Erdbahnparameter und damit auch die des Erdklimas
doch auf die sich verändernden Planetenkonstellationen zurückführen.

Auf ihrem kreisähnlichen Orbit umläuft die magnetische Sonne das
etwa 28 000 Lichtjahre entfernte Zentrum der Milchstraße in etwa
230 Mio. Jahren. Durchschnittlich nach etwa 150 Mio. durchläuft sie dabei
immer wieder auch die verschiedenen spiralförmigen Milchstraßenarme.
Bevorzugt in ihnen werden immer wieder viele neue Sterne geboren, die ihr
Leben später nach Abstoßung Planetarischer Nebel als Weiße Zwerge oder
nach heftigen Supernovaexplosionen als Neutronensterne oder als Schwarze
Löcher beenden können. Der slowakische Geophysiker Ján Veizer veröffentlichte im Jahr 2000 einen Artikel in der Zeitschrift *Nature,* in dem
er die ebenfalls auf typischen Zeitskalen von rund 150 Mio. ablaufenden
periodischen Schwankungen tropischer Meerestemperaturen sowie die
Phasen von Warm- und Kaltphasen des Erdklimas zu erklären versuchte.
Und auf ein „Paradoxon der leuchtschwachen jungen Sonne" wies 1972
u. a. der US-amerikanische Astronom Carl Edward Sagan (1934–1996)
hin. Wie konnte sich frühes Leben auf der Erde wie nachgewiesen bereits
vor 3,8 Mrd. entwickelt haben, obwohl es hier aufgrund der damals noch
wesentlich leuchtschwächeren Sonne eigentlich viel zu kalt gewesen sein
muss?

Von einem Fesselballon aus konnte der österreichische Physiker Victor
Franz Hess (1883–1964) im Jahr 1912 die Existenz der kosmischen
Strahlung nachweisen, einer Teilchenstrahlung, die in der Sonne, in der
Milchstraße oder in fernen Galaxien bei hochenergetischen Prozessen
erzeugt wird. Der US-amerikanische Geophysiker Scott Ellsworth Forbush
(1904–1984) untersuchte in den 1930er- und 1940er-Jahren die zeitlichen Variationen der Stärke dieser kosmischen Strahlung. Er stellte fest,
dass deren Intensität nach solaren Eruptionen mit koronalen Masseauswürfen plötzlich abfällt. Nach heutigen Erkenntnissen behindert dann
der besonders intensive magnetisierte Sonnenwind den Eintritt hochenergetischer kosmischer Strahlung in die Erdatmosphäre effizient. Der
dänische Physiker Eigil Friis-Christensen (1944–2018), der sehr an

interdisziplinären Aspekten solarterrestrischer Beziehungen interessiert war, veröffentlichte 1991 einen Artikel, in dem er auf einen möglichen Zusammenhang zwischen der Sonnenaktivität und dem Erdklima hinwies. Er postulierte, dass der Fluss der kosmischen Strahlung in die Atmosphäre die Bildung von Aerosolen und damit auch die von Wolken beeinflussen könnte.

Aufgrund der Ergebnisse von Experimenten in Wolkenkammern und Simulationsrechnungen geht der dänische Physiker und Klimaforscher Hendrik Svensmark heute davon aus, dass besonders starke Sonnenaktivität den Einstrom geladener galaktischer kosmischer Strahlung behindert und aufgrund der dadurch fehlenden Kondensationskeime damit auch die troposphärischen Wolkenbildungsprozesse weniger wirksam wären. Dies müsste zu einer Erhöhung der Temperaturen in der Troposphäre der Erde führen. Im Rahmen seiner Kosmoklimatologie ließe sich so auch erklären, warum die Temperaturen in der Erdatmosphäre beim Durchlauf der Sonne durch die Spiralarme der Milchstraßengalaxie so stark absinken. Aufgrund der dort stets anzutreffenden besonders starken kosmischen Strahlung könnte es zu verstärkter Wolkenbildung und zur Abkühlung des Erdklimas kommen. Auch das Faint Young Sun Paradox ließe sich im Rahmen dieser Theorie lösen. Obwohl die junge Sonne durchaus 30 % leuchtschwächer als heute gewesen sein könnte, hat sie nach Erkenntnissen der Astrophysiker mit Sicherheit ein wesentlich stärkeres Magnetfeld besessen. Die aus dem fernen Universum in die Heliosphäre eintretende kosmische Strahlung müsste so wegen eines relativ zu heute besonders starken magnetisierten Sonnenwinds deutlich an Intensität verloren haben. Aufgrund der dadurch geringeren Anzahl von Kondensationskeimen würden sich weniger Wolken als heute in der Troposphäre gebildet haben, sodass die Temperatur damals für die Entwicklung des Lebens doch hoch genug gewesen sein könnte. Es spricht offensichtlich so einiges dafür, dass das Weltraumwetter auch merklichen Einfluss auf das Erdklima hat.

Weiterführende Literatur

Kloss A (1994) Geschichte des Magnetismus. VDE-Verlag GmbH, Berlin

Michell A (2018) The spinning magnet – the electromagnetic force that created the modern world – and could destroy it. Dutton, New York

Odenwald S (2021) The history of space weather: from babylon to the 21st century. Independently published

Schlegel B, Schlegel K (2011) Polarlichter zwischen Wunder und Wirklichkeit – Kurzgeschichte und Physik einer Himmelserscheinung. Spektrum Akademischer Verlag, Heidelberg

Schrijver C, Schrijver I (2015) Living with a star – how the human body is connected to the life cycles of the earth, the planets, and the stars. Oxford University Press

Verschuur GL (1993) Hidden attraction – the mystery and history of magnetism. Oxford University Press, New York

Wilde A (2019) Unsichtbar und überall – Den Geheimnissen des Erdmagnetfeldes auf der Spur. Franckh-Kosmos Verlags-GmbH (Springer), Stuttgart

Zirker JB (2009) The magnetic universe – the elusive traces of an invisible force. The Johns Hopkins University Press, Baltimore

© Springer-Verlag GmbH Deutschland, ein Teil von Springer Nature 2023
U. von Kusserow und E. Marsch, *Magnetisches Sonnensystem*,
https://doi.org/10.1007/978-3-662-65401-9

Glossar

Albedo Maß für das Rückstrahlvermögen von diffus reflektierenden und nicht selbst leuchtenden Oberflächen. Die Albedo wird als dimensionslose Zahl angegeben. Eine Albedo von 0,8 gibt an, dass 80 % der eingestrahlten Energie an einer Oberfläche reflektiert werden.

Alfvén-Radius Abstand von der Sonne, bei dem das Plasma der Korona aufhört, mit der Sonne zu rotieren, es sich ablöst und als Überschallströmung stetig in den Sonnenwind übergeht.

Alfvén-Wellen Wichtige, nach Hannes Alfvén benannte magnetohydrodynamische, inkompressible Welle, bei der die Fluidpakete infolge der Rückstellkraft der im Magnetfeld herrschenden Spannungen transversal zu den magnetischen Feldlinien oszillieren und sich dabei parallel zum Magnetfeld ausbreiten.

Alpha-Omega-Dynamo Dynamomodell zur Entstehung kosmischer Magnetfelder durch spezifische Induktionsprozesse. In rotierenden, elektrisch gut leitfähigen Himmelsobjekten können die meridionalen bzw. azimutalen magnetischen Feldkomponenten durch differenzielle Rotation (ω-Effekt) und Konvektionsströmungen unter dem Einfluss der Corioliskraft (α-Effekt), vermittelt durch die Induktionsgleichung, wechselseitig angeregt oder ineinander umgewandelt werden.

Asteroiden Auch als Kleinplaneten oder Planetoiden bezeichnete astronomische Kleinkörper mit Längenabmessungen zwischen 1 m und 1000 km, die sich auf keplerschen Umlaufbahnen um die Sonne bewegen.

Asteroidengürtel Zwischen den Planetenbahnen von Mars und Jupiter gelegener Bereich des Sonnensystems mit einer Ansammlung von mehr als 650 000 Asteroiden.

Astronomische Einheit (AE) Astronomisches Längenmaß, das mit exakt 149 597 870,7 km ungefähr den mittleren Abstand zwischen Erde und Sonne angibt.

© Springer-Verlag GmbH Deutschland, ein Teil von Springer Nature 2023
U. von Kusserow und E. Marsch, *Magnetisches Sonnensystem*,
https://doi.org/10.1007/978-3-662-65401-9

Atlantische Multidekaden-Oszillation (AMO) Zyklische Zirkulationsschwankung der Ozeanströmungen im Nordatlantik, die über Zeiträume von 50 bis 70 Jahren relativ stabil bleibt.

Baryzentrum Auch als Massenmittelpunkt bezeichneter Ort in einem System von massiven Objekten, an dem sich der mit ihren Massen geometrisch gewichtete Schwerpunkt befindet.

Beam-Instabilität Instabilität, die in einem Plasma durch zusätzliche hochenergetische Partikel („beam") oder durch den Stromfluss unterschiedlich geladener Teilchen mit voneinander abweichenden Geschwindigkeiten ausgelöst wird und die verschiedene Plasmawellen anregen kann.

Biosphäre Gesamtheit der von Lebewesen besiedelten Teile der Erde. Sie reicht vom Boden des Festlands über die Gewässer bis in die untersten Luftschichten der Troposphäre und wird in verschiedene Ökosysteme unterteilt.

Boltzmann-Gleichung Nach dem Physiker Ludwig Boltzmann benannte (Integro-) Differenzialgleichung der kinetischen Theorie, die in Gasen, Fluiden und Plasmen den Transport der Teilchen bestimmt, wobei deren Verteilung im Phasenraum durch eine statistische Zustandsfunktion beschrieben wird und in der Stoßprozesse sowie elektromagnetische und gravitative Kräfte berücksichtigt werden können.

Campfire Einem Lagerfeuer („campfire") ähnelnde Aufhellung in der unteren Sonnenkorona, die nach ihrer Entdeckung im extremen ultravioletten Licht im Jahr 2020 als solche bezeichnet wurden. Sie lassen sich als sehr kleine Flares (Lichtblitze) interpretieren, die durch magnetische Prozesse energetisch angeregt werden.

Chromosphäre Bis etwa 2000 km oberhalb der Photosphäre gelegene Atmosphärenschicht der Sonne, die dem Beobachter bei einer totalen Sonnenfinsternis als unregelmäßig geformte, rötlich gefärbte Zone erscheint, in der die Temperatur im Vergleich zur Temperatur der Photosphäre mit der Höhe zunächst abfällt, dann aber wieder bis auf etwa 10 000 K ansteigt.

Chromosphärisches Netzwerk Magnetisches Netzwerk in der unteren Sonnenatmosphäre. Es strukturiert die Chromosphäre und die darüberliegende Übergangsregion in Form von Zellen, die durch aufquellende Konvektion erzeugt werden und an deren Rändern sich der magnetische Fluss stark konzentriert.

CIR Mit der Sonne rotierende Wechselwirkungszone („coronal interaction region"), die sich jenseits der Erdbahn durch kompressive Kollision zwischen Sonnenwindströmen unterschiedlicher Geschwindigkeit ausbildet. Dabei entstehen mitrotierende Stoßwellen, an denen Teilchen effektiv beschleunigt werden können.

Corioliskraft In rotierenden Systemen auf bewegte Objekte einwirkende Trägheitskraft, die senkrecht zur Rotationsachse des Systems und zum Geschwindigkeitsvektor des Objekts gerichtet ist.

Dämpfung Zeitliche Abnahme der Amplitude, d. h. der Auslenkung einer Schwingung oder Welle, durch Umwandlung oder Abgabe von mechanischer Energie dieses schwingungsfähigen Systems.

Differenzialgleichung Gleichung zur mathematischen Modellierung naturwissenschaftlicher Prozesse, in der eine vor allem von räumlichen oder zeitlichen Variablen abhängige Funktion zu sich selbst und ihren Ableitungen in Beziehung gesetzt wird.

Diffusion Physikalischer Prozess, der den Abbau von Konzentrationsunterschieden einer physikalischen Größe (wie der Temperatur oder Dichte) bewirkt oder der zur Durchmischung und gleichmäßigeren Verteilung von mehreren meist mikroskopischen Objekten führt.

Dissipation Irreversibler Vorgang in dynamischen Systemen, bei denen sich unterschiedliche Energieformen ineinander umwandeln und schließlich als Wärmeenergie in einem Systemzustand enden, der weitgehend durch ungeordnete thermische Bewegung der Teilchen charakterisiert ist.

Doppler-Effekt Der nach dem österreichischem Physiker Christian Doppler (1803–1853) benannte Effekt beschreibt die zeitliche Stauchung bzw. Dehnung einer Welle durch Veränderung des Abstands zwischen Sender und Empfänger. Verkleinert sich der Abstand, so steigt die wahrgenommene Frequenz; vergrößert er sich, dann fällt sie (Martinshorn eines Polizeiwagens). Er gilt auch für Licht, sodass man über ihn die Bewegung einer Lichtquelle (Atome oder Ionen in der Sonne) bestimmen kann.

Drehimpuls Vektorielle physikalische Größe, deren Stärke und Ausrichtung den „Schwung" eines rotierenden Systems charakterisiert. Der ungestörte Drehimpuls bleibt erhalten und kann nur durch ein von außen auf das System einwirkendes Drehmoment verändert werden.

Dynamo Elektrische Kraftmaschine (Generator), in der Bewegungsenergie nach dem Prinzip der magnetischen Induktion mittels elektrischer Ströme in elektromagnetische Feldenergie umgewandelt wird.

Eingefrorenes Magnetfeld Idealisiertes Modellbild für ein Fluid mit theoretisch unendlich großer elektrischer Leitfähigkeit, in dem sich die magnetischen Feldlinien wie untrennbar an die Materie gebunden (eingefroren) mit ihr mitbewegen müssen.

Ekliptik Ebene, in der sich die Sonne und mit kleinen Abweichungen auch alle Planeten bewegen. Sie bezeichnet auch die von der Erde aus vor dem Hintergrund des Sternenhimmels gesehene Bahn der Sonne, die sich auf der Himmelskugel in Form eines Großkreises darstellen lässt.

El Niño/La Niña-Effekt Auftreten ungewöhnlicher, nichtzyklischer, stark veränderter Meeresströmungen im ozeanografisch-meteorologischen System des äquatorialen Pazifiks.

Elektrisches Feld Zustand des Raums im Umfeld geladener Körper oder in einem zeitlich veränderlichen Magnetfeld.

Entropie Thermodynamische Zustandsgröße, die ein Maß ist für die Unordnung in einem geschlossenen oder auch offenen System bei Materie- und Energieaustausch mit der Umgebung. Sie ändert sich nicht im abgeschlossenen System, muss aber im offenen System aufgrund irreversibler Prozesse stets zunehmen. Im

Rahmen der statistischen Mechanik wird sie durch den Logarithmus der großen Zahl von Mikrozuständen definiert, die zur gleichen makroskopischen Energie und gesamten Teilchenzahl des Systems führen.

Feld Beschreibung der raumzeitlichen Verteilung der Werte einer physikalischen Größe, die allen Raumzeitpunkten ohne Vorhandensein materieller Träger zugeordnet werden kann.

Flare Ausbrüche hochenergetischer elektromagnetischer und korpuskularer Strahlung (Photonen bzw. Elektronen und Ionen) nach Freisetzung großer Mengen magnetischer Energie, häufig ermöglicht durch magnetische Rekonnexion in ihren komplexen Magnetfeldstrukturen.

Fluid In der Strömungslehre und Plasmaphysik verwendeter Begriff zur Bezeichnung strömungsfähiger gasförmiger oder flüssiger (elektrisch leitfähiger) Materie (Magnetofluid für ein Plasma) oder von Substanzen, die neben dem thermischen Druck (und Magnetfelddruck im Plasma) durch Viskosität Schubspannungen (magnetische Spannungen) aufnehmen können.

Flusstransportmodell Dynamotheorie zur Entstehung kosmischer, insbesondere solarer Magnetfelder, bei welcher der Transport magnetischer Felder durch meridionale Zirkulation und magnetische Diffusion in der Konvektionszone des Himmelskörpers neben anderen Induktionsprozessen eine wichtige Rolle spielt.

Forbush-Effekt Plötzlicher Abfall des Einstroms hochenergetischer kosmischer Strahlung in die Erdatmosphäre infolge eines stärkeren koronalen Masseauswurfs nach einer Eruption auf der Sonne.

Frequenz Größe, die zahlenmäßig die Häufigkeit angibt, mit der sich ein periodischer zeitlicher Vorgang pro Zeiteinheit (Sekunde) wiederholt.

Gradient des Felds Im Rahmen der Vektoranalysis angewandter Differenzialoperator, der als ortsabhängiger Vektor an jedem Raumpunkt in Richtung des stärksten Anstiegs eines Felds zeigt und dessen Betrag jeweils seine größte lokale Änderungsrate angibt.

Gravitation Durch massive Objekte ausgeübte Anziehung eines anderen Körpers mit Masse, wobei diese nach Newton dem Produkt beider beteiligten Massen direkt und dem Quadrat ihres Abstands umgekehrt proportional ist.

Gyrationsbewegung Durch die Lorentz-Kraft erzwungene Kreisbewegung von Ionen und Elektronen senkrecht zum vorgegebenen Magnetfeld. Parallel zu diesem können sich diese Teilchen aber frei bewegen.

Hadley-Zelle Konvektive Zirkulation innerhalb der Troposphäre zwischen dem subtropischen Hochdruckgürtel und dem Äquator.

Heliobiologie Wissenschaft, die sich mit den möglichen Einflüssen des Weltraumwetters im engeren Sinne vor allem auf den Menschen und seine Gesundheit befasst. Im Erdsystem könnten elektromagnetische Felder auf biologische Systeme einwirken.

Heliohülle Zwischen dem Terminationsschock und der Heliopause gelegener Bereich der Heliosphäre des Sonnensystems, in dem die Strömungsgeschwindigkeit des Sonnenwinds durch Eindringen von Partikeln aus dem lokalen interstellaren Medium auf eine Geschwindigkeit kleiner als die lokale Schallgeschwindigkeit abgebremst wird.

Heliopause Äußere Grenze der Heliosphäre, an der die Partikel des Sonnenwinds auf die Teilchen des angrenzenden lokalen interstellaren Mediums (LISM) treffen. Die geladenen Teilchen können sich wegen ihrer engen Gebundenheit an die jeweiligen Magnetfelder aber nicht miteinander mischen, sondern nur wechselseitig ablenken. Jedoch können die neutralen Teilchen aus dem interstellaren Medium ungehindert vom Magnetfeld in die Heliosphäre eindringen.

Heliophysik Die umfassende multidisziplinäre Wissenschaft aller physikalischen Vorgänge in der Sonne und ihrem Sonnensystem. Sie umfasst die Erforschung und das Verständnis der Prozesse in der Sonne, unserer erdnahen sowie fernen Weltraumumgebung mit Begriffen vor allem aus der Plasma- und Strahlungsphysik. Als Systemwissenschaft erforscht die Heliophysik eine Vielzahl miteinander verbundener physikalischer Phänomene.

Heliosphäre Der weiträumige, mehr als 100 AE großen blasenförmige Bereich um die Sonne, aus dem der magnetisierte Sonnenwind, der sich in alle Richtungen ausbreitet, die Partikel und das schwache Magnetfeld des lokalen interstellaren Mediums verdrängt.

Induktion Das von Michael Faraday gefundene Phänomen und nach ihm benannte physikalische Gesetz bezeichnet bzw. beschreibt die Erzeugung eines elektrischen Felds durch die Änderung eines magnetischen Felds. Bewegt sich ein Magnetfeld durch eine Leiterschleife oder verändert es sich darin zeitlich, wird in ihr eine elektrische Spannung induziert.

Instabilität Prozess in einem System, bei dem sich dessen Zustand durch innere oder äußere Wirkungen drastisch verändert, sodass es aus einem vormals bestehenden Gleichgewicht gebracht wird.

Interplanetarer koronaler Masseauswurf (ICME) Koronaler Masseauswurf (CME), dessen Ausbreitung sich bis weit in den interplanetaren Raum fortsetzt.

Interstellare Materie Aus Gas- und Staubpartikeln sowie Elektronen und Ionen bestehende, meist sehr dünn verteilte Materie im Raum zwischen den Sternen einer Galaxie.

Interstellarer Wind Im interstellaren Medium existierende magnetisierte Partikelströme von Ionen und Elektronen geringer Dichte sowie weniger neutraler Teilchen, die an der Heliopause auf den magnetisierten Sonnenwind treffen und die, mit Ausnahme der ungeladenen Partikel, dort weitgehend um die Heliosphäre herumgelenkt werden.

Interstellares Medium (ISM) Gesamtheit der Materie, der elektromagnetischen Strahlung und der Magnetfelder im Raum zwischen den Sternen.

Ion Atom, dem durch ausreichend energetische Photonen bzw. Stoß mit einem energiereichen Teilchen ein oder mehrere Elektronen entrissen oder auch hinzugefügt wurden und das dadurch den Kräften elektromagnetischer Felder ausgesetzt wird.

Ionosphäre Oberer Teil der Atmosphäre eines Himmelskörpers, der eine relativ große Anzahl von Ionen und freien Elektronen enthält, die vor allem durch die UV-Strahlung des Sterns ionisiert wurden.

Irreversibilität Unumkehrbare Zustandsänderung eines physikalischen, chemischen oder biologischen Systems.

Kelvin (K) Maßeinheit der Temperatur, die nach dem britischen Physiker William Thomson (Lord Kelvin, 1824–1907) benannt wurde. Der Zusammenhang zwischen einer Temperaturangabe T in Kelvin (K) und der Temperaturangabe t in Grad Celsius (°C) lässt sich mithilfe der Gleichung $T = t + 273{,}15$, wobei $-273{,}15$ °C den absoluten Temperaturnullpunkt, die tiefstmögliche Temperatur, angibt.

Kinetische Theorie Komplexe mathematisch-statistische Theorie, mit deren Hilfe sich insbesondere in dünnen, nahezu kollisionsfreien magnetisierten Plasmen die mikroskopischen Prozesse und Interaktionen zwischen Teilchen und elektromagnetischen Feldern vollständig beschreiben lassen.

Klima Die über etwa drei Jahrzehnte gemittelten, typischen jahreszeitlichen und ortsabhängigen Wetterverhältnisse in den tieferen Atmosphärenschichten eines Planeten.

Komet Himmelskörper mit einem Durchmesser zwischen 100 m und einigen Kilometern, der im sonnennahen Bereich seiner Umlaufbahn um die Sonne unter Einfluss der Sonnenstrahlung und des Sonnenwinds eine durch Ausgasung erzeugte Koma um seinen Kernbereich sowie einen ausgedehnten Staub- und magnetisierten Plasmaschweif entwickelt.

Korona Strahlenkranz der Sonne, der nur selten bei totalen Sonnenfinsternissen, aber dauerhaft im Koronagrafen sichtbar ist. Die Korona ist der etwa 1 Mio. Grad Celsius heiße äußere dünnste Bereich der Sonnenatmosphäre, die ohne scharfe Begrenzung nach außen in den abströmenden Sonnenwind übergeht.

Koronagraf Optisches Sonneninstrument, das in seinem Strahlengang das Bild der Sonnenscheibe (wie der Mond bei einer Sonnenfinsternis) abdunkelt und damit die dünne Korona dauerhaft sichtbar macht, obwohl diese nur etwa ein Millionstel der Scheibenhelligkeit aufweist.

Koronaler Masseauswurf (CME) Im Englischen als „coronal mass ejection" bezeichnete solare Eruption, bei der Materie durch magnetische Kräfte mit großer Geschwindigkeit weit hinaus in die Sonnenkorona geschleudert wird.

Koronaloch Großräumige, magnetisch offene Regionen des Magnetfelds der Sonne, die sich auf Bildern der Korona im ultravioletten und Röntgenlicht im Vergleich zu den sehr hell leuchtenden großen Magnetfeldbögen als relativ dunkle Bereiche zu erkennen geben. Sie sind der Entstehungsort der schnellen Sonnenwindströme.

Kosmische Strahlung In kosmischen galaktischen Beschleunigungsprozessen erzeugte, aus Protonen, Elektronen und ionisierten schwereren Atomen bestehende, hochenergetische Partikelstrahlung.

Kosmischer Dynamo In stellaren, planetaren und galaktischen Himmelskörpern wirksamer Dynamo, durch den, ausgehend von einem anfänglichen magnetischen Saatfeld, mehr oder weniger regelmäßig stationäre oder oszillierende Magnetfelder durch selbsterregte Induktionsprozesse generiert werden können, wenn die im Inneren dieser Himmelskörper strömende Materie elektrisch gut leitfähig ist.

Kosmoklimatologie Forschungsbereich, in dem der mögliche Klimaeinfluss der variablen Sonnenaktivität sowie der Partikel der kosmischen Strahlung auf die Aerosol- und Wolkenbildungsprozesse in der Erdatmosphäre untersucht wird.

Kuipergürtel Außerhalb der Neptunbahn zwischen 30 AE und 50 AE im Bereich der Ekliptik gelegene ringförmige Region des Sonnensystems, in dem vermutlich mehr als 70 000 sogenannte Kuipergürtelobjekte mit Durchmessern von mehr als 100 km existieren.

Lichtgeschwindigkeit Die Geschwindigkeit des Lichts im Vakuum, die c = 299 792 458 m/s beträgt.

Lichtwimpel Weit über den Sonnenrand hinausragende helmartige Lichtfahnen („helmet streamers"), die das Erscheinungsbild der Korona bei einer Sonnenfinsternis oder im Koronografen prägen.

Lorentz-Kraft Im magnetischen Feld auf bewegte elektrische Ladungsträger wirkende Kraft, deren Größe sich als Produkt aus elektrischer Ladung und dem Vektorprodukt der Geschwindigkeit des Teilchens und der magnetischen Flussdichte ergibt. Der Vektor dieser Kraft steht senkrecht auf diesen beiden Vektoren und ist so gerichtet, dass er mit diesen ein rechts- bzw. linkshändiges System für positive (bzw. negative) Ladungen bildet.

Magnetische Feldlinien Gedachte, meist gekrümmte gezeichnete Linien, welche räumliche Struktur und ausgeübte Kräfte eines Magnetfelds veranschaulichen sollen. Die an eine Feldlinie angelegte Tangente gibt die Richtung der hier wirksamen Kraft des Felds an, und die lokale Dichte der Feldlinien stellt ein Maß für seine Stärke dar. Vereinbarungsgemäß wird die durch einen Pfeil gekennzeichnete Orientierung des Magnetfelds so gewählt, dass sie in Richtung des Nordpols zeigt.

Magnetische Flussröhre Im Rahmen eines idealisierten Modellbilds angenommene röhrenförmige Raumregion, innerhalb derer magnetische Feldlinien gebündelt verlaufen und diese nicht seitlich verlassen.

Magnetische Rekonnexion In elektrisch leitfähigen, aber resistiven, also mit elektrischem Widerstand versehenen Fluiden und Plasmen begrenzt und lokal einsetzende Verschmelzung aufeinandertreffender magnetischer Feldlinien mit entgegengesetzt orientierten Feldkomponenten. Diese ermöglicht großräumige Änderungen der magnetischen Topologie und die Erzeugung lokaler elektrischer Felder zur Beschleunigung geladener Partikel.

Magnetische Stürme Heftige Fluktuationen magnetischer Felder in planetaren Magnetosphären, die nach koronalen Masseauswürfen und durch starke schnelle Sonnenwindströme in den Magnetosphären verursacht werden.

Magnetischer Fluss Skalare physikalische Messgröße, die sich aus dem Skalarprodukt der magnetischen Flussdichte mit der durch ihre Normale ausgerichteten Fläche bestimmt. Im Feldlinienmodell lässt sich der magnetische Fluss durch die Anzahl der Feldlinien charakterisieren, die diese Fläche durchsetzen.

Magnetischer Trichter Trichterförmige, im UV Licht beobachtbare Struktur des solaren Magnetfelds im Bereich des Netzwerks bis zu Höhen von etwa 20 000 km, in denen, mithilfe des Doppler-Effekts bestimmbar, das Plasma typischerweise bereits mit 10 km/s aufwärts strömt.

Magnetisches Feld Zustand des Raums in der Umgebung eines Permanentmagneten, stromdurchflossenen Leiters oder in einem sich zeitlich ändernden elektrischen Feld.

Magnetogramm Magnetische Karte der Sonnenoberfläche, welche die Eigenschaften der Komponenten des solaren Magnetfelds wiedergibt, die in der Photosphäre oder Chromosphäre mithilfe des Zeeman-Effekts gemessen werden können. Die darin enthaltenen Daten ermöglichen die Berechnung des koronalen Magnetfelds, das allerdings bisher nicht messbar ist, durch Extrapolation der Magnetfelddaten aus den tieferliegenden Atmosphärenschichten.

Magnetohydrodynamik (MHD) Vom schwedischen Physiker Hannes Alfvén entwickelte Theorie, die das Verhalten elektrisch leitfähiger Medien, die von magnetischen und elektrischen Feldern durchdrungen werden, im Rahmen eines Fluidmodells mathematisch zuverlässig beschreibt.

Magnetosphäre Ausgedehnte Region um einen magnetischen Himmelskörpers, in der der Einfluss magnetischer Felder dominierend ist, in der das Plasma aus verschiedenen Quellen an der Oberfläche oder Atmosphäre des Himmelsobjekts stammt und deren Form sehr durch den dynamischen Sonnenwind beeinflusst wird.

Meteoroid Ein die Sonne umlaufendes Himmelsobjekt im Sonnensystem, das kleiner als ein Asteroid ist.

Mittlere freie Weglänge Durchschnittliche Länge der Strecke, die ein Teilchen bestimmter Energie ohne Stoß mit einem anderen Teilchen zurücklegen kann.

Nordatlantische Oszillation (NAO) Schwankungen des Luftdruckgegensatzes zwischen dem Azorenhoch im Süden und dem Islandtief im Norden des Nordatlantiks

Oortsche Wolke Vermutlich existierende kugelschalenförmige Ansammlung astronomischer Objekte im äußersten gravitativen Einflussbereich der Sonne in Entfernungen bis etwa 100 000 AE oder 1,6 Lichtjahren von der Sonne.

Ozonschicht Bereich erhöhter Konzentration des Spurengases Ozon (O_3) vor allem in der unteren Stratosphäre der Erde

Parker-Spirale Name des interplanetaren Magnetfelds im Sonnenwind, das im Mittel die Form einer Spirale hat. Die Magnetfeldlinien bewegen sich im Sonnenwind wie „eingefroren" radial mit ihm fort, wobei ihre Fußpunkte, weiterhin an die Sonne gebunden, deren Rotation folgen. Strömungslinien der Plasmateilchen, die aus derselben Quelle in der Korona kommen, bilden daher eine spiralige Form aus.

Pazifische Dekaden-Oszillation (PDO) Abrupt einsetzende und wenige Jahrzehnte andauernde Änderung der Oberflächentemperatur im nördlichen Pazifischen Ozean.

Perihelion Der sonnennächste Punkt der elliptischen Keplerbahn eines Planeten oder einer Raumsonde bei der Umrundung der Sonne. Der fernste Punkt auf deren Orbits wird als Aphelion bezeichnet.

Phase Raum-Zeit-abhängiges Argument einer Exponential- oder Winkelfunktion, die eine Welle oder Schwingung beschreibt, oder auch als Phasendifferenz bezeichneter Winkel im Argument einer sinus- oder cosinusförmigen Schwingungsfunktion zu einer Anfangszeit.

Phasenraum Abstrakter, meist hochdimensionaler Konfigurationsraum, in dem die Menge aller möglichen Zustände eines physikalischen Systems, die sich jeweils durch die spezielle Lage eines Punkts in diesem Raum charakterisieren lassen, durch eine Punktwolke dargestellt wird. Die zeitliche Entwicklung eines Punkts im Phasenraum lässt sich allerdings nur für Systeme mit maximal drei Freiheitsgraden durch Trajektorien grafisch veranschaulichen.

Photon Teilchen des Lichts, das ein masseloses Quantum von Energie und Impuls darstellt.

Photosphäre Unterste, am Boden etwa 5750 K heiße Schicht der Sonnenatmosphäre, aus der das kontinuierliche Sonnenspektrum im sichtbaren Licht von der Sonnenscheibe abgestrahlt wird und die ein Beobachter im Weißlicht als scharfen Sonnenrand erkennt.

Planet Kompaktes festes, gasförmiges oder flüssiges Himmelsobjekt mit variabler Materiezusammensetzung, das sich auf einer mehr oder weniger elliptischen Bahn um einen oder mehrere Zentralsterne bewegt. Seine Masse ist groß genug, um im hydrostatischen Gleichgewicht eine kugelförmige Gestalt anzunehmen und als dominierender Körper in seiner Umlaufbahn kleinere Himmelsobjekte aus seinem Gravitationsfeld zu schleudern oder gar zu verschlingen.

Planetare Welle Großräumige Wellenbewegung im Ozean oder der Erdatmosphäre

Planetesimale Bis zu mehreren Hundert Kilometern große Bausteine massiver planetarer Himmelsobjekte, die in der protoplanetaren Scheibe eines sich ausbildenden Planetensystems durch fortschreitende Verklebung von anfangs nur millimetergroßen Partikeln entstanden sind.

Plasma Der durch die Existenz frei beweglicher, elektrisch geladener Protonen, Ionen und Elektronen ausgezeichnete, neben „fest", „flüssig" und „gasförmig" vierte mögliche Aggregatzustand der Materie, der wesentlich durch die Kräfte magnetischer und elektrischer Felder geprägt ist. Vermutlich 99 % der Materie des Universums befinden sich im Plasmazustand.

Plasmafrequenz Fundamentale Schwingungsfrequenz in einem Plasma, deren Größe neben der Masse und Ladung wesentlich von der Dichte der Elektronen abhängt. Die hochfrequenten Schwingungen der Elektronen kommen durch die elektrische Coulomb-Kraft zustande. Im Sonnenwind liegt die Plasmafrequenz im Bereich mehrerer MHz.

Plasmawellen Sammelbegriff für relativ kurzwellige und hochfrequente Wellen verschiedenen Typs im Plasma, die mehr oder weniger starke Dispersion zeigen, deren Phasengeschwindigkeit also eine Funktion ihrer Wellenlänge und Frequenz ist. Aufgrund einer großen Vielzahl unterschiedlichster Ionen in Weltraumplasmen und deren sehr verschiedener Eigenschaften gibt es einen entsprechend großen „Zoo" unterschiedlichster Plasmawellen.

Polarlicht Atmosphärische Leuchterscheinung, die durch die Einwirkung des Sonnenwinds entsteht, wobei vor allem Elektronen, aber auch Protonen im Bereich planetarer Ionosphären so stark beschleunigt werden, dass sie unterschiedliche Atome, Moleküle und Ionen dazu anregen können, Licht in ihren charakteristischen Wellenlängen auszusenden. Das irdische Polarlicht wird im nördlichen Polargebiet als Aurora borealis, im südlichen Polargebiet als Aurora australis bezeichnet.

Protuberanz Meist große und langlebige magnetische Struktur in der Korona der Sonne, welche leuchtendes dichteres Plasma enthält, das dort gegen die Schwerkraft in Form einer Plasmawolke relativ stabil vom Magnetfeld gehalten wird und mit magnetischen „Halteseilen" an der Oberfläche der Sonne verankert ist. Werden diese durch magnetische Rekonnexion abrupt gekappt, kann es zu einer Eruption und dabei häufiger zu einem Auswurf größerer Materiemengen in den interplanetaren Raum kommen.

Raumsonde Eine Raumsonde ist ein von Menschen hergestellter Flugkörper, der im Weltraum einen weit entfernten Himmelskörper zu seiner Erforschung besucht und für wissenschaftliche Zwecke eine meist komplexe Nutzlast von Messinstrumenten mit sich führt.

Resonanz Mitschwingen eines schwingungsfähigen Systems oder einzelner Teilchen durch geeignete zeitlich variable Einwirkung von äußeren, oft periodischen Kräften.

Satellit Menschengemachter Raumflugkörper, der einen Himmelskörper auf elliptischer Umlaufbahn zur Erfüllung wissenschaftlicher, technischer oder kommerzieller Zwecke umläuft.

Schallgeschwindigkeit Charakteristische Geschwindigkeit, mit der sich die kompressiven Schallwellen in einem Medium ausbreiten.

Simulation Nachahmung der Entwicklung eines physikalischen Systems mithilfe geeigneter mathematisch-physikalischer Gleichungen, die heute meist aufwendig numerisch auf Workstations oder Großrechnern gelöst werden. Die Ergebnisse lassen sich in Grafiken, Farbbildern oder Videos anschaulich visualisieren.

Sonnenaktivitätszyklus Zyklus mit einer mittleren Periodenlänge von etwa elf Jahren, innerhalb derer sich die Aktivität der Sonne, insbesondere die Anzahl auftretender Sonnenflecken, sowie solarer Eruptionen und koronaler Masseauswürfe und die Art und Zahl der Sonnenwindströme systematisch ändern. Die magnetischen Felder, die diese periodisch variierende Sonnenaktivität prägen, wechseln ihre Polaritäten alle elf Jahre im Verlauf des 22-jährigen magnetischen

Zyklus. Darüber hinaus gibt es weitere angenähert periodisch variierende Aktivitätszyklen mit wesentlich längeren Perioden.

Sonnenflecken In der Photosphäre der Sonne sichtbare größere, dunkel erscheinende Gebiete, die kühler als die sie umgebende Sonnenoberfläche sind, weil die hier durch die Sonnenoberfläche aufsteigenden starken Magnetfelder den Zustrom heißerer Materie aus dem Sonneninneren behindern.

Sonnensturm Heftige magnetische Eruption auf der Sonne, die meist die Emission harter elektromagnetischer und energetischer korpuskularer Strahlung zur Folge hat und die häufig am Anfang eines koronalen Massenauswurfs steht. Sonnenstürme sind die stärksten Phänomene des Weltraumwetters und nehmen starken Einfluss auch auf die Erde.

Sonnensystem Sternsystem, das aus der Sonne, vier erdähnlich felsartigen Planeten, zwei Gas- und zwei Eisplaneten, vielen Monden, Asteroiden, Meteoroiden sowie der Gesamtheit aller Gas- und Staubpartikel besteht.

Sonnenwind Überschallströmung eines aus Elektronen und Protonen mit einer Beimischung seltener schwerer Ionen bestehenden Plasmas, das aus den höheren solaren Atmosphärenschichten, insbesondere der Sonnenkorona, hinaus in alle Raumrichtungen erfolgt. Dieser Teilchenwind schleppt das darin eingelagerte Magnetfeld mit, das nach außen hin immer schwächer wird.

Spektrometer Instrument zur Zerlegung elektromagnetischer Wellen in ihre verschiedenen Frequenzen und Wellenlängen. Ein Prisma ist ein einfaches optisches Spektrometer, welches das sichtbare Licht in seine Spektralfarben zerlegen kann. Ein Teilchenspektrometer kann in einem Strahl von Teilchen diese nach Ladung, Masse oder Energie sortieren, wobei dafür ihre Ablenkung in elektromagnetischen Feldern geschickt ausgenutzt wird.

Spikulen Spießförmige (lateinisch „spicula") oder bogenartigen Leuchterscheinungen über dem Sonnenrand, die durch Plasmaströme erzeugt werden, die bis in etwa 10 000 km Höhe aufsteigen und möglicherweise zum Massenfluss in die Korona und in den Sonnenwind beitragen.

Stern Genügend massereiches, dichtes, kugelähnliches und selbstleuchtendes Himmelsobjekt, das seine Energie über relativ lange Zeiträume seines Lebens hinweg meist durch Kernfusion im Inneren erzeugt und diese durch Photonen von seiner Oberfläche abstrahlt.

Stoß- oder Schockwelle Starke Druckwelle mit scharfer Grenzfläche, die nur dort entstehen kann, wo sich die Materie mit einer Geschwindigkeit bewegt, die größer als die für das durchlaufene Medium charakteristische Signalgeschwindigkeit ist.

Strahlungsgürtel Torusförmiger Bereich innerhalb der Magnetosphären von Planeten, in dem energiereiche geladene Teilchen eingefangen sind, um die Magnetfelder gyrieren, zwischen den Magnetpolen entlang dieser Felder hin- und herwandern und vergleichsweise langsam auch um den Planeten driften. Der Strahlungsgürtel der Erde wurde nach seinem Entdecker, dem US-amerikanischen Astrophysiker James Alfred Van Allen (1914–2006), benannt.

Stratosphäre Atmosphärenschicht der Erde, die oberhalb der Troposphäre bis in eine Höhe von etwa 50 km über dem Erdboden reicht und in der die Temperatur im Mittel mit steigender Höhe wieder zunimmt.

Switchback Englisches Wort für die von mehreren Raumsonden vermessene Richtungsumkehrung des Magnetfeldvektors im Sonnenwind, die häufig sehr nahe und seltener weiter entfernt von der Sonne stattfindet.

System Aus mehreren Einzelteilen zusammengesetzte Gesamtheit, deren Elemente eng aufeinander bezogen sind sowie aufgaben-, sinn- oder zweckgebunden miteinander interagieren und das sich durch eine äußere Umrahmung gegenüber ihrer Umgebung abgrenzt.

Teilchen Körper, die sehr klein gegenüber der Abmessung eines betrachteten Systems sind, zu denen die Elektronen, Protonen, Neutronen, Atome, Ionen, z. B. die als Alphateilchen bezeichneten zweifach ionisierten Heliumatome, hochionisierte Eisenatome oder die Partikel der kosmischen Strahlung gehören, aber auch Staubpartikel sowie die als Aerosole bezeichneten festen oder flüssigen Schwebeteilchen in einem Gas.

Telemetrie Fernmessung und Übertragung von Messwerten eines am Messort befindlichen Sensors zu einer räumlich entfernten Empfangsstelle, wo die Messwerte gesammelt, aufgezeichnet oder ausgewertet werden können. Die Fernübertragung geschieht durch Antennen von den Raumsonden zum Erdboden.

Terminationsschock In einem Abstand von etwa 85 AE von der Sonne stehende Schockwelle im Sonnenwind, die sich aufgrund des Aufpralls der Sonnenwindpartikel auf Teilchen aus dem die Heliosphäre umgebenden interstellaren Medium ausbildet, wodurch der anfangs wesentlich schnellere Sonnenwind auf Unterschallgeschwindigkeit abgebremst wird.

Thermodynamik Auch als Wärmelehre bezeichnetes wichtiges Teilgebiet der Physik, das das Verhalten und die Entwicklung makroskopischer Zustandsvariablen eines Systems wie Temperatur, Druck oder Entropie analysiert und ihre Beziehung zur Energie und Arbeit herstellt. Die Gültigkeit der drei thermodynamischen Hauptsätze lässt sich im Rahmen der statistischen Physik auf mikroskopischer Ebene durch die klassische Mechanik und wesentlich fundamentaler durch die Quantenmechanik begründen.

Thermodynamisches Gleichgewicht Axiomatisches theoretisches Konzept, wonach in einem abgeschlossenen System im stationären Zustand bei konstanter Temperatur, Energie und maximaler Entropie keine makroskopischen Ströme von Materie und Energie mehr auftreten können.

Thermosphäre Oberhalb der Stratosphäre mit ihrer Ozonschicht und der kühleren Mesosphäre gelegener Bereich der irdischen Atmosphäre, in dem die Temperaturen durch solare Einstrahlung im UV- und Röntgenbereich stark ansteigen.

Transit-(Übergangs-)Region Nur wenige 1000 km breite Übergangsregion zwischen Chromosphäre und Korona der Sonne, in der die Materiedichte stark abnimmt und die Temperatur von 10 000 K auf 700 000 K abrupt ansteigt, wodurch von dort verstärkt harte ultraviolette Strahlung emittiert wird.

Treibhausgase Klimarelevante Spurengase, die ursächlich für den sogenannten Treibhauseffekt verantwortlich gemacht werden, der die Erwärmung von Atmosphären zur Folge hat. Unterschiedlich effektiv absorbieren und reflektieren diese Gase infrarotes Licht, wodurch sich die atmosphärischen Temperaturen erhöhen können.

Turbulenz Erscheinungsbild von Fluktuationen, das in strömenden Fluiden und Plasmen auf unterschiedlichen Raum- und Zeitskalen nach Überschreiten kritischer Reynoldszahlen einsetzt. Diese Fluktuationen sind meist groß und chaotisch verwirbelt und ermöglichen sowohl Diffusions-, Dissipations- und Durchmischungsprozesse als auch turbulenten Transport und Strukturbildung, z. B. in Form von Wirbeln oder kleinen Stromschichten.

Verteilungsfunktion Funktion, die die Anzahldichte und Geschwindigkeitsverteilung der Teilchen im Phasenraum in Abhängigkeit von Raum und Zeit beinhaltet und deren Entwicklung sich im Rahmen der kinetischen Theorie beschreiben lässt.

Vlasov-Gleichung Nach dem russischen Physiker Anatoly Alexandrovich Vlasov (1938) benannte partielle Differenzialgleichung für ein Plasma, welche die komplexe Entwicklung der Zustandsfunktion der Teilchen im Phasenraum unter der Wirkung von elektromagnetischen Kräften beschreibt und die sich aus der Boltzmann-Gleichung durch Entfernen des Kollisionsterms ergibt.

Walker-Zelle Zirkularer Strömungskreislauf der Luft über dem äquatorialen Pazifik.

Wellenlänge Kürzeste Distanz, über die sich die Form einer Welle wiederholt, oder der kleinste Abstand zweier Punkte gleicher Phase einer Welle.

Wellenvektor Vektorielle Größe, die senkrecht auf der Wellenfront einer Welle steht und deren Betrag durch den Quotienten aus 2π und der Wellenlänge bestimmt ist.

Weltraumplasmaphysik Plasmaphysik, die sich mit physikalischen Vorgängen in teilweise oder vollständig ionisierter Materie im Weltraum beschäftigt, bei der elektrische Ladungen und Ströme sowie elektromagnetische Felder in meist heißen elektrisch leitfähigen Gasen eine zentrale Rolle spielen.

Weltraumwetter Auf ganz unterschiedlichen Zeitskalen veränderlicher Zustand der durch variierende magnetische Sonnenaktivität und den Einstrom kosmischer Strahlung geprägten Heliosphäre der Sonne und seine Auswirkungen auf die Himmelskörper im Sonnensystem, insbesondere auch auf die irdische Atmosphäre und Magnetosphäre.

Winkelgeschwindigkeit In Richtung einer Drehachse orientierte vektorielle Größe, die angibt, wie schnell der bei Drehung um diese Achse überstrichene Winkel mit der Zeit zunimmt.

Zeeman-Effekt Charakteristische Aufspaltung einer von einem Atom ausgesandten Spektrallinie unter dem Einfluss und in Abhängigkeit von der Stärke eines externen Magnetfelds. Je nach Beobachtungsrichtung relativ zum Magnetfeld sind die einzelnen Linien in charakteristischer Weise linear oder zirkular polarisiert.

Zwergplaneten Astronomische Himmelsobjekte, die sich auf einem Orbit um die Sonne bewegen, durch ausreichend hohe Eigengravitation zwar eine annähernd runde Form ausbilden, aber wegen zu geringer Anziehungskraft ihre Bahnumgebung nicht von störenden kleinen Körpern bereinigen oder diese akkretieren können.

Zyklotronwelle Hochfrequente zirkular polarisierte elektromagnetische Welle in einem magnetisierten Plasma, die sich parallel zum Magnetfeld ausbreitet und in Resonanz auf die helikalen Gyrationsbewegungen der Elektronen oder Ionen einwirken kann.

Stichwortverzeichnis

© Springer-Verlag GmbH Deutschland, ein Teil von Springer Nature 2023
U. von Kusserow und E. Marsch, *Magnetisches Sonnensystem*,
https://doi.org/10.1007/978-3-662-65401-9

Printed in the United States
by Baker & Taylor Publisher Services